KCS-2022

건설재료학

전용배 지음

도서출판 동화기술

머리말

재료는 기본구조와 특성을 가지고 있다. 여기서 말한 특성은 재료가 외부에서 어떤 작용, 예를 들면 힘을 받아 변형을 발생하는 것처럼 이른바 작용에 대한 응답에 관한 성질을 말한다. 여러 가지 재료의 특성과 그 부당함을 배우지만 목적에 응하는 재료를 적확히 만들고 능숙하게 사용하는 것이 중요하다.

건설재료는 사회기반시설을 시공할 때 사용하는 각종 재료들을 총괄하여 일컫는 말이다. 건설재료는 시대의 기술발전과 더불어 발전하였다. 건설재료 기술이 발전하면서 사회기반시설 또한 대형화 및 경량화 하는 추세이다.

본서에서는 사회기반시설에 사용되는 대표적인 건설재료인 콘크리트에 대한 기준인 "콘크리트 표준 시방서(KCS 14 20 01 : 2022)"와 설계 및 유지관리에 대한 기준인 "콘크리트 구조설계기준(KDS 14 20 01 : 2022)"이 2022년 1월 11일에 개정되었으며, 설계 및 시공에 사용하는 단위체계가 SI 단위계로 개정되어 기존의 설계, 시공 및 유지관리에서 요구되는 건설재료학 기초지식을 개정하였다.

본서는 대학 교육과정뿐 아니라 현업에 종사하는 기술자에게도 참고서로 활용할 수 있도록 쉽게 작성하였다.

본서 내용은

① 개정된 콘크리트 표준 시방서, 콘크리트 구조설계기준 및 국가 기술 표준원에서 제공하는 한국 산업 표준 규정에 따라 집필하였다.

② 개정된 단위계인 SI 단위계를 따라 만들었다.

③ 건설재료기사 대비용 토질시험과 SI 단위계 변환을 부록에 실었다.

본서가 토목공학을 전공하는 학생과 현업종사자가 조금이나마 유용한 자료가 되었으면 하는 바람이며, 차후 본서에서 다루지 못한 내용은 보완할 수 있는 기회가 있을 거라고 기대한다.

끝으로 복잡한 양식, 기호, 공식 등을 편집하는데 수고를 기울여 주신 도서출판 동화기술 관계자 여러분의 노고에 깊이 감사드립니다.

전용배

차 례

건설재료

1.1 건설재료 정의
1.2 건설재료 분류
1.3 건설재료 선정 고려사항
1.4 건설재료 기본 성질
1.5 재료 규격 표준화

1.1 건설재료 정의

건설재료란 건설 공사에 직접 또는 간접으로 사용하는 모든 재료를 일컫는 말이다. 건설재료는 고대 로마의 석회석부터 석재, 목재, 점토와 산업혁명시기의 철강, 시멘트, 콘크리트 그리고 현대의 철근 콘크리트, 프리스트레스 콘크리트, 구조용 강재에 이르기까지 건설 구조물의 시공 발전에 중요한 영향을 주었으며 최근에는 비철금속 합금, 합성수지, 고분자재료 등으로 다종다양하다.

건설 공사 시공을 이행하기 위한 설계를 할 때에는 건설재료의 강도, 품질, 치수, 형태 등을 설계서에 표시하여야 한다. 구조물이 점차 대형화, 다양화 될 뿐 아니라 기상작용과 주위환경 영향을 많이 받기 때문에 친환경화, 다기능화를 위해 구조물 설계 및 시공 시 재료에 관한 지식이 매우 중요하며 건설재료의 기본적 성질과 성능 및 특징을 확실히 파악하고 이해하여 적합하게 사용하여야 한다.

건설재료는 공학적 성질, 경제성, 조달의 용이성 등을 만족하여야 한다. 공학적 성질에는 시공성, 정적하중 및 충격하중 등에 대한 강도, 탄성계수 및 신장성에 대한 변형, 기상・마모・부식 등 작용에 대한 내구성, 중량이나 경도, 내수성, 내화성, 내열성, 방음 등에 대한 성질이 있다. 이들 가운데 특히 중요한 것은 시설물에 따라 차이가 있지만 일반적으로 경제성과 공학적 성질인 내구성이다. 왜냐하면 대규모 건설로 준공하는 공공시설물의 경우 건설 공사비에 재료비 비율이 비교적 높고 장기간에 걸쳐 안전성과 공용기간을 확보하여야 한다.

철근 콘크리트와 철강재는 소요강도나 내구성을 경제적으로 만족하는 재료로서 현재 많은 시설물에 사용하고 있다.

이 책에서는 건설 구조물을 시공할 때 사용하는 건설재료 전체의 일반적인 특성과 성질을 기술하고, 응용기술 및 적용방법 등을 상세히 기술하며 새롭게 개발되는 건설재료 발전방향에 대해서도 서술한다.

1.2 건설재료 분류

건설재료를 어떻게 분류할 것인가는 건설재료를 배우는데 중요할 뿐 아니라 설계, 시공의 입장이나 생산, 공급 측면에서도 중요한 사항이다. 여기서는 일반적으로 유효하게 활용되는 물질 구성요소, 생산 분야, 용도 및 기능 분류로 나누어 기술한다.

1.2.1 물질 구성요소별 분류

(1) 유기재료(Organic Material) : 탄소결합구조

① 식물재료 : 목재(Wood), 대나무 등
② 역청재료 : 아스팔트(Asphalt), 타르 등
③ 고분자재료 : 합성수지(Plastic), 합성섬유, 고무 등

(2) 무기재료(Inorganic Material) : 결정질 구조(Crystalline Structure)

① 금속재료
(ㄱ) 철 금속재료 : 강재(Steel), 합금강(Steel Alloy), 주철(Iron, 무쇠), 연철 등
(ㄴ) 비철 금속재료 : 알루미늄(Aluminum), 구리, 주석, 니켈, 놋쇠 등
② 비금속재료 : 쇄석(Rock Products), 골재(Aggregate), 콘크리트, 벽돌, 유리(Glass) 등

1.2.2 생산 분야별 분류

(1) 천연재료

흙, 모래, 목재, 석재, 골재, 천연 아스팔트, 천연수지 등

(2) 인공재료

시멘트, 콘크리트, 벽돌, 금속 재료, 석유 아스팔트, 혼화제, 합성수지, 유리 등

1.2.3 용도 및 기능별 분류

(1) 구조 주재료

구조물 주체를 이루며 강도와 내구성을 요구하는 재료로서 철근 콘크리트, 석재, 목재, 금속재료, 역청재료 등

(2) 부재료

주재료에 덧붙여 사용되는 재료로서 혼화제, 유리, 도료, 합성수지, 고무, 접착제 등

(3) 가설재료

구조물을 시공할 때 필요한 공사용 자재로 완공 후 제거되는 금속재료, 목재, 강선 등

1.3 건설재료 선정 고려사항

건설재료는 종류가 많으며 여러 가지 성질을 가지고 있다. 그러나 구조물을 안전하고 경제적으로 만들기 위해 시방서 요구조건을 충족시켜야 한다. 건설재료를 선정할 때 고려사항을 나타내면 다음과 같다.

① 취급이 용이할 것
② 역학적 성질이 양호할 것
③ 대량 공급이 가능할 것
④ 가격이 저렴하고 경제적일 것
⑤ 품질이 균등하고 마무리가 용이할 것

1.4 건설재료 기본 성질

건설재료 기본적 성질은 역학적 성질, 비역학적 성질로 나눌 수 있다. 또 비역학적 성질은 물리적 성질과 화학적 성질로 나누어진다.

1.4.1 역학적 성질

건설재료 역학적 성질이란 기계적 작용에 저항하는 건설재료 성질, 즉 외부 하중에 대한 재료 반응 또는 거동을 말한다. 재료 특성, 하중 형태 및 조건에 따라 재료 반응, 즉 변형은 다르게 나타난다.

(1) 하중(Load)

구조물 또는 부재에 응력 및 변형을 발생시키는 일체의 작용(콘·구조기준 1.4) 건설재료에 작용하는 외부 힘 또는 무게를 하중이라 한다. 하중은 크게 정적 하중과 동적 하중으로 나눌 수 있다.

① 정적 하중 : 구조물에 충격이나 진동을 발생시키지 않는 고정하중 또는 지속하중
  (ㄱ) 수직하중 : 재료단면에 수직방향, 즉 종방향으로 작용하는 하중
    – 인장하중 : 재료단면에 수직방향이면서 외부방향으로 작용하는 하중
    – 압축하중 : 재료단면에 수직방향이면서 내부방향으로 작용하는 하중
  (ㄴ) 전단하중 : 재료단면에 평행방향, 즉 횡방향으로 작용하는 하중
② 동적 하중 : 구조물에 충격이나 진동을 발생시키는 하중, 즉 속도와 시간을 고려함
  (ㄱ) 주기하중(Periodic or Cyclic Load) : 일정시간 반복적으로 작용하는 반복하중이나 모터 회전에 의한 진동하중, 지진하중과 같이 일정한 주기를 갖고 반복하여 발생하는 하중(콘·구조기준 1.4)
  (ㄴ) 비주기하중 : 짧은 시간동안 작용하는 충격하중, 지진하중 등 일시적인 하중

(2) 탄성

재료에 외부하중이 작용하면 변형이 생기고 외부하중을 제거하면 원래 형태로 되

돌아가는 성질, 즉 후크 법칙이 성립한다.

(3) 소성

재료에 작용하는 외부하중을 제거하여도 원래 형태로 되돌아오지 않는 성질

예제 1.1 

다음 설명에 해당하는 재료의 일반적 성질은? (건·재·기출 22.4)

외력에 의해서 변형된 재료가 외력을 제거했을 때, 원형으로 되돌아가지 않고 변형된 그대로 있는 성질

① 탄성 ② 소성 ③ 취성 ④ 인성

풀이 ②

(4) 응력(Stress)

부재의 단면에서 단위면적당에 발생하는 내력의 크기(콘·구조기준 1.4)
재료에 외부하중이 작용했을 때 재료를 구성하는 분자 사이에 변형이 발생하며 이때 발생하는 내부 힘, 즉 내부 저항력을 원래 단면적으로 나눈 값을 말한다. 즉, 단위 면적당 하중 또는 힘을 말한다. 내부 저항력 크기를 특정 값으로 규격화하기 위해 단위면적이라는 기준이 필요하다. 외부하중의 종류에 따라 응력은 여러 가지가 존재하지만 재료가 파괴(영구 변형)할 때의 응력은 하나이고 이때의 응력을 공칭응력 또는 강도라 말한다. 즉, 식으로 나타내면 다음과 같다.

$$\sigma = \frac{P}{A} \qquad S = \frac{P_{\max}}{A} \tag{1.1}$$

여기서, σ : 응력, MPa(N/mm^2) 또는 Pa(N/m^2)
P : 하중, N
$P_{\max}$: 최대하중, N
S : 강도, MPa(N/mm^2) 또는 Pa(N/m^2)
A : 단면적, mm^2 또는 m^2

또한 연성재료에 인장하중이 작용하면 파괴에 가까워짐에 따라 재료 단면이 축소하게 된다. 즉, 넥킹(Necking) 현상이 발생하는데, 이때 이 내부 힘(저항력)이 변화하는, 즉 축소하는 단면적으로 그때그때 나눈 값을 진 응력 또는 진 파괴 응력이라 한다. 그러나 항복점이나 극한강도를 구할 때는 원래 단면적으로 나눈 값, 즉 공칭응력을 사용한다.

(5) 강도(Strength)

강도란 재료가 견딜 수 있는 응력의 최댓값, 즉 공칭응력을 말한다. 재료가 취성일 경우 응력이 재료의 강도에 도달할 때 갑작스럽게 파괴하고, 연성일 경우 과도한 소성변형에 의하여 파괴한다.

콘크리트 강도는 일반적으로 표준 양생을 실시한 공시체 재령 28일 때 시험 값을 기준으로 한다. 콘크리트 강도로서는 압축강도 이외에 인장강도, 휨강도, 전단강도, 지압강도, 강재와 부착강도 등이 있으나 콘크리트 구조물은 일반적으로 재령 28인 콘크리트 압축강도를 기준으로 한다. 콘크리트 압축강도 시험, 인장강도 시험 및 휨강도 시험은 각각 KS F 2405, KS F 2423 및 KS F 2408에 따른다. 또한 공시체 제작방법은 KS F 2403에 따른다. (KCS-2022 1.8.2)

호칭강도(nominal strength) : 레디믹스트 콘크리트 주문 시 KS F 4009의 규정에 따라 사용되는 콘크리트 강도로서, 구조물 설계에서 사용되는 설계기준압축강도나 배합 설계 시 사용되는 배합강도와는 구분되며, 기온, 습도, 양생 등 시공적인 영향에 따른 보정값을 고려하여 주문한 강도(f_{cn}) (KCS-2022 1.3)

콘크리트 호칭강도 단위는 종래 단위의 시험기를 사용하여 시험할 경우 국제 단위계(SI)에 따른 수치 환산은 1 kgf = 9.8 N으로 환산한다. 즉, 1 MPa(1 N/mm^2) = 10.2 kgf/cm^{2}이다. (콘·시방서 1.8.1 2016, KS F 4009, 2016.4)

(6) 변형률(Strain)

재료가 외부하중을 받으면 변형한다. 이 변형하는 길이를 원래 길이로 나눈 값을 말한다. 즉, 단위 길이당 변형 길이로 나타낸다. 같은 재료에 같은 하중을 작용하여도 재료 원래 길이에 따라 변화 길이는 다르게 나타나므로 재료 변형 길이를 특정 값으로 규격화하기 위해 단위 길이라는 기준이 필요하다. 식으로 나타내면 다음과 같다.

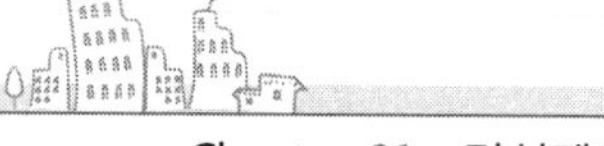

$$\varepsilon = \frac{l-l'}{l} \qquad (1.2)$$

여기서, ε : 변형률

l : 원래 길이

l' : 변형 후 길이

그러므로 (−)이면 인장, (+)이면 압축이라 한다.

변형률 종류는 종 변형률, 횡 변형률, 전단 변형률, 체적 변형률 등이 있다. 인장력 시험을 한 연성강재 응력−변형률 관계를 나타내면 그림 1.1과 같다.

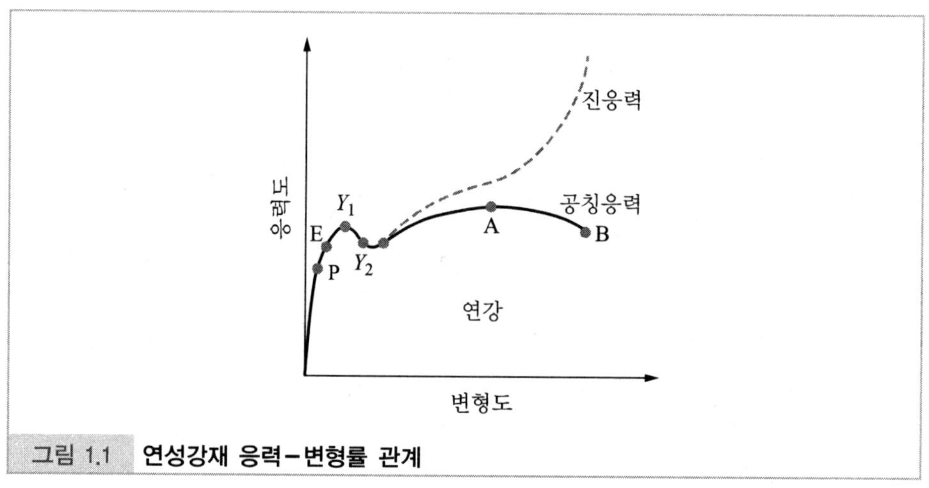

그림 1.1 **연성강재 응력−변형률 관계**

연성강재에 인장력을 작용시키면 P점까지 선형 변형이 발생한다. 이 P점은 비례한계점, 즉 응력−변형률 관계가 직선, 즉 선형(정비례)으로 변하는 한계점으로 선형 변형에서 비선형 변형으로 변경되는 지점이다.

E점은 탄성한계점, 즉 응력−변형률 관계가 소성변형으로 변하는 복원력 한계점으로 탄성변형에서 소성변형으로 변경되는 지점이다. 즉, 인장력을 제거하면 원래 상태로 되돌아가는 지점이다. 비례한계점에서 탄성한계점 사이는 비선형이지만 일반적으로 비례한계점과 탄성한계점이 일치하는 경우가 대부분이다. 여기서 인장력 증가를 계속하면 변형률이 급격히 증가하는 상항복점 Y_1, 응력이 하락하면서 하항복점 Y_2가 나타난다. 상·하 항복점도 대부분 재료에서 일치하여 구분하기가 어렵다.

항복현상 이후에 응력을 증가하면 응력의 최댓값 A점에 도달하고 이후 급격한 넥

킹 현상과 함께 B점에서 파괴된다. 이 때 A점을 극한강도 또는 인장강도라 하고 B 점을 파괴강도 또는 파단강도라 말한다.

예제 1.2

다음 강재의 응력-변형률 곡선에 대한 설명으로 틀린 것은? (건·재·기출 22.3)

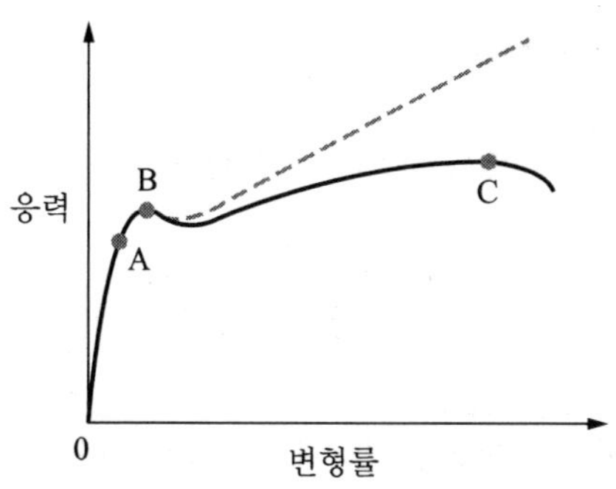

① A점은 응력과 변형률이 비례하는 최대 한도지점이다.
② B점은 외력을 제거해도 영구변형을 남기지 않고 원래로 돌아가는 응력의 최대한도 지점이다.
③ C점은 부재 응력의 최댓값이다.
④ 강재는 하중을 받아 변형되며 단면이 축소되므로 실제 응력-변형률 선은 점선이다.

풀이 ∵ B점은 상항복점이므로 ②

(7) 탄성계수

일반적인 탄성재료에서 작은 하중이 작용할 때 응력-변형률 관계가 비례관계, 즉 선형관계가 성립하는 것을 처음 발견한 사람이 후크로 알려져 있으며 이 관계를 체계화하여 후크 법칙(Hook's Law)이라 한다.

후크 법칙에서 사용하는 비례상수를 '영'이라는 학자가 보다 편리하게, 즉 일반화한 것으로 알려져 있으며 이 비례상수를 탄성계수 또는 영계수(Young's Modulus)라 말한다. 탄성계수는 수직응력과 수직변형률 관계 비례상수이므로 종탄성계수라 말하기도 한다. 반면에 전단응력과 전단변형률 관계에서는 전단 탄성계수, 강성계수 또는 횡(가로)탄성계수라 한다.

후크 법칙과 탄성계수 E를 식으로 표현하면 다음과 같다.

$$\text{힘} = \text{비례상수} \times \text{변형률} \quad \Rightarrow \quad \sigma = E \times \varepsilon \tag{1.3}$$

$$E = \frac{\text{수직응력}}{\text{수직변형률}} = \frac{\text{종방향 응력}}{\text{종방향 변형률}} \tag{1.4}$$

여기서, σ : 응력

E : 탄성계수

ε : 변형률

또한, 응력(1.1), 변형률(1.2)의 식과 조합하면

$$E \equiv \frac{\sigma}{\varepsilon} = \frac{P/A}{(l-l')/l} = \frac{P \cdot l}{A \cdot (l-l')} \tag{1.5}$$

콘크리트 구조기준에서 탄성계수 정의를 다음과 같이 제시한다.

> "재료의 비례한도 이하의 변형률에 대응하는 인장 또는 압축응력의 비 : 콘크리트의 탄성계수는 크게 할선 탄성계수와 초기접선 탄성계수로 구분되며 할선 탄성계수를 간단히 탄성계수라고도 함. 강재의 경우 철근의 탄성계수와 프리스트레싱 강재 탄성계수 및 형강 탄성계수로 구분함." (KDS-2022 1.4)

탄성계수란 결국, 응력-변형률 그래프에서 기울기를 구하는 것이다. 그러나 콘크리트에서 응력-변형률은 비선형(곡선)으로 나타난다. 그래서 탄성계수 결정이 난해하여 할선 탄성계수와 초기접선 탄성계수로 구분한다. 할선 탄성계수는 응력-변형률 그래프에서 원점과 임의 점 사이의 곡선에서 할선 기울기이고 초기접선 탄성계수는 응력-변형률 그래프에서 원점과 임의 점 사이의 곡선에서 접선 기울기이다.

예제 1.3

한 변의 길이가 20 cm인 정방향 기둥에 1,200 kN의 하중을 가한 결과 10 m의 기둥이 10 mm 줄어들었다. 이 기둥의 탄성계수를 계산하시오.

풀이 $E \equiv \frac{\sigma}{\varepsilon} = \frac{P/A}{(l-l')/l} = \frac{P \cdot l}{A \cdot (l-l')}$에서

$$E = \frac{1{,}200\ \text{kN} \cdot 10\ \text{m}}{20\ \text{cm} \cdot 20\ \text{cm} \cdot 10\ \text{mm}} = \frac{1{,}200\ \text{kN} \cdot 10{,}000\ \text{mm}}{200\ \text{mm} \cdot 200\ \text{mm} \cdot 10\ \text{mm}} = 30\ \text{GPa}$$

예제 1.4

탄성계수가 200 GPa인 강재에 300 MPa의 응력이 작용한 경우 변형량을 계산하시오. (단, 강재의 길이는 5 m이다.)

풀이 $\varepsilon = \dfrac{\sigma}{E} = \dfrac{300\ \text{MPa}}{200\ \text{GPa}} = 1.5 \times 10^{-3} = 0.0015$

$\varepsilon = \dfrac{l - l'}{l}$에서 $0.0015 = \dfrac{l - l'}{5{,}000\ \text{mm}}$

그러므로 $l - l' = 0.0015 \times 5{,}000\ \text{mm} = 7.5\ \text{mm} = 0.75\ \text{cm}$

예제 1.5

Hooke의 법칙이 적용되는 인장력을 받는 부재의 늘음량(길이변형량)에 대한 설명으로 틀린 것은? (건·재·기출 20.8)

① 재료의 탄성계수가 클수록 늘음량도 커진다.
② 부재의 단면적이 작을수록 늘음량도 커진다.
③ 부재의 길이가 길수록 늘음량도 커진다.
④ 작용외력이 클수록 늘음량도 커진다.

풀이 클수록 늘음량은 작아지므로 ①

(8) 푸아송 비

탄성재료에 인장하중이 작용하면 인장하중 방향으로 길이가 늘어나고 동시에 직각(횡)방향 단면은 감소한다. 압축하중이 작용하면 반대의 변형이 발생한다. 이때 축방향변형률에 대한 직각방향변형률의 비를 푸아송 비(Poisson's Ratio)라 하며 푸아송 비의 역수를 푸아송 수(Poisson's Number)라 한다. 식으로 나타내면 다음과 같다.

$$\text{푸아송 비} = \frac{\text{직각방향변형률(lateral strain)}}{\text{축방향변형률(axial strain)}} \tag{1.6}$$

또한, 푸아송 비, 푸아송 수, 탄성계수 및 전단 탄성계수의 관계를 정리하면 다음과 같다.

$$E = 2G\left(1+\frac{1}{m}\right) = 2G(1+\mu) \qquad (1.7)$$

$$\therefore\ G = \frac{E}{2(1+\mu)} = \frac{E}{2\left(1+\dfrac{1}{m}\right)} = \frac{E \cdot m}{2(1+m)}$$

여기서, E : 탄성계수
G : 전단 탄성계수
μ : 푸아송 비
m : 푸아송 수

예제 1.6

직경 30 cm, 길이 15 cm의 강이 길이방향으로 1,000 kN의 힘을 받아 길이방향으로 45 mm, 횡방향으로 80 mm의 변형이 발생하였다. 이 재료의 푸아송 수를 계산하시오.

풀이 푸아송 비 $= \dfrac{\text{직각방향변형률}}{\text{축방향변형률}}$ 에서 푸아송 비 $= \dfrac{\frac{80}{300}}{\frac{45}{150}} = \dfrac{0.267}{0.3} = 0.89$

푸아송 수는 푸아송 비의 역수이므로 푸아송 수 $= \dfrac{1}{0.89} = 1.123$

예제 1.7

어떤 재료의 푸아송 비가 1/3이고, 탄성계수는 2×10^5 MPa일 때 전단 탄성계수는?

풀이 $G = \dfrac{E}{2(1+\mu)} = \dfrac{2\times10^5\ \text{MPa}}{2\left(1+\dfrac{1}{3}\right)} = \dfrac{6\times10^5\ \text{MPa}}{8} = 75{,}000\ \text{MPa}$ (건·재·기출, 20.9)

(9) 크리프(Creep)

크리프의 정의는 다음과 같다.

"응력을 작용시킨 상태에서 탄성변형 및 건조수축 변형을 제외시킨 변형으로 시간이 경과함에 따라 변형이 증가되는 현상" (KCS-2022 1.3)

"응력을 작용시킨 상태에서 탄성변형 및 수축변형을 제외시킨 변형으로 시간이 경과함에 따라 변형이 증가되는 현상" (KDS-2022 1.4)

위 두 정의에서 크리프란 재료에 지속하중이 장시간에 걸쳐 작용할 때 시간 경과와 함께 변형이 증가하는 현상을 말한다. 즉, 하중 증가 없이 재료변형량만 증가하는 현상이다.

예제 1.8 

크리프(creep)의 양을 좌우하는 요소로서 가장 거리가 먼 것은? (건·재·기출, 20.8)

① 재하되는 기간
② 재하되는 응력의 크기
③ 재하되는 콘크리트의 AE제 첨가 여부
④ 재하가 시작되는 시점의 콘크리트 재령과 강도

풀이 ③

(10) 릴랙세이션

"재료에 외부하중을 유지하면서 일정한 변형률에서 시간에 따라 응력이 감소하는 현상을 릴랙세이션(응력완화)이라 한다." (건·재·기출)

즉, 외부하중을 가하여 변형률을 일정한 상태로 유지하면 초기응력이 발생한 후 점차적으로 시간이 지나면서 응력이 소멸 또는 완화되는 현상을 말한다.

예제 1.9 

프리스트레스트 콘크리트 부재에서 프리스트레스의 손실 원인 중 프리스트레스 도입 후에 발생하는 시간적 손실의 원인에 해당하는 것은? (건·재·기출, 22.4)

① 정착장치의 활동
② 콘크리트의 탄성수축
③ 긴장재 응력의 릴랙세이션
④ 포스트텐션 긴장재와 덕트 사이의 마찰

풀이 ③

(11) 강성(Rigidity)

"큰 외력에 의해서도 변형을 적게 일으키는 재료를 강성이 큰 재료라 한다. 강성은 탄성계수와 관계가 있으나 강도와는 직접적인 관계는 없다." (건·재·기출. 17.1)

재료의 강성은 영계수, 단면 2차모멘트, 길이 등으로 결정한다.

(12) 연성(Ductility)

"재료에 인장력을 주어 가늘고 길게 늘어나게 할 수 있는 재료를 연성이 풍부하다고 한다." (건·재·기출. 17.1)

반면에 얇게 펴지는 성질은 전성이라 한다.

예제 1.10

재료의 역학적 성질 중 재료를 두드릴 때 얇게 펴지는 성질을 무엇이라 하는가? (건·재·기출, 20.6)

① 인성　② 강성　③ 전성　④ 취성

풀이 ③

(13) 취성(Brittleness)

"작은 변형에도 쉽게 파괴하는 성질을 취성이라 한다." (건·재·기출. 17.1)

즉, 급격하게 파괴하는 성질로서 강재의 경우 인성은 풍부하지만 저온에서는 갑자기 파괴되는 위험성도 가지고 있다.

(14) 인성(Toughness)

> "재료가 하중을 받아 파괴될 때까지의 에너지 흡수 능력으로 나타낸다."
>
> (건·재·기출, 17.1)

인성이 큰 재료는 충격에 강하고 크게 변형할 수 있는 성질을 가지고 있다.

예제 1.11

재료의 역학적 성질에 대한 설명으로 옳은 것은? (건·재·기출, 20.9)

① 전성은 재료를 두드릴 때 얇게 펴지는 성질이다.
② 크리프는 하중이 반복 작용할 때 재료가 정적강도보다도 낮은 강도에서 파괴되는 현상이다.
③ 연성은 하중을 받으면 작은 변형에서도 갑작스런 파괴가 일어나는 성질이다.
④ 소성은 하중을 받아 변형된 재료가 하중이 제거되었을 때 다시 원래대로 돌아가려는 성질이다.

풀이 ①

(15) 피로파괴(Fatigue Fracture)

하중이 반복적으로 작용할 때 정적강도 보다 낮은 응력에서 파괴하는 현상을 말한다. 정적강도란 압축강도, 인장강도, 휨강도, 전단강도, 지압강도, 부착강도 등이 있다.

예제 1.12

다음 중 재료에 작용하는 반복하중과 가장 밀접한 관계가 있는 성질은? (건·재·기출, 21.3)

① 피로(fatigue)　　② 크리프(creep)
③ 응력완화(relaxation)　　④ 건조수축(dry shrinkage)

풀이 ①

예제 1.13

재료의 성질을 나타내는 용어의 설명으로 틀린 것은? (건·재·기출, 21.9)

① 인장력에 재료가 길게 늘어나는 성질을 연성이라 한다.
② 외력에 의한 변형이 크게 일어나는 재료를 강성이 큰 재료라고 한다.
③ 작은 변형에도 쉽게 파괴되는 성질을 취성이라고 한다.
④ 재료를 두드릴 때 얇게 펴지는 성질을 전성이라 한다.

풀이 ②

(16) 지압강도(Bearing Strength)

> "하중이 가해지는 면적에 대한 지지면 콘크리트의 압축강도" (KDS-2022 1.4)

즉, 하중이 재하되는 그 부분의 강도를 말한다.

(17) 지진하중(Earthquake Load)

> "지각변동으로 인해 발생하는 지진에 의해 구조물에 작용하는 힘"
> (KDS-2022 1.4)

반면에 바람에 의하여 작용하는 하중을 풍하중이라 한다.

1.4.2 물리적 성질

물리적 성질이란 재료 고유의 특성, 즉 재료 상태에 관한 성질인 물리(물성) 값을 말한다. 하중과 변형에 대한 역학적 성질과는 다른 비역학적 성질이다.

(1) 밀도, 단위 중량, 비중

밀도(Density)란 재료 부피(체적)에 대한 질량비를 말한다. 즉, 단위 부피당 질량이다. 식으로 나타내면 다음과 같다.

$$\rho = \frac{M}{V} \tag{1.8}$$

여기서, ρ : 밀도
M : 질량
V : 부피

단위 중량(Specific Weight)이란 재료 부피(체적)에 대한 무게(중량) 비를 말한다. 즉, 단위 부피당 무게이다. 무게는 중력과 관계되는 질량으로 중량이라고도 말한다. 단위 중량은 단위 체적중량, 단위 부피중량 및 비중량이라고도 말한다. 단위 중량과 질량의 관계를 식으로 나타내면 다음과 같다.

$$\gamma = \frac{W}{V} \tag{1.9}$$

여기서, γ : 단위 중량
W : 무게(중량)
V : 부피

또, 무게(중량)는

$$W = M \cdot g \tag{1.10}$$

여기서, W : 무게(중량)
M : 질량
g : 중력가속도

그러므로 위 식 (1.9) 및 식 (1.10)에서 다음 식도 성립한다.

$$\gamma = \frac{W}{V} = \frac{M \cdot g}{V} = \rho \cdot g \tag{1.11}$$

여기서, γ : 단위 중량
ρ : 밀도
g : 중력 가속도

비중(Specific Gravity)이란 재료의 중량, 밀도 및 단위 중량을 표준 재료인 물과의 비를 말한다. 즉, 물의 밀도가 가장 클 때인 4℃, 1기압에서 같은 부피 물의 중량, 밀도 및 단위 중량으로 나눈 값을 비중이라 말한다. 그리고 비중을 좀 더 세분화하여 두 가지로 나눌 수 있다. 즉, 재료 공극과 수분을 제외한 순수한 비중을 진 비중이라 하고 그렇지 않은 비중을 겉보기 비중이라 말한다. 식으로 나타내면 다음과 같다.

$$S_G = \frac{W_m}{W_w} = \frac{\rho_m}{\rho_w} = \frac{\gamma_m}{\gamma_w} \tag{1.12}$$

여기서, S_G : 비중
W_m : 재료 중량(무게),
W_w : 물의 중량(무게)
ρ_m : 재료 밀도,
ρ_w : 물의 밀도
γ_m : 재료 단위 중량,
γ_w : 물의 단위 중량

$$\text{진 비중} = \frac{\text{절대건조상태}}{\text{절대건조상태} - \text{재료의 수중중량}} \tag{1.13}$$

$$\text{겉보기 비중} = \frac{\text{절대건조상태}}{\text{표면건조 포화상태} - \text{재료의 수중중량}} \tag{1.14}$$

(2) 함수율, 흡수율

함수율이란 재료의 표면 및 내부에 있는 물 전체 질량에 대한 재료의 절대건조상태 질량의 백분율을 말한다. 재료의 표면 및 내부에 물이 완전히 차 있는 상태를 습윤상태라 하고 재료의 표면 및 내부에 물이 전혀 없는 상태를 절대건조상태라 한다. 이를 식으로 나타내면 다음과 같다.

$$\text{함수율} = \frac{\text{습윤상태} - \text{절대건조상태}}{\text{절대건조상태}} \times 100(\%) \tag{1.15}$$

흡수율이란 표면건조 포화상태에서 재료 내부에 포함하고 있는 물 전체 질량에 대한 절대건조상태에서 재료질량의 백분율을 말한다. 표면건조 포화상태란 재료의 표면이 건조하여 표면수가 없고 재료 내부는 물로 완전히 차 있는 상태를 말한다. 이를 식으로 나타내면 다음과 같다.

$$흡수율 = \frac{표면건조\ 포화상태 - 절대건조상태}{절대건조상태} \times 100(\%) \qquad (1.16)$$

즉, 함수율과 흡수율 차이는 재료가 가지고 있는 수분 전체 또는 내부 수분에 따라 구분하는 것이다.

예제 1.14

표면 건조 포화 상태의 시료 1,780 g을 공기 중에서 건조시켰더니 1,731 g이 되었고, 이를 다시 노건조시켰더니 1,709 g이 되었다. 이 골재시료의 흡수율은? (건·재·기출, 20.9)

① 1.3% ② 2.8% ③ 3.9% ④ 4.2%

풀이 $흡수율 = \frac{표면건조포화상태 - 절대건조상태}{절대건조상태} \times 100(\%)$

$= \frac{1,780 - 1,709}{1,709} \times 100(\%)$

$= \frac{71}{1,709} \times 100(\%) = 4.15\% = 4.2\%$

∴ ④

예제 1.15

습윤 상태의 질량이 100 g인 골재를 건조시켜 표면 건조 포화 상태에서 95 g, 기건 상태에서 93 g, 절대 건조 상태에서 92 g이 되었을 때 유효 흡수율은? (건·재·기출, 20.8)

① 2.2% ② 3.2% ③ 4.2% ④ 5.2%

풀이 $유효흡수율 = \frac{표면건조상태 - 기건상태}{절대건조상태}$

$= \frac{95 - 93}{92} \times 100(\%) = 2.174\% \fallingdotseq 2.2\%$

∴ ①

예제 1.16

암석의 물리적 성질에 대한 설명으로 틀린 것은? (건·재·기출, 21.9)

① 석재의 비중은 조암광물의 성질, 비율, 공극의 정도 등에 따라 달라진다.
② 암석의 흡수율은 시료의 중량에 대한 공극을 채우고 있는 물의 중량을 백분율로 나타낸다.
③ 일반적으로 석재의 비중이라면 절대 건조 비중을 말한다.
④ 암석의 공극률이란 암석에 포함된 전 공극과 겉보기체적의 비를 말한다.

풀이 ③ 겉보기 비중을 말한다.

(3) 열팽창계수(선팽창계수), 부피팽창계수(체적팽창계수)

재료가 열의 변화에 따라 팽창한 비율을 단위 온도당으로 환산한 값을 말한다. 길이와 온도 변화량에 비례하는 길이 변화율로 나타내면 열팽창계수 또는 선팽창계수라 말하고, 부피와 온도 변화량에 비례하는 부피 변화율로 나타내면 부피팽창계수 또는 체적팽창계수라 말한다. 부피는 길이의 3배이므로 부피팽창계수는 열팽창계수의 3배이다. 건설공사에서 여러 재료를 합성하여 구조물을 만든다. 이때 각각 재료의 열팽창계수 차이는 재료들의 변형을 억제하여 응력이 발생할 수 있다. 이러한 응력의 소산을 위해 설치하는 것이 각종 이음(Joint)이다. 식으로 나타내면 다음과 같다.

$$\text{열팽창량} = \text{열팽창계수} \times \text{온도변화량} \times \text{재료 원래의 길이} \tag{1.17}$$

$$\therefore \text{열팽창계수} = \frac{\text{열팽창량}}{\text{온도변화량} \times \text{재료 원래의 길이}} \ [\text{m}/(\text{m} \cdot ℃)] \tag{1.18}$$

$$\text{부피팽창량} = \text{부피팽창계수} \times \text{온도변화량} \times \text{재료 원래의 부피} \tag{1.19}$$

$$\therefore \text{부피팽창계수} = \frac{\text{부피팽창량}}{\text{온도변화량} \times \text{재료 원래의 부피}} \tag{1.20}$$

예제 1.17

기온이 35℃에서 5℃로 변화했을 때 양끝을 고정한 이형철근의 길이와 응력을 계산하시오. (단, 이형철근의 탄성계수 200 GPa, 열팽창계수 10×10^{-6} m/(m·℃), 길이 5 m, 지름 35 mm)

풀이 열팽창량 = 열팽창계수 × 온도변화량 × 재료 원래의 길이

$= 10\times10^{-6}\ \mathrm{m/(m\cdot ℃)}\times 30℃ \times 5\ \mathrm{m} = 0.0015\ \mathrm{m}$

이형 철근의 길이는 $5\ \mathrm{m} - 0.0015\ \mathrm{m} = 4.9985\ \mathrm{m}$

응력은 $\sigma = E\cdot\varepsilon$에서 $\varepsilon = \dfrac{\Delta l}{l} = \dfrac{0.0015}{5} = 0.0003$

$\therefore\ \sigma = E\cdot\varepsilon = 200\ \mathrm{GPa}\times 0.0003 = 60\ \mathrm{MPa}$

$\because$ 변형률 ε = 무차원이다.

1.4.3 내구성

내구성(Durability)이란 재료의 사용기간 동안 노후화에 견디는 성질을 말한다. 즉, 기후(기상)작용, 화학작용, 마모(역학)작용, 생물작용 등에 대하여 저항하는 성질이다. 내구성의 종류는 다음과 같이 분류할 수 있다.

① 내후성 : "동결융해, 건습 등 기후작용에 저항하는 성질" (건·재·기출)
② 내마모성 : "유수, 유사 등 기계적 작용에 저항하는 성질" (건·재·기출)
③ 내식성 : 철의 녹 등 부식에 저항하는 성질
④ 내화학성 : "산, 알칼리 및 염류 등 화학적 작용에 저항하는 성질" (건·재·기출)
⑤ 내생물성 : 균류, 벌레 등 생물작용에 저항하는 성질

1.5 재료 규격 표준화

1.5.1 재료 규격 표준화

재료 규격 표준화란 재료 규격의 종류, 상태, 품질, 절차 등을 객관적인 기준으로 통일 또는 규범화하여 사회 및 산업에 이익증진과 공정성을 확보하는 것이다. 즉, 생산한 재료가 호환성, 반복성, 통일성, 객관성 등을 갖추어서 생산성 증가 및 생산비 저하, 품질개선, 재료 절약, 유통 및 소비 합리화 및 기술 향상을 도모할 수 있도록 표준을 설정하는 것이 재료 규격 표준화이다.

"재료의 규격을 표준화하는 이유는 다음과 같다." (건·재·기출)

① "생산능률 증진 및 생산비 저하" (건·재·기출)
② "제품의 품질개선" (건·재·기출)
③ 재료 절약과 경제성
④ "소비사용의 합리화" (건·재·기출)
⑤ 호환성 확보
⑥ 거래 공정성
⑦ 기술 향상

1.5.2 재료 규격

재료의 품질, 절차, 모양, 크기, 사용방법, 시험방법 등의 재료 규격을 국내·외에 규범화하면 생산자 및 수요자에게 경제적 이익 및 편리를 제공하고 재료 품질향상에도 크게 기여할 수 있다.

우리나라는 1962년 한국 산업규격(Korea Standards, KS)을 정하여 매 5년마다 산업 표준 심의회에서 일부 및 전면개정을 할 수 있다.

KS표시 허가제도는 표준화법 제15조에 의하여 국가가 KS에 의한 제품 품질 및 가공기술을 보증함으로써 소비자에게 제품 신뢰성을 부여하고 생산자도 표준화와 품질관리를 통한 품질향상, 원가절감, 생산성 향상을 도모한다.

한국 산업규격은 표 1.1에서와 같이 21개 부문으로 나뉘어 있으며 토목, 건축에 해당하는 건설부문은 F라는 약자로 쓰인다. 이 규격에는 F05 건설일반 92종, F06 시험검사측량 460종, F07 재료 및 부재 300종, F08 시공 47종 등 총 899종이 제정되어 있다.

건설재료에 해당하는 국내·외의 규격 및 제정기관은 표 1.2와 같다.

표 1.1 한국 산업규격 부문별 분류

분류기호	부 문	분류기호	부 문	분류기호	부 문
A	기본 부문	H	식료품 부문	Q	품질경영 부문
B	기계 부문	I	환경 부문	R	수송기계 부문
C	전기 부문	J	생물 부문	S	서비스 부문
D	금속 부문	K	섬유 부문	T	물류 부문
E	광산 부문	L	요업 부문	V	조선 부문
F	건설 부문	M	화학 부문	W	항공 부문
G	일용품 부문	P	의료 부문	X	정보 부문

표 1.2 국내·외 규격 및 제정기관

국 명	약 자	제정기관명
한 국	KS	Korean Industrial Standard
국 제	ISO	International Organization for Standardization
미 국	ASTM	American Society for Testing and Materials
영 국	BS	British Standards
독 일	DIN	Deutsche Industrial Norm
프랑스	NF	Norm Francaise
일 본	JIS	Japanese Industrial Standards

이외에 건설에 관계하는 규격협회로는 한국 콘크리트 학회(Korea Concrete Institute; KCI), 국제 재료시험 협회(International Association for Testing Materials; IATM), 미국 주 도로 기술자 협회(American Association of States Highway and Transportation Officials; AASHTO), 미국 콘크리트 학회(American concrete Institute; ACI), 일본 콘크리트 학회(Japan Concrete Institute; JCI) 등 수 많은 규격협회가 있다.

연습문제

01 건설재료 분류방법에 대하여 설명하시오.

02 건설재료를 선정할 때 기술자로서 고려하여야 할 사항에 대하여 설명하시오.

03 건설재료 기계적(역학적) 성질과 물리적 성질에 대하여 설명하시오.

04 응력과 강도에 대하여 설명하시오.

05 응력－변형률 곡선에 대하여 설명하시오.

06 재료 규격 표준화 이유에 대하여 설명하시오.

07 크리프와 피로파괴에 대하여 설명하시오.

08 변형량과 변형률, 푸아송 비에 대하여 설명하시오.

09 탄성계수와 팽창계수에 대하여 설명하시오.

10 하중의 종류에 대하여 설명하시오.

참고문헌

건설교통부, 콘크리트 표준시방서, 2003.

국토교통부, KCS 14 20 01~70 : 2022, 2022.1.11.

국토교통부, KCS 14 31 05~70 : 2022, 2022.1.11.

국토교통부, KDS 14 20 01~62 : 2022, 2022.1.11.

국토교통부, 시멘트 콘크리트 포장 시공지침, 2017.4.

국토해양부, 건축공사 표준시방서, 2015.

국토해양부, 도로공사 표준시방서, 2016.

국토해양부, 시멘트 콘크리트 포장 생산 및 시공 지침, 2009.11.

국토해양부, 콘크리트 구조기준, 2012.10.

국토해양부, 콘크리트 표준시방서, 2009.

국토해양부, 콘크리트 표준시방서, 2016.

대한건설협회, 2005 건설공사 표준품셈, 2005.1.

문한영, 건설재료학, 동명사, 1987.2.

성기태 외 3, 토목재료학, 신광문화사, 2007.6.

이형준 외 5, 건설재료학, 동화기술, 2016.8.

장영길 외 3, 토목재료 및 실험, 동화기술, 2004.3.

장영길 외 5 역, 콘크리트의 지식, 동화기술, 2003.2.

전용배 외 2, 실내토질시험법의 기초, 성안당, 2001.3.

전용배 외 4, 건설재료 및 시험, 동화기술, 2010.3.

전용배, 건설재료 및 실내시험법 기초, 동화기술, 2018.2.

토목공학연구회, 토목실험, 형설출판사, 1987.2.

宮川豊章 외 1, 土木材料學, 朝倉書店, 2012.3.

中村聖三 외 1, 土木材料學, コロナ社, 2014.2.

Chapter 2 시멘트

2.1 총 론

2.1.1 시멘트 제조

시멘트 원료는 석회석과 점토가 주요 재료이며, 기타 산화원료, 산화철 원료 등을 사용하고 있다.

이러한 원료를 혼합한 시멘트 원료는 잘게 분쇄한 후 예열 탑(New Suspension Pre-heater, NSP) 상부에 공급하여 예열한 후, 고효율 회전 가마(Rotary Kiln) 내에서 1,450℃ 이상의 고온으로 소성하면 반제품인 시멘트 클링커(Clinker)가 만들어진다. 이 시멘트 클링커는 클링커 쿨러(Air Quenching Cooler, AQC)에서 쿨러 팬으로부터 들어오는 공기(대기)로 급랭하여 클링커 사일로(Silo)에 저장한다. 클링커 쿨러에서 클링커를 급랭하고 남은 여분의 고온부 공기 중 일부는 가소로 또는 고효율 회전 가마로 보내 연료 연소용 공기로 이용한다. 클링커 사일로에 저장한 시멘트 클링커에 응결시간을 조정할 수 있는 석고를 3~4%를 첨가하여 시멘트 분쇄기(Cement Mill)에서 분쇄하여 시멘트 완제품을 제조한다. 완제품인 시멘트는 시멘트 사일로에 저장하거나 포장하여 창고에 저장한다. 시멘트 사일로에 저장한 분말 시멘트는 벌크 운송차량(Bulk Cement Trailer, BCT)으로, 포장제품은 일반 운송차량으로 각 수요처로 공급한다.

시멘트 원료 ➡ 예열 탑(T ≒ 800~900℃ 예열, H ≒ 50 m) ➡ 고효율 회전 가마(T ≒ 1,450℃, L ≒ 100 m) ➡ 클링커(Clinker : 시멘트 반제품) ➡ 클링커 쿨러 ➡클링커 사일로 ➡ 석고 첨가(응결 지연제) ➡ 시멘트 분쇄기 ➡ 시멘트 ➡ 시멘트 사일로 ➡ 공급(포장/분말 제품)

그림 2.1 시멘트 제조공정흐름도

시멘트는 소결반응에 따라 여러 가지 화합물을 형성하기도 하며, 주요한 화합물은 규산 2칼슘(Belite), 규산 3칼슘(Alite), 알루민산 3칼슘 및 철 알루민산 4칼슘(Celite)의 4종류이다.

시멘트 종류에 따라 특성(강도, 수화열, 화학적 저항성, 수축특성 등)은 이러한 화합물의 구성 비율에 따라 결정할 수 있다.

포틀랜드 시멘트 제조방식에는 건식법, 습식법 및 반습식법이 있다.

건식법은 석회석, 점토, 철광석 등을 건조시킨 후 적당한 비율로 조합하여 원료 분쇄기에서 미분쇄하고, 공기를 이용하여 혼합하는 사일로에서 균일하게 혼합한 것을 직접 소성로로 보내어 소성하는 방법으로 습식법과 비교하여 분말화가 어렵고 먼지가 많이 난다. 건식법의 대표적인 방식이 예열탑 방식으로 열효율이 좋아 우리나라 대부분의 시멘트 공장에서 사용하고 있다.

습식법은 분쇄기에 40%의 물을 첨가하여 소성하므로 열손실이 많다. 습식법의 열손실을 줄이기 위해 물의 첨가를 20%로 줄인 것이 반습식법이다.

가소로(煆燒爐)란 화학 물질에 열을 가하여 휘발성 성분을 없애는 가마, 즉 석회석, 탄산마그네슘에 열을 가하여 산화칼슘, 산화마그네슘을 만드는 가마를 말한다. 예열 탑에서 고효율 회전 가마 사이에 위치하여 원료분말을 사일로 내의 가스 속에 부유시켜 균일하게 혼합하여 고효율 회전 가마로 보낸다.

고효율 회전가마 또는 소성로란 보통 내화벽돌로 내부를 둘러싼 강철제의 긴 원통이 3～5%의 경사가 있도록 설치한 것이며, 1분에 2～3회 회전시킨다. 건식에 의한 원료공정 및 예열탑을 이용한 소성 공정은 그림 2.2와 같다.

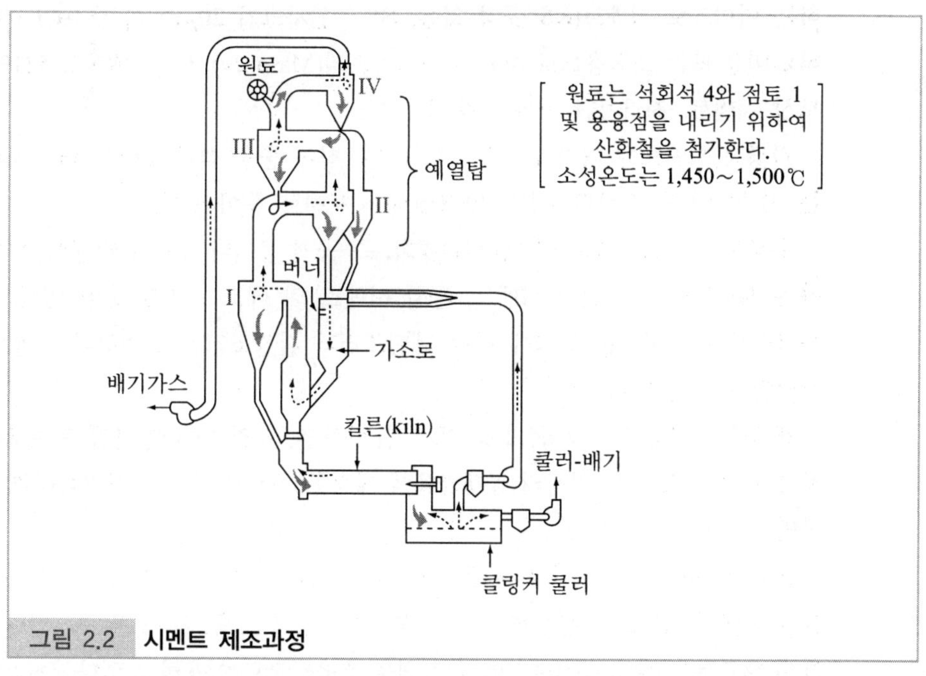

그림 2.2 **시멘트 제조과정**

클링커 쿨러란 클링커를 급랭시키는 장치이며, 여분의 공기 중 고온부는 가소로 또는 고효율 회전 가마로 보내고 저온부(약 280℃) 공기는 배기가스(저온폐열)로 대기로 내보낸다.

시멘트는 물과 반응하여 골재 상호 결합재 역할을 한다. 그 반응은 대단히 복잡하고 많은 종류 수화생성물을 일시적으로 만든다. 콘크리트 강도발현과 다양한 특성 또는 내구성 등을 지배하는 요소는 그 조직의 구조 변화에 기인하는 경우가 많다.

2.2 시멘트 종류

시멘트는 무기질 결합재이며 경화하는 환경에 따라 수경성(Hydraulic) 시멘트와 기경성(Non Hydraulic) 시멘트 그리고 특수 시멘트로 나눌 수 있다.

특수 시멘트는 구조물의 성능 향상 또는 공기 단축 등 특수 목적용으로 콘크리트에 혼합하여 사용하는 시멘트이다. 우수한 내열성을 가진 알루미나 시멘트, 경화기간을 줄여주는 초속경 시멘트, 초미립자 시멘트로 암반 보강 및 그라우팅용으로 사용하는 마이크로 시멘트(KS 규격 없음, BS : 입자크기 20μm 이하, ACI : 16μm 이하), 미장 또는 조적용으로 사용하는 메이슨리(Masonry) 시멘트(KS L 5219), 전기전도성 시멘트, 전파차단 시멘트 등이 있다.

기경성 시멘트는 대기의 탄산가스를 흡수하여 물을 섞지 않아도 대기에서 경화하는 시멘트이다. 소석회, 석고, 마그네시아 시멘트 등이 있다.

수경성 시멘트는 함수에 의하여 경화, 즉 공기 중이나 수중에서 물이 섞이면 경화하는 시멘트로 포틀랜드 시멘트, 혼합 시멘트 및 에코 시멘트 등이 있다. 시멘트는 콘크리트가 요구하는 특성에 따라 배합조건과 환경조건을 고려하여 시멘트 종류를 선정할 필요가 있다.

포틀랜드 시멘트는 보통, 조강, 초조강, 중용열, 저열 및 내황산염 포틀랜드 시멘트로 분류하고 있으며, 알칼리 골재반응에 대처할 목적으로 각각 저알칼리형 포틀랜드 시멘트도 있다.

혼합 시멘트는 사용 혼화재 종류에 따라 고로 슬래그 시멘트, 실리카 시멘트 및 플라이 애시 시멘트로 분류하며, 혼합량에 따라 1종, 2종, 3종으로 구분한다. 또한 혼화재 대부분이 산업 부산물이어서 자원을 효율적으로 이용하고 있다. 플라이 애시는 석탄 화력발전소의 미분탄 연소 보일러로부터 나오는 폐가스의 재를 전기집진기로 포집한 것으로 포졸란 반응(자체로는 수경성이 없으나 수산화칼슘과 대응하여 경화하는 반응) 성질을 갖고 있다. 또한 둥근 입자로 이루어져 있으므로 콘크리트 유동성을 개선하는 효과가 있다.

일본의 경우 자원 리사이클형 시멘트로써 도시에서 발생하는 폐기물을 시멘트 클링커 주원료로 사용하는 에코 시멘트를 제조하고 그 품질 규격을 제정(JIS R 5214)하고 있다. 국내에서도 탄소 배출량을 60～70%까지 저감하는 한국형 에코 시멘트를 개발하여 생산하고 있다,

2.2.1 포틀랜드 시멘트(Portland Cement)

"1824년 영국의 Joseph Aspdin이 발명"(토목용어사전, 성안당)하였으며, 포틀랜드 섬에서 생산되는 석회석과 비슷하다고 하여 포틀랜드 시멘트라 불리게 되었다. 최근에는 새로운 계통의 시멘트가 출현하고 있으나, 건설용으로 사용되는 포틀랜드 시멘트는 KS L 5201 '포틀랜드 시멘트(Portland Cement)'에 "포틀랜드 시멘트는 주성분인 석회, 실리카, 알루미나 및 산화철을 함유하는 원료를 적당한 비율로 적절히 혼합하여 그 일부가 용융하여 소결된 클링커에 적당량의 석고를 가하여 분말로 한 것이다. 다만 KS L 5210 '고로 슬래그 시멘트(Portland blast-furnace slag cement)'에서 규정한 슬래그나 KS L 5401 '포틀랜드 포졸란 시멘트(Portland pozzolan cement)'에서 규정한 포졸란, 또는 KS L 5405 '플라이 애시(Fly ash)'에서 규정한 플라이 애시 및 기타 첨가제 등을 5% 이내에서 혼합 분쇄 또는 단독 분쇄 후 혼합할 수 있다." 로 규정하고 있으며 다음과 같은 종류가 있다.

(1) 보통[Ordinary] 포틀랜드 시멘트(1종)

우리나라 시멘트 생산의 대부분을 차지하고 가장 많이 사용하는 시멘트가 보통 포틀랜드 시멘트이며 일반 콘크리트 공사용으로 사용한다. 조성 광물인자 중 50% 정도가 규산 3석회이고, 비표면적(분말도)은 약 2,800 cm^2/g 이상(KS L 5201 '포틀랜드 시멘트')이다. 중용열 포틀랜드 시멘트와 조강 포틀랜드 시멘트의 중간적 성질을 가지고 있다.

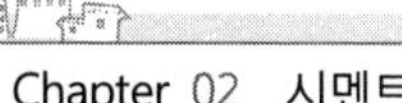

(2) 중용열[Moderate Heat] 포틀랜드 시멘트(2종)

수화열이 작으며, 조기 강도는 낮지만 장기 강도는 보통 포틀랜드 시멘트와 비슷하거나 약간 크다. 즉, 장기 강도를 발현시키기 위해 규산 2석회의 양(20% 이상)을 크게 한 시멘트이다. 건조 수축은 포틀랜드 시멘트 중 가장 작고 화학적 내식성이 우수하다. 댐과 같은 큰 콘크리트 구조물이나 포장용으로 사용한다.

(3) 조강[High Early Strength] 포틀랜드 시멘트(3종)

알루미나와 석회 성분이 비교적 많고 분말도가 높아 조기 강도가 크다. 보통 포틀랜드 시멘트와 비교해서 1일 강도가 약 3배, 3일 강도가 약 2배, 7일 강도가 약 1.5배, 28일 강도가 약 1.1배로 조기 강도가 크고, 저온에도 기준 강도의 충족도가 크므로 동절기 공사에 좋다. 양생기간이 짧아 거푸집 회전율이 좋으므로 콘크리트 제품·PSC용으로 사용한다. 수화 속도가 빠르고 수화열이 큰 만큼 건조 수축이 커서 댐과 같은 큰 콘크리트 구조물에는 부적당하다.

(4) 저열[Low Heat] 포틀랜드 시멘트(4종)

일반적으로 중용열 포틀랜트 시멘트보다 규산 2석회 생성량을 늘려서 수화열이 보다 적도록 한 시멘트이다. 시멘트 수화열을 분산시키고, 온도를 낮추어 주므로 댐과 같은 큰 콘크리트 구조물에 사용하고 있다.

(5) 내황산염[Sulfate - Resisting] 포틀랜드 시멘트(5종)

황산염에 대한 저항성을 높인 것으로, 하수 · 공장폐수 · 해수 등의 영향을 받는 장소에 적당하다. 황산염은 시멘트 수화물과 반응하여 팽창 물질이 발생하여 콘크리트에 균열, 박리, 붕괴 등의 현상을 일으키는 물질이다.

2.2.2 포틀랜드계 시멘트

(1) 백색 포틀랜드 시멘트

KS L 5204 ‘백색 포틀랜드 시멘트(White portland cement)’에 규정되어 있다. 알루

민산철 4석회를 0.3% 이하로 낮춘 순 백색 시멘트이며 구조용으로도 사용할 수 있다, 착색제를 사용하여 임의의 색으로 만들 수 있다. 도료·장식·채광·표식·인조 대리석 등에 사용한다. 보통 포틀랜드 시멘트보다 조기 강도가 크다.

(2) 콜로이드 및 유정 시멘트

미소 공극부로 침투하는 성질을 개선하여 지수용으로 사용하는 콜로이드(Colloid)시멘트나 마이크로 시멘트, 고온·고압에서 사용하기 적당하고 유정굴착 슬러리용으로 사용하는 유정(Oil Well) 시멘트 등이 있다.

2.2.3 혼합(Blended) 시멘트

포틀랜드 시멘트에 혼합재를 첨가하여 포틀랜드 시멘트 결점을 보강한 것이다. 혼합재로는 고로 슬래그, 포졸란 및 플라이 애시 등을 분쇄하여 혼합한다. 혼합 시멘트 종류는 고로 시멘트(고로 슬래그 시멘트), 실리카 시멘트(포졸란 시멘트), 플라이 애시 시멘트 등이 있다.

(1) 고로 슬래그 시멘트[Portland blast-furnace slag cement]

KS L 5210에 “고로 슬래그 시멘트는 포틀랜드 시멘트 클링커와 고로 슬래그에 적당량의 석고를 가하여 분말로 하거나 포틀랜드 시멘트, 포틀랜드 시멘트 클링커, 고로 슬래그, 고로슬래그 미분말 또는 석고를 각각 또는 조합하여 분말로 한 것을 충분히 혼합한 것이다.”라고 규정하고 있다. 선철을 제조할 때 고로에서 발생하는 슬래그 미분말을 혼합재로 사용한다. 초기 강도는 작고 저온에서 불리하지만, 장기 강도는 크고 수화열이 비교적 작다. 하수·해수 등에 대한 내식성이 우수하고, 내열성도 크고 수밀성이 우수하다. 이 시멘트는 해양·수리 구조물에 사용하고 있다.
고로 슬래그 시멘트 종류는 고로 슬래그 함유율(질량, %)에 따라 3종류로 한다.

- 1종 : 5 초과 30 이하
- 2종 : 30 초과 60 이하
- 3종 : 60 초과 70 이하

(2) 포졸란[Pozzolan] 시멘트(실리카[Silica] 시멘트)

KS L 5401에 "포졸란 시멘트는 클링커와 실리카질 혼합재에 적당량의 석고를 가하여 혼합 분쇄하여 만든다. 또한 분쇄할 때 분쇄 조제를 사용하는 경우에는 그 품질 및 사용방법에 대하여 충분한 시험을 하여 시멘트의 품질에 악영향을 미치지 않는 것을 확인하여야 하며 그 사용량은 시멘트의 1% 이하로 한다."라고 규정하고 있다. 천연 포졸란, 즉 실리카 성질 혼합재와 적당량의 석고를 첨가하여 만든 시멘트로 실리카 시멘트 또는 포졸란 시멘트라 말한다. 포졸란 시멘트의 이산화규소는 수화작용에 의하여 발생하는 수산화칼슘과 결합하여 규산 석회 수화물이 발생한다. 이 작용을 포졸란 반응(Pozzolanic Reaction)이라 말하며, 포졸란 반응은 재료 성질을 개선하여 콘크리트 워커빌리티를 증가시키고, 블리딩을 감소시키게 하여 수밀성이 증가하고, 장기 강도가 증대하여 내구성을 크게 한다. 생산량은 적지만 보통 포틀랜드 시멘트보다 화학 저항성이 좋아서 일반 공사 또는 포장 공사에 사용하고 있다.
포졸란 시멘트 종류는 포졸란 시멘트 중의 실리카질 혼합재 함유율(질량, %)에 따라 3종류로 한다.

- 1종 : 5 초과 10 이하
- 2종 : 10 초과 20 이하
- 3종 : 20 초과 30 이하

(3) 플라이 애시[Fly Ash] 시멘트

KS L 5211에 "플라이 애시 시멘트는 클링커와 플라이 애시에 적당량의 석고를 가하여 혼합 분쇄시켜 제조하거나 또는 시멘트와 플라이 애시를 균일하게 충분히 혼합하여 만든다."라고 규정하고 있다. 화력발전소 부산물인 비산 재인 플라이 애시를 혼합재로 한다. 워커빌리티가 증대하여 단위 수량을 감소할 수 있다. 초기 강도는 작고 저온에서 불리하지만, 장기 강도가 크고 수화열이 작아서 건조 수축도 작다. 내식성이나 수밀성이 우수하다. 댐이나 일반 토목 · 건축 공사용으로 널리 사용하고 있다.
플라이 애시 시멘트는 플라이 애시 시멘트에 포함된 플라이 애시의 함유량(%)에 따라 3종류로 한다.

- 1종 : 5 초과 10 이하
- 2종 : 10 초과 20 이하
- 3종 : 20 초과 30 이하

2.2.4 특수 시멘트

(1) 알루미나[Alumina] 시멘트

KS L 5205에 규격화되어 있다. 보크사이트(bauxite)와 석회석을 분쇄·조합하여 전기로나 회전로 등에서 용융 또는 소성하여 제조한다. 6~12시간 만에 보통 포틀랜드 시멘트의 28일 강도를 충족하는 조기 강도를 얻을 수 있다. 그러나 고온에서 경화가 늦어지거나 수화물 전이에 의해 장기 강도가 저하할 우려가 있고 알칼리성이 낮아서 철근 부식 문제를 발생시킬 가능성이 있어 포틀랜드 시멘트와 혼합사용이 어렵다. 내식성·내화학성이 우수하고, 긴급공사·동절기공사·내화용 등에 사용한다.

(2) 팽창성[Expansive] 시멘트

팽창성 시멘트에 대하여 KS L 5216 '박리 팽창 질석을 사용한 단열 시멘트(Expanded or exfoliated vermiculite thermal insulating cement)'와 KS L 5217 '팽창성 수경 시멘트(Expansive hydraulic cement)'에서 규정하고 있으나 실제 시판은 하지 않고 있다. 콘크리트 본질적인 결함 중 하나인 건조 수축 균열을 저감하거나, 손쉽게 화학적 프리스트레스를 도입할 수 있다는 점에서 팽창 시멘트의 미래는 긍정적이다. 보통 포틀랜드 시멘트에 비하여 워커빌리티, 블리딩 및 응결은 비슷하고 수축률은 작다. 비비는 시간이 길어지면 팽창률이 감소한다. 우리나라에서는 미국과 달리 팽창 시멘트는 시판하지 않고, 혼화재로 시판하고 있기 때문에 3장 혼화재에서 취급한다.

(3) 초속경[Special Super High Early Strength] 시멘트

미국에서 개발하였으며 일본에서는 제트 시멘트라는 이름으로 판매하고 있다. 물을 가한 후 2~3시간 만에 압축강도가 약 10 MPa에 달하며, 그 후의 강도 충족성이 초조강 시멘트와 같이 안정된 강도 증대를 나타낸다. 알루민산 석회 함유량과 석고 첨가량에 따라 응결·경화작용을 조절할 수 있기 때문에 미국에서는 Regulated Set Cement로 불리고 있다. 다른 시멘트에 비해 응결시간이 짧지만, 지연제 사용에 의해 실용적인 범위로 연장시킬 수도 있다. 속경성이 가장 우수한 장점이며 경화 시 발열이 크므로 긴급 공사·동절기 공사·그라우트용으로 사용한다. 알루미나 시멘트와 같은 강도 저하 현상은 없지만 포틀랜드 시멘트와 혼합하여 사용하면 안 되는 것으로 알려져 있다.

2.3 포틀랜드 시멘트 화합물

포틀랜드 시멘트 주요 화합물은 규산 3석회($3CaO \cdot SiO_2$, C_3S), 규산 2석회($2CaO \cdot SiO_2$, C_2S), 알루민산 3석회($3CaO \cdot Al_2O_3$, C_3A), 철알루민산 4석회($4CaO \cdot Al_2O_3 \cdot Fe_2O_3$, C_4AF) 및 시멘트 분쇄기에서 첨가하는 석고($CaSO_4 \cdot 2H_2O$) 등이 있다.

표 2.1 포틀랜드 시멘트 및 혼합 시멘트 산업규격

항목 \ 번호		KS L 5201					KS L 5210			KS L 5401			KS L 5211		
종별		포틀랜드 시멘트[1]					고로 시멘트			실리카 시멘트			플라이 애시 시멘트		
종류		보통 (1)	조강 (3)	저열 (4)	중용열(2)	내황산염 (5)	1종	2종	3종	1종	2종	3종	1종	2종	3종
비표면적(cm^2/g)		≥2,800	≥3,300	≥2,800	≥2,800	≥2,800	≥3,000	≥3,000	≥3,300	≥3,000	≥3,000	≥3,000	≥2,500	≥2,500	≥2,500
응결	시작(min)	60 이상	45 이상	60 이상	60 이상	60 이상	45 이상	60 이상	60 이상	60 이상	60 이상	60 이상	60 이상	60 이상	60 이상
	끝(h)	10 이하	10 이하	10 이하	10 이하	10 이하	7 이하	10 이하	10 이하	10 이하	10 이하	10 이하	10 이하	10 이하	10 이하
안전성		팽창균열이나 휨이 생겨서는 안 된다.													
압축강도 (N/mm^2)	1일	-	≥10	-	-	-	-	-	-	-	-	-	-	-	-
	3일	≥12.5	≥20	-	≥7.5	≥10.0	≥12.5	≥10	≥7.5	≥12.5	≥10	≥7.5	≥12.5	≥10.0	≥7.5
	7일	≥22.5	≥32.5	≥7.5	≥15.0	≥20.0	≥22.5	≥17.5	≥15.0	≥22.5	≥17.5	≥15.0	≥22.5	≥17.5	≥15.0
	28일	≥42.5	≥47.5	≥22.5	≥32.5	≥40.0	≥42.5	≥42.5	≥40.0	≥42.5	≥37.5	≥32.5	≥42.5	≥37.5	≥32.5
	91일			≥42.5											
수화열 (J/G)	7일	-	-	≥250	≤290	-	-	-	-	-	-	-	-	-	-
	28일	-	-	≥290	≤340	-	-	-	-	-	-	-	-	-	-
산화마그네슘(%)		≤5.0	≤5.0	≤5.0	≤5.0	≤5.0	≤5.0	≤6.0	≤6.0	≤5.0	≤5.0	≤5.0	≤5.0	≤5.0	≤5.0
삼산화유황(%)		≤3.5	≤4.5	≤3.5	≤3.0	≤3.0	≤3.5	≤4.0	≤4.5	≤3.0	≤3.0	≤3.0	≤3.0	≤3.0	≤3.0
강열감량(%)		≤5.0	≤5.0	≤5.0	≤5.0	≤5.0	≤3.0	≤3.0	≤3.0	≤3.0	-	-	≤5.0	≤5.0	≤5.0
전알칼리(%)		≤0.6	≤0.6	≤0.6	≤0.6	≤0.6	≤0.6	-	-	-	-	-	-	-	-
염화물이온(%)		≤0.02	≤0.02	≤0.02	≤0.02	≤0.02	≤0.02	-	-	-	-	-	-	-	-
규산삼칼슘(%)		-	-	-	≤50	-	-	-	-	-	-	-	-	-	-
알루민산칼슘(%)		-	-	≤0.6	≤8	≤4	≤4	-	-	-	-	-	-	-	-
석회석 혼입량(wt%)		5 이하	-	-	-	-	5 초과 30 이하	30 초과 60 이하	60 초과 70 이하	5 초과 10 이하	10 초과 20 이하	20 초과 30 이하	5 초과 10 이하	10 초과 20 이하	20 초과 30 이하

주1) 전알칼리(%)는 화학분석 결과로 다음 식으로 계산하고, 소수점 이하 첫 자리까지만 구한다.

$$R_2O = Na_2O + 0.658K_2O$$

여기서, R_2O : 포틀랜드 시멘트(저알칼리형) 중의 전알칼리(%)
Na_2O : 포틀랜드 시멘트(저알칼리형) 중의 산화나트륨 중량(%)
K_2O : 포틀랜드 시멘트(저알칼리형) 중의 산화칼륨 중량(%)

주2) 1995년 4월부터 압축강도는 kg/cm^2에서 N/mm^2로, 또 수화열은 cal/g로 각각 단위가 변경되었다.

시멘트 산업규격을 표 2.1에, 각종 포틀랜드 시멘트 화합물량 예시는 표 2.2에 나타내고 있다.

각종 혼합시멘트에 대한 혼합계 비율은 표 2.1과 같이 1종이 가장 작고 2종, 3종의 순으로 증대된다.

표 2.2 각종 포틀랜드 시멘트 화합물량 예시(%)

시멘트 종별	C_3S	C_2S	C_3A	C_4AF
보통 포틀랜드	50	26	9	9
중용열 포틀랜드	48	30	5	11
조강 포틀랜드	67	9	8	8
초조강 포틀랜드	68	6	8	8
내황산염 포틀랜드	57	23	2	13
백색 포틀랜드	51	28	12	1
IV형(저열)	28	49	4	12
V형(내황산염)	41	36	4	10

포틀랜드 시멘트 조성 화합물에 대한 일반적인 명칭과 화학식을 표 2.3에 나타내고 있다. 표 2.3에서는 시멘트 산업체에서 사용하는 약식 방법과 정식 인정받지 않았지만 산업계에서 말하는 산업계명 그리고 대략적인 중량 범위를 제시하고 있다.

표 2.3 포틀랜드 시멘트 조성 화합물 표기 및 기능

화합물	화학식	약식	산업계명	중량 범위(%)
규산 3석회(칼슘)	$3CaO \cdot SiO_2$	C_3S	Alite	28～68
초기 강도를 결정, 응결이 빠르다, 수화열이 높다, 수축팽창이 크다.				

화합물	화학식	약식	산업계명	중량 범위(%)
규산 2석회(칼슘)	$2CaO \cdot SiO_2$	C_2S	Belite	10～40
후기 강도에 기여 장기 강도 목적용, 응결이 늦다. 수화열이 낮다. 화학저항성이 크다.				

화합물	화학식	약식	산업계명	중량 범위(%)
알루민산 3석회	$3CaO \cdot Al_2O_3$	C_3A	Aluminate	4～12
초기응결 빠르다. 수축과 균열이 크다. 해수오염 저항성이 가장 작다. 수화열이 가장 크다.				

화합물	화학식	약식	산업계명	중량 범위(%)
철알루민산 4석회 (알루민산철 4칼슘)	$4CaO \cdot Al_2O_3 \cdot$ Fe_2O_3	C_4AF	Celite, Ferrite	2～13
수화열이 낮다, 조기 강도가 낮다. 장기 강도에 기여, 수축과 균열이 적다.				

* 여기서, 약식기호 C＝산화칼슘, S＝이산화규소, A＝산화알루미늄, F＝산화철이다.

표 2.4에서는 포틀랜드 시멘트 주성분 및 부성분에 대한 일반적인 명칭과 화학식을 나타내고 있다. 그리고 화학명과 대략적인 중량 범위를 제시하고 있다.

표 2.4 포틀랜드 시멘트 주성분 및 부성분

성분	일반명	화학식	화학명	중량 범위(%)
주성분	석회석	CaO	산화칼슘	63~66
	실리카	SiO_2	이산화규소	21~23
	알루미나	Al_2O_3	산화알루미늄	4~6
부성분	마그네시아	MgO	산화마그네슘	1~3
	무수황산	SO_3	아황산	1~2

예제 2.1

시멘트 클링커 화합물의 특성으로 틀린 것은? (건·재·기출, 20.9)

① C_3S는 C_2S에 비하여 수화열이 크고 초기강도가 크다.
② C_2S는 수화열이 작으며 장기강도발현성과 화학저항성이 우수하다.
③ C_3A는 수화속도가 매우 빠르지만 수화발열량과 수축은 매우 적다.
④ C_4AF는 화학저항성이 양호해서 내황산염시멘트에 많이 함유되어 있다.

풀이 ③

예제 2.2

시멘트의 화학적 성분 중 주성분이 아닌 것은? (건·재·기출, 20.8)

① 석회 ② 실리카
③ 알루미나 ④ 산화마그네슘

풀이 ④

2.4 시멘트 일반적 성질

2.4.1 시멘트 수화(Hydration)

포틀랜드 시멘트 주성분이 시멘트 수화물에 미치는 영향은 표 2.5와 같다. 표 2.5와 표 2.2를 비교하면, 각 시멘트 특징을 파악할 수 있다.

표 2.5 수경성 화합물 특성의 상대적 비교

항 목		C_3S	C_2S	C_3A	C_4AF
강도발현	단기	대	소	대	소
	장기	대	대	소	소
수화열		중	소	대	소
화학저항성		중	대	소	중
건조수축		중	소	대	소

포틀랜드 시멘트에 물을 가하면 복잡한 수화반응이 시작된다. 주요 시멘트 수화물에는 Tobermorite라는 규산칼슘 수화물(CaO-SiO_2-H_2O계 화합물로, 상온에서는 $3CaO \cdot 2SiO_2 \cdot 3H_2O$, 180℃와 10기압 이상 고온 고압의 Autoclave 양생에서는 고강도를 보이는 $5CaO \cdot Al_2O_3 \cdot 5H_2O$)이나 칼슘 알루미네이트 수화물인 Ettringite ($3CaO \cdot Al_2O_3 \cdot 3CaSO_4 \cdot 32H_2O$)가 있다. 그림 2.3은 물과 포틀랜드 시멘트가 결합하여 수화물을 생성하는 과정을 나타내고 있다.

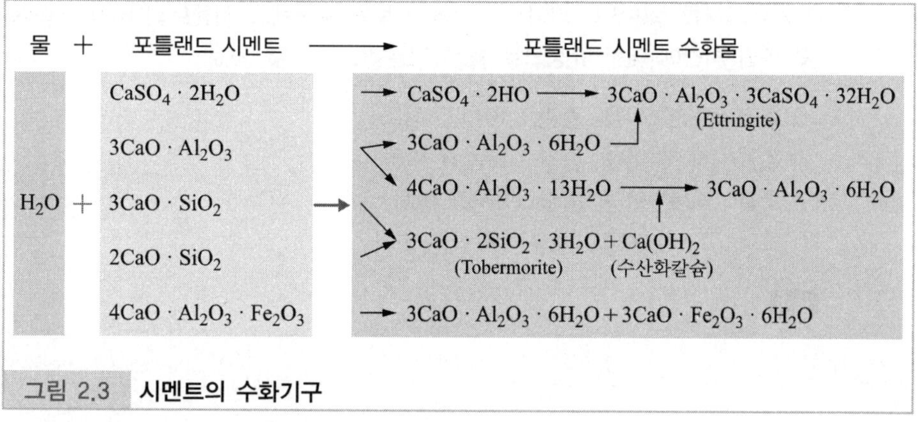

그림 2.3 시멘트의 수화기구

시멘트 입자가 물과 접하면, C_3A와 석고 반응에 의하여 표면에서 얇은 수화물 층이 생겨서 내부로 수화진행이 방해를 받는다. 이 때문에 시멘트 페이스트는 유동성을 가질 수 있지만, 석고가 C_3A에 의해 전부 소비하면 C_3A만의 수화가 시작하고, 동시에 C_3S의 수화도 진행하여 시멘트 입자 주변에 수화물이 석출하고, 그 결과 입자가 서로 결합하여 유동하지 않는 겔로 응결하기 시작한다. 한국 산업규격에서는 응결의 시작 및 끝을 각각 1시간 이내와 10시간 이내로 규정하고 있다. 시간이 경과할수록 시멘트 겔 생성이 증대하여 시멘트 입자 사이가 치밀하게 채워지면서 경화를 진행한다. 포틀랜드 시멘트가 완전히 수화하는데 필요한 수량은 화학적으로 강체 결합하는 결합수(시멘트의 약 25%)와 겔화한 미립자 표면에 흡착하여 입자상호를 결합하는 겔수(시멘트의 약 15%)의 합계로 시멘트의 약 40%로 고려한다.

예제 2.3

포트랜드 시멘트의 주성부누 비율 중 수경률(Hydraulic Modulus)에 대한 설명으로 틀린 것은? (건·재·기출, 20.6)

① 수경률은 CaO성분이 많을 경우 커진다.
② 수경률은 다른 성분이 일정할 경우 석고량이 많을수록 커진다.
③ 수경률이 크면 초기강도가 커진다.
④ 수경률이 크면 수화열이 큰 시멘트가 생긴다.

풀이 ②

예제 2.4

포틀랜드 시멘트(KS L 5201)에서 1종인 보통 포틀랜드 시멘트의 비카 시험에 따른 초결 및 종결 시간에 대한 규정으로 옳은 것은? (건·재·기출, 20.6)

① 초결 : 60분 이상, 종결 : 10시간 이하
② 초결 : 50분 이상, 종결 : 15시간 이하
③ 초결 : 40분 이상, 종결 : 9시간 이하
④ 초결 : 120분 이상, 종결 : 10시간 이하

풀이 ①

2.4.2 응결(Setting)과 경화(Hardening)

응결·경화 과정에서 시멘트가 발열하여 수화열이 발생한다. 발열량은 시멘트의 종류·분말도·물－시멘트 비 등에 따라 차이가 난다. 포틀랜드 시멘트가 완전히 수화하면, 525 J/g 정도의 열이 발생한다. 수화열은 콘크리트 내부온도를 상승시켜 동절기 공사에서는 유리하지만, 매스 콘크리트와 같은 큰 콘크리트에서는 내·외부의 온도차로 미세균열이 발생한다.

예제 2.5

시멘트의 응결에 영향을 미치는 요소에 대한 설명으로 틀린 것은? (건·재·기출, 22.3)

① 풍화된 시멘트는 일반적으로 응결이 빨라진다.
② 온도가 높을수록 응결은 빨라진다.
③ 배합 수량이 많을수록 응결은 지연된다.
④ 석고의 첨가량이 많을수록 응결은 지연된다.

풀이 ①

예제 2.6

시멘트의 일반적인 성질에 대한 설명으로 틀린 것은? (건·재·기출, 22.4)

① 시멘트가 불안정하면 이상팽창 등을 일으켜 콘크리트에 균열을 발생시킨다.
② 시멘트의 입자가 작고 온도가 높을수록 수화속도가 빠르게 되어 초기강도가 증가된다.
③ 시멘트의 분말도가 높으면 수축이 크고 균열발생의 가능성이 크며, 시멘트 자체가 풍화되기 쉽다.
④ 시멘트의 응결 시간은 수량이 많고 온도가 낮으면 빨라지고, 분말도가 높거나 C_3A의 양이 많으면 느려진다.

풀이 ④

2.4.3 시멘트 강도

미세 결정인 시멘트 겔은 표면에너지로 서로 응집하여 섞이면서 그물 모양 구조를 만들면 상호 결합이 더욱 강해져 경화하면서 강도를 증가시킨다. 경화 시멘트 비표면적은 수화하지 않은 시멘트 비표면적보다 800배 크다. 이와 같은 극 미립자인 시멘트 겔이 가까이 존재하므로 분자간 인력이 크고, 수소 결합이나 전하 불균형에 의한 화학적 결합력이 더해져서 시멘트 강도가 만들어진다. 이것이 콘크리트 강도의 근원이다.

그림 2.3은 단위 고체부피(미수화 시멘트·시멘트 수화물·겔수 부피가 페이스트 단위 부피 속에 포함하고 있는 비율)와 모르타르 압축강도와의 관계를 나타낸 것으로, 시멘트의 종류·물－시멘트 비·공기량·재령 등에 관계없이 하나의 식으로 표현할 수 있다.

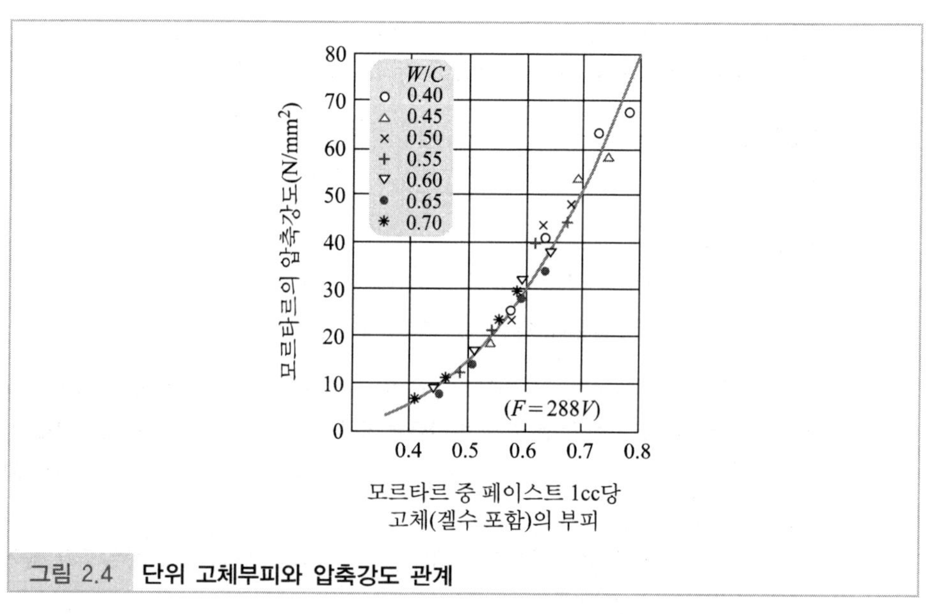

그림 2.4 **단위 고체부피와 압축강도 관계**

2.4.4 시멘트 풍화(Aeration)

시멘트는 공기 중 수분이나 탄소가스를 흡수하면 풍화(Aeration)가 발생한다. 풍화로 시멘트 품질이 저하하고, 강열감량이 증가하며 비중이나 강도가 떨어진다. 또 위

응결(False Set = 이상응결 = 헛응결 = 가응결 = 이중응결 ; 정상 응결과는 달리 혼합반죽 직후에 급속히 굳어져서 경화하는 현상, 조점성이라고도 한다)을 일으키기도 한다. 시멘트 풍화를 방지하기 위해서는 우선 시멘트를 3개월 이내 사용하거나 방습과 통풍을 방지하여 저장하여야 한다.

$CO_2 + H_2O \leftrightarrow H_2CO_3$	$\Rightarrow$	$H_2CO_3 + Ca(OH)_2 \rightarrow CaCO_3 + H_2O$
이산화탄소 + 물 ↔ 탄산		탄산 + 수산화칼슘(석회수) → 탄산칼슘(석회암) + 물
대기에서 탄산 형성		시멘트입자 표면에 탄산칼슘 피막 형성

그림 2.5 **시멘트 풍화(탄산화) 과정**

예제 2.7

시멘트의 수화반응에 의해 생성된 수산화칼륨이 대기 중의 이산화탄소와 반응하여 콘크리트의 성능을 저하시키는 현상을 무엇이라 하는가? (건·재·기출, 22.3)

① 염해
② 탄산화
③ 동결융해
④ 알칼리-골재반응

풀이 ②, 풍화=탄산화

예제 2.8

시멘트의 강열감량(ignition loss)에 대한 설명으로 틀린 것은? (건·재·기출, 22.3)

① 강열감량은 시멘트에 약 1,000℃의 강한 열을 가했을 때의 시멘트 중량감소량을 말한다.
② 강열감량은 주로 시멘트 속에 포함된 H_2O와 CO_2의 양이다.
③ 강열감량은 클링커와 혼합하는 석고의 결정수량과 거의 같은 양이다.
④ 시멘트가 풍화하면 강열감량이 적어지므로 풍화의 정도를 파악하는데 사용된다.

풀이 강열감량증가 = 풍화
∴ ④

예제 2.9

콘크리트의 탄산화 반응에 대한 설명 중 틀린 것은? (건·재·기출, 20.8)

① 온도가 높을수록 탄산화 속도는 빨라진다.
② 이 반응으로 시멘트의 알칼리성이 상실되어 철근의 부식을 촉진시킨다.
③ 보통보틀랜드시멘트의 탄산화 속도는 혼합시멘트의 탄산화 속도보다 빠르다.
④ 경화한 콘크리트의 표면에서 공기 중의 탄산가스에 의해 수산화칼슘이 탄산칼슘으로 바뀌는 반응이다.

풀이 ③

2.4.5 수축(Shrinkage)

경화한 시멘트 페이스트는 다공질이다. 미세한 모세관 속 수분이 증발할 때 모세관수 표면장력이 증가하면서 수축한다. 이러한 건조 수축은 모세관이 작을수록 또는 외부습도가 낮을수록 증가하며 이것이 미세 균열을 일으키는 원인이다.

물-시멘트 비가 크면 모세 간극이 증가하여 투수성도 크다. 일반적으로 미세 균열이나 시공 결함이 없는 한 시멘트 페이스트 수밀성은 높다.

2.4.6 시멘트 안정성(Soundness)

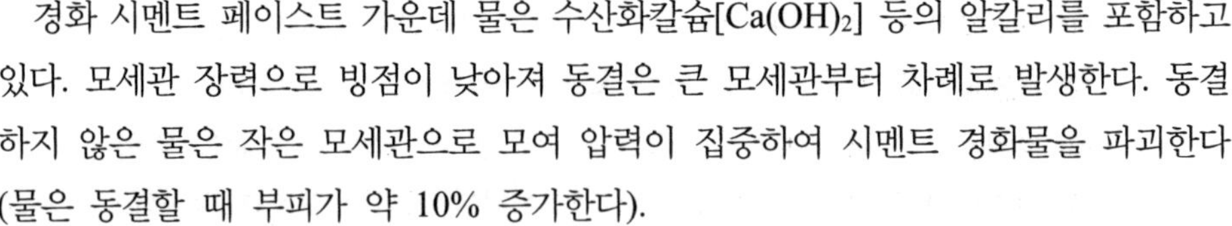

경화 시멘트 페이스트 가운데 물은 수산화칼슘[$Ca(OH)_2$] 등의 알칼리를 포함하고 있다. 모세관 장력으로 빙점이 낮아져 동결은 큰 모세관부터 차례로 발생한다. 동결하지 않은 물은 작은 모세관으로 모여 압력이 집중하여 시멘트 경화물을 파괴한다(물은 동결할 때 부피가 약 10% 증가한다).

경화 시멘트는 특히 염산·황산·초산과 같은 무기산에 약하고 수용성 물질을 만드는 것과 동시에 실리카(SiO_2), 알루미나(Al_2O_3) 등이 녹아서 분해한다. 황산염에도 약하여 수산화칼슘(석회수)과 반응하여 황산칼슘(석고=$CaSO_4$)를 생성하고 에트린가이트가 만들어지면 큰 부피팽창으로 인해 파괴한다. 그러므로 내해수성 문제가 발생한다.

2.4.7 시멘트 비중(Specific Gravity)

포틀랜드 시멘트 비중은 KS L 5110에 측정방법을 규정하고 있으며 콘크리트 배합설계를 할 때 필요하다. 표준품셈 "재료의 단위 중량" 편에 시멘트 항목을 보면 자연 상태인 경우 1,500 kg/m^3, 일반은 3,150/m^{3}로 제시하므로 자연 상태, 즉 공극이 있는 경우 시멘트 비중은 1.5이고 공극이 없는 경우, 즉 진비중은 3.15인 것을 알 수 있다. 시멘트 비중시험을 하여 표준품셈이 제시한 비중 값보다 작으면 시멘트 풍화 정도를 알 수 있다. 또한, 석고를 다량 함유하고 있는 경우도 비중이 작으므로 유의하여야 한다.

예제 2.10

시멘트 64 g을 비중 시험한 결과가 다음과 같을 때 이 시멘트 비중은 얼마인가? (단, 최초 광유눈금 읽기가 0.6 mℓ, 나중 광유눈금 읽기가 21.5 mℓ이다.)

풀이 KS L 5110에 의하면 $\text{시멘트 비중} = \dfrac{\text{시멘트 무게(g)}}{\text{비중병 눈금 차(m}\ell\text{)}}$

$$\therefore \text{ 시멘트 비중} = \frac{64\text{ g}}{21.5\text{ m}\ell - 0.6\text{ m}\ell} = 3.062$$

2.5 시멘트 관리

2.5.1 포장 및 운반

"포대 시멘트는 KS A 1542, KS A 1543, KS A 1553 또는 시멘트 포장에 적합한 포대에 넣어 무게 40 kg으로 포장하여야 하며, 포장시멘트는 지대 바깥 면에, 비포장 시멘트는 납품서에 시멘트의 종류, 제조자 명, 상표, 무게 및 제조 년 월 일 또는 출하 년 월 일을 명시하여야 한다. 시멘트를 차량으로 장거리 운반 할 때에는 방습포 등으로 씌워 기상 영향을 받지 않도록 하여야 한다. 비포장 시멘트는 방수, 방풍이 된 전용시설에 수용되어야 한다."(시멘트·콘·포장·시공지침, 국토부, 2017)

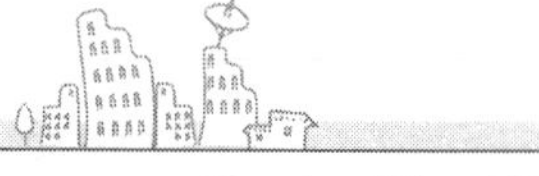

시멘트 한 포대의 무게는 94파운드, 즉 94 lb × 0.45359 kg = 42.63746 kg ≒ 42.638 kg이다. 이것을 부피로 환산하면, 시멘트 비중이 1.5이고, 무게 42.638 kg이므로 부피는 28.425 ℓ, 즉 1 ft^3에 해당하는 부피이다. 그러므로 우리나라는 1972년 1월부터 40 kg으로 표준화하여 가격 경쟁력과 단위의 단순화를 이루었다. 시멘트는 벌크 시멘트나 포대 시멘트로 포장한다. 일반적으로 대규모 공사에는 대량으로 시멘트를 운반할 수 있는 벌크 시멘트(Bulk Cement)로 운반하여 사일로에 저장 후 사용하고 있다. 소규모 공사에서는 운반 편의성으로 포대 시멘트를 사용하지만 파손하기 쉽고 포장비용으로 인하여 가격이 높다는 결점이 있다.

2.5.2 저장

"시멘트는 포장, 운반 및 저장 상태에 따라 공장 출하 시 제시된 초기 품질이 변동될 가능성이 많은 제품이므로 각별한 주의가 필요하다. 시멘트는 저장 중에 공기 중의 수분을 흡수하여 경미한 수화작용을 일으키고, 동시에 공기 중의 탄산가스를 흡수하여 풍화하는데, 시멘트가 풍화하면 응결이 늦어지며, 강도가 점차로 낮아지는 등 시멘트 콘크리트 품질에 나쁜 영향을 미친다."(시멘트·콘·포장·시공지침, 국토부, 2017)

"콘크리트 시방서(KCS-2022)" 2.3.2.1과 "시멘트 콘크리트 포장생산 및 시공지침"에 시멘트 저장에 대하여 각각 다음과 같이 규정하고 있다(규정이 동일한 항목은 생략하고 다른 부분만 비교 및 첨가함).

1. "시멘트는 방습적인 구조로 된 사일로 또는 창고에 품종별로 구분하여 저장하여야 한다." (KCS-2022 2.3.2.1)
2. "시멘트를 저장하는 사일로는 시멘트가 바닥에 쌓여서 나오지 않는 부분이 생기지 않도록 한다." (KCS-2022 2.3.2.1)
3. "시멘트 사일로의 용량은 1일 평균 작업량의 3일분 이상을 저장할 수 있는 크기이어야 한다." (시멘트·콘·포장·시공지침, 국토부, 2017)
4. "포대 시멘트가 저장 중에 지면으로부터 습기를 받지 않도록 하기 위해서는 창고의 마룻바닥과 지면 사이에 어느 정도의 거리가 필요하며, 현장에서의 목조 창고를 표준으로 할 때, 그 거리를 0.3 m로 하면 좋다." (KCS-2022 2.3.2.1)

5. “포대 시멘트를 쌓아서 저장하면 그 질량으로 인해 하부의 시멘트가 고결할 염려가 있으므로 시멘트를 쌓아올리는 높이는 13포대 이하로 하는 것이 바람직하다. 저장기간이 길어질 우려가 있는 경우에는 7포 이상 쌓아올리지 않는 것이 좋다.” (KCS-2022 2.3.2.1)
6. “포대 시멘트는 지상 30 cm 이상 되는 마루에 쌓아올려서 검사나 반출에 편리하도록 배치하여 저장해야 하며 쌓는 포대 수는 12포대 이하이어야 한다.” (시멘트·콘·포장·시공지침, 국토부, 2017)
7. “저장 중에 약간이라도 굳은 시멘트는 공사에 사용하지 않아야 한다. 3개월 이상 장기간 저장한 시멘트는 사용하기에 앞서 재시험을 실시하여 그 품질을 확인한다.” (KCS-2022 2.3.2.1)
8. “포대 시멘트를 일시적으로 야적하고자 할 때에는 감독자의 승인을 받아야 하며, 이때에는 방습포로 덮어야 한다.” (시멘트·콘·포장·시공지침, 국토부, 2017)
9. “시멘트의 온도가 너무 높을 때는 그 온도를 낮춘 다음 사용한다. 시멘트의 온도는 일반적으로 50℃ 정도 이하를 사용하는 것이 좋다.” (KCS-2022 2.3.2.1)
10. “시멘트의 온도가 너무 높을 때는 그 온도를 낮추어서 사용하여야 한다. 일반적으로 70℃ 이하의 온도를 갖는 시멘트를 사용하는 것이 좋다.” (시멘트·콘·포장·시공지침, 국토부, 2017)
11. “벌크 시멘트(Bulk Cement)는 저압력(0.035～0.070 MPa)에서도 압축공기를 이용하여 20 m 높이까지 배출해 낼 수 있는 공기압 벌크탱크에 저장 사용해야 한다. 또한, 벌크탱크는 중력에 의하여 계량 홉퍼로 배출될 수 있도록 가급적 높게 설치해야 하며, 외기 온도에 영향을 받지 않도록 적절한 보온 조치를 취해야 한다.” (시멘트·콘·포장·시공지침, 국토부, 2017)

콘크리트 시방서와 시멘트 콘크리트 포장생산 및 시공지침을 분석하면 포대 시멘트 쌓기 규정이 다른 것을 알 수 있다. 표준품셈에서도 콘크리트 시방서와 같이 13포대이다. 즉, 외국산인 경우 한 포대의 무게는 94파운드, 즉 무게 42.638 kg이므로 12포대가 적절한 것으로 알 수 있다. 시멘트 온도의 경우 콘크리트 시방서가 좀 더 엄밀한 것을 알 수 있다. 11. 항목의 벌크 시멘트 규정은 콘크리트 시방서에서는 제시하지 않고 있다.

보통 포틀랜드 시멘트 단위 중량이 자연 상태인 경우 1,500 kg/m^3, 일반은 3,150/m^3이므로 1500 kg ÷ 40 kg = 37.5, 즉 1 m^2당 37.5포대를 쌓을 수 있는 것을 알 수 있다.

한편, 표준품셈 2장 가설공사 편에 시멘트 창고 필요면적 산출을 다음과 같이 규정하고 있다.

$$A = 0.4 \times \frac{N}{n}\ [\mathrm{m}^2] \tag{2.1}$$

여기서, A : 저장면적
N : 저장할 수 있는 시멘트량
n : 쌓기 단수

예제 2.11

시멘트 1,000포를 쌓으려면 창고의 필요면적은 얼마인가? (단, 쌓기 단수는 13포대이다.)

풀이 $A = 0.4 \times \frac{N}{n} = 0.4 \times \frac{1,000}{13} = 30.769\ \mathrm{m}^2$

예제 2.12

시멘트의 저장 및 사용에 대한 설명으로 틀린 것은? (건·재·기출, 22.4)

① 시멘트는 방습적인 구조물에 저장한다.
② 시멘트를 쌓아올리는 높이는 13포대 이하로 하는 것이 바람직하다.
③ 저장 중에 약간 굳은 시멘트는 품질검사 후 사용한다.
④ 시멘트의 온도는 일반적으로 50℃ 이하에서 사용한다.

풀이 ③ (콘·시방서 KCS-2022 2.3.2.1 참조)

예제 2.13

시멘트에 대한 설명으로 틀린 것은? (건·재·기출21.9)

① 제조법에는 건식법, 습식법, 반습식법 등이 있다.
② 분말도가 작을수록 수화반응이 빠르고 조기 강도가 크다.
③ 포틀랜드 시멘트는 석회질 원료와 점토질 원료를 혼합하여 만든다.
④ 저장할 때는 바닥에는 30 cm 이상 떨어진 마루에 적재하되 13포대 이하로 쌓아야 한다.

풀이 ②

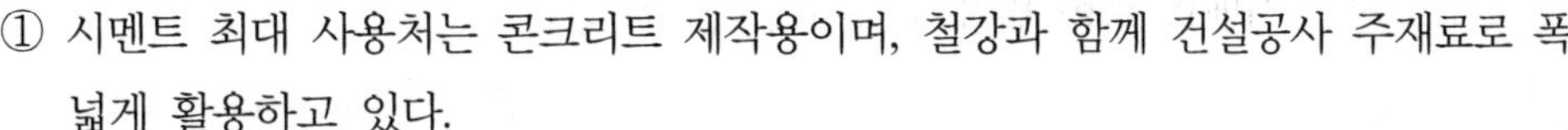

2.5.3 활용 범위

① 시멘트 최대 사용처는 콘크리트 제작용이며, 철강과 함께 건설공사 주재료로 폭넓게 활용하고 있다.
② 시멘트 페이스트, 시멘트 슬러리(유동성 시멘트 페이스트), 규산나트륨과 조합한 시멘트·물·글라스 그라우트, 핸드 나이트와 조합한 CB 그라우트 등은 주로 주입용으로 활용하고 있다.
③ 시멘트 모르타르는 주입용부터 된 반죽한 드라이 패킹용(해머로 타격하면서 주입하여 굳힘)까지 폭넓게 활용하고 있다.
④ 아스팔트 유제와 조합한 CA 모르타르는 대부분 궤도용 충전제로 사용하지만 도로용으로 활용범위를 확대하고 있다.

연습문제

01 시멘트 제조과정에 대하여 설명하시오.

02 시멘트 종류에 대하여 설명하시오.

03 포틀랜드 시멘트 조성광물과 특성에 대하여 설명하시오.

04 시멘트 수화 반응에 대하여 설명하시오.

05 혼합 시멘트에 대하여 설명하시오.

06 특수 시멘트에 대하여 설명하시오.

07 시멘트 비표면적(분말도)에 대하여 설명하시오.

08 포졸란 반응에 대하여 설명하시오.

09 시멘트 비중에 대하여 설명하시오.

10 시멘트 포장, 운반 및 저장에 대하여 설명하시오.

참고문헌

건설교통부, 레미콘·아스콘 품질관리 지침, 2007.12.
건설교통부, 콘크리트 표준시방서, 2003.
국토교통부, KCS 14 20 01~70 : 2022, 2022.1.11.
국토교통부, KCS 14 31 05~70 : 2022, 2022.1.11.
국토교통부, KDS 14 20 01~62 : 2022, 2022.1.11.
국토교통부, 시멘트 콘크리트 포장 시공지침, 2017.4.
국토해양부, 도로공사 표준시방서, 2016.
국토해양부, 레미콘·아스콘 품질관리 지침, 2012.11.
국토해양부, 시멘트 콘크리트 포장 생산 및 시공 지침, 2009.11.
국토해양부, 콘크리트 구조기준, 2012.10.
국토해양부, 콘크리트 표준시방서, 2009.
국토해양부, 콘크리트 표준시방서, 2016.
대한건설협회, 2005 건설공사 표준품셈, 2005.1.
대한전문건설협회, 콘크리트 구조물(토목)의 균열과 하자문제, 2005.5.
문한영, 건설재료학, 동명사, 1987.2.
박홍용 역, 콘크리트와 문화, 씨아이알, 2014.6.
성기태 외 3, 토목재료학, 신광문화사, 2007.6.
이경하 역, 아스팔트 혼합물의 지식, 동화기술, 2002.10.
이형준 외 5, 건설재료학, 동화기술, 2016.8.
장영길 외 3, 토목재료 및 실험, 동화기술, 2004.3.
전용배 외 2, 실내토질시험법의 기초, 성안당, 2001.3.
전용배 외 4, 건설재료 및 시험, 동화기술, 2010.3.
전용배, 건설재료 및 실내시험법 기초, 동화기술, 2018.2.
토목공학연구회, 토목실험, 형설출판사, 1987.2.
토목용어사전편찬위원회, 그림으로 해설한 토목용어사전, 성안당, 1998.5.
中村聖三 외 1, 土木材料學, コロナ社, 2014.2.
宮川豊章 외 1, 土木材料學, 朝倉書店, 2012.3.

Chapter 3 혼화재료

3.1 개 요

혼화재료란 콘크리트 주재료인 시멘트, 물, 골재 이외의 재료로서 필요에 따라 콘크리트의 성분으로서 혼합하는 재료를 말하며 굳지 않은 콘크리트 또는 굳은 콘크리트의 성질을 개선할 목적으로 사용하는 재료를 말한다. "시멘트 콘크리트 포장생산 및 시공지침(국토부, 2017)"에서 혼화재료의 사용목적을 "워커빌리티의 개선, 초기 강도의 증진, 장기 강도의 증진, 응결시간의 조절, 발열의 지연 및 감소, 내구성의 개선, 알칼리-실리카 반응의 억제 등의 목적으로 사용된다."라고 정의하고 있다. 이외의 철근의 부식방지 및 부착력 증진, 수밀성 및 화학 저항성 증진 등을 말할 수 있다.

혼화재료의 효과는 시멘트 골재의 품질, 배합, 온도 등에 따라 다르므로 새로운 혼화재료를 사용하려면 시험 또는 효과를 확인한 후 사용하여야 한다.

3.2 혼화재료 종류

혼화재료는 사용량의 많고 적음에 따라 또는 비비기 부피 그리고 배합설계에 고려하는지 아닌지에 따라 혼화재와 혼화제로 분류한다. "혼화재료를 대별하여 시멘트 중량의 5% 이상 사용되어, 그 자체의 용적이 시멘트 콘크리트 배합계산에 고려되는 것을 혼화재라 하고, 시멘트 중량의 1% 이하로 사용되어, 그 자체의 용적이 시멘트 콘크리트 배합계산에서 무시되는 것을 혼화제라 한다."(시멘트·콘·포장·시공지침, 국토부, 2017) 또한 혼화재료의 종류는 "혼화재로는 플라이 애시, 고로 슬래그 미분말, 실리카 퓸 등이 있으며, 혼화제로는 AE제, AE 감수제, 고성능 AE 감수제, 감수제, 지연제, 급결제 등이 있다."(시멘트·콘·포장·시공지침, 국토부, 2017)로 구분하고 있다.

3.3 혼화재

3.3.1 플라이 애시(Fly Ash)

"혼화재로 사용할 플라이 애시는 KS L 5405에 적합한 것이어야 한다."(KCS-2022 2.1.5.2) 화력발전소 미분탄(미세한 탄가루)을 보일러(Boiler)에서 연소시키면 그의 재(탄가루)가 용융상태가 되어 폐가스에 부유한다. 이것이 폐가스와 함께 저온의 굴뚝을 나오게 되면 굳어져 공 모양 분말이 되어 거친 알맹이(조립자)는 사이클론(Cyclone)에서 제거하고 미세한 알맹이는 전기식 먼지 채집기로 포집한다. 이 미세한 알갱이을 플라이 애시(Fly Ash)라고 말한다.

플라이 애시 입자는 매끄러운 둥근 모양이어서 콘크리트에 혼입하면 워커빌리티가 좋아지나 플라이 애시 품질은 공장마다 다르고 같은 공장에서 채집한 것도 시기에 따라 변동하므로 KS L 5405 (플라이 애시)에 적합한 것이어야 한다.

플라이 애시의 효과는 "시멘트 콘크리트 혼화재로 사용 시 시멘트 콘크리트 워커빌리티를 개선하여 단위 수량을 감소시키고 수화열로 인한 온도상승을 감소시킬 수 있고, 수축이 적어지고, 수밀성이나 화학적 침식에 대한 내구성을 개선시키고, 알칼리 골재반응을 억제시키며, 장기 재령에서의 강도가 커지는 등의 우수한 효과를 얻게 된다."(시멘트·콘·포장·시공지침, 국토부, 2017)

단위 수량 감소량은 플라이 애시 품질, 사용량 및 콘크리트 배합 등에 따라 다르나 AE제를 사용하지 않을 경우 1～6%, AE제를 사용한 경우 2～9%, 감수제를 사용한 경우 4～12%의 감소량을 보인다. 충분한 습윤 양생을 하면 포졸란 반응에 의해 장기재령 강도 및 수밀성을 개선하고 건조수축이 작아진다. 양생온도가 높은 경우에도 장기에 걸친 강도증진이 크다. 플라이 애시 품질기준은 표 3.1과 같다.

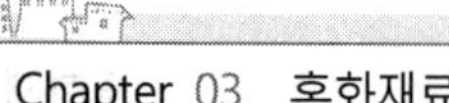

표 3.1 플라이 애시 품질기준(KS L 5405) (시멘트·콘·포장·시공지침, 국토부, 2017)

항 목		한국(KS L 5405)	
		1종	2종
이산화규소(SiO_2)		45.0 이상	45.0 이상
수분(%)		1.0 이하	1.0 이하
강열감량(LOI)(%)		3.0 이하	5.0 이하
분말도(1)	브레인(cm^3/g)	4,500 이상	3,000 이상
	45μm(325체) 잔량 (망체방법)	10 이하	40 이하
플로값 비(%)		105 이상	95 이상
밀도(g/cm^3)		1.95 이상	1.95 이상
활성도 지수(%)	28일	90 이상	80 이상
	90일	100 이상	90 이상

주) 브레인 방법(공기투과장치에 의한 분말도)을 따르면 망체방법은 참고값으로 한다.

예제 3.1

콘크리트용 혼화재로 사용되는 플라이 애시가 콘크리트의 성질에 미치는 영향에 대한 설명으로 틀린 것은? (건·재·기출, 21.3)

① 콘크리트의 화학저항성이 향상된다.
② 포졸란 반응에 의해 콘크리트의 수밀성이 향상된다.
③ 표면이 매끄러운 구형 입자로 되어 있어 콘크리트의 워커빌리티가 향상된다.
④ 포졸란 반응에 의해 콘크리트의 중성화 억제효과가 향상된다.

풀이 ④

3.3.2 고로 슬래그 미분말

고로에서 배출된 용융 슬래그를 냉수나 급랭공기로 급랭시키면 작은 모래알 모양으로 변하며 이것을 잘게 부수어서 미분말(미세한 분말) 상태로 만들면 잠재 수경성을 가지고 있고, 약간의 포졸란 반응도 나타나 혼화재로 사용한다. "혼화재로 사용할 고로 슬래그 미분말은 KS F 2563에 적합한 것으로 한다."(KCS-2022 2.1.5.2) 고로 슬래그 미분말 품질기준을 표 3.2와 같다.

표 3.2 고로 슬래그 미분말 품질기준(KS F 2563) (시멘트·콘·포장·시공지침, 국토부, 2017)

품질 \ 종류		고로 슬래그 미분말		
		1종	2종	3종
밀도(g/cm^3)		2.80 이상	2.80 이상	2.80 이상
비표면적(cm^2/g)		8,000~10,000	6,000~8,000	4,000~6,000
활성도 지수 (%)	재령 7일	95 이상	75 이상	55 이상
	재령 28일	105 이상	95 이상	75 이상
	재령 91일	105 이상	105 이상	105 이상
플로값 비(%)		95 이상	95 이상	95 이상
산화마그네슘(MgO)(%)		10.0 이하	10.0 이하	10.0 이하
삼산화황(SO_3)(%)		4.0 이하	4.0 이하	4.0 이하
강열감량(%)		3.0 이하	3.0 이하	3.0 이하
염화물 이온(%)		0.02 이하	0.02 이하	0.02 이하

예제 3.2 

콘크리트용 혼화재료로 사용되는 고로슬래그 미분말에 대한 설명으로 틀린 것은? (건·재·기출, 21.9)

① 탄산화에 대한 내구성이 증진된다.
② 잠재수경성이 있어서 수밀성이 향상된다.
③ 염화물이온 침투를 억제하여 철근부식 억제효과가 있다.
④ 포틀랜드시멘트와의 비중차가 작아 혼화재로 사용할 경우 혼합 및 분산성이 우수하다.

풀이 ①

3.3.3 실리카 퓸(Silica Fume)

“실리카 퓸은, 페로실리콘 및 금속 실리콘 등의 제조 시 부산물로 나오는 입경이 1 micro-meter 이하 구 모양 초미립자이다. 주성분은 비정질의 이산화규소로, 수산화칼슘과의 반응에 의해 칼슘 실리케이트 수화물을 만든다. 실리카 퓸을 시멘트의 일부로 치환시킨 시멘트 콘크리트는 보통의 시멘트 콘크리트와 비교해서 재료 분리가 잘 생기지 않고, 블리딩이 적으며 강도증가가 현저하고 수밀성이나 화학 저항성이 향상된다는 등의 이점이 있다. 그 반면 단위 수량의 증가, 건조 수축의 증가 등의 결점도 있다. 따라서 사용에 있어서는 고성능 감수제와의 병용 등의 배려가 필요하

다."(시멘트·콘·포장·시공지침, 국토부, 2017) "혼화재로 사용할 실리카 퓸은 KS F 2567에 적합한 것으로 한다."(KCS-2022 2.1.5.2) 표 3.3에 실리카 퓸 품질기준을 나타내고 있다.

표 3.3 실리카 퓸 품질기준 (건설재료학, 김홍철, 청문각)

항 목		규정치
이산화규소(%)		85 이상
삼산화유황(%)		3.0 이하
산화마그네슘(%)		5.0 이하
수분(%)		3.0 이하
강열감량(%)		5.0 이하
비표면적(BET법)(m^2/g)		10 이상
활성도 지수(AI)(%)	강도(7일)	90 이상
	강도(28일)	100 이상

예제 3.3

혼화재 등 대표적인 포졸란의 일종으로서 석탄 화력발전소 등에서 미분탄을 연소시킬 때 불연 부분이 용융상태로 부유한 것을 냉각 고화시켜 채취한 비문탄재를 무엇이라고 하는가? (건·재·기출, 22.3)

① 플라이애시 ② 고로슬래그
③ 실리카흄 ④ 소성점토

풀이 ①

3.3.4 팽창재

"혼화재로 사용할 콘크리트용 팽창재는 KS F 2562에 적합한 것으로 한다."(KCS-2022 2.1.5.2) 팽창재는 침상결정(Ettringite) 생성, 석회 팽창작용 등 모르타르 또는 콘크리트를 경화과정에서 팽창시켜 콘크리트 부재 건조수축을 줄여 균열 발생을 방지할 목적과 화학적 프리스트레스(Chemical Prestress) 도입, 교량받침부의 무수축 그라우트에 사용한다. 그 밖에 무수축 그라우트의 철분 발청(녹 발생)을 이용한 팽창재도 있다.

일반적으로 팽창재 사용량을 건조수축균열 방지를 목적으로 할 경우 20~30

kg/m³ 정도, 화학적 프리스트레스 도입을 목적으로 할 경우 30～50 kg/m³ 정도이다. 팽창재 품질기준을 표 3.4에 나타내고 있다.

표 3.4 팽창재 품질기준(KS F 2562) (건설재료학, 김홍철, 청문각)

항 목		규정치
산화마그네슘(%)		5.0 이하
강열감량(%)		3.0 이하
비표면적(m^2/g)		2000 이상
1.2 mm 체잔분(%)		0.5 이하
응결	초결(분)	60 이후
	종결(시간)	10 이내
팽창성(길이 변화율)	7일	0.0003 이상
	28일	−0.0002 이상
압축강도(MPa)	3일	6.9 이상
	7일	14.7 이상
	28일	29.4 이상

3.4 혼화제

KS F 2560은 콘크리트용 화학 혼화제의 종류를 AE제, 감수제(표준형, 지연형, 촉진형) 및 AE 감수제(표준형, 지연형, 촉진형), 고성능 AE 감수제(표준형, 지연형)로 분류하고, 콘크리트의 성질을 개선함과 동시에 콘크리트 응결 및 초기경화 속도를 조절할 수 있도록 규정하고 있다.

AE제, 감수제, AE 감수제, 고성능 AE 감수제를 적절하게 사용함으로써 콘크리트 워커빌리티 개선, 단위 수량 감소, 내동해성 향상, 수밀성 개선 등 우수한 효과를 얻을 수 있다. 표 3.5는 콘크리트용 화학 혼화제 성능에 대한 규정 값이다.

표 3.5 콘크리트용 화학 혼화제 성능(KS F 2560 : 2019)

품질항목 \ 종류		AE제	감수제			AE 감수제			고성능 AE 감수제	
			표준형	지연형	촉진형	표준형	지연형	촉진형	표준형	지연형
감수율(%)		6 이상	4 이상	4 이상	4 이상	10 이상	10 이상	8 이상	18 이상	18 이상
블리딩양의 비(%)		75 이하	100 이하	100 이하	100 이하	70 이하	70 이하	70 이하	60 이하	70 이하
응결시간의 차 (min)	초결	−60∼+60	−60∼+90	+60∼+210	+30 이하	−60∼+90	+60∼+210	+30 이하	−30∼+120	+90∼+240
	종결	−60∼+60	−60∼+90	+210 이하	0 이하	−60∼+90	+210 이하	0 이하	−30∼+120	+240 이하
압축강도의 비 (%)	재령 3일	95 이상	115 이상	105 이상	125 이상	115 이상	105 이상	125 이상	135 이상	135 이상
	재령 7일	95 이상	110 이상	110 이상	115 이상	110 이상	110 이상	115 이상	125 이상	125 이상
	재령 28일	90 이상	110 이상	110 이상	110 이상	110 이상	110 이상	110 이상	115 이상	115 이상
길이 변화비(%)		120 이하	120 이하	120 이하	120 이하	120 이하	120 이하	120 이하	110 이하	110 이하
상대 동탄성계수(%)		80 이상	-	-	-	80 이상	80 이상	80 이상	80 이상	80 이상

표 3.5의 규정 값은 혼화제를 사용한 콘크리트와 혼화제를 사용하지 않은 콘크리트에 대한 비를 나타낸 것으로, 이때 혼화제를 사용한 콘크리트 슬럼프 값은 80 mm 및 180 mm에 대하여 시험하고, 동결 융해에 대한 저항성(상대 동탄성계수)의 규정값은 슬럼프 80 mm의 콘크리트에 대하여 적용한다.

3.4.1 AE제 (Air Entraining)

AE제는 계면활성제로 독립적인 미소공기를 콘크리트에 균일하게 분포하도록 사용하는 혼화제이다. AE제를 혼입한 콘크리트에 만들어진 공기를 연행공기(Entrained Air)라 한다[나머지 공기는 갇힌 공기(Entrapped Air)라 한다]. 연행공기를 포함한 콘크리트를 공기연행 콘크리트(Air Entrained Concrete)라 한다. 계면활성제(Surface Active Agent)란 액체 중에 용해하여 그 용액 중에서 기체－액체, 액체－액체, 액체－고체 등의 경계면에 흡착하여 이들 경계면의 성질을 변화시켜 계면활성능력에 의하여 기포, 분산, 습윤, 유화, 청정 등의 작용을 한다. AE제는 기포 발생작용을 한다.

AE제로 인하여 콘크리트 내에 발생한 기포 지름은 0.025∼0.25 mm 정도의 구형 기포가 많고 AE 콘크리트에 효과가 있는 것은 0.02~0.05 정도의 기포이다. 연행공기는 서로 독립한 구상 형태의 작은 기포로 잔모래 주위에서 볼 베어링(Ball Bearing) 작용을 하여 콘크리트 워커빌리티가 좋아지고 단위 수량을 감소할 수 있다.

연행공기는 AE제를 가하지 않은 콘크리트에 비교적 큰 공기가 합쳐지므로 자연적으로 포함된 갇힌 공기(Entrapped Air)와 구별된다. AE 콘크리트는 다음과 같은 장점이 있다.

① 단위 수량을 줄인다.
② 동결 융해에 대한 저항성이 크다.
③ 워커빌리티가 좋고, 재료 분리, 블리딩(Bleeding)이 적고, 골재로 부순 돌(Crushed Stone)을 사용하기가 쉽다.
④ 수밀성이 크다.
⑤ 빈배합이고 단위 시멘트량이 같은 콘크리트에서 AE 콘크리트 쪽 압축강도가 크다.
⑥ 콘크리트 경화에 따른 열량을 적게 한다.
⑦ 경량골재를 사용하여 자중이 적은 콘크리트를 만들 수 있다.
⑧ 알칼리(Alkali) 골재반응 영향이 작다.
⑨ AE제를 사용하여도 콘크리트 단가는 비슷하다.
⑩ 철근 부착강도가 조금 적어진다.

예제 3.4

콘크리트에서 AE제를 사용하는 목적으로 틀린 것은? (건·재·기출, 21.3)

① 워커빌리티를 개선시키기 위해
② 철근과의 부착력을 증진시키기 위해
③ 재료의 분리, 블리딩을 감소시키기 위해
④ 동결융해에 대한 저항성을 증가시키기 위해

풀이 ②

3.4.2 감수제(Water-reducing Admixtures)

"감수제는 소요 워커빌리티를 얻기에 필요한 단위 수량을 줄이는 작용을 하고, 이로 인하여 소요강도, 내구성을 얻는데 필요한 단위 시멘트량을 줄여도 된다. 또한 단위 수량의 감소로부터 동결융해에 대한 저항성이 증대되고, 단위 시멘트량의 감소로부터 수화발열에 의한 온도상승의 감소 및 건조수축의 감소효과를 발휘하게 된다." (시멘트·콘·포장·시공지침, 국토부, 2017) 감수제는 시멘트 입자를 분산시켜 콘크리트 단위 수량을 감소시키는 혼화제이다. 보통 시멘트 입자는 시멘트 입자 사이의 응집력이 시멘트 입자에 대한 물의 습윤작용보다 크기 때문에 혼합하여도 수중에서 10～30%가 응집되어 있다고 알려져 있다. 감수제를 첨가하면 시멘트 입자표면에 흡착하여 정전기 현상을 발생시켜 시멘트 입자가 서로 반발하여 분산한다. 시멘트 입자가 분산하면 입자사이에 물과 공기가 침투하여 시멘트 풀이 묽어지고, 시멘트 입자가 물과 부착하기 쉬운 상태로 되어 수화를 촉진하여 강도발현이 좋아진다. 이와 같이 시멘트 입자의 분산효과가 물을 줄여주므로 시멘트 분산제(Cement Dispersing Agent)라고도 한다.

감수제의 효과는 감수제 종류, 시멘트, 골재 성질, 콘크리트 배합 등에 따라 다르지만 일반적으로 공기 연행제와 같이 공기연행 효과를 가진 것이 많고, 단위 수량을 12～18% 정도 감소시킬 수 있으며 그 결과 같은 워커빌리티 및 강도의 콘크리트를 만드는데 필요한 단위 시멘트량이 10% 감소할 수 있다. 감수제는 보통 공기 연행제와 같이 사용함으로써 콘크리트 내구성을 개선시킨다.

감수제 효과는 일반적으로 공기 연행제와 같이 사용량에 비례하는 것이 아니다. 필요량 이상을 첨가하면 응결지연이 발생하므로 첨가량은 각 제품 사용량을 정확히 지킬 필요가 있다.

3.4.3 기타 혼화제

(1) 유동성 개선

유동화제란 "미리 비빈 혼합된 콘크리트에 첨가하여 이것을 콘크리트의 유동성을 증대시키기 위해 사용하는 혼화제"라고 KCI-AD 101:2010에서 정의하고 있다.

콘크리트용 유동화제의 품질 규준은 콘크리트 학회의 "콘크리트용 유동화제 품질

규격(KCI-AD 101:2010)"에서 "[5.1 콘크리트 시험]에서 제시한 시험방법으로 시험하여 다음 표 3.6의 규정에 적합하여야 한다." 라고 제시하고 있다. 이 표준은 미리 비벼진 콘크리트에 첨가하는 유동화제의 품질에 적용한다.

표 3.6 유동화제 품질규정

항목 \ 유동화제의 종류			표준형	지연형
시험항목	슬럼프(mm)	베이스 콘크리트	80 ± 10	
		유동화 콘크리트	200 ± 10	
	공기량(%)	베이스 콘크리트	4.5 ± 0.5	
		유동화 콘크리트	4.5 ± 0.5	
블리딩양의 차(mm^3/mm^2)			1 이하	1 이하
응결시간의 차(분)		초결	−30～+90	−60～+210
		종결	−30～+90	+210 이하
시간에 따른(15분) 슬럼프 감소량(mm)			40 이하	40 이하
시간에 따른(15분) 공기량의 감소(%)			1.0 이하	1.0 이하
압축강도비[(1)](%)		재령 3일	90 이상	90 이상
		재령 7일	90 이상	90 이상
		재령 28일	90 이상	90 이상
길이변화비(%)			120 이하	120 이하
동결융해에 대한 저항성[(1)] (상대동탄성계수비 %)			90 이상	90 이상

주 (1) 이 값은 일반적인 경우의 시험오차를 고려한 것으로 유동화 콘크리트 역시 보통 콘크리트와 동등한 품질을 가질 수 있음을 의미한다.

유동화 콘크리트는 콘크리트 단위 수량 증가 없이 유동화제 첨가에 따라 콘크리트 유동성을 높여주므로 콘크리트 품질이 저하하지 않고, 콘크리트 타설과 다지기가 쉬워진다. 즉, 단위 수량이 적은 콘크리트 시공이 가능하다.

유동화 콘크리트는 유동화제에 따라 강제로 유동성을 주는 콘크리트이므로 유동화제의 품질, 성능은 콘크리트 워커빌리티, 강도 등의 품질 특성을 좌우한다. 공사에 이용할 유동화제는 이 규준에 적합한 것이라야 한다. 또한 유동화제는 베이스 콘크리트(Base Concrete)에 쓰이는 공기 연행제, 감수제 또는 공기연행 감수제와 상호작용에 의하여 각각의 효과에 나쁜 영향을 주어서는 안 된다. 표준형 유동화제는 일반 콘크리트 공사에 사용하는 것으로 사용실적 또한 많다.

지연형 유동화제는 유동화 효과에 응결지연 효과를 더한 것으로 서중 콘크리트나 이동거리가 긴 경우 유동화 후의 슬럼프 손실을 줄이기 위하여 사용한다.

지연형 유동화제를 사용한 콘크리트는 베이스 콘크리트에 사용한 다른 혼화제에 따라 과대한 지연성을 나타내어 떨어지는 수도 있으므로 주의하여야 한다.

(2) 염분으로 인한 강재 부식 억제

"혼화제로 사용할 철근콘크리트용 방청제는 KS F 2561에 적합한 것이어야 한다."(KCS-2022 2.1.3.5).

방청제의 정의는 "방청제란 콘크리트 중의 철근이 사용 재료 중에 포함되는 염화물에 의해 부식하는 것을 억제하기 위해 사용하는 혼화 재료를 말한다."(KS F 2561:2018)라고 제시하고 있으며 방청제의 성능은 표 3.7과 같이 규정하고 있다.

표 3.7 **방청제 성능(KS F 2561 : 2018)**

항목	규정		시험방법
부식 상황	부식이 안 될 것.		6.1 (부식상황)에 따른다.
방청률(%)	95 이상		6.2 (방청률)에 따른다.
콘크리트의 응결 시간차(min)	초결	±60 이내	6.3 (콘크리트의 응결시간 및 압축 강도 시험)에 따른다.
	종결		
콘크리트의 압축 강도비(%)	재령 7일	90 이상	
	재령 28일		

철근 콘크리트용 방청제는 염분에 따른 철근 부식을 억제하기 위하여 콘크리트에 첨가하는 혼화제이다. 방청제는 방청효과가 장기간이어야 하고, 콘크리트 응결, 경화나 내구성에 영향을 주지 않고 다루기가 쉽고 인체에 유해한 성분을 포함하면 안 된다.

예제 3.5

방청제를 사용한 콘크리트에서 방청제의 작용에 의한 방식 방법으로 틀린 것은? (건·재·기출, 22.3)

① 콘크리트 중의 철근표면의 부동태 피막을 보강하는 방법
② 콘크리트 중의 이산화탄소를 소비하여 철근에 도달하지 않도록 하는 방법
③ 콘크리트 중의 염소이온을 결합하여 고정하는 방법
④ 콘크리트의 내부를 치밀하게 하여 부식성 물질의 침투를 막는 방법

풀이 ②

(3) 방수효과 개선

콘크리트 공극을 메우거나 방습성을 줌으로써 콘크리트 방수효과를 높이는 혼화제가 방수제이다. 전자로는 물유리계가 있고, 후자로는 지방산염계나 실리콘계가 있으며, 양자의 작용을 겸한 것으로서 수지계나 고무계의 에멀션(Emulsion) 등이 있다.

(4) 점성 및 응집효과로 인한 재료 분리 억제

시멘트 풀 점도 또는 응집성을 증대시켜 모르타르나 콘크리트 재료분리를 억제하고 유동성을 개선시키는 것으로 수중콘크리트용 혼화제나 펌프압송제 등이 있다.

(5) 기포작용으로 충전성 개선 및 중량 조절

모르타르나 콘크리트에 다량의 기포를 넣어 단위 용적 중량을 줄이거나, 빈배합 모르타르 또는 콘크리트 충전성을 개선하는 것으로서 화학반응에 따라 가스를 발생시켜 기포를 만드는 발포제와 계면활성작용에 따라 기포를 끌어 들이는 기포제가 있다.

(6) 유동성 개선 그리고 팽창성 및 충전성과 강도 개선

프리팩트 콘크리트용 주입 모르타르, 역방향 타설 콘크리트 시공이음부의 충전 모르타르 등에 쓰여 유동성 및 침투성을 개선하고 굵은 골재 등과의 부착성을 좋게 하기 위해 모르타르에 적당한 팽창성을 주는 것이다. 양질의 감수제 또는 고성능 감수제에 알루미늄분말이나 분리 저감제, 지연제 등을 조합한 것 등이 있다.

(7) 건조수축 감소

물의 표면장력을 저하시키는 것으로서, 건조 시에 모세관에 발생하는 모세관 장력을 완화시켜 건조수축을 저감하는 유기계 혼화제, Ettringite (침상결정광물)를 생성시켜 약간 완화시키는 무기계 혼화제 등이 있다.

(8) 보수제

시멘트 풀에 점착력 등을 주어 콘크리트 보수성(물을 안정적으로 유지하는 성질)을 높이고, 블리딩을 감소시키며, 펌프압송능력을 개선시키는 효과를 갖는 것으로서 수용성 고분자를 사용하고 있다.

(9) 수화열 억제제

일반 지연제와는 달리 특수한 용해성을 이용하여 콘크리트 온도 증가 속도와 온도 증가량을 감소시키는 혼화제로서 글루코오스(Glucose) 고분자 등을 사용하고 있다.

(10) 방동제(동해 방지제)

겨울에 친 콘크리트 초기 동해를 막고, 또 빙점 아래에서 강도 증진성이 있고, 소요 강도와 내구성을 갖는 콘크리트를 만들기 위한 혼화제로서 고성능 감수제와 함질소 무기염(질소를 가진 무기염)을 조합한 것을 사용하고 있다.

(11) 분진 방지제

숏크리트 공법에서 발생하는 분진을 저감시키기 위한 감수제로서 수용성 고분자를 사용하고 있다.

(12) 블록용 혼화제

된 비빔 콘크리트로 시공하여 거푸집을 즉시 떼어낼 수 있는 블록에 사용하거나 충전성, 거푸집을 떼어낼 때 변형 방지, 내동해성 향상 등을 도모하는 것으로 특수한 점조제, 습윤제, 공기 연행제 등을 조합하여 사용하고 있다.

예제 3.6

콘크리트용 혼화제에 대한 일반적인 설명으로 틀린 것은? (건·재·기출, 22.3)

① AE제에 의한 연행공기는 시멘트, 골재입자 주위에서 베어링(bearing)과 같은 작용을 함으로써 콘크리트의 워커빌리티를 개선하는 효과가 있다.
② 고성능 감수제는 그 사용방법에 따라 고강도 콘크리트용 감수제와 유동화제로 나누어지지만 기본적인 성능은 동일하다.
③ 촉진제는 응결시간이 빠르고 조기강도를 증대시키는 효과가 있기 때문에 여름철 공사에 사용하면 더 유리하다.
④ 지연제로 사일로, 대형구조물 및 수조 등과 같이 연속타설을 필요로 하는 콘크리트 구

조에 작업이음과 발생 등의 방지에 유효하다.

풀이 ③

3.5 혼화재료 저장

3.5.1 혼화재 저장 (KCS-2022 2.3.2.3)

(1) 혼화재는 방습이 되는 사일로 또는 창고 등에 종류별로 구분하여 저장하고, 입하된 순서대로 사용하여야 한다.

(2) 장기간 저장한 혼화재는 사용하기 전에 시험을 실시하여 품질을 확인하여야 하며, 시험결과 규정된 성질을 얻지 못할 때는 그 혼화재료는 사용하여서는 안 된다.

(3) 혼화재는 취급 시에 비산하지 않도록 주의한다.

3.5.2 혼화제 저장 (KCS-2022 2.3.2.4)

(1) 혼화제는 먼지, 기타 불순물이 혼입되지 않도록, 액상의 혼화제는 분리되거나 변질되거나 동결되지 않도록, 또 분말상의 혼화제는 습기를 흡수하거나 굳어지는 일이 저장하여야 한다.

(2) 장기간 저장한 혼화제나 품질에 이상이 인정된 혼화제는 이것을 사용하기 전에 시험을 실시하여 그 성능이 저하되어 있지 않다는 것을 확인한 후 사용하여야 한다.

연습문제

01 혼화재에 대하여 설명하시오.

02 혼화제에 대하여 설명하시오.

03 플라이 애시에 대하여 설명하시오.

04 실리카 퓸에 대하여 설명하시오.

05 팽창재에 대하여 설명하시오.

06 공기 연행제에 대하여 설명하시오.

07 감수제에 대하여 설명하시오.

08 혼화재료(혼화재 및 혼화제) 관리 및 저장에 대하여 설명하시오.

참고문헌

건설교통부, 콘크리트 표준시방서, 2003.

국토교통부, KCS 14 20 01 ~ 70 : 2022, 2022.1.11.

국토교통부, KCS 14 31 05 ~ 70 : 2022, 2022.1.11.

국토교통부, KDS 14 20 01 ~ 62 : 2022, 2022.1.11.

국토교통부, 시멘트 콘크리트 포장 시공지침, 2017.4.

국토해양부, 건축공사 표준시방서, 2015.

국토해양부, 도로공사 표준시방서, 2016.

국토해양부, 레미콘·아스콘 품질관리 지침, 2012.11.

국토해양부, 시멘트 콘크리트 포장 생산 및 시공 지침, 2009.11.

국토해양부, 콘크리트 구조기준, 2012.10.

국토해양부, 콘크리트 표준시방서, 2009.

국토해양부, 콘크리트 표준시방서, 2016.

김홍철, 건설재료학, 청문각, 2005.2.

대한건설협회, 2005 건설공사 표준품셈, 2005.1.

대한전문건설협회, 콘크리트 구조물(토목)의 균열과 하자문제, 2005.5.

문한영, 건설재료학, 동명사, 1987.2.

박홍용 역, 콘크리트와 문화, 씨아이알, 2014.6.

성기태 외 3, 토목재료학, 신광문화사, 2007.6.

이형준 외 5, 건설재료학, 동화기술, 2016.8.

장영길 외 3, 토목재료 및 실험, 동화기술, 2004.3.

장영길 외 5 역, 콘크리트의 자식, 동화기술, 2003.2.

전용배 외 2, 실내토질시험법의 기초, 성안당, 2001.3.

전용배 외 4, 건설재료 및 시험, 동화기술, 2010.3.

전용배, 건설재료 및 실내시험법 기초, 동화기술, 2018.2.

토목공학연구회, 토목실험, 형설출판사, 1987.2.

中村聖三 외 1, 土木材料學, コロナ社, 2014.2.

宮川豊章 외 1, 土木材料學, 朝倉書店, 2012.3.

Chapter 4

골 재

4.1 개 요
4.2 골재의 일반 성질
4.3 골재 입도
4.4 골재 유해물 및 알칼리 골재반응
4.5 경량골재 및 순환골재
4.6 부순 골재
4.7 골재 저장

4.1 개 요

KCS-2022 1.3 용어의 정의 편에 골재(Aggregate)란 “모르타르 또는 콘크리트를 만들기 위하여 시멘트 및 물과 반죽 혼합하는 모래, 자갈, 부순 돌, 기타 이와 비슷한 재료”라고 정의하고 있다. 골재가 콘크리트 속에서 차지하는 부피 비율은 약 70% 정도로서, 골재 종류 및 성질과 같은 골재 품질에 따라 콘크리트 성질에 미치는 영향이 크다. 양호한 품질의 콘크리트를 만들기 위해서는 견고하고, 물리 및 화학적으로 안정하고, 적절한 입도와 모양을 가지고, 유해한 불순물이나 염분이 없는 양질의 골재를 사용하여야 한다. 골재 종류는 자연에서 채취하는 천연골재와 천연골재를 가공한 인공골재로 나눌 수 있다. 천연골재는 암질 특징을 알 수 있도록 하천 이름이나 생산지명을 표시하여야 하나 그렇지 않은 경우가 많아 균일한 골재를 얻기는 어렵다. 인공골재는 부순 돌, 부순 모래, 공장에서 가공한 인공 경량골재 등이 있다. 최근에는 자원 재활용으로 산업 부산물인 슬래그 또는 재생골재를 사용하고 있다. 그러나 콘크리트용 골재로는 천연골재가 가장 우수하다. 양질의 골재용 모암으로는 화강암, 현무암, 안산암, 사암, 석회암 등을 들 수 있다. KCS-2022 1.3 용어의 정의 편에서는 골재를 입도 크기에 따라 잔 골재와 굵은 골재로 분류하고 있다. 각각의 정의는 다음과 같다.

- 잔 골재(fine aggregate)란
  “10 mm 체를 전부 통과하고 5 mm 체에 거의 다 통과하며, 0.08 mm 체에 모두 남는 골재”(KCS-2022 1.3)를 말한다.
- 굵은 골재(coarse aggregate)란
  “5 mm 체에 다 남는 골재”(KCS-2022 1.3)를 말한다.

4.2 골재의 일반 성질

우리의 지침과 시방서에서는 골재의 일반 성질을 잔 골재와 굵은 골재로 나누어서 규정하고 있다. 첫째, 잔 골재 규정을 보면 “(1) 잔 골재나 잔 골재용 원석의 강도는 단단하고, 강한 것이어야 한다. (2) 잔 골재는 유해량 이상의 염분을 포함하지 않아야 하고, 진흙이나 유기불순물 등의 유해물이 유해량 허용한도 이내여야 한다."(KCS-2022 2.1.3)

"잔 골재는 깨끗하고, 강하고 내구적이고, 알맞은 입도를 가져야 하며 먼지, 흙, 유기불순물, 염화물 등의 유해량을 함유해서는 안 된다. 잔 골재에는 자연 모래, 바다 모래 등의 자연산과 부순 모래, 고로 슬래그 잔 골재 등의 재생골재인 인공산이 있다."(시멘트·콘·포장·시공지침, 국토부, 2017)로 제시하고 있다.

둘째, 굵은 골재 규정을 보면 "(1) 굵은 골재나 굵은 골재용 원석의 강도는 단단하고, 강한 것이어야 한다. (2) 굵은 골재는 유해량 이상의 염분을 포함하지 말아야 하고, 진흙이나 유기불순물 등의 유해물의 유해량 허용한도 이내여야 한다."(KCS-2022 2.1.4)

"굵은 골재는 깨끗하고, 강하고, 내구적이고, 적당한 입도를 가지며, 얇은 석편, 가늘고 긴 석편, 유기불순물 등의 유해한 물질을 규정량 이상 함유하여서는 안 된다." (시멘트·콘·포장·시공지침, 국토부, 2017)로 제시하고 있다. 위의 두 규정에서 제시한 골재의 일반 성질을 요약하면 다음과 같다.

1) 골재용 원석의 강도는 단단하고, 강한 것이어야 한다.
2) 유해한 물질이 유해량 허용한도 이내여야 한다.
3) 내구적이고, 적당한 입도를 가져야 한다.
4) 염분을 포함하지 말아야 한다.

예제 4.1

콘크리트용 골재가 갖추어야 할 성질에 대한 설명으로 틀린 것은? (건·재·기출, 21.3)

① 물리·화학적으로 안정하고 내구성이 클 것
② 크고 작은 알맹이의 혼합이 적당할 것
③ 깨끗하고 불순물이 섞이지 않을 것
④ 골재의 모양은 모나고 길 것

풀이 ④

4.2.1 골재 모양

골재 모양은 모난 편이 입자 상호간 엉킴이 좋기 때문에 강도가 높은 콘크리트를 얻을 수 있다고 생각하는 것은 오해다. 골재 공극을 감소시키고, 다짐을 용이하게 하여 밀도가 높은 콘크리트를 얻을 목적이면 모진 모양 골재보다 둥글둥글한 모양의 골재편이 좋다. 특히 편평하고 세장한 모양 골재는 나쁘다(표 4.1 참조).

세장하고 편평하고 모난 것이 많은 굵은 골재를 사용할 때는 부스러지기 쉽고 불안정하며, 공극률이 크게 되고, 골재사이 마찰이 증가하여 콘크리트 워커빌리티를 나쁘게 하기 때문에 모르타르 양이 증가한다. 따라서 물의 양이 증가하게 되므로 비경제적이며 작업이 곤란하다.

표 4.1 골재 모양

잔 골재	굵은 골재 모양	공극(%)	
		다지지 않는 경우	다진 경우
부순 돌 부스러기	가늘고 긴 것	47.5	34.6
	편평(扁平)한 것	44.3	31.8
	모진 것	42.1	27.4
천연 모래	둥근 것	34.9	25.6

4.2.2 골재 크기

콘크리트 경제성을 생각하면 골재 크기는 가급적 큰 것이 좋다. 굵은 골재 입자가 크면 빈틈이 작게 되어 모르타르 소요량, 즉 시멘트 소요량이 적게 되어 좋다. 그러나 골재의 최대크기가 너무 크면 콘크리트가 완전히 혼합되기는 어려울 것이며, 재료가 분리되기 쉽고, 따라서 콘크리트 취급도 불편하기 때문에 어느 정도 한계는 넘지 못한다. 철근 콘크리트 경우에는 굵은 골재 최대크기가 과대하면 철근 상호간 또는 철근과 거푸집 사이에 끼일 염려가 있다. 굵은 골재 최대치수란 중량으로 90% 이상 통과시키는 체 중에서 최소치수의 체 눈을 호칭치수로 나타낸 굵은 골재의 치수를 말한다.

굵은 골재 최대치수는

① 거푸집 양 측면 사이의 최소 거리의 1/5

② 슬래브 두께의 1/3

③ 개별 철근, 다발철근, 긴장재 또는 덕트 사이 최소 순간격의 3/4으로 한다.

일반적인 구조물에서는 20 mm 또는 25 mm, 단면이 큰 구조물에서는 40 mm를 표준으로 한다.

또 무근 콘크리트 부재에서는 부재 최소치수의 1/4을 초과해서는 안 되며, 40 mm를 표준으로 한다.(KCS-2022 2.2.6) 대체적인 표준은 표 4.2와 같다.

표 4.2 굵은 골재 최대크기

구조물 종류	굵은 골재 최대크기	시방서 규정
큰 콘크리트 댐	150 mm	댐 4.5.3
massive한 콘크리트(큰 교각, 큰 기초 등)	80～100 mm	
어느 정도 매시브한 콘크리트 (교각, 두꺼운 벽, 기초, 큰 아치 따위)	50～80 mm	
두꺼운 슬래브	40～50 mm	
포장 콘크리트	40 mm	
철근 콘크리트 슬래브, 보, 기둥, 벽	25 mm	부재 최소치수의 1/5 이하 피복두께 및 철근 순간격의 3/4 이하
철근 콘크리트 단면이 클 때	40 mm	

골재는 기준에서 제시하는 사용가능한 최대크기 범위에서 가급적 큰 것을 선택하여 콘크리트를 만들면 그림 4.1～4.3에 나타낸 바와 같이 유리함을 알 수 있다.

그림 4.1에서 골재 입경을 크게 하면 그것에 따라서 수량을 감소시킬 수 있음을 알 수 있다. 또 그림 4.3에서 보면 굵은 골재 최대크기를 증가시키면 그것에 따라 시멘트 사용량을 감소시킬 수 있다. 특히 최대크기가 80 mm보다 작은 입자(알맹이) 범위에서는 더욱 그 영향이 크다.

이상의 성질에는 경제적인 면에서도 매우 중요시되는 것 중의 하나이다. 요컨대 골재 최대크기를 어떻게 결정하는가가 문제인 것이다.

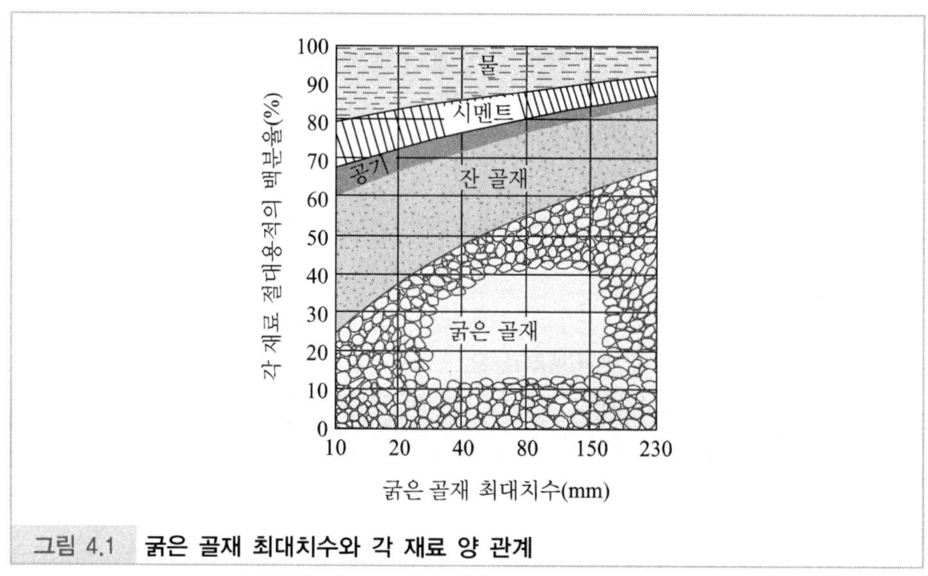

그림 4.1 **굵은 골재 최대치수와 각 재료 양 관계**

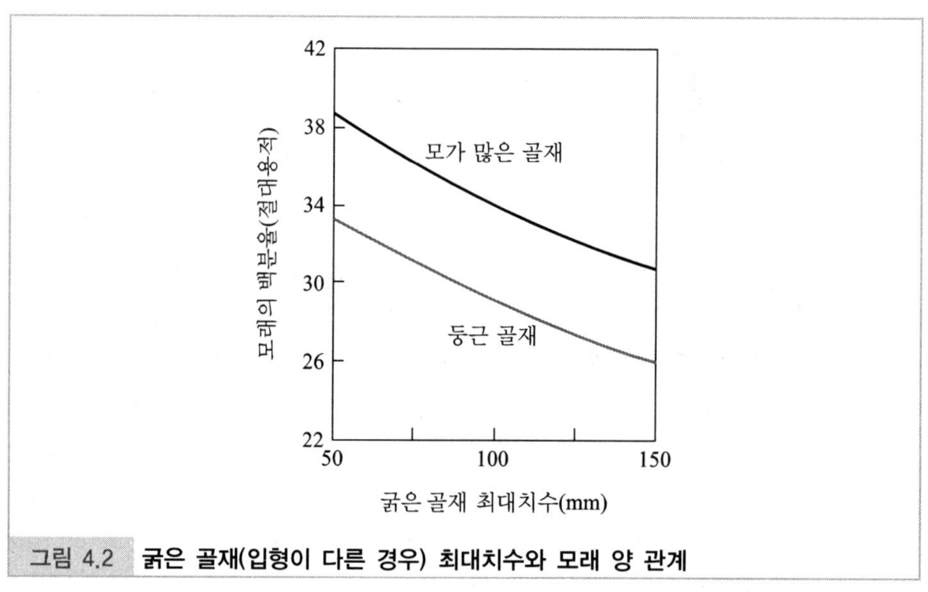

그림 4.2 **굵은 골재(입형이 다른 경우) 최대치수와 모래 양 관계**

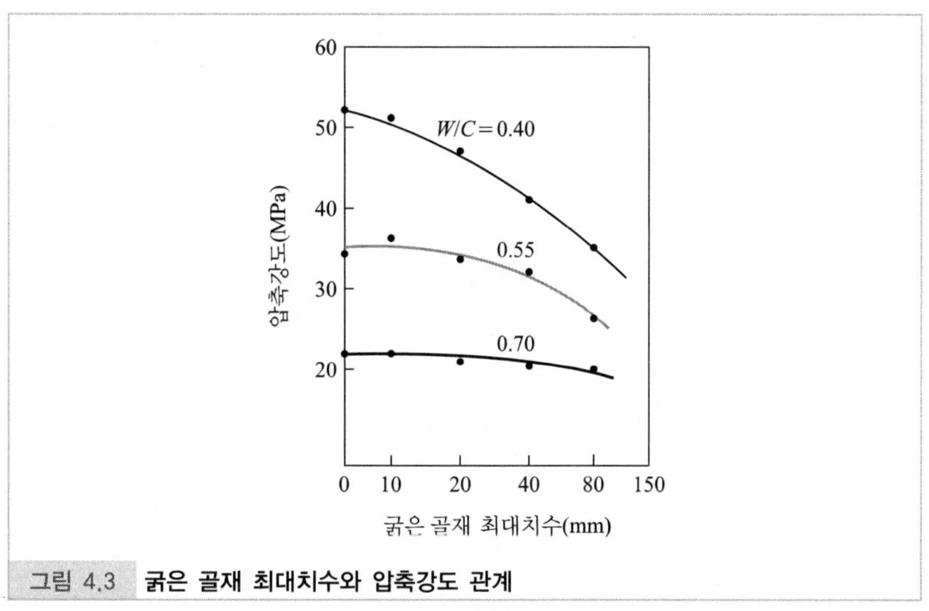

그림 4.3 굵은 골재 최대치수와 압축강도 관계

4.2.3 함수량 및 흡수량

골재 내부에는 보이지 않는 공극이 많이 존재한다. 그러므로 골재 내부 공극이 비어 있는 경우, 즉 건조한 상태인 경우와 그렇지 않은 경우에 따라 콘크리트 배합설계에서 단위 수량 증감이 발생한다. 골재 내부는 물론이고 외부, 즉 표면까지 물이 묻어 있는 상태에서 물의 양을 함수량이라 하고, 함수량 측정은 함수율로 표현한다. 콘크리트 시방서(KCS-2022) 함수율의 정의는 다음과 같다.

"**골재의 함수율**(water content ratio of aggregate) : 골재 입자 내부의 공극에 함유되어 있는 물과 표면수의 합을 절대 건조 상태의 골재 질량으로 나눈 질량 백분율"(KCS-2022 1.3)이라고 제시하고 있다. 골재의 함수상태는 그림 4.4와 같이 나타낼 수 있다. 콘크리트 시방서(KCS-2022)에서 제시하는 함수상태의 용어의 정의를 제시하면 다음과 같다.

① "**골재의 절대건조상태**(absolute dry condition of aggregate, oven-dry condition of aggregate) : 골재를 100～110℃의 온도에서 일정한 질량이 될 때까지 건조하여 골재 입자의 내부에 포함되어 있는 자유수가 완전히 제거된 상태"(KCS-2022 1.3)

② "**골재의 표면건조 포화상태**(saturated and surface-dry condition of aggregate) :

골재의 표면은 건조하고 골재 내부의 공극이 완전히 물로 차 있는 상태"(KCS-2022 1.3)

③ 공기 중 건조상태 : 골재 표면과 내부 공극 일부에 물이 없는 건조한 상태

④ 습윤상태 : 표면건조 포화상태+표면수 상태, 즉 표면과 내부에 물이 있는 습윤상태

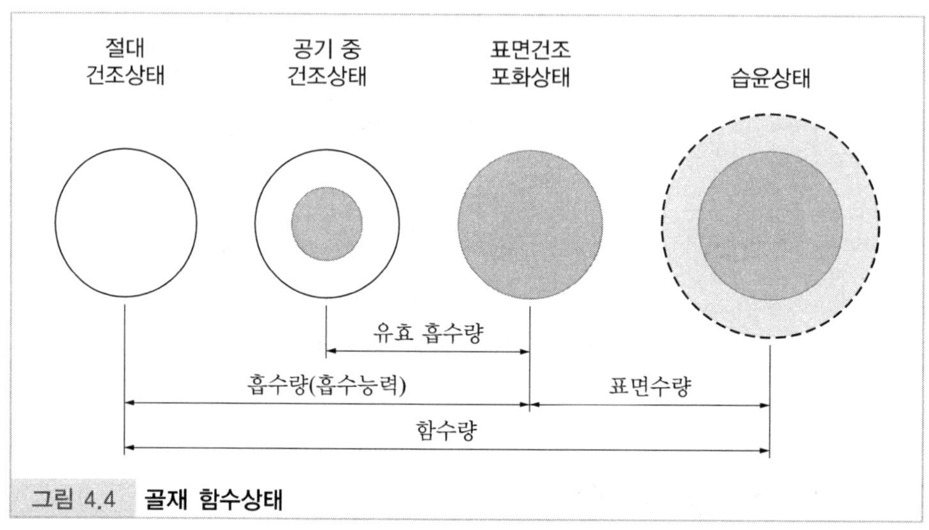

그림 4.4 **골재 함수상태**

(1) 표면수량(Surface Moisture)

골재 겉면인 표면에 묻어 있는 물의 양을 말하며 표면수율로 표시한다. 콘크리트 시방서에서는 "**골재의 표면수율**(surface water content ratio of aggregate) : 골재의 표면에 붙어 있는 수량의 표면건조 포화상태 골재 질량에 대한 백분율"(KCS-2022 1.3)이라고 제시하고 있다. KS F 2509 : 2022에서 잔 골재 표면수율 계산방법을 다음과 같이 제시하고 있다.

표면수율(H)은 다음 식에 따라 산출하여 반올림하여 소수점 이하 1자리로 끝맺음한다.(KS F 2509 : 2022)

$$H = \frac{m - m_s}{m_1 - m} \times 100 \tag{4.1}$$

다만, $m_s = \dfrac{m_1}{d_s}$

여기서, H : 표면수율(%)

m : 시료에서 치환된 물의 질량(g) 그리고 용적법에 따르는 경우는 물의 밀도를 비슷하게 1 g/cm^{3}으로 하여 $m = 1 \times V$를 이용한다.

m_1 : 시료의 질량(g)

d_s : KS F 2504 KS 또는 F 2529에 따라 잔 골재의 표건 밀도(g/cm^3). 다만 경량 잔 골재의 경우는 그 흡수 상태와 가능한 가까운 상태에서 측정한 값으로 한다.

골재 상태에 따른 표면수량의 개략치를 표 4.3에 제시하고 있다.

표 4.3 골재 표면수량

골재 상태	표면수량(%)
젖은 자갈 또는 부순 돌	1.5~2
조금 젖은 모래(쥐면 모양이 무너지고, 손바닥이 약간 젖는다.)	0.5~2
보통 젖은 모래(쥐면 모양이 바로 무너지고, 손바닥에 물이 묻는다.)	2~4
아주 젖은 모래(쥐면 모양이 바로 무너지고, 손바닥이 젖는다.)	5~8

(2) 흡수량(Absorption)

골재 내부에만 흡수하고 있는 물의 양, 즉 절대건조상태에서 표면건조 포화상태까지 흡수하는 물의 양을 말하며 골재 흡수율로 표시한다. 콘크리트 시방서에는 "**골재의 흡수율**(absorption ratio of aggregate) : 표면건조 포화상태의 골재에 함유되어 있는 전체 수량의 절대건조상태 골재 질량에 대한 백분율"(KCS-2022 1.3)이라고 제시하고 있다. 또한, 표면건조 포화상태까지 흡수한 물의 양을 유효 흡수량(effective absorption)이라고 말하고 골재 유효 흡수율로 표시한다. 콘크리트 시방서에는 "**골재의 유효 흡수율**(effective absorption ratio of aggregate) : 골재가 표면건조 포화상태가 될 때까지 흡수하는 수량의, 절대건조상태의 골재 질량에 대한 백분율"(KCS-2022 1.3)이라고 제시하고 있다. 각종 골재 흡수량은 표 4.4와 같다. 골재 흡수량을 구하는 방법은 KS F 2503 : 2019와 KS F 2504 : 2022 규정에 따라서 계산한다.

① 굵은 골재 흡수량을 나타내는 흡수율은 다음 식에 따라 계산한다.

$$\text{흡수율}(\%) = \frac{B - A}{A} \times 100 \quad (4.2)$$

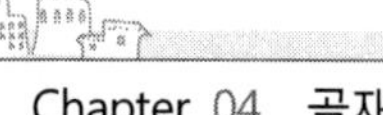

여기서, A : 절대건조상태 질량(g)

B : 표면건조 포화상태 질량(g)

② 잔 골재 흡수량을 표시하는 흡수율은 다음 식에 따라 구한다.

$$흡수율(\%) = \frac{m-A}{A} \times 100 \qquad (4.3)$$

여기서, A : 절대건조상태 질량(g)

m : 시료 질량(g)

단, 위의 시험을 2회 실시하여, 평균값을 잔 골재 흡수율 값으로 한다. 그 측정값의 차가 흡수율의 경우는 0.05% 이하이어야 한다.

표 4.4 각종 골재 흡수량(%)

골재 종류		잔 골재	굵은 골재
보통골재		1~6	0.5~4.0
인공경량골재	조립형	4~11	2~9
	비조립형	7~14	6~11
천연경량골재		7~35	15~50

4.2.4 밀도

밀도(Density)란 재료 부피(체적)에 대한 질량의 비를 말한다. 즉, 단위 부피당 질량이다. 골재 밀도에 대하여 "콘크리트 시방서(KCS-2022)"와 "시멘트 콘크리트 포장생산 및 시공지침"에서 제시하는 규정이 약간의 차이점이 있다. 먼저, 콘크리트 시방서 용어의 정의에서 골재 밀도는 절대건조밀도와 표면건조 포화밀도(표건밀도)로 나누어 규정하고 있다.

"골재의 절대건조밀도(density in oven-dry condition of aggregate) : 골재 내부의 빈틈에 포함되어 있는 물이 전부 제거된 상태인 골재 입자의 밀도로서 골재의 절대건조상태 질량을 골재의 절대용적으로 나눈 값"(KCS-2022 1.3)

"골재의 표면건조 포화밀도(표건밀도)(density in saturated surface-dry condition of aggregate) : 골재의 표면수는 없고 골재 알 속의 빈틈이 물로 차 있는 상태에서의 골재 알 밀도로서 표면건조 포화상태의 골재 질량을 골재의 절대용적으로 나눈 값"(KCS-2022 1.3) 그리고 물리적 품질 편에 잔 골재와 굵은 골재로 나누어서 절대건조 밀도 값을 제시하고 있다.

"잔 골재의 절대건조밀도는 2.5 g/cm^3 이상, 흡수율은 3.0% 이하의 값을 표준으로 한다.(KCS-2022 2.1.3.2)

"굵은 골재의 절대건조밀도는 2.5 g/cm^3 이상, 흡수율은 3.0% 이하의 값을 표준으로 한다. 다만, 굵은 골재의 종류에 따라 물리적 품질이 다르기 때문에 KS F 2527에서 정한 규정에 따른다."(KCS-2022 2.1.4.2)

한편, 시멘트 콘크리트 포장생산 및 시공지침에서는 잔 골재 부분만 제시하고 굵은 골재 항목은 제시하지 않고 있다. "잔 골재의 밀도가 작고 흡수율이 크면, 잔 골재를 구성하는 골재 입자가 다공질로서 입자 강도가 작다. 입자의 강도가 작으면 소요의 강도를 가지는 시멘트 콘크리트를 만들기 위한 단위 시멘트량이 일반적으로 증가하는 경향이 있을 뿐만 아니라 시멘트 콘크리트 건조수축에 대한 균열 저항성이 감소하며, 시멘트 콘크리트 탄성계수가 그 압축강도로부터 예측된 값보다 작아지는 경우가 있다. 또 다공질 입자는 시멘트 콘크리트 내동해성을 손상시키는 원인이 되기도 한다."(시멘트·콘·포장·시공지침, 국토부, 2017) 그리고 골재 품질기준은 잔 골재와 굵은 골재로 나누어 표 4.5, 표 4.6과 같이 제시하고 있다.

표 4.5 잔 골재 품질기준 (시멘트·콘·포장·시공지침, 국토부, 2017)

구 분	규정값
밀도(절대건조, g/cm^3)	2.5 이상
흡수율(%)	3.0 이하
안정성(%)	10 이하

표 4.6 굵은 골재 품질기준 (시멘트·콘·포장·시공지침, 국토부, 2017)

구 분	규정값
밀도(절대건조, kg/m^3)	2,500 이상
흡수율(%)	3.0 이하
안정성(%)	12 이하
- 포장용	35 이하
- 기 타	40 이하

주1) 안정성의 경우 황산나트륨으로 5회 시험을 하며, 손실량은 입도로 규정한 각 시료별 합산값을 말한다.

주2) 마모율도 시멘트 콘크리트에 사용된 입도에 따라 측정한다. 하나 이상의 입도를 시멘트 콘크리트에 사용할 경우에 마모율의 허용값은 각각의 입도에 적용한다.

① 굵은 골재 밀도 계산은 KS F 2503에서 다음과 같이 제시하고 있다.

$$\text{절대건조상태 밀도} = \frac{A}{B-C} \times \rho_w \tag{4.4}$$

여기서, A : 절대건조상태 질량(g)

B : 표면건조 포화상태 질량(g)

C : 시료 수중질량(g)

ρ_w : 시험온도에서 물의 밀도(g/cm^3)

$$\text{표면건조 포화상태 밀도} = \frac{B}{B-C} \times \rho_w \tag{4.5}$$

$$\text{겉보기 밀도} = \frac{A}{A-C} \times \rho_w \tag{4.6}$$

② 잔 골재 밀도 계산은 KS F 2504에서 다음과 같이 제시하고 있다.

$$\text{절대건조상태 밀도} = \frac{A}{B+m-C} \times \rho_w \tag{4.7}$$

$$\text{표면건조 포화상태 밀도} = \frac{m}{B+m-C} \times \rho_w \tag{4.8}$$

$$\text{상대겉보기 밀도} = \frac{A}{B+A-C} \times \rho_w \tag{4.9}$$

여기서, A : 절대건조상태 질량(g)

B : 플라스크에 500 mℓ 눈금까지 물을 채우고 측정한 질량(g)

C : 플라스크＋물＋공기를 제거한 시료 질량(g)

ρ_w : 시험온도에서 물의 밀도(g/cm^3)

m : 시료 질량(g)

- 위의 시험을 2회 실시하여, 평균값을 잔 골재 밀도 값으로 한다. 그 측정값의 차가 밀도 시험인 경우는 그 값의 0.01 g/cm^3 이하이어야 한다.
- 순수한 물의 밀도는 15℃에서 0.9991 g/cm^3, 20℃에서 0.9982 g/cm^3, 25℃에서

0.9970 g/cm^{3}이다.

- 잔 골재 밀도는 일반적으로 2.50～2.65 정도이다.

예제 4.2 

콘크리트용 골재(KS F 2527)에 규정되어 있는 콘크리트용 골재의 물리적 성질에 대한 설명으로 틀린 것은? (단, 천연 골재의 굵은 골재, 잔골재이다.) (건·재·기출, 20.9)

① 굵은 골재의 절대건조 밀도는 2.5 g/cm^3 이상이어야 한다.
② 잔골재의 안정성은 15% 이하이어야 한다.
③ 잔골재의 흡수율은 3.0% 이하이어야 한다.
④ 굵은 골재의 마모율은 40% 이하이어야 한다.

풀이 ② 안정성은 10% 이하

4.2.5 골재 단위 용적질량(Unit Mass)

골재 단위 용적질량은 1 m^3 골재의 질량(kg)을 말하며, 콘크리트 제조, 배합 결정, 현장에 있어서 골재 계량 등에 필요하다.

이것은 골재 입도에 따라 매우 다르지만 동일 골재에서도 골재 표면수의 양, 측정 내용의 모양과 크기 및 계량할 때의 투입방법 등에 의하여 현저히 달라진다.

첫째로 골재 표면수 영향은 그 입자가 작을수록 현저히 나타난다. 골재 중 굵은 골재는 영향을 적게 받으나 잔 골재 특히, 가는 모래일수록 표면수 영향을 많이 받는다. 그 이유는 물의 표면장력이 입자 접착을 방해하여 겉보기 부피를 증가시키기 때문이다. 이 현상을 모래 부풀기(Sand Bulking)라고 한다.

모래 부풀기는 입자 크기에 의하여 상당히 다르지만 대체로 4～5% 함수율을 가진 경우에 최대부피를 나타내며 표준 시험방법에 의하여 측정한 부피의 약 30～40% 정도 부풀기가 생긴다. 잔 골재 부풀기에 의하여 잔 골재 단위 질량이 매우 감소되며 공극률이 매우 증가된다. 측정용기 모양과 크기에 따라 골재 단위 질량이 달라진다 함은 전술한 바이다.

V자형 큰 용기를 사용하면 골재가 잘 차게 되어 빈틈이 작게 되므로 골재 단위 질량이 크게 나타난다. 마지막으로 계량할 때 투입 방법인데 골재를 용기 내에 투입할 때 골재를 잘 닦을 때와 다져 넣을 때 차이는 약 20～30% 정도 된다고 한다. 골

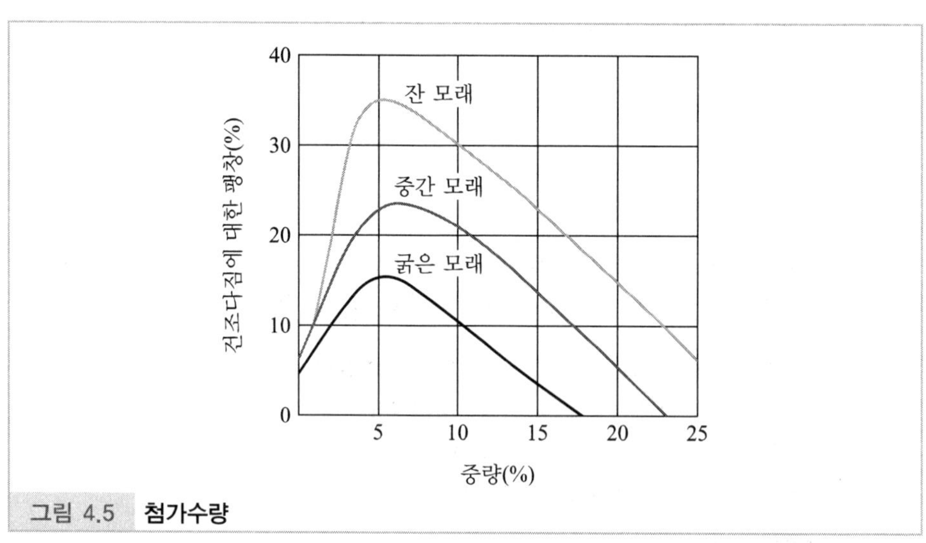

그림 4.5 **첨가수량**

재는 위에서 말한 바와 같은 세 가지 조건에 의하여 단위 질량이 다르게 되므로 골재 단위 용적질량을 측정하는 경우에는 골재 단위 용적질량 및 실적률 시험방법(KS F 2505 : 2022)에 따라야 한다. 표준 방법을 따른 골재 단위 용적질량은 일반적으로 1,600~1,700 kg/m^3 정도이다. 골재 단위 용적질량을 예시하면 표 4.7과 같다.

골재의 단위 용적질량(T)은 다음 식으로 산출하며 유효숫자 3자리로 끝맺음한다.(KS F 2505:2022)

$$T = \frac{m_1}{V} \quad \text{주)} \tag{4.10}$$

여기서, T : 골재의 단위 용적질량(kg/L)

V : 용기의 용적(L)

m_1 : 용기 안의 시료의 질량(kg)

주) 기건 상태의 시료를 사용하여 시험을 수행하고 함수율을 측정한 경우는 다음 식에 따른다.

$$T = \frac{m_1}{V} \times \frac{m_0}{m_2}$$

여기서, m_2 : 함수율 측정을 위한 시료의 건조 전 질량(kg)

m_0 : 함수율 측정을 위한 시료의 건조 후 질량(kg)

표 4.7 골재 단위 용적질량 예시(kg/m³)

골재 종류	다지지 않는 경우	다진 경우
모래(건조)	1,540～1,720	1,540～1,720
모래(습윤)	1,540～1,600	1,420～1,720
굵은 골재(건조 또는 습윤)	1,480～1,600	1,600～1,720
5 mm부터 20 mm까지	1,540～1,720	1,600～1,840
5 mm부터 40 mm까지	1,540～1,840	1,660～1,900
5 mm부터 80 mm까지	1,600～1,900	1,720～2,020
5 mm부터 150 mm까지	1,480～1,600	1,540～1,660
40 mm부터 80 mm까지	1,420～1,600	1,480～1,660
80 mm부터 150 mm까지	1,360～1,540	1,420～1,600
모래 및 자갈의 혼합(건조)	1,780～2,080	1,900～2,200

골재의 실적률은 다음 식으로 산출하며 유효숫자 3자리로 끝맺음한다.

$$G = \frac{T}{d_D} \times 100 \quad \text{또는} \quad G = \frac{T}{d_S} \times (100 + Q) \tag{4.11}$$

여기서, G : 골재의 실적률(%)

T : 골재의 단위 용적질량(kg/L)

d_D : 골재의 절건 밀도(kg/L)

Q : 골재의 흡수율(%)

d_S : 골재의 표건 밀도(kg/L)

2회의 시험 평균값을 시험 결과로 한다.

공극률은 위에서 구한 실적률로부터 계산한다.

공극률(%) = 100 − 실적률(%) (KS F 2505 : 2022)

예제 4.3

골재의 실적률 시험에서 다음과 같은 결과를 얻었을 때 골재의 공극률은? (건·재·기출, 21.3)

골재의 단위 용적질량(T) : 1,500 kg/L
골재의 표건 밀도(d_S) : 2,600 kg/L
골재의 흡수율(Q) : 1.5%

① 41.4%　② 42.3%　③ 43.6%　④ 57.7%

풀이 ②

$$G = \frac{T}{d_S}(100+Q) = \frac{1,500}{2,600}(100+0.015) = 57.7\%$$

$\therefore$ 공극률 $= 100 - 57.7 = 42.3$

4.3 골재 입도(Grading of Aggregate)

4.3.1 입도(Grading)

골재 입도라 함은 골재의 크고 작은 입자의 혼합 정도를 말하며 콘크리트를 경제적으로 만들기 위하여서는 이 골재 입도가 적당하여야 한다. 1 m^3 콘크리트에 사용되는 시멘트량이 일정한 경우 골재 입도는 워커빌리티, 물-시멘트 중량비(강도, 내구성) 및 밀도에 직접 영향을 미치며 물-시멘트 비가 일정한 경우에는 직접 시멘트 사용량 및 워커빌리티에 영향을 미치므로 입도는 소요 성질의 콘크리트를 경제적으로 만드는데 더욱 중요한 요소 중 하나이다.

골재 입도를 결정하려면 체가름(Sieve-Analysis)을 하여야 한다. 체가름 표준방법은 KS F 2502 : 2019(골재의 체가름 시험방법)에 규정되어 있다. 체가름에 사용되는 체는 각 나라마다 다르다. KS A 5101(표준체)에서는 금속망 체, 금속판 체, 전기도금 체로 나누고 있다. 또 Tayler 표준체도 있는데 이것은 조립률(Fineness Modulus)을 결정하는데 사용한다.

골재 입도에 관하여는 각 나라마다 적당한 범위를 정하고 있다. 또 골재 용도에 따라 예를 들면 콘크리트용인가 또는 아스팔트 콘크리트용인가에 따라 각기 그 입도 범위가 다르며 또 굵은 골재(Coarse Aggregate)와 잔 골재(Fine Aggregate)별 입도 범위를 규정하였다. 지금 위에 적은 골재 입도 범위를 표시하면 표 4.8, 4.9, 4.10, 4.11, 4.12와 같다.

표 4.12는 댐 콘크리트에 사용되는 굵은 골재에 대하여 크고 작은 적당한 입도를 가진 굵은 골재 혼합정도 표준을 제시한 것이다. 콘크리트 경우 굵은 골재 최대치수가 클수록 일반적으로 단위 시멘트량을 적게 할 수 있으며 따라서 발열량도 적게 할 수 있으나 현재 시공설비로 안전하게 콘크리트를 만들 수 있는 굵은 골재 최대치수는 150 mm가 한도라는 것이 과거의 경험으로 알려져 있으므로 표 4.12의 굵은 골재 최대치수를 150 mm로 한 것이다.

표 4.8 잔 골재 입도 표준(콘크리트 시방서) (KCS-2022 2.1.3.3)

체 호칭(mm)	체를 통과한 질량백분율(%)	
	부순 잔 골재	부순 잔 골재 이외의 잔 골재
10	100	100
5	95~100	95~100
2.5	80~100	80~100
1.2	50~90	50~85
0.6	25~65	25~60
0.3	10~35	10~30
0.15	2~15	2~10

표 4.9 잔 골재 입도 표준(댐의 경우) (댐·콘·시방서 4.4.2)

체 호칭(mm)	체를 통과한 질량백분율(%)
10~5.0(No.4)	0~8
5.0~2.5(No.8)	5~20
2.5~1.2(No.16)	10~25
1.2~0.6(No.30)	10~30
0.6~0.3(No.50)	15~30
0.3~0.15(No.100)	12~20
0.15 이하	2~15

표 4.10 굵은 골재 표준 입도 (KCS-2022 2.1.4.3)

골재번호	체 호칭(mm) / 체 크기(mm)	각 체를 통과하는 중량 백분율(%)												
		100	90	75	65	50	40	25	20	13	10	5	2.5	1.2
1	90~40	100	90~100		25~60		0~15		0~5					
2	65~40			100	90~100	35~70	0~15		0~5					
3	50~25				100	90~100	35~70	0~15		0~5				
357	50~5				100	95~100		35~70		10~30		0~5		
4	40~20					100	90~100	20~55	0~15		0~5			
467	40~5					100	95~100		35~70		10~30	0~5		
57	25~5						100	95~100		25~60		0~10	0~5	
67	20~5							100	90~100		20~55	0~10	0~5	
7	15~5								100	90~100	40~70	0~15	0~5	
8	10~2.5									100	85~100	0~80	0~10	0~5

표 4.11 굵은 골재 표준 입도(포장 콘크리트의 경우) (포장·콘·시방서 4.5.2)

체 호칭(mm) / 골재 크기(mm)	각 체를 통과하는 질량백분율(%)								
	50	40	30	25	20	13	10	5	2.5
40~5	100	95~100	-	-	35~70	-	10~30	0~5	-
30~5	-	100	95~100	-	40~75	-	10~30	0~10	0~5
25~5	-	100	-	95~100	-	25~60	-	0~10	0~5
20~5	-	-	-	100	90~100	-	20~55	0~10	0~5
13~5	-	-	-	-	100	100	40~70	0~15	0~5

표 4.12 굵은 골재 표준 입도(댐 콘크리트의 경우) (댐·콘·시방서 4.5.3)

골재 크기 (mm) \ 체 호칭 (mm)	입경별 백분율(%)					
	150~80	120~80	80~40	40~20	20~10	10~5
150	35~20	-	32~20	30~20	20~12	15~8
120	-	25~10	35~20	35~20	25~15	15~10
80	-	-	40~20	40~20	25~15	15~10
40	-	-	-	55~40	35~30	25~15

표 4.8에서 표 4.12까지 규정은 이정도 입도를 사용하면 일반 소요의 콘크리트를 경제적으로 만들 수 있다는 표시이며, 현장에 도착한 골재 입도가 이 범위 내에 없을 경우에 이 골재를 사용하여서 안 된다는 뜻은 아니다. 공사전체를 고려하여 경제적인 골재를 선택하여야 하므로 공사현장 사정에 따라서는 규정에 맞지 않는 입도를 사용하는 편이 경제적인 경우도 있다. 예를 들면, 입도 범위에 있는 골재를 구하려고 많은 경비를 소비하거나 이 일로 인하여 현장작업상 곤란과 불편을 초래하는 일이 있어서는 안 된다. 즉, 현장에 따라서는 약간의 골재 입도 범위를 변경할 수도 있는 것이다. 그러나 가급적이면 경제적으로나 현장 사정이 허락하는 대로 가장 이상적인 입도를 선택하는 것이 좋다.

4.3.2 입도 곡선(Grading Curve)

골재 체가름 시험 결과를 입도 곡선으로 표시하여 두는 것이 좋다. 입도 곡선은 세로축에 체를 통과하는 시료 질량 백분율 또는 체에 남는 시료 질량 백분율을 취하고(보통은 후자를 취한다) 가로축에 체 크기를 취하여 그린 것이다.

체 크기를 표시하는데 산술적 기준을 사용하여도 좋으나 대수적 기준(로그 값)을 사용하는 편이 좋다. 그 이유는 보통 사용되는 한 조별 시험 체에서 어떤 체와 다음 체와 크기 비를 일정하게 함으로써 체 크기의 대수간격이 등 간격으로 되기 때문이다. 오랫동안 시험결과에 의하면 매우 잔 모래, 굵은 모래 또는 어떤 입경의 입자가 매우 부족하거나 과다하게 혼합되어 있을 경우에는 잔 골재로서는 좋지 않다.

그러므로 모래나 자갈에서 크고 작은 것이 고루고루 혼합되어 있는 것이 이상적이다. 즉, 입도 곡선이 적당한 골재가 좋은 것임을 알 수 있다. 또 요즘에 와서는 잔

골재 중에 표준체(KS A 5101) No.50 (0.297 mm)과 No.100 (0.149 mm)을 통과하는 잔입자의 양이 많은 것이 좋다고 알려져 있으나 천연 모래 중에는 이와 같은 잔 골재를 구하기가 힘들므로 굵은 모래에 상기한 모래를 혼입하는 경우가 있다. 이와 같이 굵은 모래 중에 잔 모래를 혼합(조합)하는 것을 "Blending"이라고 하며 이 때 사용되는 잔 모래를 "Blending Sand"라 한다.

그림 4.6은 골재 입도 곡선의 한 예를 나타낸 것이다.

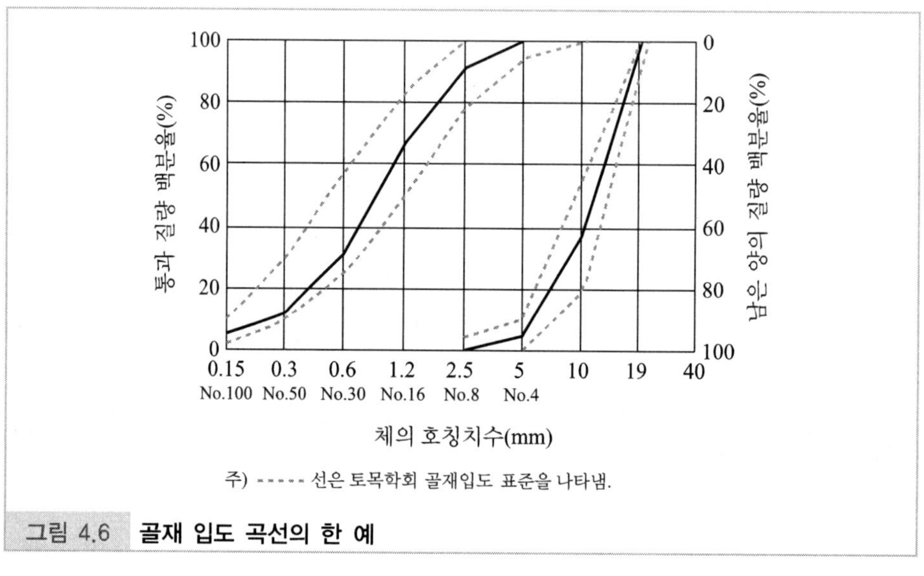

그림 4.6 **골재 입도 곡선의 한 예**

4.4 골재 유해물 및 알칼리 골재반응

4.4.1 골재 유해물 함유량 한도

골재에 유해물이 있으면 시멘트 풀과 골재의 부착력이 감소되며 시멘트와 화합하여 시멘트 수화작용(Hydration)을 방해한다. 또 실트(Silt) 및 점토와 같은 유해물질이 포함되면 콘크리트 체적변화를 크게 하며 콘크리트에 균열이 생기기 쉽고 소정의 반죽질기(Consistency)를 얻기 위한 물의 양이 증가하여 콘크리트 강도가 감소한다. 유해물질을 어느 정도 이상 함유하고 있으면 콘크리트 강도가 저하될 뿐만 아니라 경화하지 않는 경우도 있다.

실트나 점토(Clay) 같은 것은 콘크리트가 응결할 때 수화작용에 필요치 않는 물과 함께 콘크리트 표면에 약한 층을 형성한다. 즉, 레이턴스(Laitance)가 많이 생긴다. 그러나 깨끗하고 미세한 적당량 실리카(Silica)는 콘크리트 워커빌리티를 좋게 하며 강도가 증가한다. 상기한 유해물질은 골재 표면에 부착할 때도 있고, 골재 중에 혼입되어 있는 경우도 있다. 이들 종류로는 보통 실트, 점토, 운모, 석탄, 부식토, 유기물, 염류 및 골재 표면에 붙어있는 부착물 등이다. 실트, 점토, 골재를 둘러쌓은 분말, 가용성 염류 및 가벼운 물질 등은 보통 씻으면 제거할 수 있다. 깨끗하게 보이는 모래 알맹이에 유기물이 부착되어 있는 경우도 있다. 그러므로 골재는 반드시 씻어서 사용하여야 한다.

그러나 골재에 허용범위를 초과하지 않는 적당량 유기물이 포함되어 있는 경우에는 그대로 사용하여도 무방하다. 이것에 대한 허용한도량을 표시하면 표 4.13~4.18과 같다.

점토덩어리 시험은 KS F 2512, 0.08 mm 체 통과량 시험은 KS F 2511, 석탄, 갈탄 등 밀도 2.0 g/cm^{3}의 액체에 뜨는 것에 대한 시험은 KS F 2513에 따른다. 또 바다 모래 중의 염화물 함유량 시험은 KS F 2515「골재 중의 염화물 함유량 시험 방법」에 따른다.

표 4.13 잔 골재 유해물 함유량 한도(질량 백분율) (KCS-2022 2.1.3.4)

종 류	천연잔골재(%)
점토덩어리	1.0
0.08 mm 체 통과량	
콘크리트 표면이 마모작용을 받는 경우	3.0
기타 경우	5.0
석탄, 갈탄 등으로 밀도 0.002 g/mm^{3}의 액체에 뜨는 것	
콘크리트 외관이 중요한 경우	0.5
기타 경우	1.0
염화물(NaCl 환산량)	0.04

표 4.14 잔 골재 유해물 함유량 한도(댐) (질량 백분율, 댐·콘·시방서 4.4.3)

종 류	최댓값(%)
점토덩어리	1.0[1)]
골재 씻기 시험에서 없어지는 것 No.200(0.08 mm) 체 통과량	
콘크리트 표면이 마모작용을 받는 경우	3.0[2)]
기타 경우	5.0[2)]
석탄, 갈탄 등으로 비중 2.0의 액체에서 뜨는 것	0.5

주1) 시료는 KS F 2511에 의한 골재 씻기 시험[No.200(0.08 mm) 체 통과량]을 한 후에 체에 남는 것을 사용한다.

주2) 부순 모래의 경우, 씻기 시험(No.200 체 통과량)에서 얻어지는 것이 돌가루이고 점토, 실트 등을 포함하지 않을 때는 그 최댓값을 각각 5%와 7%로 하여도 좋다.

표 4.15 잔 골재 유해물 함유량 한도(포장) (질량 백분율, 포장·콘·시방서 4.4.3)

종 류	최댓값(%)
점토덩어리	1.0[1)]
골재 씻기 시험에서 없어지는 것(0.08 mm 체 통과량)	3.0[2)]
석탄, 갈탄 등으로 비중 2.0의 액체에 뜨는 것	0.5
바다 모래(해사) 중의 염화물(염화물 이온량)	0.02[3)]

주1) 시료는 KS F 2511에 의한 골재 씻기 시험[No.200(0.08 mm) 체 통과량]을 한 후에 체에 남는 것을 사용한다.

주2) 부순 모래 및 고로 슬래그 잔 골재의 경우, 0.08 mm 체를 통과하는 재료가 점토나 조개껍질이 아닌 돌가루인 경우에는 그 최댓값을 각각 5%와 7%로 하여도 좋다.

주3) 잔 골재의 절대건조 질량에 대한 백분율이며 NaCl 환산으로는 0.03%에 상당한다.

표 4.16 굵은 골재 유해물 함유량 한도(질량 백분율) (KCS-2022 2.1.4.4)

종 류	천연 굵은 골재
점토덩어리	0.25[1)]
연한 석편	5.0[1)]
0.08 mm 체 통과량	1.0
석탄, 갈탄 등으로 밀도 2.0 g/cm^{3}의 액체에 뜨는 것	
콘크리트 외관이 중요한 경우	0.5
기타 경우	1.0

주1) 점토덩어리와 연한 석편의 합이 5%를 넘으면 안 된다.
점토덩어리 시험은 KS F 2512, 연한 석편의 시험은 KS F 2516, 0.08 mm 체 통과량의 시험은 KS F 2511, 석탄 및 갈탄 등 밀도 2.0 g/cm^{3}인 액체에서 뜨는 것에 대한 시험은 KS F 2513에 따른다.
천연 굵은 골재의 점토덩어리 함유량은 0.25%, 연한 석편은 5.0% 이하이어야 하며, 그 합은 5%를 초과하지 않아야 한다. 다만, 순환 굵은 골재의 점토덩어리 함유량은 0.2% 이하로 한다. 그러나 무근콘크리트에 사용할 경우에는 적용하지 않는다.

표 4.17 굵은 골재 유해물 함유량 한도(포장) (질량 백분율, 포·콘·시방서 4.5.3)

종 류	최댓값(%)
점토덩어리	0.25
연한 석편	5.0
골재 씻기 시험에서 없어지는 것[No.200(0.08 mm) 체 통과량]	1.0
석탄, 갈탄 등으로 비중 2.0의 액체에 뜨는 것	0.5

주) 부순 돌의 경우에 씻기 시험에서 없어지는 것이 돌가루인 경우에는 돌가루 혼입률의 최댓값을 1.5%로 해도 좋다. 또 고로 슬래그 굵은 골재 경우에는 최댓값을 5.0%로 해도 좋다.

예제 4.4

콘크리트용 천연 굵은 골재의 유해물 함유량 한도(질량백분율)에 대한 설명으로 틀린 것은? (건·재·기출, 20.9)

① 연한 석편은 2.0% 이하여야 한다.
② 점토덩어리는 0.25% 이하여야 한다.
③ 008 mm 체 통과량은 1.0% 이하여야 한다.
④ 콘크리트의 외관이 중요한 경우 석탄, 갈탄 등으로 밀도 0.002 g/mm^{3}의 액체에 뜨는 것은 0.5% 이하여야 한다.

풀이 ① 연한 석편 5% 이하

4.4.2 유기 불순물(Organic Impurities)

부식토, 이탄 등의 속에는 후민 산(humic acid)을 포함하고 있어 이것이 시멘트 속의 석회와 화합하여 석회 후민 산 비누를 생성하며 시멘트 수화반응을 저해한다. 따라서 모래가 소량의 유기물질을 함유하면 강도가 작아질 뿐만 아니라 때에 따라서는 콘크리트가 굳지 않는 경우도 있으며 또 콘크리트가 붕괴할 때도 있다.

잔 골재에 함유되는 유기 불순물은 KS F 2510에 따라 시험하여야 한다. 이때 모래 위에 있는 용액 색깔은 표준색보다 엷어야 한다.

이때 모래 위에 있는 용액 색깔이 표준색보다 진한 경우라도 그 모래를 3%의 수산화나트륨 용액으로 씻고 다시 물로 씻어서 사용한 모르타르 공시체 압축강도 90% 이상으로 된다면 책임기술자 승인을 얻어 그 모래를 사용하여도 좋다.

이때 모르타르 공시체 재령은 보통 포틀랜드 시멘트, 중용열 포틀랜드 시멘트 및 혼합 시멘트인 경우는 7일과 28일, 조강 포틀랜드 시멘트인 경우는 3일과 7일로 한다.

모르타르 압축강도에 대한 잔 골재 시험은 KS A 2514에 따른다.

4.4.3 알칼리 골재반응(Alkali-Aggregate Reaction)

콘크리트 시방서(KCS-2022)에서 알칼리 골재반응에 대한 정의를 "**알칼리 골재반응**(alkali-aggregate reaction) : 골재의 실리카 성분이 시멘트 기타 알칼리분과 오랜 기간에 걸쳐 반응하여 콘크리트가 팽창함으로써 균열이 발생하거나 붕괴하는 현상"(KCS-2022 1.3)이라 제시하고 있다. 콘크리트 시방서에서 정의한 것과 같이 골재 속의 반응성 실리카 광물과 콘크리트 내부 높은 알칼리성 공극용액과 화학반응이 발생하여 콘크리트 내부에서 국부적인 팽창이 발생하며 그 결과 콘크리트 구조물 표면에 균열 및 박리 현상 등이 발생하고 경우에 따라 콘크리트 표면에 백색 물질이 분출하는 경우도 있어 결과적으로 콘크리트 성능저하가 발생하는 것을 알칼리 골재반응이라 말한다. 알칼리 골재반응이라는 용어는 알칼리 실리카 반응, 알칼리 탄산염암 반응, 알칼리 실리케이트 반응 등으로 말하여지고 있으나 모두 동일한 것으로 알려져 있다.

(1) 알칼리 골재반응에 관한 내구 성능 및 평가

콘크리트 시방서에서는 알칼리 골재반응에 관한 내구 성능과 내구성 평가에 대하여 다음과 같이 제시하고 있다.

① 구조물 요구 성능이 콘크리트 알칼리 골재반응에 의해 손상 받지 않아야 한다.(KCS-2022 부록)
② 콘크리트 표면을 피복함으로써 알칼리 골재반응에 관한 구조물 성능을 확보할 수 있으며, 이런 경우에는 유지관리 계획을 고려하여 표면피복에 의한 방수 효과를 적절한 방법으로 평가하여야 한다.(KCS-2022 부록)
③ 알칼리 골재반응에 의한 피해를 방지하기 위해서는 외부로부터 알칼리 금속 이온 및 염화물 이온 등이 침투되지 않도록 시공하여야 한다.(KCS-2022 부록)
④ 알칼리 골재반응에 의한 피해를 감소시키기 위하여 콘크리트 구조물 외부를 방수 처리하거나 배수를 용이하게 하여야 한다.(KCS-2022 부록)

알칼리 골재반응의 내구성 평가 (KCS-2022 부록)

알칼리 골재반응에 대한 콘크리트 구조물 내구성은 식 (4.12)에 의해 평가할 수 있다.

$$\gamma_p R_p \leq \phi_k R_{lim} \tag{4.12}$$

여기서, γ_p : 알칼리 골재반응에 대한 환경계수로서 일반적으로 1.1
ϕ_k : 알칼리 골재반응에 대한 내구성 감소계수로서 일반적으로 0.92
R_{lim} : 알칼리 골재반응의 화학적 한계 안정성
R_p : 알칼리 골재반응의 화학적 안정성 예측값

(2) 알칼리 골재반응성의 평가

① 알칼리 골재반응성에 관한 평가는 식 (4.13)과 같이 알칼리 골재반응에 따른 콘크리트의 팽창량으로 평가한다.(KCS-2022 부록)

$$\gamma_p L_p \leq \phi_k L_{\max} \tag{4.13}$$

여기서, γ_p : 알칼리 골재반응에 대한 환경계수로서 일반적으로 1.1

ϕ_k : 알칼리 골재반응에 대한 내구성 감소계수로서 일반적으로 0.92

L_p : 알칼리 골재반응에 의한 콘크리트 팽창량 예측값(%)

L_{max} : 콘크리트가 소요의 내알칼리 골재반응성을 만족하기 위한 팽창량 최대 한계값(%)으로서 일반적으로 0.05% (KCS-2022 부록)

② 알칼리 골재반응에 의한 콘크리트 팽창률의 예측 값 L_p에 대한 신뢰할 만한 자료가 없을 때에는 KS F 2585의 6개월 재령에서 길이 변화로부터 구할 수 있다. 이때 알칼리 골재반응에 대한 환경계수는 1.0으로 한다.(KCS-2022 부록)

③ 아래에 나타내는 조건 중 하나를 만족하는 경우에는 내알칼리 골재반응성 평가를 생략할 수 있다.(KCS-2022 부록)

- KS F 2545, KS F 2546 중에서 해당실험을 통해 '무해' 혹은 '반응성이 없음'으로 판명된 골재만을 사용하는 경우(KCS-2022 부록)
- 알칼리 금속 이온이 혼입할 염려가 없는 환경으로 위의 ▶의 기준을 만족하지 않거나 또는 이 시험을 하지 않은 골재를 사용하지만, 다음과 같은 알칼리 골재반응 억제 대책 중 하나를 행하는 경우(KCS-2022 부록)
  - (ㄱ) 시멘트의 등가 알칼리양이 0.6% 이하의 저알칼리형 포틀랜드 시멘트를 사용(KCS-2022 부록)
  - (ㄴ) 알칼리 골재반응 억제 효과를 가진 혼합시멘트를 사용(KCS-2022 부록)
  - (ㄷ) 콘크리트 중의 알칼리 이온 총량을 3 kg/m^3 이하로 규제(KCS-2022 부록)

예제 4.5

알칼리 골재반응(alkali-aggregate reaction)에 대한 설명으로 틀린 것은? (건·재·기출, 21.3)

① 콘크리트 중의 알칼리 이온이 골재 중의 실리카 성분과 결합하여 구조물에 균열을 발생시키는 것을 말한다.

② 알칼리골재반응의 진행에 필수적인 3요소는 반응성 골재의 존재와 알칼리량 및 반응을 촉진하는 수분의 공급이다.

③ 알칼리골재반응이 진행되면 구조물의 표면에 불규칙한(거북이등 모양 등) 균열이 생기는 등의 손상이 발생한다.

④ 알칼리골재반응을 억제하기 위하여 포틀랜드시멘트의 등가알칼리량이 6% 이하의 시멘트를 사용하는 것이 좋다.

풀이 ④

4.5 경량골재 및 순환골재

4.5.1 경량골재(Light Weight Aggregate)

콘크리트 시방서(KCS 14 20 20 : 2022) 경량골재 콘크리트 편 용어의 정의에서 경량골재 정의를 다음과 같이 제시하고 있다.

"**경량골재**(lightweight aggregate) : 일반 골재보다 낮은 밀도를 가지는 골재로서 KS F 2527에서는 발생원에 따라 천연경량골재, 인공경량골재, 바텀애시경량골재로 분류함. **천연경량골재**(natural lightweight aggregate) : 경석, 화산암, 응회암 등과 같은 천연재료를 가공한 골재로, KS F 2527에서는 천연경량잔골재(NLS, natural lightweight sand)와 천연경량굵은골재(NLG, natural lightweight gravel)로 구분함. **인공경량골재**(artificial lightweight aggregate) : 고로슬래그, 점토, 규조토암, 석탄회, 점판암과 같은 원료를 팽창, 소성, 소괴하여 생산되는 골재로, 인공경량잔골재(ALS, artificial lightweight sand)와 인공경량굵은골재(ALG, artificial lightweight gravel)로 구분함. **바텀애시경량골재**(bottom ash lightweight aggregate) : 화력발전소에서 발생되는 바텀애시를 가공한 골재로 잔골재(BLS, bottm ash lightweight sand)의 형태인 것"(KCS-2022 1.3)이라고 제시하고 있다.

그리고 경량골재를 사용하는 경량골재 콘크리트에 대하여 다음과 같이 제시하고 있다.

"**경량골재 콘크리트**(lightweight aggregate concrete) : 골재의 전부 또는 일부를 경량골재를 사용하여 제조한 콘크리트로 기건 단위질량이 2,100 kg/m^3 미만인 것. **모래경량 콘크리트**(sand lightweight concrete) : KDS 14 20 10 또는 ACI 318-14에서 경량콘크리트계수를 정의하기 위해 사용하는 분류법으로, 잔골재는 일반 골재(또는 일반골재와 경량골재 혼용)를 사용하고, 굵은 골재를 경량골재로 사용한 콘크리트를 지칭함. **전경량 콘크리트**(all-lightweight concrete) : KDS 14 20 10 또는 ACI 318-14에서 경량콘크리트계수를 정의하기 위해 사용하는 분류법으로, 잔골재와 굵은 골재 모두를 경량골재로 사용한 콘크리트를 지칭하며 경량골재 콘크리트 2종에 해당함."(KCS-2022 1.3)이라고 제시하고 있다.

"경량골재는 천연경량골재(잔골재 및 굵은골재), 인공경량골재(잔골재 및 굵은골재), 바텀애시경량골재(잔골재)로 분류한다. 천연경량골재는 경석, 화산암, 응회암과 같은 천연재료를 가공한 골재이고, 인공경량골재는 고로슬래그, 점토, 규조토암, 석탄회, 점판암과 같은 원료를 팽창, 소성, 소괴하여 생산되는 골재이다. 또한 바넘애시 경량골재는 화력발전소에서 부산되는 바텀애시를 파쇄·선별한 골재이다.

경량골재는 단위용적질량 기준을 만족시키고, 적절한 입도를 가지며 콘크리트 및 강재에 나쁜 영향을 주는 유해물질을 함유해서는 안 되며, 품질의 변동이 작은 것으로 KS F 2527에 적합한 것을 사용한다.

경량골재는 함수율이 일정하도록 저장하여야 하며, 저장 장소는 빗물이 들어가지 않고 물이 잘 빠지며 햇빛이 들지 않도록 한다.

잔골재와 굵은골재는 섞이지 않도록 각각 운반하여 저장하여야 한다.

골재를 다룰 때는 파쇄되지 않고, 크고 작은 알갱이가 분리되지 않도록 해야 하며, 일반 골재, 먼지, 잡물 등이 섞이지 않도록 하여야 한다.

경량골재는 일반 골재에 비하여 물을 흡수하기 쉬워 이를 건조한 상태로 사용하면 콘크리트의 비비기, 운반, 타설 중에 품질이 변동하기 쉽다. 따라서 양질의 경량골재 콘크리트 제조를 위해서는 시공 및 내구성 조건을 고려하여 경량골재의 적정한 함수율을 정하여 물을 충분히 흡수시키는 프리웨팅 처리를 하거나, 경량골재를 기건 또는 함수 상태로 사용 시에는 이러한 특성을 충분히 고려하여야 한다."(KCS-2022 2.1.2.1)

(1) 경량골재 입도

① 경량골재의 입도는 KS F 2502 체가름시험에 따라 측정하며, 표 4.18에 제시된 KS F 2527의 표준 입도를 만족해야 한다.(KCS-2022 2.1.2.2)

표 4.18 경량골재 표준 입도 (KCS-2022 2.1.2.2)

골재의 치수(mm) \ 체의 치수(mm)		체를 통과하는 질량백분율(%)									
		25	20	13	10	5	2.5	1.2	0.6	0.3	0.15
굵은 골재	20~13	100	90~100	-	0~10	0~5	-	-	-	-	-
	20~5	100	90~100	-	20~55	0~10	0~5	-		-	-
	13~5	-	100	90~100	40~70	0~15	0~5	-	-	-	-
	13~2.5	-	100	90~100	40~75	5~25	0~10	0~5	-	-	-
	10~2.5	-	-	100	85~100	10~30	0~10	0~5	-	-	-
부순 잔골재	5~0.15	-	-	-	100	95~100	80~100	50~90	25~65	10~35	2~15
부순 잔골재 이외의 잔골재	5~0	-	-	-	100	95~100	80~00	50~5	25~60	10~30	2~10

② 경량골재에 포함된 잔 입자(0.08 mm체 통과량)는 KS F 2511 씻기 시험에 따라 측정하며, 굵은골재는 1% 이하, 잔골재는 5% 이하이어야 한다.(KCS-2022 2.1.2.2)

(2) 경량골재 단위용적질량

① 경량골재의 단위용적질량은 KS F 2505에 따라 기건 상태에서 측정하여, KS F 2527 표준에 적합한 소요의 단위용적질량을 가져야 한다. 천연경량골재와 인공경량골재는 표 4.19에서 제시된 단위용적질량 이하이어야 하고, 바텀애시경량골재는 1,200 kg/m^3 이하이어야 한다.(KCS-2022 2.1.2.3)

표 4.19 경량골재의 단위 용적 질량 (KCS-2022 2.1.2.3)

치 수	건조된 상태의 최대 단위 질량(kg/m^3)
잔 골재	1,100
굵은 골재	900
잔 골재와 굵은 골재의 혼합물	1,050

② 경량골재의 단위용적질량은 변동 폭이 작아야 하며, 골재 납품서 또는 골재 시험성적서에 제시된 값과의 차이가 ±10% 미만이어야 한다.(KCS-2022 2.1.2.3)

③ 경량골재 중 굵은골재의 부립률은 KS F 2531에 따라 측정하고, 질량 백분율로 10% 이하이어야 한다.(KCS-2022 2.1.2.3)

④ 경량골재의 흡수율은 KS F 2529 또는 KS F 2533에 따라 측정하여, 사전에 제시된 범위에 들어야 한다.(KCS-2022 2.1.2.3)

⑤ 경량골재 콘크리트의 건조 수축은 KS F 2527에 따르며, 골재의 최대 치수가 13 mm 이하인 때에는 50 mm × 50 mm × 280 mm의 강제몰드를 이용한다. KS F 2462에 따라 7일간 습윤실에서 양생 후 공시체를 꺼낸 후 곧 초기 길이를 측정한다. 7일간 습윤실에서 양생 후 꺼냈을 때의 초기 길이와 재령 100일에서의 측정 길이의 차를 0.01% 정밀도로 각 공시체에서 측정하고, 그 평균값을 건조수축으로 기록한다.(KCS-2022 2.1.2.3)

(3) 경량골재 유해물 함유량 한도 (KCS-2022 2.1.2.4)

① 경량골재의 강열감량 측정은 KS L 5120에 따르며, 5% 이하이어야 한다. (KCS-2022 2.1.2.4)

② 경량골재의 점토 덩어리량 측정은 KS F 2512에 따르며, 2% 이하이어야 한다. (KCS-2022 2.1.2.4)

③ 경량골재의 철 오염물 시험은 KS F 2468에 따르며, 진한 얼룩이 생기지 않아야 한다. 진한 얼룩이 생길 경우 화학적 시험을 실시하고, 1.5 mg 이상의 산화철 (Fe_2O_3)을 함유하고 있는 것을 사용하면 안 된다.(KCS-2022 2.1.2.4)

④ 바텀애시경량골재의 삼산화황(SO_3) 성분은 0.8% 이하이어야 한다.(KCS-2022 2.1.2.4)

(4) 경량골재 내구성 (KCS-2022 2.1.2.5)

① 경량골재 중 굵은골재의 안정성은 KS F 2507에 따라 측정하여, 그 손실량이 12% 이하이어야 한다.(KCS-2022 2.1.2.5)

② 경량골재 중 잔골재의 안정성은 KS F 2507에 따라 측정하여, 그 손실량이 10% 이하이어야 한다.(KCS-2022 2.1.2.5)

③ 상기된 경량골재 안정성의 손실량이 허용 값을 넘는 골재라도 동일한 골재원에서 채취한 골재로 만든 콘크리트가 KS F 2456에 따른 급속 동결 융해 시험 결과 만족한 결과를 얻었거나, 또는 동일한 골재원이 없을 경우 만족한 결과를 입증할 수 있는 실례가 있을 경우에는 사용해도 좋다.(KCS-2022 2.1.2.5)

④ 바텀애시경량골재의 염화물(NaCl 환산량) 함유량 측정은 KS F 2515에 따르며, 0.025 g/cm^3 이하이어야 한다.(KCS-2022 2.1.2.5)

예제 4.6

인공 경량골재에 대한 설명으로 옳은 것은? (건·재·기출, 21.3)

① 밀도는 입경에 따라 다르며 입경이 클수록 적다.
② 인공 경량골재에는 응회암, 경석화산자갈 등이 있다.
③ 인공 경량골재의 품질을 밀도로 나타낼 때 절대건조상태의 밀도를 사용한다.
④ 인공 경량골재는 순간 흡수량이 비교적 적기 때문에 컨시스턴시를 상승시킨다.

풀이 ③

4.5.2 순환골재(Recycled Aggregate)

순환골재란 콘크리트를 크러셔로 분쇄하여 인공적으로 만든 골재로서 입도에 따라 순환 잔 골재와 순환 굵은 골재로 나누어진다. 콘크리트 시방서(KCS-2022) 1.3에 "**순환골재**(recycled aggregate) : 건설폐기물을 물리적 또는 화학적 처리과정 등을 통하여 순환골재 품질기준에 적합하게 만든 골재로 재생골재라고도 함"이라고 정의하고 있다. 콘크리트 시방서(KCS-2022) 순환골재 콘크리트편 2.1.2에 규정한 품질 기준에 적합한 골재이어야 한다.

순환골재 운반 및 저장은 되도록 골재 종류, 품종별로 분리하며 대소의 입자가 분리되지 않도록 하여야 한다. 또한 저장시설은 프리웨팅이 가능하도록 살수 설비를 갖추고 배수가 용이하도록 하여야 한다. 순환골재를 사용할 때는 골재 혼입률을 확인할 수 있는 별도의 계량 및 관리방안을 마련하여야 한다. 순환골재 저장 설비 및 저장 설비에서 배치 플랜트까지의 운반설비는 골재를 균일하게 공급할 수 있는 것이어야 한다.

순환골재 콘크리트에 사용되는 일반 골재 및 순환골재 품질은 KS F 2527 '콘크리트용 골재' 규격에 적합하여야 한다. 콘크리트에 사용되는 순환골재의 물리·화학적 성질은 표 4.20의 표준에 적합한 것이어야 한다.

표 4.20 순환골재 품질 (KCS-2022 2.1.2)

		순환 굵은 골재	순환 잔 골재	관련시험 규정
절대건조밀도(g/mm^3)		2.5 이상	2.3 이상	KS F 2503 (굵은골재)
흡수율(%)		3.0 이하	4.0 이하	KS F 2504 (잔골재)
마모 감량(%)		40 이하	-	KS F 2508
입자 모양 판정 실적률(%)		55 이상	53 이상	KS F 2527
0.08 mm 체 통과량 시험에서 손실된 양(%)		1.0 이하	7.0 이하	KS F 2511
알칼리 골재반응		무해할 것		KS F 2545
점토 덩어리량(%)		0.2 이하	1.0 이하	KS F 2512
안정성(%)		12 이하	10 이하	KS F 2507
이물질 함유량(%)	유기 이물질	1.0 이하(용적)		KS F 2576
	무기 이물질	1.0 이하(질량)		

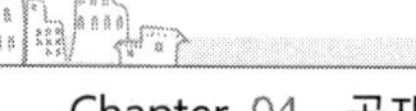

콘크리트에 사용되는 순환골재 입도는 표 4.21의 표준에 적합한 것이어야 한다.

표 4.21 순환골재 입도 (KCS-2022 2.1.2)

체 호칭			체를 통과하는 질량 백분율(%)										
			40 mm	25 mm	20 mm	13 mm	10 mm	5 mm	2.5 mm	1.2 mm	0.6 mm	0.3 mm	0.15 mm
순환 굵은 골재	최대 치수 (mm)	25	100	95~100		25~60		0~10	0~5				
		20		100	90~100		20~55	0~10	0~5				
순환 잔 골재							100	90~100	80~100	50~90	25~65	10~35	2~15

순환골재 콘크리트 제조에 있어서 순환 굵은 골재 최대치수는 25 mm 이하로 하되 가능하면 20 mm 이하를 사용하는 것이 좋다. 순환골재를 계량할 경우 1회 계량 분량에 대한 계량오차는 ±4%로 한다.

순환골재를 사용한 콘크리트 설계기준 압축강도는 27 MPa 이하로 하며 서중 및 한중콘크리트를 제외한 특수콘크리트에는 사용하지 않는다. 순환골재를 사용한 콘크리트의 순환골재 사용비율은 표 4.22와 같다.

표 4.22 순환골재 사용 비율 (KCS-2022 2.2)

설계기준 압축강도	사용골재	
	굵은골재	잔골재
27 MPa 이하	굵은골재 용적의 60% 이하	잔골재 용적의 30% 이하
	혼합사용 시 총 골재 용적의 30% 이하	

순환골재를 사용하여 설계기준 압축강도 27 MPa 이하의 콘크리트를 제조할 경우 순환 굵은 골재 최대 치환량은 총 굵은 골재 용적의 60%, 총 잔골재 용적의 30% 이하로 한다.

순환골재를 혼합사용하여 설계기준압축강도 27 MPa 이하의 콘크리트를 제조할 경우에 사용되는 순환골재의 최대 치환량은 총 골재 용적의 30%로 하며, 위 항의 순환골재별 최대 치환량 이내로 한다. 순환골재 콘크리트 공기량은 보통골재를 사용한 콘크리트보다 1% 크게 하여야 한다.

예제 4.7 

순환골재 콘크리트에 대한 설명으로 틀린 것은? (건·재·기출, 20.9)

① 순환골재 콘크리트의 공기량은 보통골재를 사용한 콘크리트보다 1% 크게 하여야 한다.
② 순환골재 콘크리트의 제조에 있어서 순환 굵은 골재의 최대 치수는 40 mm 이하로 하되, 가능하면 25 mm 이하의 것을 사용하는 것이 좋다.
③ 콘크리트용 순환골재의 품질을 정하는 기준 항목 중 절대 건조 밀도(g/cm^3)는 순환굵은골재인 경우 2.5 이상, 순환잔골재인 경우 2.3 이상이어야 한다.
④ 순환골재를 사용하여 설계기준압축강도 27 MPa 이하의 콘크리트를 제조할 경우 순환굵은골재의 최대 치환량은 총 굵은 골재 용적의 60%, 순환잔골재의 최대 치환량은 총 잔골재 용적의 30% 이하로 한다.

풀이 ②

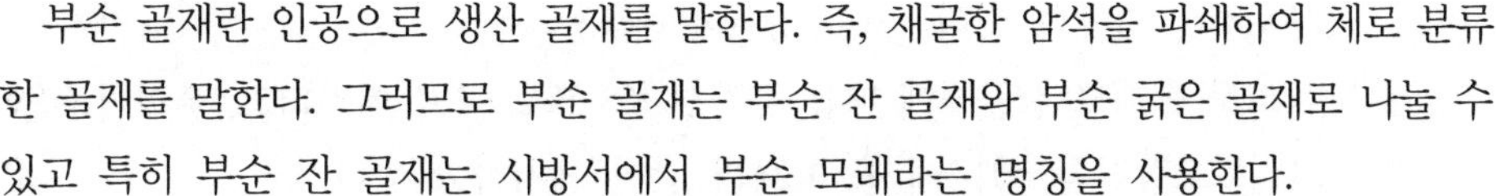

4.6 부순 골재

4.6.1 부순 골재

부순 골재란 인공으로 생산 골재를 말한다. 즉, 채굴한 암석을 파쇄하여 체로 분류한 골재를 말한다. 그러므로 부순 골재는 부순 잔 골재와 부순 굵은 골재로 나눌 수 있고 특히 부순 잔 골재는 시방서에서 부순 모래라는 명칭을 사용한다.

"부순 모래란 암석을 기계적으로 파쇄하여 단단한 입방체 모양 입자로 만든 잔 골재를 말한다. 부순 모래는 KS F 2527에 적합한 것이어야 한다. 부순 모래 입형은 주로 원석의 종류나 제조시의 파쇄 방법에 따라 달라지므로, 이의 적합성 여부가 시멘트 콘크리트의 소요 단위 수량이나 워커빌리티에 미치는 영향은 상당히 크다. 따라서 부순 모래를 쓸 경우에는 석질이 좋은가를 확인함과 동시에 되도록 모가 작고 긴 것이나 편평한 알갱이가 적은 것을 선정하여야 한다(모래 시험). 한국 공업 규격에 적합한 부순 모래, 고로 슬래그 등 인공산 잔 골재 경우, 감독자 허가를 득한 후 사용 가능하다. 부순 잔 골재 종류는 알칼리 골재반응에 따라 A형은 알칼리 골재반응 시험결과 무해한 것을 말하고 B형은 알칼리 골재반응 시험결과 무해한 것으로 판정이

나지 않는 것 또는 이 시험을 하지 않은 것을 말한다."(시멘트·콘·포장·시공지침, 국토부, 2017)

표 4.23 부순 잔 골재의 품질기준 (시멘트·콘·포장·시공지침, 국토부, 2017)

시험항목		규정값
부순 모래	절대건조밀도(g/cm³)	2.5 이상
	흡수율	3% 이하
	안정성	10% 이하
	0.08 mm 체 통과량	7% 이하
	조립률	2.3～3.1(±0.15)
	입자 모양 판정 실적률	55% 이상
	알칼리 골재반응 시험	팽창률 0.1% 미만

주) 안정성 시험은 황산나트륨으로 5회 시험하며 손실량은 입도로 규정한 각 시료별 합산값을 말한다.

4.6.2 고로 슬래그 골재(Blast-Furnace Slag Aggregate)

"고로 슬래그 잔 골재는 용광로에서 선철과 동시에 생성되는 용융 슬래그를 서서히 냉각시켜 부순 것이다. 고로 슬래그 잔 골재는 우리나라에서 아직 단독으로 잔 골재로서 사용된 사례가 없지만, 외국의 경우, 잔 골재로서 단독으로 사용되는 경우도 있으며, 실제의 사용 예에서는 입도 조정이나 염화물 함유량의 저감 등의 목적으로 바다 모래나 산 모래 등의 보통골재의 20～60%를 고로 슬래그 잔 골재로 치환하여 사용하는 경우가 많다."(시멘트·콘·포장·시공지침, 국토부, 2017)

고로 슬래그 잔골재에 대한 규정인 KS F 2544가 폐지되고, 품질기준은 시멘트 콘크리트포장지침 2017에 표 4.24와 같이 제시하고 있다.

표 4.24 고로 슬래그 잔 골재 품질기준 (시멘트·콘·포장·시공지침, 국토부, 2017)

항 목		규정값
화학성분 총 함유량(%)	산화칼슘(CaO)	45.0 이하
	황(S)	2.0 이하
	삼산화황(SO_3)	0.5 이하
	철(FeO)	3.0 이하
물리적 성질	절대건조밀도(g/cm³)	2.5 이하
	흡수율(%)	3.5 이하
	단위 부피질량(kg/ℓ)	1.45 이상

4.7 골재 저장

골재 저장에 대하여 콘크리트 시방서(KCS-2022) 2.2.2에서는 잔 골재와 굵은 골재 구분 없이 다음과 같이 제시하고 있다.

1. "잔 골재 및 굵은 골재에 있어 종류와 입도가 다른 골재는 각각 구분하여 따로 따로 저장한다. 특히, 원석의 종류나 제조 방법이 다른 부순 모래는 분리하여 저장한다." (KCS-2022 2.3.2.2)
2. "골재의 받아들이기, 저장 및 취급에 있어서는 대소의 알이 분리하지 않도록, 먼지, 잡물 등이 혼입되지 않도록, 또 굵은 골재의 경우에는 골재 알이 부서지지 않도록 설비를 정비하고 취급 작업에 주의한다." (KCS-2022 2.3.2.2)
3. "골재의 저장설비에는 적당한 배수시설을 설치하고, 그 용량을 적절히 하여 표면수가 균일한 골재를 사용할 수 있도록, 또 받아들인 골재를 시험한 후에 사용할 수 있도록 한다." (KCS-2022 2.3.2.2)
4. "겨울에 동결되어 있는 골재나 빙설이 혼입되어 있는 골재를 그대로 사용하지 않도록 적절한 방지 대책을 수립하고 골재를 저장한다." (KCS-2022 2.3.2.2)
5. "여름철에는 적당한 상옥시설을 하거나 살수를 하는 등 고온 상승방지를 위한 적절한 시설을 하여 저장한다." (KCS-2022 2.3.2.2)

한편, "시멘트 콘크리트 포장생산 및 시공지침"에서는 콘크리트 시방서에서 규정한 것 이외에 굵은 골재에 대하여 다음과 같은 지침을 추가하여 제시하고 있다.

1. "굵은 골재의 최대치수가 40 mm 이상인 경우에는 19 mm 또는 25 mm를 경계로 2종 이상으로 체가름 하여 따로따로 저장해야 한다." (시멘트·콘·포장·시공지침, 국토부, 2017)
2. "종류와 입도가 다른 골재는 각각 구분하여 따로 저장해야 하며, 저장설비는 배수시설 뿐만 아니라 표면수가 균일하도록 저장하여야 한다." (시멘트·콘·포장·시공지침, 국토부, 2017)

연습문제

01 굵은 골재와 잔 골재 분류기준에 대하여 설명하시오.

02 골재 함수량에 대하여 설명하시오.

03 골재 입도에 대하여 설명하시오.

04 골재 유해물 함유량에 대하여 설명하시오.

05 알칼리 골재반응에 대하여 설명하시오.

06 경량골재에 대하여 설명하시오.

07 순환골재에 대하여 설명하시오.

08 골재 품질기준에 대하여 설명하시오.

09 고로 슬래그 골재에 대하여 설명하시오.

10 골재 저장에 대하여 설명하시오.

참고문헌

건설교통부, 레미콘·아스콘 품질관리 지침, 2007.12.

국토교통부, KCS 14 20 01～70 : 2022, 2022.1.11.

국토교통부, KCS 14 31 05～70 : 2022, 2022.1.11.

국토교통부, KDS 14 20 01～62 : 2022, 2022.1.11.

국토교통부, 시멘트 콘크리트 포장 시공지침, 2017.4.

국토해양부, 건축공사 표준시방서, 2015.

국토해양부, 도로공사 표준시방서, 2016.

국토해양부, 레미콘·아스콘 품질관리 지침, 2012.11.

국토해양부, 시멘트 콘크리트 포장 생산 및 시공 지침, 2009.11.

국토해양부, 콘크리트 구조기준, 2012.10.

국토해양부, 콘크리트 표준시방서, 2009.

국토해양부, 콘크리트 표준시방서, 2016.

대한건설협회, 2005 건설공사 표준품셈, 2005.1.

대한전문건설협회, 콘크리트 구조물(토목)의 균열과 하자문제, 2005.5.

문한영, 건설재료학, 동명사, 1987.2.

박홍용 역, 콘크리트와 문화, 씨아이알, 2014.6.

성기태 외 3,토목재료학, 신광문화사, 2007.6.

이형준 외 5, 건설재료학, 동화기술, 2016.8.

장영길 외 3, 토목재료 및 실험, 동화기술, 2004.3.

장영길 외 5 역, 콘크리트의 지식, 동화기술, 2003.2.

전용배 외 2, 실내토질시험법의 기초, 성안당, 2001.3.

전용배 외 4, 건설재료 및 시험, 동화기술, 2010.3.

전용배, 건설재료 및 실내시험법 기초, 동화기술, 2018.2.

토목공학연구회, 토목실험, 형설출판사, 1987.2.

中村聖三 외 1, 土木材料學, コロナ社, 2014.2.

宮川豊章 외 1, 土木材料學, 朝倉書店, 2012.3.

5 Chapter

콘크리트

5.1 개 요

콘크리트(Concrete)란 시멘트, 물, 잔 골재, 굵은 골재 및 필요에 따라 혼화재료를 혼합하여 만든 것을 말한다. '콘크리트'라는 단어는 con (함께), crete (만들다)라는 합성어로서 일반적으로 콘크리트라고 부르는 것은 시멘트 콘크리트 약칭이며 시멘트 풀(Cement Paste)에 의하여 모래와 자갈 등을 접착 및 결합하여 만들어진 암석 형태 덩어리를 말한다. 넓은 의미로는 무기질 또는 유기질 결합재인 풀(Paste)에 의하여 골재를 결합하고 성형하는 혼합물 또는 그것의 굳은 성형물을 말한다. 콘크리트 시방서 KCS 14 20 10 : 2022 1.3 '용어의 정의' 편에 콘크리트와 관련하여 다음과 같이 제시하고 있다.

1. "**콘크리트**(concrete) : 시멘트, 물, 잔 골재, 굵은 골재에 경우에 따라서는 혼화재료를 혼합, 반죽하여 만든 복합체" (KCS-2022 1.3)
2. "**일반 콘크리트**(normal-weight concrete) : 천연골재, 부순 골재 등을 사용하여 만든 단위 용적 질량이 2,300 kg/m^3 전후의 콘크리트" (KCS-2022 1.3)
3. "**무근 콘크리트**(plain concrete) : 철근 등 구조적 용도의 보강재로 보강하지 않은 콘크리트" (KCS-2022 1.3)
4. "**레디믹스트 콘크리트**(ready-mixed concrete) : 콘크리트 제조 전문 공장의 대규모 배치 플랜트에 의하여 각종 콘크리트를 주문자의 요구에 맞는 배합으로 계량, 혼합한 후 시공, 현장에 운반차로 운반하여 판매하는 콘크리트" (KCS-2022 1.3)
5. "**시멘트 풀**(cement paste) : 시멘트(필요에 따라 첨가하는 혼화재료 포함)와 물의 혼합물" (KCS-2022 1.3)
6. "**모르타르**(mortar) : 시멘트, 물, 잔골재 및 경우에 따라서는 이들에 혼화 재료를 혼합하여 반죽한 것" (KCS-2022 1.3)

이외에 콘크리트를 굳지 않은 콘크리트(Fresh Concrete)와 굳은 콘크리트(Hardened Concrete)로 분류하는 경우도 있다. 콘크리트 장·단점을 다음과 같이 제시할 수 있다.

(1) 콘크리트 장점

① 압축력이 우수하여 내구성 강한 반영구적인 구조물을 만들 수 있다.
② 굳지 않은 콘크리트 유동성을 이용하여 임의의 모양을 만들 수 있다.
③ 콘크리트 자중을 활용하여 안정한 구조물을 만들 수 있다.
④ 재료 운반이 용이하여 현장에 구애 받지 않는다.
⑤ 시공이 간단하여 준공 후 유지비 관리비가 적어 경제성이 좋다.

(2) 콘크리트 단점

① 인장력이 작아 휨 재료 활용범위가 제한적이다.
② 시공 기술력이 콘크리트 품질을 지배한다.
③ 건조 수축으로 인하여 쉽게 균열이 발생한다.
④ 콘크리트가 굳는데 양생시간이 필요하다.
⑤ 콘크리트 해체 후 폐기물 처리가 제한적이다.

5.2 굳지 않은 콘크리트 성질

굳지 않은 콘크리트란 굳은 콘크리트(경화 콘크리트)에 대응하여 사용하는 용어로 시멘트, 골재, 물 등 재료를 비비기 한 후, 또는 거푸집 내에 콘크리트를 친 후 유동성이 저하하고 응결과정을 거쳐 일정한 강도를 발생할 때까지, 즉 경화하지 않은 콘크리트를 말한다.

콘크리트 시방서에서는 굳지 않은 콘크리트 성질을 표시하는 용어의 정의를 다음과 같이 제시하고 있다.

1. 반죽질기(Consistency)

"반죽질기(consistency) : 굳지 않은 콘크리트에서 주로 단위수량의 다소에 따라 유동성의 정도를 나타내는 것으로서, 작업성을 판단할 수 있는 요소"(KCS-2022 1.3), 즉 물의 양이 많고 적음에 따라 반죽이 되고 진 정도를 표시하는 굳지 않은 콘크리트 성질로 콘크리트 유동성 기준을 말한다.

2. 성형성(Plasticity)

"성형성(plasticity) : 거푸집에 쉽게 다져 넣을 수 있고, 거푸집을 제거하면 천천히 형상이 변하기는 하지만 허물어지거나 재료가 분리되지 않는 굳지 않은 콘크리트의 성질"(KCS-2022 1.3), 즉 거푸집에 쉽게 주입할 수 있고 거푸집을 제거하면 조금씩 모양이 변하지만 무너지거나 재료 분리가 일어나지 않는 굳지 않은 콘크리트 성질을 말한다.

3. 유동성(Fluidity)

"유동성(fluidity) : 중력이나 외력에 의해 유동하기 쉬운 정도를 나타내는 굳지 않은 콘크리트의 성질"(KCS-2022 1.3), 즉 콘크리트 흐름의 쉬운 정도를 표시하는 굳지 않은 콘크리트 성질을 말한다.

4. 워커빌리티(Workability)

"워커빌리티(workability) : 반죽 질기에 의한 작업의 난이한 정도와 균일한 질의 콘크리트를 만들기 위하여 필요한 재료의 분리에 저항하는 정도를 나타내는 굳지 않는 콘크리트의 성질"(KCS-2022 1.3), 즉 재료분리에 저항하는 정도 및 작업 난이 정도를 표시하는 굳지 않은 콘크리트 성질을 말한다.

5. 펌퍼빌리티(Pumpability)

"펌퍼빌리티(pumpability) : 콘크리트 펌프에 의해 굳지 않은 콘크리트 또는 모르타르를 압송할 때의 운반성"(KCS-2022 1.3), 즉 콘크리트를 펌프 관을 통해 압송할 수 있는 기준을 표시하는 굳지 않은 콘크리트 성질을 말한다. "일반적인 경우, 펌퍼빌리티는 수평관 1 m당 관내의 압력손실로 정할 수 있다. 이때 1 m당 관내의 압력손실로부터 배관 전체길이에 대한 소요 압송압력을 계산하고, 소요 압송압력을 고려하여 안전을 충분히 확보할 수 있는 배관 및 펌프를 선정하여야 한다."(KCS-2022 3.8.2), 즉 펌프빌리티 측정단위는 압력손실로 제시하고 있다.

6. 블리딩(Bleeding)

"블리딩(bleeding) : 굳지 않은 콘크리트에서 고체 재료의 침강 또는 분리에 의하여 콘크리트에서 물과 시멘트 혹은 혼화재의 일부가 콘크리트 윗면으로 상승하는 현상"(KCS-2022 1.3), 즉 콘크리트가 굳기 직전에 표면으로 물이 솟아오르는 현상을 말한다.

7. 레이턴스(Laitance)

"레이턴스(laitance) : 콘크리트 타설 후 블리딩에 의해 부유물과 함께 내부의 미세한 입자가 부상하여 콘크리트의 표면에 형성되는 경화되지 않은 층"(KCS-2022 1.3), 즉 콘크리트가 굳기 직전에 표면으로 솟아오르는 물과 함께 침출한 물질이 가라앉거나 공기 중 먼지 등이 가라앉는 현상을 말한다.

5.2.1 워커빌리티에 영향을 미치는 요인

굳지 않은 콘크리트 워커빌리티에 영향을 미치는 요인은 여러 가지가 있으나 대체적으로 단위 수량, 시멘트 성질 및 양, 골재 입도 및 모양, 혼화재료 성질 및 양, 공기량, 배합비율, 물－시멘트 비, 콘크리트 온도, 비비기 시간 등이다.

(1) 단위 수량

단위 수량이 많으면 콘크리트는 묽게 된다. 즉, 반죽질기가 커서(묽어서) 작업은 쉬워지지만 단위 수량이 너무 많아지면 재료 분리가 일어나 콘크리트 비비기 작업이 어렵게 된다. 단위 수량이 너무 적으면 콘크리트는 된 반죽이 되어 유동하기가 어려워 비비기 작업이 나빠진다. 일반적으로 단위 수량이 1.2% 증감함에 따라 슬럼프는 1 cm 증감한다고 알려져 있다. 단위수량은 185 kg/m^{3}을 초과하지 않도록 하여야 한다.(KCS-2022 1.9.1)

(2) 시멘트 성질 및 양

시멘트 종류, 단위 시멘트량, 분말도, 풍화 정도 등에 따라 작업성이 달라진다. 시멘트 종류에서 보통 포틀랜드 시멘트보다 혼합 시멘트가 작업성이 좋다. 단위 시멘트량이 클수록 성형성이 좋고 분말도 2,800 cm^2/g 이하 시멘트를 사용하면 작업성이 나빠지고 블리딩도 많다. 풍화 정도가 크면 분말도가 떨어진다. 단위 시멘트량이 많을수록 콘크리트는 작업성이 좋아지고 단위 시멘트량이 적으면 재료분리 현상이 발생한다.

(3) 골재 입도 및 모양

골재 입도는 콘크리트 작업성에 큰 영향을 준다. 미립 잔 골재는 성형성에 매우 큰 영향을 미친다. 입도 분포는 연속입도가 좋다. 잔 골재 입경 크기에 따라 공기 연행제의 공기 연행성이 달라진다. 골재 모양은 둥근 모양 골재가 모가지거나 편평한 골재보다 작업성이 좋다. 골재 양을 증가시키면 단위 수량을 늘려야 동일 작업성을

얻을 수 있다. 굵은 골재 모양, 표면적, 입도 분포도 등이 작업성에 큰 영향을 미친다.

(4) 혼화재료 성질 및 양

공기 연행제나 감수제로 인하여 콘크리트 중에 생성하고 연행하는 미세한 공기는 볼베어링 작용을 일으켜 콘크리트 작업성을 개선한다. 그 정도는 공기량 1% 증가에 대하여 슬럼프가 2 cm 정도 커지며 슬럼프를 일정하게 하면 단위 수량을 약 3% 저감할 수 있다. 또 양질의 포졸란을 사용하면 작업성이 개선된다.

(5) 배합 비율

재료 배합 비율인 잔 골재율, 물-시멘트 비, 잔 골재와 굵은 골재 비 등과 재료 사용량은 콘크리트 작업성에 영향을 준다.

(6) 콘크리트 온도

온도가 높으면 슬럼프가 감소하여 콘크리트 작업성에 영향을 준다. 콘크리트 운송 지연에 따라 슬럼프가 감소하여 콘크리트 작업성에 영향을 준다.

(7) 비비기 시간

비비기가 충분하면 시멘트 풀이 골재 표면에 고르게 부착하고, 반죽이 좋아 작업성이 좋아지고, 재료 분리가 줄어들고, 강도가 높아지므로 가급적 비빔시간을 늘리는 것이 좋다. 그러나 비빔시간이 과도하게 길면 시멘트 수화를 촉진하여 작업성이 나빠진다.

예제 5.1

콘크리트의 워커빌리티에 영향을 미치는 요인에 대한 설명으로 틀린 것은? (건·재·기출, 21.9)

① 포졸란 혼화재를 사용하면 콘크리트의 점성을 개선하는 효과가 있어 워커빌리티가 좋아진다.

② 일반적으로 단위시멘트 사용량이 많은 부배합의 경우는 빈배합의 경우보다 워커빌리티는 좋아진다.

③ 골재의 입도분포가 양호하고 입형이 둥글면 워커빌리티는 좋아진다.

④ 같은 배합의 경우라도 온도가 높으면 워커빌리티는 좋아진다.

 ④

5.2.2 워커빌리티 측정방법

콘크리트 워커빌리티는 "컨시스턴시에 의한 타설이 용이한 정도"와 "재료 분리에 저항하는 성질"의 상반되는 두 종류 성질을 조합한 매우 복잡한 성질이다. 워커빌리티 측정방법은 여러 가지 외부 힘에 대하여 변형하는 콘크리트 성질을 측정하는 것이다. 콘크리트 워커빌리티 정도는 반죽질기 측정결과로 판단한다. 반죽질기를 측정하는 방법에는 슬럼프시험, 흐름시험, 구 관입시험, Vee-Bee시험, Remolding시험 등이 있으나 슬럼프시험을 가장 많이 사용하고 있다.

(1) 슬럼프시험(Slump Test)

슬럼프시험은 밑지름 20 cm, 윗면 지름 10 cm, 높이가 30 cm이고, 다짐봉(Temping Bar)은 지름 16 mm, 길이 50 cm인 강봉을 이용하여 콘크리트 반죽질기를 측정할 수 있는 방법이다. 시험방법은 몰드 속에 콘크리트를 부피로 3회 나누어 넣고, 다짐봉으로 각각 25회씩 균일하게 다진 다음, 몰드를 수직으로 들어올린다. 이 때 기준으로 설정한 30 cm 높이에서 콘크리트가 가라앉은 값을 슬럼프 값(Slump Value)이라 한다. 시험에서 굵은 골재 최대치수가 40 mm를 넘는 경우에는 이를 제거한 다음에 시험을 실시한다. 슬럼프 시험 측정한 후 성형 정도를 판별하기 위해 반죽한 콘크리트를 가볍게 두드려서 변형 상태를 관찰한다. 슬럼프가 3～18 cm 정도 범위 밖의 콘크리트에 대해서는 다른 시험방법에 의하여 워커빌리티를 측정하는 것이 좋다.

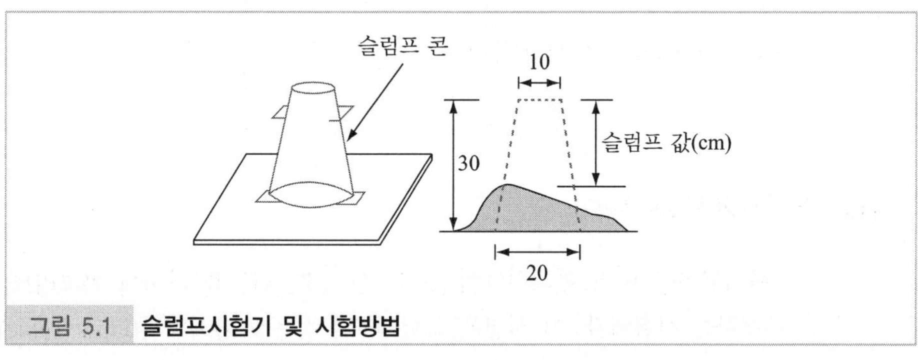

그림 5.1 **슬럼프시험기 및 시험방법**

콘크리트 시방서(KCS-2022) 1.7.3에서 "슬럼프는 KS F 2402 규정에 따라 시험한 후 그 결과 값과 호칭 슬럼프 허용오차는 표 5.1에 따라야 한다."라고 제시하고 있다.

표 5.1 슬럼프 허용오차(mm) (KCS-2022 1.7.3)

슬럼프	슬럼프 허용오차
25	± 10
50 및 65	± 15
80 이상	± 25

(2) 구 관입시험(Ball Penetration Test)

구 관입시험은 J. W. Kelly가 제안하였다 하여 Kelly Ball 관입시험이라고도 말한다. 그림 5.2와 같은 전체 중량 약 13.6 kg 반구를 콘크리트 표면에 놓았을 때 구 자체 중량으로 인하여 구가 콘크리트 속으로 가라앉는다. 이때 구의 관입 깊이를 측정함으로서 콘크리트 반죽질기를 알아볼 수 있는 시험방법이다. 도로 포장이나 공항 활주로 같은 평면으로 타설한 콘크리트 반죽질기를 측정하는데 편리하다. 관입 값의 1.5 ~ 2배가 슬럼프 값과 대략 비슷하다고 알려져 있다.

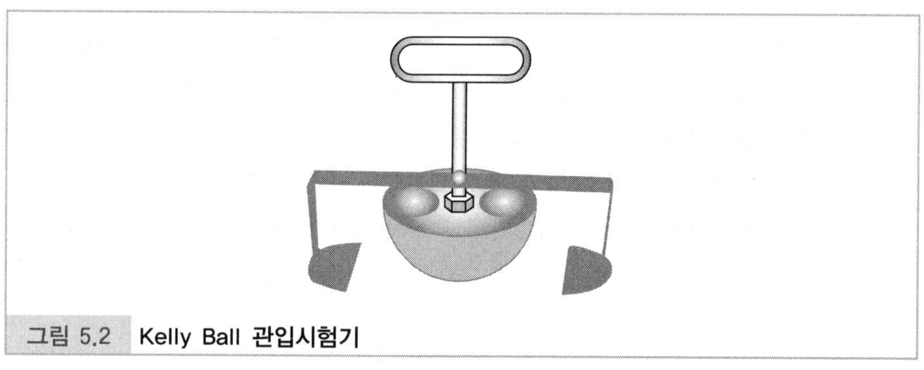

그림 5.2 Kelly Ball 관입시험기

(3) 흐름시험(Flow Test)

흐름시험이란 비빈 콘크리트에 인위적인 상하 진동을 가하여 콘크리트 변형저항을 측정하는 시험이다. 이 시험은 그림 5.3과 같은 흐름시험판(Flow Table) 위에 밑

지름 25.4 cm, 윗지름 17.1 cm, 높이 12.7 cm 몰드를 놓고 콘크리트를 2층으로 나누어서 투입하여 각각 25회씩 다진 후, 10초 동안에 15회 속도로 흐름시험판을 수직으로 들어 올린 후 낙하시킨다. 시멘트 및 모르타르 경우 15초 동안에 25회 속도로 낙하시킨다. 이 때 콘크리트가 흘러 퍼진 지름을 6방향에서 측정하여 그 평균값(D)을 계산한다. 이 평균값과 처음 지름의 차를 구한 후, 이 값에 처음 지름으로 나누어 백분율을 취하면 이것을 흐름 값(Flow Value)이라 말한다.

$$\text{흐름 값}(\%) = \frac{\text{평균값}(D) - \text{콘 밑지름}(25.4\ \text{cm})}{\text{콘 밑지름}(25.4\ \text{cm})} \times 100 \tag{5.1}$$

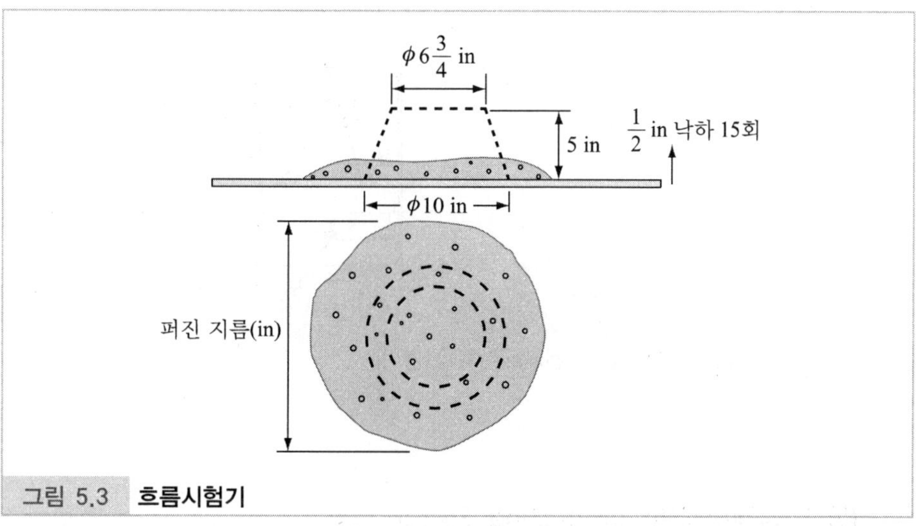

그림 5.3 **흐름시험기**

콘크리트 시방서(KCS-2022) 1.7.3에서 “슬럼프 플로로 품질을 지정하는 경우 KS F 2594 규정에 따라 시험하고 슬럼프 플로 허용오차는 표 5.2에 따라야 한다.”라고 제시하고 있다.

표 5.2 슬럼프 플로 허용오차(mm)[2)] (KCS-2022 1.7.3)

슬럼프 플로	슬럼프 플로의 허용오차
500	± 75
600	± 100
700[1)]	± 100

주1) 굵은 골재 최대치수가 13 mm인 경우에 한하여 적용한다.
2) 이 기준은 설계기준압축강도 40 MPa 미만 콘크리트에 한하여 적용한다.

(4) Vee-Bee 반죽질기 시험

이 시험은 진동이 가해지는 몰드에 슬럼프 콘을 넣어 슬럼프 값을 측정한 다음, 콘크리트 반죽 윗면에 플라스틱 원판을 올려놓고 몰드를 진동시켜 원판 전체 면이 콘크리트와 완전히 접촉하는 시간(sec)을 측정하는 시험이다. 시험결과인 이 측정값을 VB값(Vee-Bee Degree) 또는 침하도라고 말한다. 이 시험방법은 슬럼프시험으로 측정하기 어려운 비교적 된 반죽 콘크리트에 주로 사용한다.

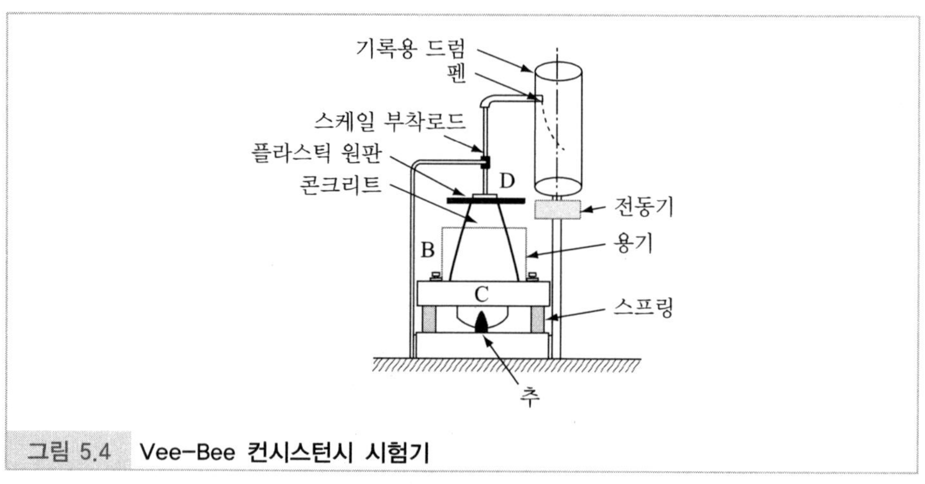

그림 5.4 Vee-Bee 컨시스턴시 시험기

(5) 다짐계수시험(Compacting Factor Test)

다짐계수시험방법은 진동다짐을 해야만 하는 된 배합 콘크리트 컨시스턴시 시험에 유효하다. 굳지 않은 콘크리트가 된 배합인 경우에서는 슬럼프시험보다 정확하다. 이 시험방법은 원뿔대 몰드 A, B와 원통 몰드 C를 위에서 아래로 순서대로 설치한 후 몰드 A에서 몰드 B, C로 차례로 콘크리트를 낙하시킨 후 몰드 C에 채워진 콘크리트 중량(m)을 계측한다. 몰드 C 시료를 비우고 새로운 굳지 않은 콘크리트 시료를 같은 몰드 C에 충분히 채워 다진 후 그 중량(W)을 계측한 후 m/W 비를 구하여 워커빌리티를 측정하는 방법이다.

(6) 리몰딩시험(Remolding Test)

슬럼프 몰드를 흐름시험판 위에 올려놓은 원통(내벽과 외벽이 있음) 내에 넣고 슬럼프 몰드 내에 콘크리트를 채워 넣는다. 콘크리트를 채운 후 슬럼프 몰드를 제거하고 가압판 역할을 하는 원판을 콘크리트면에 얹어 놓는다. 그리고 흐름시험판에 약 6 mm 상하운동을 주어 원통 내벽에서 외벽으로 콘크리트가 흐르게 한다. 콘크리트 표면 내외가 동일한 높이가 될 때까지 반복한다. 콘크리트 표면 높이가 내·외벽에서 같을 때 낙하횟수를 측정한다. 이 때 낙하횟수가 반죽질기이다.

5.2.3 굳지 않은 콘크리트 재료 분리

굳지 않은 콘크리트에 재료 분리가 발생하면 경화 후 콘크리트 성능 저하가 일어나 구조물 내구성이 작아진다. 굳지 않은 콘크리트 재료 분리는 골재 분리와 물의 분리로 나눌 수 있다. 골재 분리는 콘크리트를 거푸집에 타설할 때 발생하고 물의 분리는 콘크리트를 거푸집에 타설함과 동시에 응결할 때까지 지속적으로 일어난다. 물의 분리 현상을 콘크리트 시방서 용어의 정의 편에서 블리딩이라 말한다. 이 때 블리딩으로 인하여 콘크리트나 모르타르 표면에 떠올라서 가라앉은 물질을 레이턴스라 한다.

굳지 않은 콘크리트는 밀도 및 표면특성이 다른 여러 종류 재료와 물이 혼합하여 만들어지는 혼합체이다. 굳지 않은 콘크리트를 운반할 때, 즉 펌프관 내를 압송하여 흐르거나 공기 중 슈트를 통하여 흐를 경우 재료들 관성력 차이가 발생한다. 이 관성력 차이가 모르타르나 시멘트 페이스트 점착력보다 크면, 굵은 골재와 잔 골재 분리가 발생한다. 그리고 펌프관 내 압송을 할 때 펌프관 내 굴곡부나 분기관에서 골재 흐름차와 물 흐름차로 재료 분리가 발생한다.

또한 굳지 않은 콘크리트 다짐작업 속도 차이에서도 재료 분리가 발생한다. 재료 분리가 발생한 굳지 않은 콘크리트는 경화 후 거푸집을 떼어낼 때 곰보(요철, 벌집) 현상이 나타나서 경화 콘크리트 강도 및 내구성에 나쁜 영향을 준다.

굵은 골재 최대치수가 너무 크고 단위 골재량과 단위 수량이 너무 많으면 굳지 않은 콘크리트는 시공 중에 재료가 분리된다. 또한 배합할 때 비비기 시간이 기준 시간보다 부족하거나 오래 걸릴 경우에도 재료 분리 현상이 발생한다.

따라서 재료 분리 현상을 줄이기 위해서는 여러 방면 대책이 필요하지만 기본적으

로 갖추어야 하는 것은 시멘트 페이스트 내지는 모르타르의 높은 점착력 및 점성이다. 단위 수량이 작고 물-시멘트 비가 적은, 즉 슬럼프가 작은 콘크리트가 분리에 대한 저항성이 크다. 분리방지를 위한 방법은 콘크리트 성형성(Plasticity)을 증가시키고, 잔 골재 비율을 크게 하고, 물-시멘트 비를 작게 한다. 그리고 공기 연행제, 플라이 애시 등 혼화재료를 적절히 사용하는 방법을 들 수 있다.

5.2.4 공기량

공기량은 굳지 않은 콘크리트 성질에 중요하며, 워커빌리티에 영향을 미친다. 공기 연행제를 사용했을 때 콘크리트 속에 발생한 공기량을 연행 공기(Entrained Air)라 하고 혼합하기 이전에, 즉 자연 상태에서 포함하고 있는 공기량을 갇힌 공기(Entrapped Air)라 한다. 일반적으로 공기량이 1% 증가하면 슬럼프는 약 2.5 cm 증가하고 콘크리트가 부피의 3~6% 정도 알맞은 연행 공기량을 가지고 있으면 워커빌리티가 좋아지며 내구성도 증진한다고 알려져 있다. 공기량은 보통 콘크리트 경우 4.5%, 경량골재 콘크리트 경우 5.5%, 포장 콘크리트 4.5%, 고강도 콘크리트 3.5%로 하되, 그 허용오차는 ±1.5%로 한다고 알려져 있으며 콘크리트 시방서에서는 여러 조건에 따라 공기량이 다르므로 KS F 2409 또는 KS F 2421에 따라 공기량 시험을 실시하도록 제시하고 있다.

5.2.5 초기 균열

콘크리트를 타설한 후 24시간 이내 경화되기 이전에 균열이 발생하는 일이 있는데, 이러한 균열을 초기 균열 또는 플라스틱 수축균열이라 한다. 초기 균열은 그 원인에 따라 침하 수축균열, 초기 건조수축균열, 거푸집 변형에 따른 균열, 진동, 재하에 따른 균열 등으로 나눌 수 있다.

(1) 침하 수축균열

침하 수축균열은 굳지 않은 콘크리트에 발생하는 초기 미세균열로 콘크리트 타설 후 1~2시간 이내에 표면 가까이에 있는 철근이나 굵은 골재 등을 따라 발생한다.

이것의 원인은 중력에 의하여 발생하는 콘크리트 침하를 저지하기 때문이다. 침하 수축균열 방지대책으로는 단위 수량을 될 수 있는 한 적게 하고, 슬럼프가 작은 콘크리트를 배합하여 가능한 한 블리딩을 억제하도록 하며, 타설 종료 후에는 충분한 다짐을 한다. 콘크리트 시방서에서 침하균열의 조치로 다음과 같이 제시하고 있다.

"슬래브 또는 보의 콘크리트가 벽 또는 기둥의 콘크리트와 연속되어 있는 경우에는 침하균열을 방지하기 위하여 벽 또는 기둥의 콘크리트 침하가 거의 끝난 다음 슬래브, 보의 콘크리트를 타설하여야 한다. 내민 부분을 가진 구조물의 경우에도 동일한 방법으로 시공한다. 콘크리트가 굳기 전에 침하균열이 발생한 경우에는 즉시 다짐이나 재 진동을 실시하여 균열을 제거하여야 한다."(KCS-2022 3.3.4)

(2) 플라스틱 수축균열

굳지 않은 콘크리트가 응결에서 경화하는 과정에서 굳지 않은 콘크리트 표면에 있는 물이 빠르게 증발하여 콘크리트 마무리면을 따라 가늘고 얇게 발생하는 균열을 말한다. 이 균열은 급속건조가 원인이므로 급격한 수분 증발이나 급격한 온도 변화가 일어나지 않도록 양생시간을 조절하여야 한다.

(3) 거푸집 변형에 의한 균열

콘크리트를 친 후 콘크리트가 점차로 유동성을 잃고 굳어져 가는 시점에서 거푸집 조임상태 불량, 동바리 불완전, 콘크리트 측압에 따른 거푸집 변형 등에 의해 큰 변형을 받으면 콘크리트 소성 변형 능력보다 외력에 의한 변형 쪽이 크게 되어 균열이 발생한다.

(4) 진동 및 재하에 의한 균열

타설을 완료할 즈음에 콘크리트 근처에서 말뚝을 박거나 기계류 진동이 원인이 되어 균열이 발생한다.

5.3 굳은 콘크리트 성질

5.3.1 콘크리트 질량

콘크리트 단위 질량은 사용하는 골재 비중, 골재 밀도, 굵은 골재 최대치수, 콘크리트 배합, 공기량, 콘크리트 건조와 습한 정도에 따라서 달라진다. 콘크리트 질량은 단위 질량(kg/m^3), 공기 중 건조 질량, 절대건조 질량 등으로 나타낸다. 각종 골재를 사용한 콘크리트 질량은 시험에 의하여 결정하여야 하며, 표준 품셈 '재료 단위 질량' 편에서는 철근 콘크리트 2,400 kg/m^3, 일반 콘크리트 2,300 kg/m^3, 시멘트 모르타르 2,100 kg/m^3으로 제시하고 있지만 정확한 단위 질량은 시험하여 결정하고, 표준 품셈 값은 대략적인 추정 값으로 참고할 수 있다.

5.3.2 콘크리트 강도

콘크리트 강도에는 압축강도, 인장강도, 휨강도, 전단강도 등이 있으나 일반적으로 콘크리트 품질은 압축강도를 기준으로 하고 있다.

(1) 압축강도

콘크리트 강도는 일반적으로 표준 양생한 재령 28일 압축강도를 기준으로 한다. 단, 댐 콘크리트에서는 재령 91일 압축강도, 포장 콘크리트는 재령 28일 휨강도를 기준으로 한다고 각각 시방서에서 제시하고 있다. 콘크리트 강도에 영향을 미치는 원인은 다음과 같다.

① 재료 품질원인

㈀ 시멘트

콘크리트 강도에 제일 크게 영향을 미치는 요소가 시멘트이며 사용하는 시멘트 종류 및 시멘트 사용방법 등에 따라 콘크리트 품질에 큰 영향을 미친다.

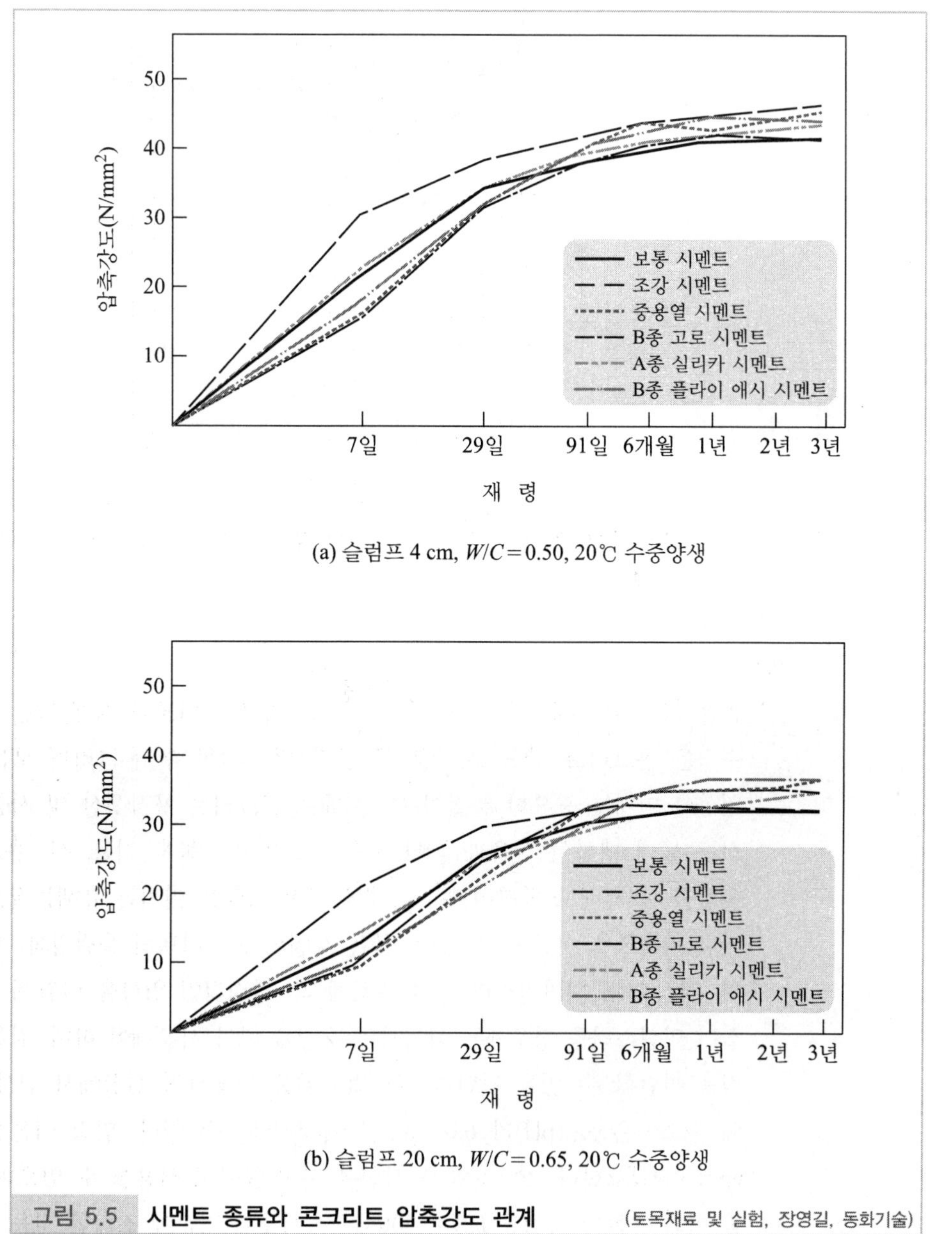

그림 5.5 **시멘트 종류와 콘크리트 압축강도 관계** (토목재료 및 실험, 장영길, 동화기술)

(ㄴ) 골재

골재 강도는 시멘트 풀 강도보다 큰 것이 일반적이지만 천연 경량골재 또는 모나거나 조각난 골재가 많을 경우에는 콘크리트 강도가 저하한다. 그리고 고강도 콘크리트를 제조할 경우 골재가 미치는 영향이 크다.

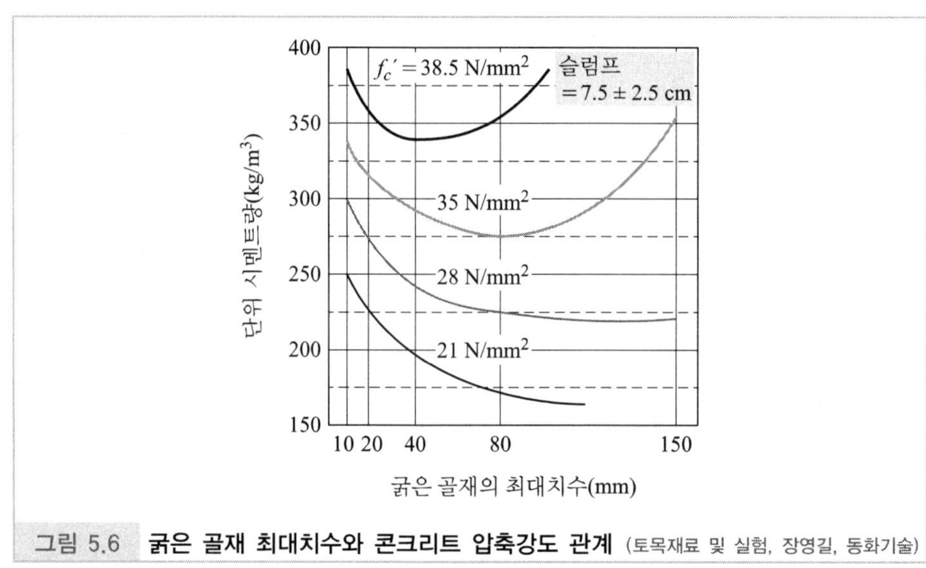

그림 5.6 **굵은 골재 최대치수와 콘크리트 압축강도 관계** (토목재료 및 실험, 장영길, 동화기술)

(ㄷ) 물

물은 콘크리트 제조에 사용하는 재료 중 영향을 비교적 적게 받는 재료이나 수질은 콘크리트 강도, 시공할 때 응결시간, 경화 후 콘크리트 모든 성질에 영향을 미치는 중요한 품질이다. "시멘트 콘크리트 포장생산 및 시공지침"에서는 물에 대하여 다음과 같이 제시하고 있다. "물은 기름, 산, 유기불순물, 혼탁물 등 시멘트 콘크리트나 강재에 나쁜 영향을 미치는 유해물질을 함유하거나 바닷물을 사용할 수 없다. 물은 시멘트 콘크리트의 응결경화, 강도의 발현, 체적변화, 워커빌리티 등의 품질에 직·간접적인 영향을 미칠 수 있다. 수질이 의심스러울 경우에는 감독자의 승인을 받아 사용해야 하며, 감독자는 수질을 판단할 수 있는 간단한 시험법(pH)을 이용하여 현장에서 검사한다. 이때 수소이온농도(pH)가 6.0~8.5일 때 사용할 수 있다. 염소 이온량은 150 ppm 이하로 한다. 상수도물은 시험을 하지 않아도 사용할 수 있으며, 상수도물 이외의 물의 품질은 KS F 4009 부속서 2의 기준에 적합한 것을 표준으로 한다. 다만, 수도법의 수질기준에 따라 수돗물의 품질을 만족시키고 있는 경우에는 상수도물에 준하여도 좋다."(시·콘·포장·시공지침, 2017)

한편 콘크리트 시방서에서 표 5.3과 같이 혼합수의 품질관리에 대하여 상수도와 상수도 이외의 물에 대하여 규정하고 있다.

표 5.3 혼합수의 품질관리 (KCS-2022 2.3.3.2)

종 류	항 목	시험·검사 방법	시기 및 횟수	판정기준
상수도물	-	상수도물을 사용하고 있다는 것을 나타내는 자료로 확인	공사시작 전	상수도물일 것
상수도물 이외의 물	KS F 4009 부속서 2의 항목	KS F 4009 부속서의 방법	공사시작 전, 공사 중 1회/년 이상 및 수질이 변한 경우	KS F 4009 부속서에 적합한 것

② 배합 원인

콘크리트 강도에 영향을 미치는 원인 중 배합과정에서 가장 큰 영향을 미치는 것은 물-시멘트 비이며 또 다른 원인으로 혼화재료 양, 골재 배합비 등이 있다.

③ 시공방법 원인

㈀ 비비기 시간

비비기 시간이 길면 시멘트와 물의 접착력이 증가하여 압축강도는 증대한다. 그러므로 단위 시멘트량이 적을수록, 굵은 골재 최대치수가 작을수록, 된 반죽일수록 효과가 크다. 필요한 비비기 시간은 외기 온도, 믹서 크기 및 방식 등에 따라 시험에 의하거나 책임기술자 승인을 받아 정하여야 한다. 콘크리트 시방서에서는 다음과 같이 제시하고 있다. "비비기로부터 타설이 끝날 때까지의 시간은 원칙적으로 외기온도가 25℃ 초과일 때는 2.0시간, 25℃ 이하일 때에는 2.5시간을 넘어서는 안 된다. 다만, 양질의 지연제 등을 사용하여 응결을 지연시키는 등의 특별한 조치를 강구한 경우에는 콘크리트의 품질변동이 없는 범위 내에서 책임기술자의 승인을 받아 이 시간제한을 변경할 수 있다."(KCS-2022 3.3.2)

㈁ 다지기

다지기를 할 경우 진동기를 사용하면, 진동에 의하여 콘크리트 내부 공극이 작아지고 밀실한 콘크리트가 되어 콘크리트 압축강도가 커진다. 콘크리트 시방서에 다지기 작업에 대하여 다음과 같이 제시하고 있다. "콘크리트 다지기에는 내부진동기의 사용을 원칙으로 하나, 얇은 벽 등 내부진동기의 사용이 곤란한 장소에서는 거푸집 진동기를 사용해도 좋다. 콘크리트는 타설 직후 바로 충분히 다져서 콘크리트가 철근 및 매설물 등의 주위와 거푸집의 구석구

석까지 잘 채워져 밀실한 콘크리트가 되도록 하여야 한다. 거푸집 판에 접하는 콘크리트는 되도록 평탄한 표면이 얻어지도록 타설하고 다져야 한다. 내부진동기의 사용 방법은 다음을 표준으로 한다."(KCS-2022 3.3.3)

- "진동다지기를 할 때에는 내부진동기를 하층의 콘크리트 속으로 0.1 m 정도 찔러 넣는다."(KCS-2022 3.3.3)
- "내부진동기는 연직으로 찔러 넣으며, 그 간격은 진동이 유효하다고 인정되는 범위의 지름 이하로서 일정한 간격으로 한다. 삽입간격은 0.5 m 이하로 한다."(KCS-2022 3.3.3)
- "1개소당 진동시간은 다짐할 때 시멘트 풀이 표면 상부로 약간 부상하기까지 한다."(KCS-2022 3.3.3)
- "내부진동기는 콘크리트로부터 천천히 빼내어 구멍이 남지 않도록 한다."(KCS-2022 3.3.3)
- "내부진동기는 콘크리트를 횡방향으로 이동시킬 목적으로 사용하지 않아야 한다."(KCS-2022 3.3.3)
- "진동기의 형식, 크기 및 대수는 1회에 다짐하는 콘크리트의 전 용적을 충분히 다지는데 적합하도록 부재 단면의 두께 및 면적, 1시간당 최대 타설량, 굵은 골재 최대치수, 배합, 특히 잔 골재율, 콘크리트의 슬럼프 등을 고려하여 선정한다."(KCS-2022 3.3.3)

"거푸집 진동기는 거푸집의 적절한 위치에 단단히 설치하여야 한다. 재 진동을 할 경우에는 콘크리트에 나쁜 영향이 생기지 않도록 초기 응결이 일어나기 전에 실시하여야 한다."(KCS-2022 3.3.3)

㈐ 성형 압력

굳지 않은 콘크리트를 성형할 때 압력을 가하면서 응결하여 굳은 콘크리트로 만들면 압축강도는 증가한다. 압력에 의하여 콘크리트 내부 기포나 잉여수분을 배출함으로써 압축강도가 증가한다.

④ 양생방법 및 재령 요인

"콘크리트는 타설한 후 소요기간까지 경화에 필요한 온도, 습도조건을 유지하며, 유해한 작용의 영향을 받지 않도록 충분히 양생하여야 한다. 구체적인 방법이나 필요한 일수는 각각 해당하는 조항에 따라 구조물의 종류, 시공조건, 입지조건, 환경조건 등 각각의 상황에 따라 정하여야 한다."(KCS-2022 3.4.1)

㈀ 습윤 양생

"콘크리트는 타설한 후 경화가 될 때까지 양생기간 동안 직사광선이나 바람에 의해 수분이 증발하지 않도록 보호하여야 한다. 콘크리트는 타설한 후 습윤상태로 노출면이 마르지 않도록 하여야 하며, 수분의 증발에 따라 살수를 하여 습윤상태로 보호하여야 한다. 습윤상태로 보호하는 기간은 표 5.4를 표준으로 한다. 거푸집 판이 건조될 우려가 있는 경우에는 살수하여야 한다. 막 양생을 할 경우에는 충분한 양의 막 양생제를 적절한 시기에 균일하게 살포하여야 한다. 막 양생으로 수밀한 막을 만들기 위해서는 충분한 양의 막 양생제를 적절한 시기에 살포할 필요가 있으므로 사용 전에 살포량, 시공방법 등에 관해서 시험을 통하여 충분히 검토하여야 한다."(KCS-2022 3.4.2)

표 5.4 습윤 양생기간 표준 (KCS-2022 3.4.2)

일평균기온	보통포틀랜드 시멘트	고로 슬래그 시멘트 2종 플라이 애시 시멘트 2종	조강포틀랜드 시멘트
15℃ 이상	5일	7일	3일
10℃ 이상	7일	9일	4일
5℃ 이상	9일	12일	5일

㈁ 온도제어 양생

"콘크리트는 경화가 충분히 진행될 때까지 경화에 필요한 온도조건을 유지하여 저온, 고온, 급격한 온도 변화 등에 의한 유해한 영향을 받지 않도록 필요에 따라 온도제어 양생을 실시하여야 한다. 온도제어 양생을 실시할 경우에는 온도제어방법, 양생기간 및 관리방법에 대하여 콘크리트의 종류, 구조물의 형상 및 치수, 시공방법 및 환경조건을 종합적으로 고려하여 적절히 정하여야 한다. 증기 양생, 급열 양생, 그 밖의 촉진 양생을 실시하는 경우에는 콘크리트에 나쁜 영향을 주지 않도록 양생을 시작하는 시기, 온도 상승속도, 냉각속도, 양생온도 및 양생시간 등을 정하여야 한다."(KCS-2022 3.4.3)

㈂ 재령

재령이란 굳지 않은 콘크리트가 굳은 콘크리트로 완성되어 규정 압축강도를 나타낼 때까지 걸린 시간을 말한다. 콘크리트 압축강도는 재령에 따라 압축강도가 증가한다. 그러나 압축강도 증진 비율은 경화 초기에는 빠르고 장기에 걸침에 따라 완만하게 증대한다. 강도 증진과 재령 관계는 시멘트 종류, 골재 성질, 양생 상태에 따라 다르다.

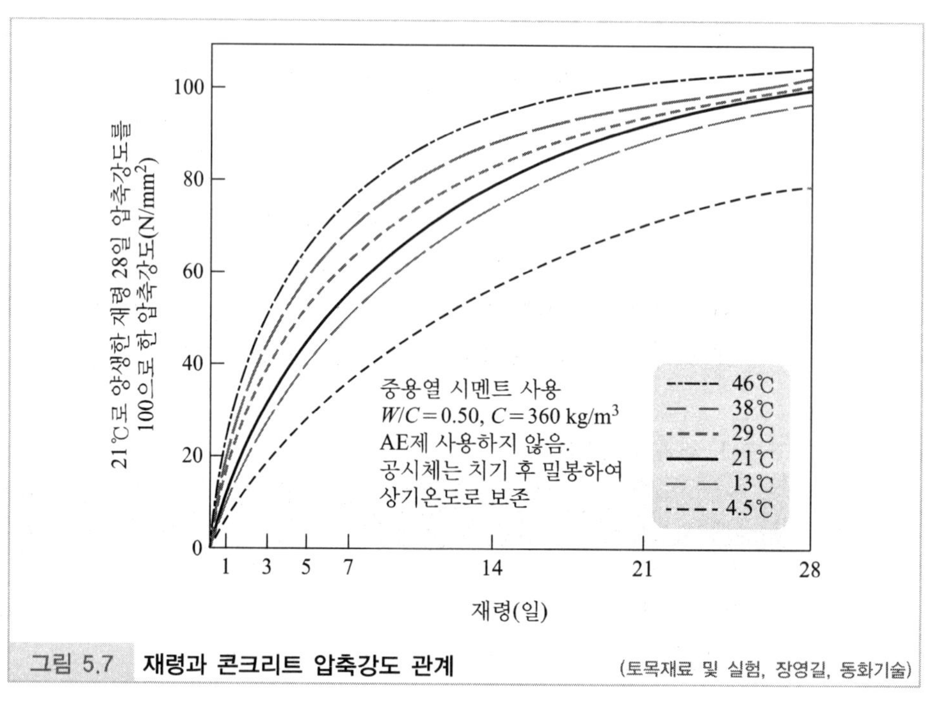

그림 5.7 **재령과 콘크리트 압축강도 관계** (토목재료 및 실험, 장영길, 동화기술)

⑤ 시험방법 요인

공시체(Specimen) 모양, 크기 및 재하속도 등에 따라 압축강도가 다르다. 압축강도시험에 사용되는 표준 공시체 모양, 크기 및 재하속도를 KS F 2403에 "콘크리트의 강도 시험용 공시체 제작방법", KS F 2405에 "콘크리트 압축강도 시험방법"을 각각 규정하고 있다.

㈀ 공시체 모양과 크기

KS F 2403에 콘크리트의 강도 시험용 공시체 제작방법에서 "공시체의 지름은 굵은골재 최대치수의 3배 이상 및 100 mm 이상으로 하고, 높이는 공시체 지름의 2배 이상으로 한다."(KS F 2403 : 2019 콘크리트의 강도 시험용 공시체 제작방법)라고 규정하고 있다. 표 5.5에서 지름과 높이 비를 2～0.5로 제한하고 있음을 알 수 있다. 즉, 길이(지름) D와 높이 H와 비 H/D의 값이 2～1.5에서는 강도 변화가 적다는 것을 알 수 있다. 그리고 H/D의 값이 2를 표준으로 한다는 것도 알 수 있다. 표 5.6을 보면 재령 28일 강도 기준, 공시체 6×12(인치)를

1.00으로 정하여 다른 모양의 공시체 압축강도를 비교하고 있다. 공시체 6×12(인치)는 KS F 2403의 공시체와 동일함을 알 수 있다. 즉, 6×12(인치) ⇒ 지름 6×2.54 = 15.24 cm, 높이 12×2.54 = 30.48 cm로 같다. 그리고 압축강도 크기 순서는 정육면체형 공시체 > 원통형 공시체 > 각주형 공시체임을 알 수 있다. 직경 또는 한 변이 작을수록 압축강도가 크다는 것도 알 수 있다.

한편, 콘크리트 구조기준에서 다음과 같이 제시하고 있다. "콘크리트 공시체의 제작 및 양생 방법은 KS F 2403에 따라 제작하고 양생하는 방법에 따라야 한다. 콘크리트의 공시체를 제작할 때 압축강도용 공시체는 ϕ150×300 mm를 기준으로 하며, ϕ100×200 mm의 공시체를 사용할 경우 강도 보정계수 0.97을 사용하며, 이외의 경우에도 적절한 강도 보정계수를 고려하여야 한다."(콘크리트 구조기준, KDS : 2022 3.1.2), 즉 표준 공시체 ϕ150×300 mm 사용하여 압축강도가 24 MPa(N/mm^2)이면, 공시체 ϕ100×200 mm로 환산하려면 강도 보정계수 0.97을 곱하여, 즉 24×0.97 = 23.28 MPa(N/mm^2)이다.

표 5.5 표준 공시체에 대한 환산표 (건설재료학, 동명사, 문한영)

높이와 지름 비	2.00	1.75	1.50	1.25	1.10	1.00	0.75	0.50
계 수	1.00	0.98	0.96	0.94	0.90	0.85	0.70	0.50

표 5.6 원통, 정육면체 및 각주 공시체 관계 (건설재료학, 동명사, 문한영)

재 령	원통 공시체(inch)			정육면체(inch)		각주체(inch)	
	6×6	6×12	8×16	6	8	6×12	8×16
7일	0.67	0.51	0.48	0.72	0.66	0.48	0.48
28일	1.12	1.00	0.95	1.16	1.15	0.93	0.92
3개월	1.47	1.49	1.27	1.55	1.42	1.27	1.27
1년	1.95	1.70	1.78	1.90	1.74	1.68	1.60

(ㄴ) 재하속도

콘크리트 압축강도 시험의 재하속도(loading speed)는 빠를수록 강도가 크게 나타난다. KS F 2405 콘크리트 압축강도 시험방법에서는 다음과 같이 제시하고 있다. "공시체에 충격을 주지 않도록 똑같은 속도로 하중을 가한다. 하중을 가하는 속도는 (0.6 ± 0.2) MPa/s의 범위에서 일정한 속도가 되도록 한다."(KS F 2405 : 2022 콘크리트 압축강도 시험방법)

㈐ 공시체 함수량

공기 중 건조상태 콘크리트 공시체 압축강도는 수중 양생 직후의 공시체 압축강도 값보다 20～40% 정도 높다.

(2) 쪼갬 인장강도(Tensile Splitting Strength)

표 5.7과 같이 콘크리트 인장강도는 압축강도에 비하여 약 1/9～1/13 정도이다. 인장강도는 철근 콘크리트 부재에서 인장력을 받는 보의 사인장 응력, 도로 포장 판 및 슬래브, 물탱크 등을 설계할 때 고려하여야 한다. 콘크리트 인장강도 시험방법은 직접 인장시험과 간접 인장시험이 있는데 직접 인장강도 시험(그림 5.8)인 순 인장강도 시험방법은 공시체 형상, 공시체 양단 맞물림 장치가 곤란하기 때문에 대부분 실시하지 않고, 간접 인장시험인 그림 5.9와 같은 KS F 2423 : 2021에서 제시하는 쪼갬 인장 강도 시험방법(Tensile Splitting Strength)을 실시한다. 또한 인장강도 재하속도는 (0.06 ± 0.04) MPa/s로 제시하며, 계산식은 $T=2p/\pi l d$로 제시하고 있다.

예제 5.2

ϕ100×200 mm인 원주형 공시체를 사용한 쪼갬 인장 강도 시험에서 파괴하중이 100 kN이면 콘크리트의 쪼갬 인장 강도는? (건·재·기출, 22.3)

① 1.6 MPa ② 2.5 MPa ③ 3.2 MPa ④ 5.0 MPa

풀이 ③ $T=2p/\pi l d = 2 \times 100/\pi \cdot 100 \times 200 = 3.18 = 3.2$ MPa

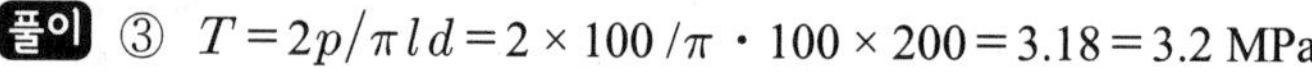

표 5.7 콘크리트 압축, 인장 및 휨강도 관계 (건설재료학, 동명사, 문한영)

강 도(MPa)		
압축 f_c	휨 f_b	인장 f_t
10	2.05	1.04
20	3.29	1.85
30	4.26	2.50
40	5.18	3.10
50	6.07	3.70
60	6.84	4.20

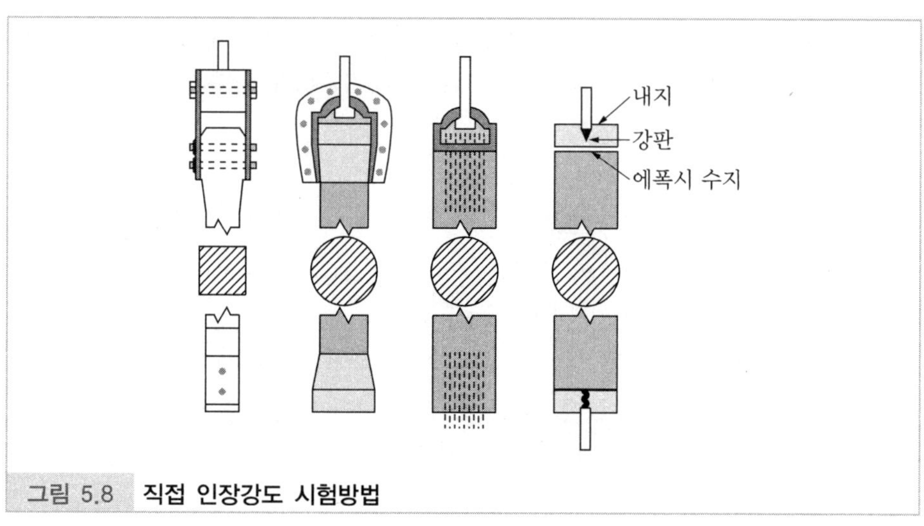

그림 5.8 직접 인장강도 시험방법

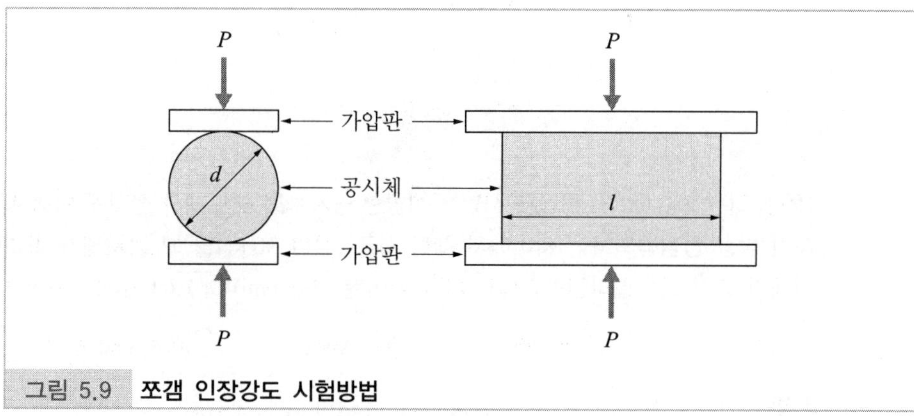

그림 5.9 쪼갬 인장강도 시험방법

(3) 휨강도(Flexural Strength)

콘크리트 휨강도는 표 5.6에서 제시한 것과 같이 압축강도 1/5～1/8, 인장강도 1.5～2배 정도 크기를 갖는다. 콘크리트 휨강도는 KS F 2408 : 2021 콘크리트의 휨강도 시험방법에서 제시하는 15×15×53 cm의 무근 콘크리트 보 공시체를 사용하여 휨시험을 실시한다. 재하방식으로는 중앙 집중 재하(Center Point Loading), 또는 3등분점 재하(Third Point Loading)방식을 사용한다. 또한 휨강도 재하속도는 매분 10 kg/cm^{2}를 초과하지 않게 한다고 제시하며, 계산식은 공시체 지간의 3등분 중앙부에서 파괴하였을 때는 $R=pl/bd^2$로, 공시체 지간의 3등분 외측부에서 파괴하였을 때는 $R=3pa/bd$로 제시하고 있다. 여기서 a는 파괴단면과 가까운 쪽 지점과의 거리

를 보 밑면 중심선을 따라 측정한 거리이고, b는 공시체 평균 폭이다. 콘크리트 휨강도는 콘크리트 포장 설계기준강도 및 품질관리에서 활용하고 있다.

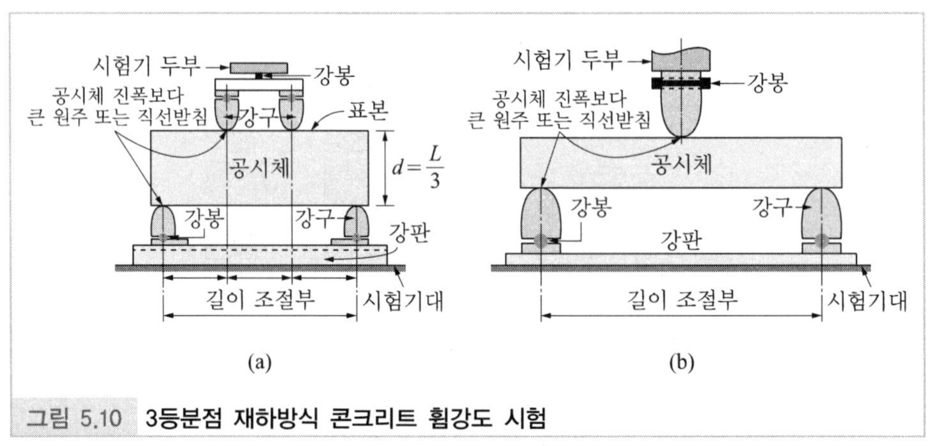

그림 5.10 **3등분점 재하방식 콘크리트 휨강도 시험**

예제 5.3

150×150×550 mm의 휨강도 시험용 장방형 공시체를 4점 재하 장치에 의해 시험한 결과, 지간 방향 중심선의 4점 사이에서 재하 하중(P)이 30 kN일 때 공시체가 파괴되었다. 공시체의 휨강도는 얼마인가? (단, 지간 길이는 450 mm이다.) (건·재·기출, 21.9)

① 4 MPa ② 4.5 MPa ③ 5 MPa ④ 5.5 MPa

풀이 ① $R = Pl/bd^2 = 30\ \text{kN} \times 450\ \text{mm} / 150\times150^2 = 4\ \text{MPa}$

(4) 전단강도(Shear Strength)

콘크리트와 같은 취성재료는 인장강도가 매우 작고 탄성체와 같이 비틀림 시험을 하여 정확한 전단응력을 구하기 어렵다. 콘크리트 전단응력은 직접 전단시험을 하여 구한다. 직접 전단강도(Shear Strength)는 압축강도의 약 1/4~1/6, 인장강도의 약 2.3~2.5배 정도인 것으로 알려져 있다. 계산식은 $\tau = P/A$이다.

(5) 부착강도(Bond Strength)

철근 콘크리트는 철근과 콘크리트가 일체가 되어 하중에 저항하는 구조이다. 그러므로 철근과 콘크리트 부착(Bond)이 필요하며 이 부착 정도를 부착강도라 말한다. 부착강도를 결정하는 것은 철근과 시멘트 풀의 순부착력, 철근과 콘크리트 마찰력 및 철근 표면 요철의 물리적 저항력 등이다.

부착강도 시험방법은 콘크리트 속의 철근에 인발력을 가하여 철근이 콘크리트에서 미끄러지는 양을 측정하여 미끄러지기 시작할 때 최대하중과 미끄러진 양의 비를 부착강도라 말한다.

(6) 지압강도(Bearing Strength)

콘크리트 구조기준에서는 지압강도를 다음과 같이 제시하고 있다. "하중이 가해지는 면적에 대한 지지면 콘크리트의 압축강도"(콘 구조기준, KDS : 2022 1.4), 즉 콘크리트 부재 일부분만이 하중을 받을 때 이 부분의 콘크리트 압축강도를 지압강도라고 말한다.

(7) 피로강도(Fatigue Strength)

하중이 반복적으로 작용할 때 정적강도보다 낮은 응력에서 파괴하는 현상을 피로파괴(Fatigue Fracture)라 말한다. 정적강도란 압축강도, 인장강도, 휨강도, 전단강도, 지압강도, 부착강도 등이 있다. 교량, 포장 슬래브, 항만 및 해양 구조물과 같은 콘크리트 구조는 반복하중을 받는 경우가 많고, 이런 반복하중을 받게 되면 부재가 정적 압축강도보다 낮은 하중에서도 파괴한다. 또한 콘크리트가 오랜 시간 일정한 하중을 지속적으로 받으면 파괴하는 경우도 있는데 이것을 크리프 파괴라고 하며 이것도 일종의 피로파괴로 볼 수 있다. 즉, 반복횟수에 견디는 응력 한도를 피로강도라 하며 반복횟수에 견딜 수 있는 응력 최댓값을 내구한계(Endurance Limit) 또는 피로한계(Fatigue Limit)라 한다. 피로에 따른 파괴강도는 작용하는 응력 상한 값 및 하한 값 범위와 반복횟수에 따라 다르다.

(8) 충격강도(Impact Loading)

동일한 압축강도 콘크리트일지라도 부순 골재처럼 골재 표면이 거칠수록 충격강도는 크다. 콘크리트 충격강도는 압축강도보다는 인장강도와 더 밀접한 관계가 있다. 부순 골재보다는 천연골재인 강자갈로 만든 콘크리트 충격강도가 낮은데, 이는 모르타르와 굵은 골재 부착이 충분하지 못하기 때문이고 반면에 표면이 거칠게 되면 파괴부분에서 골재 강도능력이 최대한 발휘될 수 있기 때문이다.

5.3.3 콘크리트 변형

(1) 응력 - 변형률 곡선

콘크리트는 탄성이론인 후크 법칙(Hooke's Law)이 성립하지 않는 재료이다. 즉, 비선형 재료이다. 콘크리트는 완전한 탄성체가 아니므로 응력과 변형률 관계는 곡선을 나타내며 직선부분은 존재하지 않는다. 고강도 콘크리트 곡선 기울기가 강도가 낮은 콘크리트 기울기보다 크다(1장 응력－변형률 참조).

(2) 탄성계수

탄성계수(Modulus of Elasticity)는 탄성재료 응력도와 변형률 관계를 나타내는 계수로서 후크 법칙에 따라 선형 탄성재료 경우에는 응력도 크기에 관계없이 일정한 값을 나타낸다. 2012년판 콘크리트 구조기준 1.4 용어의 정의 편에서 탄성계수의 정의를 다음과 같이 제시하고 있다. "**탄성계수**(modulus of elasticity) : 재료의 비례한도 이하의 변형률에 대응하는 인장 또는 압축응력의 비 : 콘크리트의 탄성계수는 크게 할선 탄성계수 E_c [식 (4.3-1)]와 초기 접선 탄성계수 E_{ci} [식 (4.3-4)]로 구분되며, 할선 탄성계수를 간단히 탄성계수라고도 함. 강재의 경우 철근의 탄성계수 E_s[식 (4.3-5)]와 프리스트레싱 강재 E_{ps} [식 (4.3-6)] 및 형강 E_{ss} [식 (4.3-7)]로 구분함"(콘·구조기준, KDS 14 : 2022)

① 정탄성계수(Static Modulus of Elasticity)

정적 하중 재하, 즉 일반적인 압축강도 시험 재하에 의해 구해진 응력－변형률 곡선으로부터 계산하는 탄성계수를 정탄성계수라 말한다.

응력－변형률 곡선이 비선형이므로 콘크리트 정탄성계수는 초기 탄성계수, 할선 탄성계수 및 접선 탄성계수로 구할 수 있으나 "콘크리트 구조기준"에서는 할선 탄성계수를 사용하도록 규정하고 있다. 또한 콘크리트 구조기준 부록 VI "콘크리트 탄성변형"에서 다음과 같이 제시하고 있다.

"콘크리트의 탄성계수는 KS F 2438의 규정에 따라 구하거나 신뢰성 있는 모델식을 사용하여 결정하여야 한다."(콘·구조기준 부록, 2012)

콘크리트 탄성계수는 일반적으로 압축강도 및 밀도가 클수록 크다. 콘크리트 구조기준 4.3.3에서 탄성계수를 구하는 모델식을 다음과 같이 제시하고 있다.

(ㄱ) 콘크리트의 할선 탄성계수는 콘크리트의 단위 질량 m_c의 값이 1,450~2,500 kg/m^{3}인 콘크리트의 경우 식 (5.2)에 따라 계산할 수 있다.(콘·구조기준 KDS, 4.3.3, 2022)

$$E_c = 0.077 m_c^{1.5} \sqrt[3]{f_{cm}} \ [\mathrm{MPa}] \tag{5.2}$$

다만 보통 중량골재를 사용한 콘크리트(m_c = 2,300 kg/m^3)의 경우는 식 (5.3)를 이용할 수 있다.

$$E_c = 8{,}500 \sqrt[3]{f_{cm}} \ [\mathrm{MPa}] \tag{5.3}$$

여기서, 콘크리트의 평균압축강도 f_{cm}는 다음과 같다.

$$f_{cm} = f_{ck} + \Delta f \tag{5.4}$$

여기서, Δf는 f_{ck}가 40 MPa 이하면 4 MPa, 60 MPa 이상이면 6 MPa이며, 그 사이는 직선 보간으로 구한다.

크리프 계산에 사용되는 콘크리트의 초기 접선 탄성계수와 할선 탄성계수와의 관계는 식 (5.5)와 같다.

$$E_{ci} = 1.18 E_c \tag{5.5}$$

예제 5.4

콘크리트의 설계기준압축강도(f_{ck})가 20 MPa인 콘크리트의 탄성계수는? (단, 보통중량골재를 사용한 콘크리트로 단위질량이 2,300 kg/m^3 경우이다.) (건·재·기출, 21.9)

① 1.58×10^4 MPa　② 2.45×10^4 MPa
③ 3.85×10^4 MPa　④ 4.45×10^4 MPa

풀이 ② $E_c = 8500 \sqrt[3]{f_{cm}} = 8500 \sqrt[3]{20+4} = 2.45 \times 10^4 \ \mathrm{MPa}$

(ㄴ) 철근의 탄성계수는 다음 식 (5.6)의 값을 표준으로 하여야 한다.(콘·구조기준 KDS, 4.3.3, 2022)

$$E_s = 200{,}000\ [\mathrm{MPa}] \tag{5.6}$$

(ㄷ) 긴장재의 탄성계수는 실험에 의하여 결정하거나 제조자에 의하여 주어지는 것이 원칙이지만, 그렇지 않은 경우 다음 식 (5.7)의 값을 표준으로 하여야 한다.(콘·구조기준 KDS, 4.3.3, 2022)

$$E_{ps} = 200{,}000\ [\mathrm{MPa}] \tag{5.7}$$

(ㄹ) 형강의 탄성계수는 다음 식 (5.8)의 값을 표준으로 하여야 한다.(콘·구조기준 KDS, 4.3.3, 2022)

$$E_{ss} = 205{,}000\ [\mathrm{MPa}] \tag{5.8}$$

정탄성계수 시험방법은 KS F 2438 "콘크리트 원주공시체의 정탄성계수 및 푸아송 비의 시험방법"에 제시하고 있다.

② **동탄성계수**(Dynamic Modulus of Elasticity)

콘크리트 동탄성계수는 정탄성계수와 마찬가지로 콘크리트 압축강도 사이와 사용재료 종류 및 품질, 배합, 건습 정도 등에 따라서 영향을 받는다. 동탄성계수는 동결 융해 작용과 같은 콘크리트 열화 정도를 파악할 때 사용한다. 콘크리트 동탄성계수는 파장이 짧은 주파수 전달속도를 구하여 계산한다. 콘크리트 동탄성계수(E_d)는 정탄성계수와 관계는 $\frac{E_d}{E_c} = 1.04 \sim 1.37$ 정도(건설재료학, 동명사, 문한영)라고 알려져 있다. 동탄성계수 시험방법은 KS F 2437 "공명 진동에 의한 콘크리트의 동탄성계수 및 푸아송 비의 시험방법"에 제시하고 있다.

③ **푸아송 비**(Poisson's Ratio)

횡방향 변형률에 대한 직각방향 변형률의 비를 푸아송 비(Poisson's Ratio)라 하며 푸아송 비의 역수를 푸아송 수(Poisson's Number)라 한다(1장 참조).

④ **전단탄성계수**(Shear Modulus, Modulus of Rigidity)

후크 법칙이 성립하는 탄성재료 전단탄성계수 G는 다음과 같은 식으로 구할 수 있다(1장 참조).

$$G = \frac{\tau}{\varepsilon} \tag{5.9}$$

여기서, τ : 전단응력(MPa)
ε : 전단변형률

(3) 크리프

크리프 정의는 다음과 같다.

"응력을 작용시킨 상태에서 탄성변형 및 건조수축 변형을 제외시킨 변형으로 시간이 경과함에 따라 변형이 증가되는 현상"(KCS-2022.1.3) / (KDS-2022.1.4)

위 정의에서 크리프란 재료에 지속하중이 장시간에 걸쳐 작용할 때 시간 경과와 함께 변형이 증가하는 현상을 말한다. 즉, 하중 증가 없이 변형량만 증가하는 현상이다(1장 참조). 콘크리트 크리프는 시멘트 풀의 점탄성적 성질과 시멘트 풀과 골재 소성 성질의 복합작용에 기인한다고 하지만, 구체적으로는 연속재하에 의한 겔 수의 완만한 압출이 주된 원인으로서, 시멘트 풀의 점성유동, 미세공극의 폐쇄, 결정 이동 및 미세균열 발생 등의 영향이 추가되어 발생한다.

크리프는 대기 습도가 낮을수록, 온도가 높을수록, 부재치수가 작을수록, 물-시멘트 비가 클수록, 시멘트량이 많을수록, 골재 공극이 많을수록, 재령이 짧을수록 그리고 재하응력이 클수록 크리프는 크다. 콘크리트 구조기준에서 크리프계수를 구하는 식을 제시하고 조건을 "양생온도가 20℃이고, 하중이 작용하는 동안의 기온도 20℃인 경우를 기준"(KDS-2022 3.1.2)으로 한다고 제시하고 있다.

5.3.4 체적 변화

굳은 콘크리트 체적은 수분 및 온도에 따라 변화한다. 일반적으로 체적 변화(Volume Change)라 하면 수분 및 온도에 의한 체적 변화를 말하며, 블리딩 및 침강수축(입자침강)과 체적 변화는 다르다.

(1) 건조수축(Drying Shrinkage)

건조수축은 많은 인자가 지배하는 것이라서 일률적 적용은 곤란하지만 콘크리트 건조수축에 가장 큰 영향을 미치는 것은 단위 수량과 단위 시멘트량이다. 초기재령에서 수축은 단위 시멘트량의 영향을 받고, 장기재령에서 수축은 단위 수량의 영향을 받는다.

콘크리트 건조수축은 물－시멘트 비가 클수록, 흡수량이 많은 골재일수록, 온도가 높을수록, 단면치수가 작을수록, 골재 입자가 작을수록, 시멘트 분말도가 낮을수록 그리고 습도가 낮을수록 크다.

(2) 중성화에 의한 수축

콘크리트는 시멘트의 수화 생성물과 공기 중 다른 탄산가스(CO_2)가 반응하여 수산화칼슘[$Ca(OH)_2$]이 탄산칼슘[$CaCO_3$]이 될 때 수축한다. 중성화는 25% 이하 낮은 습도 및 100% 습도에서는 진행하지 않는다.

5.3.5 수밀성(Watertightness)

콘크리트 시방서(KCS-2022) 6장 수밀 콘크리트 용어의 정의 편에 "**수밀성**(watertightness) : 투수성이나 투습성이 작은 성질"(KCS 14.20.30 : 2022.1.3)이라 제시하고 있다. 한편 수밀 콘크리트에 대하여 "**수밀 콘크리트**(watertight concrete) : 수밀성이 큰 콘크리트 또는 투수성이 작은 콘크리트"(KCS 14.20.30 : 2022.1.3)라고 제시하고 있다. 즉, 수밀성이란 콘크리트 내부까지 수분 흡수와 투수에 대한 저항성을 말하며 수밀성이 큰 콘크리트를 수밀 콘크리트라 말한다. 콘크리트 시방서 KCS 14.20.30 : 2022 수밀 콘크리트 배합 편에 "배합은 콘크리트 소요의 품질이 얻어지는 범위 내에서 단위 수량 및 물－결합재 비는 되도록 작게 하고, 단위 굵은 골재량은 되도록 크게 한다. 콘크리트의 소요 슬럼프는 되도록 작게 하여 180 mm를 넘지 않도록 하며, 콘크리트 타설이 용이할 때에는 120 mm 이하로 한다. 콘크리트의 워커빌리티를 개선시키기 위해 공기 연행제, 공기연행 감수제 또는 고성능 공기연행 감수제를 사용하는 경우라도 공기량은 4% 이하가 되게 한다. 물－결합재 비는 50% 이하를 표준으로 한다. 수밀 콘크리트는 충분한 습윤 양생을 하여야 한다."(KCS 14.20.30 : 2022.2.2)라고 제시하고 있다. 즉, 콘크리트 수밀성은 단위 수량 및 물－시멘트 비가 적을수록, 단위 굵은 골재량이 클수록 크다는 것을 알 수 있으며 공기연행 감수제를 사용하더라도 공기량은 4% 이하가 되게 하고 물-시멘트 비는 50% 이하가 표준인 것을 알 수 있다.

5.3.6 내구성

콘크리트 내구성(Durability)이란 장기간 외부의 물리 및 화학적 작용에 저항하는 콘크리트 성능을 말한다. 콘크리트 내구성은 외적 요인인 주위환경이나 콘크리트 자체 내적 원인에 의해 저하한다. 외적 요인은 반복되는 기상작용, 화학물 침식작용 등이며, 내적 원인은 알칼리 골재반응, 체적변화, 투수성 등이 있다.

(1) 알칼리 골재반응

알칼리 골재반응이란 콘크리트 중에 존재하는 알칼리를 주성분으로 하는 공극 중 용액과 골재 중 알칼리 반응성 광물이 장기간 반응하여 새로운 생성물을 만드는 것을 말한다. 알칼리 골재반응 생성물은 수분을 흡수하여 팽창하므로 콘크리트 균열이 발생하며, 심한 경우 구조물이 붕괴하기도 한다.

시험방법은 골재 암석학적 분석방법 KS F 2548 "콘크리트용 골재의 암석분류 시험방법"이 있으며 알칼리 골재반응에 직접 관련된 시험으로 KS F 2545 "골재의 알칼리 잠재반응 시험방법(화학적 방법)" 및 KS F 2546 "골재의 알칼리 잠재반응 시험방법(모르타르봉 방법)"이 있다.

방지대책은 반응성 시험을 통해 무해라고 판정한 골재를 사용하며, 저알칼리형 포틀랜드 시멘트를 사용한다. 그리고 고로 시멘트의 2, 3종, 플라이 애시 시멘트의 2, 3종에서 억제효과를 확인하여 사용한다.

(2) 동해

콘크리트 속의 수분이 동결하면 빙압으로 콘크리트에 미세한 균열이 발생한다. 동결과 융해가 반복하면 손상은 증대한다. 동결융해에 의한 콘크리트 열화는 모세관물의 동결로 인하여 동결하지 않은 물 압력이 높아져서 콘크리트 내부에 미세균열이 발생하기 때문이다. 그림 5.11은 동결융해 흐름도를 나타낸 것이다.

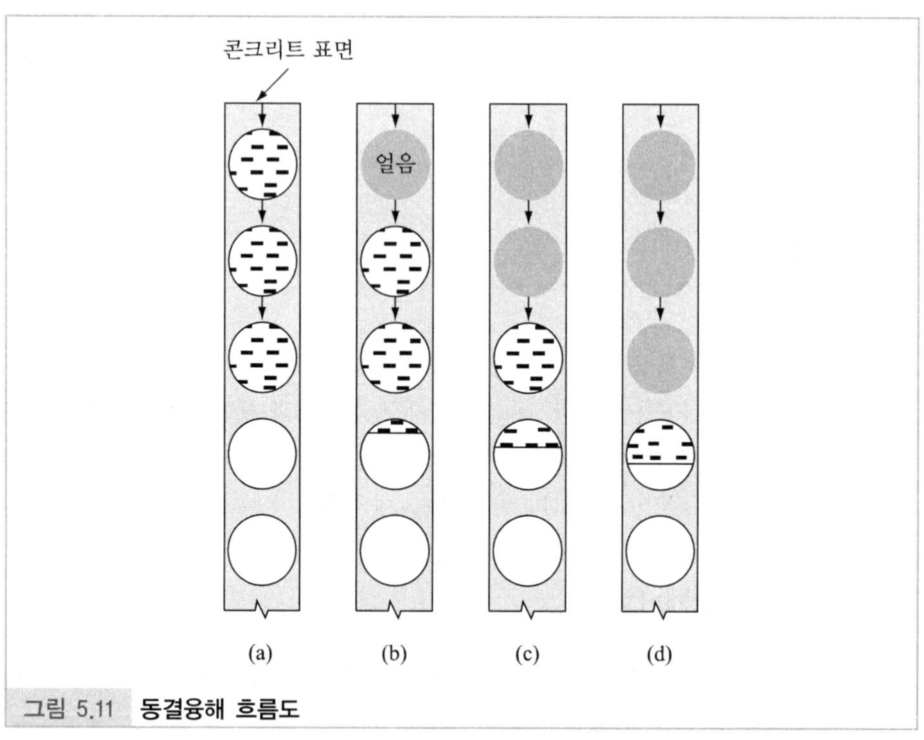

그림 5.11 **동결융해 흐름도**

(3) 중성화

시멘트 수화 반응에서 생성되는 수산화칼슘은 pH 12~13 정도 강알칼리성이다. 콘크리트 중 수산화칼슘이 공기 중 탄산가스와 접촉하여 탄산칼슘으로 변화하여 알칼리성을 상실하는 것을 중성화라고 하며 pH가 8.5~10 정도로 떨어진다. 이 반응은 콘크리트에 수축과 균열이 발생하고 콘크리트 중성화, 즉 알칼리성을 상실하게 한다. 콘크리트 중성화가 철근까지 도달하면 수분과 탄산가스에 의해 철근은 부식한다. 철근이 부식하면 체적이 늘어나고 콘크리트 균열이 발생하여 피복두께가 탈락하고 결국 콘크리트는 파괴한다. 콘크리트 중성화는 공기 중 탄산가스 농도가 높을수록 온도가 높을수록 중성화 속도는 증가한다.

중성화 억제대책으로는 양질 골재를 사용하고, 물-시멘트 비, 공기량, 공극량을 낮도록 조정한다. 그리고 콘크리트 피복 두께를 충분히 크게 한다. 그리고 표면마감재는 에폭시 또는 아크릴계 수지 등이 효과적이다.

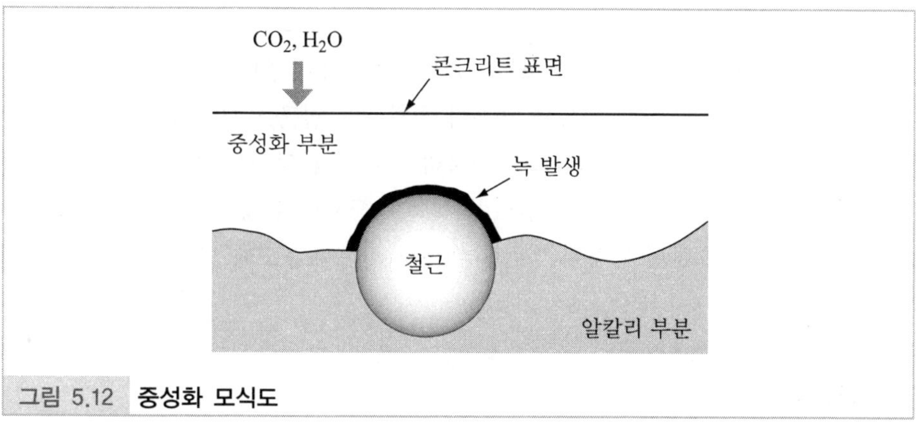

그림 5.12 **중성화 모식도**

(4) 염해

염해란 콘크리트 내부의 염화물에 의하여 강재가 부식하여 콘크리트 구조물에 손상을 주는 현상으로서 철근 콘크리트 구조물 열화의 주된 원인이다. 밀실한 콘크리트 내부는 강알칼리성이어서 강재는 콘크리트 표면으로 피막이 생겨 부식하지 않는다. 이 때문에 철근 콘크리트는 뛰어난 내수성을 갖는다. 그러나 이 피막도 콘크리트 중에 염화물이 침입하여 염소 이온량이 기준 값 이상이면 부분적으로 부식을 시작한다. 철근 콘크리트 염해를 방지하는 방법은 다음과 같다.

① 수분, 산소 및 염화물 등 부식성 물질 제거
② 콘크리트 피복 내부로 부식성 물질 침입 및 확산 방지
③ 높은 방식성능 강재 사용
④ 방청제 사용

(5) 화학적 침식

콘크리트 구조물 화학침식이란 결합재인 시멘트 수화물이 어떤 종류 화학물질과 반응하여 용출 발생, 조직 다공화 및 팽창 등 열화현상을 말한다. 시멘트 수화물은 모두 산과 반응하여 분해한다. 수산화칼슘은 반응하기 쉽고, 칼슘 실리케이트 수화물 및 칼슘 알루미네이트 수화물도 산과 반응하여 쉽게 분해된다. 이러한 화학적 침식은 공장폐수, 하수도처리 시설 등에 콘크리트 구조물을 축조할 경우 발생한다.

이와 같은 화학적 침식에 대한 방지대책은 다음과 같다.

① 내황산염 포틀랜드 시멘트, 중용열 포틀랜드 시멘트, 고로 시멘트, 플라이 애시 시멘트 등은 해수 작용에 대하여 내구성이 좋다.
② 콘크리트 피복 두께를 충분히 확보하여 철근을 보호하고 물-시멘트 비가 작고 수밀성이 큰 콘크리트를 사용하여 다짐과 양생을 충분히 실시한다.
③ 레진 모르타르 또는 폴리머 시멘트 모르타르 등 보강재로 단면을 복원한다.
④ 부식성 물질에 대해 적절한 내식성 피복재로 코팅 또는 라이닝 등 표면처리를 한다.

(6) 손식

콘크리트가 경화한 후 그 표층이 침범 당하여 손상을 받는 것을 손식이라 한다. 손식은 유수에 의한 공동현상(Cavitation)과 교통에 의한 마모(Abrasion) 등이 있다. 공동현상은 고속 유수를 받는 수공 구조물 표면에 불균등과 굴곡이 있는 경우 유수가 도약하여 표면으로부터 떨어져 그 내부는 부압력이 발생하고 물에 녹아 있는 공기가 기화하든가 수증기 발생으로 공동이 발생하는 현상을 말한다.

손식 저항성을 높이기 위해서는 물-시멘트 비를 45% 이하로 하고 고강도 및 고밀도 콘크리트를 사용하고, 표면 마무리는 평활하게 하고 구조물 모양을 유수 모양에 일치시켜야 한다.

5.3.7 균열(Hair Crack)

콘크리트는 타설과 양생 과정을 통한다. 즉, 소성물질에서 경화물질로 변화하면서 다양한 원인에 의하여 균열이 발생한다. 콘크리트 구조물에 발생한 균열은 구조물 사용도, 경관, 방수, 수명, 내구성 등에 영향을 미치고, 하자 책임분담 문제가 발생하므로 균열 방지대책에 대한 연구가 증가하고 있다.

균열 발생원인 및 특징은 "콘크리트 구조물의 균열, 누수 보수보강 전문시방서"와 "콘크리트 구조물의 시공 시 발생되는 균열 저감대책 기술지도서"를 참고하여 재구성하면 표 5.8과 같이 만들 수 있다. 표 5.8에 나타낸 것처럼 많은 요인이 있지만 주요 원인은 재료조건, 시공조건, 환경조건, 구조조건 등이다.

일반적으로 콘크리트 균열은 두 가지 이상 원인이 복합적으로 작용하여 나타난다. 응결, 경화과정 중에 발생하는 굳지 않은 콘크리트 균열과 경화 후에 발생되는 굳은 콘크리트 균열로 나누어서 설명한다.

표 5.8 균열 손상의 주요 원인과 특징

<table>
<tr><th>구분</th><th colspan="2">균열 원인</th><th>균열 특징</th></tr>
<tr><td rowspan="10">재료 조건 원인</td><td colspan="2">시멘트 이상응결</td><td>양생 초기에 짧고, 불규칙하게 발생</td></tr>
<tr><td colspan="2">시멘트 이상팽창</td><td>거미줄 모양 또는 방사형 발생</td></tr>
<tr><td colspan="2">콘크리트 침하와 블리딩</td><td>타설 직후 1~2시간 내 철근 상부, 벽과 바닥 경계면에 단속적으로 발생</td></tr>
<tr><td colspan="2">골재에 붙은 점토분</td><td>콘크리트가 건조할 때 불규칙하게 거미줄 형태 발생</td></tr>
<tr><td colspan="2">골재 내부 염분</td><td>철근 부근에서 큰 균열이 생기고 녹즙이 침출현상이 많음</td></tr>
<tr><td colspan="2">철근 부식</td><td>콘크리트 내부에 염화물이 포함된 경우 철근 부식 발생</td></tr>
<tr><td colspan="2">시멘트 수화열</td><td>단면이 큰 콘크리트에서 1~2주간 경과 후 직선균열이 동일 간격이면서 규칙하게 표면에서 내부까지 이어져서 발생하는 경우가 많다. 표면에만 발생하는 경우도 있음</td></tr>
<tr><td colspan="2">콘크리트 건조수축</td><td>2~3개월 후 발생하면 점차적으로 성장, 개구부나 기둥, 보에 둘러싸인 모서리부분에 경사진 형태로, 길고 가는 벽이나 바닥, 기둥에서는 거의 등 간격으로 수직으로 발생</td></tr>
<tr><td colspan="2">반응성 골재, 풍화암 사용</td><td>습기가 많은 장소에 대량으로 발생하며 콘크리트 내부로부터 파열형태로 발생하거나 표면에 큰 균열이 생김</td></tr>
<tr style="display:none"><td></td></tr>
<tr><td rowspan="12">시공 조건 원인</td><td colspan="2">장시간 비빔, 운반</td><td>전단에 거미줄 모양 또는 짧고 불규칙하게 발생</td></tr>
<tr><td colspan="2">타설할 때 시멘트량, 단위 수량 증가량</td><td>콘크리트 침하, 블리딩, 건조수축으로 인하여 균열이 발생하기 쉬움</td></tr>
<tr><td colspan="2">철근피복 두께 감소</td><td>슬래브 상부, 배근, 배관 등 표면을 따라 발생</td></tr>
<tr><td colspan="2">급격한 타설</td><td>콘크리트 침하, 블리딩, 거푸집 처짐으로 인하여 균열이 발생하기 쉬움</td></tr>
<tr><td colspan="2">불균일한 타설, 다지기</td><td>각종 균열 발생 원인이 되기 쉬움</td></tr>
<tr><td colspan="2">거푸집 처짐</td><td>거푸집에 움직인 방향에 평행해서 부분적으로 발생</td></tr>
<tr><td colspan="2">연속타설면 처리 불량</td><td>연속타설 부위나 콜로조인트 부분 등에 발생</td></tr>
<tr><td colspan="2">경화 전 진동, 충격</td><td>외력이 작용할 때와 같음</td></tr>
<tr><td rowspan="2">초기 양생불량</td><td>급격한 건조</td><td>타설 직후 표면에 짧고 불규칙적인 균열 발생</td></tr>
<tr><td>초기 동결</td><td>표면에 가늘게 발생</td></tr>
<tr><td colspan="2">거푸집 및 동바리 조기 제거</td><td>콘크리트 경화 전 거푸집 및 동바리를 조기에 제거하여 발생</td></tr>
<tr><td colspan="2">지보공 침하</td><td>바닥이나 기둥 단부의 상부 및 중앙부 하단 등에 발생</td></tr>
</table>

구분	균열 원인		균열 특징
환경 조건 원인	기온·습도 변화		온도, 습도 변화에 따라 변동
	설계하중 초과		설계하중을 초과하는 하중을 가하는 경우 휨 또는 전단 균열이 발생
	진동하중		슬래브교 바닥판에 진동하중을 가하는 경우 발생
	콘크리트 부재 양면 온도 및 습도 차이		주로 낮은 온도 또는 낮은 습도가 가해지는 표면에 발생
	동결융해 반복		표면이 벗겨지면서 부슬부슬 떨어짐
	화재·표면 가열		표면 전체에 가는 거북등 균열 발생
	내부철근 부식팽창		철근을 따라 발생하고, 피복콘크리트가 떨어져 나오거나 녹즙이 유출
	산·염류 화학작용		콘크리트 표면이 부식되거나 팽창성 물질을 형성하여 전면에 균열 발생
구조 조건 원인	과대하중	휨	보나 바닥 인장부에 수직으로 발생
		전단	기둥, 보, 벽 등에 45°로 발생
	모서리부 응력집중		벽부에서 개구부 모서리 응력집중으로 발생
	단면 대소 경계부		단면크기가 갑자기 변화하는 경계부에 응력집중으로 발생
	신축이음 위치 부적절		신축이음 위치 및 간격 부적절로 인해 이음과 이음 내부 취약 부위에 발생
	단면 철근량 부족		과대하중에 의한 것과 비슷함
	구조물 부동침하		45° 방향으로 크게 발생

(1) 굳지 않은 콘크리트 균열

콘크리트 타설 후 8시간 이내인 응결 초기에 생기는 굳지 않은 콘크리트 균열을 소성균열이라 말하며, 소성균열은 소성수축균열과 소성침하균열로 나눌 수 있다. 소성수축균열은 수분증발이 많이 발생할 수 있는 편평한 슬래브에서 주로 발생한다. 소성침하균열은 단면이 깊은 곳에서 발생한다. 소성수축균열에 대한 대책은 적절한 보호, 분무, 피막 양생을 들 수 있다. 소성침하균열에 대한 대책은 단위 수량이 적은 밀실한 배합을 하거나 타설 높이를 낮추어서 충분한 다짐을 하는 것이다. 그리고 타설할 때 또는 콘크리트 이동으로 균열이 발생하는 경우도 있다. 이에 대한 대책은 충분한 강성을 가진 거푸집을 지반에 설치하는 것이다.

① 소성수축균열

소성수축균열은 교량 바닥판이나 슬래브와 같이 공기 중 노출하는 면적이 큰 구조물 또는 큰 표면적을 갖는 부재에 타설 종료 직후 건조한 바람이나 고온 저습한 외기에 노출할 경우 급격한 습윤 소실로 인하여 발생한다. 콘크리트 타설 후 초기 양생 무렵, 즉 양생이 시작되기 전 굳지 않은 콘크리트 최종 마무리 작업에 앞서 진행한다. 콘크리트를 친 후 건조한 외기에 노출할 때 표면건조로 수축현상이 생기며 이 수축현상이 건조되지 않는 내부 콘크리트로 인한 변형구속 때문에 표면에서 인장응력이 발생한다. 이렇게 발생된 인장응력이 콘크리트 초기 인장강도를 초과하여 여러 방향으로 미세한 균열, 즉 소성수축균열을 발생하게 한다. 이 균열은 콘크리트 표면에만 발생하지만 균열한 위치에 장기 건조수축균열로 발전하는 경우 구조물을 통과하는 균열로 이어질 수 있다. 대표적인 균열 모양은 슬래브 모서리부에서 대각선 방향으로 발생하는 균열이다. 이 소성수축을 방지하기 위한 최선의 방법은 상대적인 체적변화 폭을 줄이는 것이며 또한 마무리 작업 중에 표면을 덮기 위한 차양설비, 즉 시트를 사용하는 것도 하나의 유효한 방법이다.

② 소성침하균열

콘크리트 마무리 작업 후에도 철근, 거푸집 등으로 인하여 어느 한 쪽 부분에 일시적으로 콘크리트 응결을 구속한다. 이와 같은 일부분 응결 구속이 인접한 곳에 공극이나 균열이 발생한다. 주로 블리딩이나 침하가 많은 경우 볼 수 있는 균열이다. 소성침하균열은 철근직경이 클수록, 슬럼프가 클수록, 콘크리트 피복두께가 작을수록 증가하며 다짐이 충분하지 못한 경우나 거푸집 변형이 있을 경우에 증가하게 된다. 균열 발생위치는 콘크리트 단면 상부 거푸집 타이바 또는 철근 부근 그리고 폭이 좁은 벽이나 기둥처럼 구속을 받는 곳이다.

(2) 굳은 콘크리트 균열

콘크리트 재료 역학적 성질 중 다른 재료에 비하여 가장 큰 특징은 인장강도가 작으면서 건조수축, 온도수축 및 습도수축 등으로 인한 체적변화가 크게 발생하는 것이다. 이러한 결점으로 인하여 구조물 내구성 확보를 위해 굳은 콘크리트에서 발생하는 균열 폭에 대하여 콘크리트 구조기준에서 허용균열 폭을 규정하고 있다.

표 5.9는 콘크리트 구조기준 부록 III에서 제시하는 철근 콘크리트 구조물 허용균열 폭이다. 콘크리트 구조물 내구성 확보를 위해 콘크리트 구조기준에서 제시하는 허용균열 폭을 준수하여야 한다. 표 5.10은 수처리 구조물 경우 내구성과 누수방지를 위해 준수하여야 할 허용균열 폭이다.

표 5.9 철근 콘크리트 구조물 허용균열 폭 ω_a(mm) (콘·구조기준 부록Ⅲ, 2012)

강재 종류	강재 부식에 대한 환경조건			
	건조 환경	습윤 환경	부식성 환경	고부식성 환경
철근	0.4 mm와 $0.006c_c$ 중 큰 값	0.3 mm와 $0.005c_c$ 중 큰 값	0.3 mm와 $0.004c_c$ 중 큰 값	0.3 mm와 $0.0035c_c$ 중 큰 값
긴장재	0.2 mm와 $0.005c_c$ 중 큰 값	0.2 mm와 $0.004c_c$ 중 큰 값	-	-

여기서, c_c는 최외단 주철근 표면과 콘크리트 표면 사이의 콘크리트 최소 피복 두께(mm)

표 5.10 수처리 구조물 허용균열 폭 ω_a(mm) (콘·구조기준 부록Ⅲ, 2012)

	휨 인장 균열	전 단면 인장균열
오염되지 않은 물[1]	0.25	0.20
오염된 액체[2]	0.20	0.15

주1) 음용수(상수도) 시설물
주2) 오염이 매우 심한 경우 발주자와 협의하여 결정

① 건조수축균열

건조수축은 굳은 콘크리트에서 균열을 일으키는 가장 큰 원인 중 하나이다. 건조수축은 대부분 굳은 콘크리트에서 장기간에 걸쳐 발생하며 건조수축의 양은 단면 표면과 내부에 따라 차이가 있다. 콘크리트 양생 후 장기간에 걸쳐 건조하면서 수축이 철근 또는 구조물 어떤 부분에 의하여 구속을 받는 경우 콘크리트 구조물에 인장응력이 발생한다. 이 인장응력이 증가하여 콘크리트 인장강도보다 커지면 균열이 발생한다. 이 때 균열을 건조수축균열이라 말한다. 즉, 콘크리트 양생 후 굳은 콘크리트는 시간이 경과함에 따라 건조수축에 의하여 체적이 감소한다. 이 때 자유로운 수축과 구속하려는 수축 차이로 인하여 균열이 발생한다. 이 때 발생한 균열을 건조수축균열 또는 장기 건조수축균열이라 말한다. 이 균열이 발생하기 쉬운 경우는 콘크리트 구조물 길이가 긴 경우와 부재 두께가 얇은 경우에 많이 볼 수 있다. 즉, 콘크리트 포장과 같은 구조물 길이가 긴 경우 건조수축에 의한 균열은 일정한 간격으로 발생하므로 양생 후 균열 발생지점을 미리 절단작업을 시행하여 다른 부분으로 균열이 확대하는 것을 방지한다. 그러나 철근 배근양이 차이 나는 곳이나, 단면 변화가 급격한 경우에는 예측시기보다 빨리 발생하는 경우도 있다. 균열 폭은 초기에 서서히 증가하다가 시간이 지난 후 균열 증가율은 감소하는 경향을 보인다. 후자 경우인 부재 두께가 얇은 구조물인 교량 바닥판 경우 건조수축균열이 구조물 단면을 관통하는 경우가 많다. 그리고 두께가 두꺼우면 천천히 발생하는 경향이 있고 환경적 원인인 습도 및 온도에 따라 다르게 발생한다.

균열 방지 대책은 단위 수량이 적은 치밀한 배합, 즉 물-시멘트 비를 작게 하거나 단위 시멘트량을 적게 한다. 그리고 충분히 양생을 하거나 팽창시멘트 또는 무수축성 시멘트를 사용하는 경우도 많다. 포장 콘크리트와 같이 건조수축균열 발생을 피할 수 없는 경우는 적당한 간격으로 줄눈을 설치한다. 또한 철근을 조밀하게 배치하여 균열을 분산시키는 방법도 하나의 방책이라 할 수 있다.

② 온도수축균열

콘크리트에 발생하는 온도 차이는 시멘트 수화작용과 대기 온도변화에 의한 경우 두 가지 원인이며 이 온도 변화에 따라 콘크리트 체적 변화가 발생한다. 그리고 이 체적 변화에 의한 인장변형률이 콘크리트 인장변형 능력을 초과하면 균열이 일어난다. 온도가 상승하는 원인으로 인한 균열을 온도수축균열이라고 말한다. 콘크리트가 굳을 때 물과 시멘트는 수화 반응을 하고 열을 발생하는데 이 때 열을 수화열이라 말한다. 이 수화열로 인하여 콘크리트 온도는 상승하지만 어느 정도 시간이 지남에 따라 콘크리트 온도는 내려간다. 이 때 콘크리트는 내부와 외부 구속으로 인하여 유연한 수축이 일어나지 않아 균열이 발생한다. 즉, 수화열에 의한 균열은 콘크리트 타설 후 온도가 내려갈 때 발생하지만 콘크리트 구조물의 크기에 따라 균열 발생 시점은 다르게 나타난다. 두께가 두꺼운 구조물의 경우 수화열로 인한 인장응력은 구조물 내부온도가 외부 주변 온도로 내려갔을 때 가장 크게 발생하며 대략 28일 양생일 부근으로 알려져 있다.

연습문제

01 콘크리트 장·단점에 대하여 서술하시오.

02 다음 용어에 대하여 서술하시오.

① consistency ② workability ③ plasticity ④ finishability

03 콘크리트 워커빌리티에 영향을 주는 요소에 대하여 설명하시오.

04 콘크리트 압축강도에 영향을 주는 요소에 대하여 설명하시오.

05 콘크리트 재료 분리에 대해서 설명하고 방지대책에 대하여 서술하시오.

06 콘크리트 체적 변화에 대하여 설명하시오.

07 콘크리트의 내구성 중 중성화에 대하여 설명하시오.

08 알칼리 골재반응에 대하여 설명하시오.

09 콘크리트 강도특성에 대하여 설명하시오.

10 콘크리트 동해에 대하여 설명하시오.

11 콘크리트 화학적 침식에 대하여 설명하시오.

12 콘크리트 손식에 대하여 설명하시오.

13 콘크리트 내화성에 대하여 설명하시오.

14 콘크리트 경화 전 균열에 대하여 설명하시오.

15 콘크리트 경화 후 균열에 대하여 설명하시오.

참고문헌

건설교통부, 레미콘·아스콘 품질관리 지침, 2007.12.

건설교통부, 콘크리트 표준시방서, 2003.

국가기술시험연구회, 재료역학해설, 일진사, 1990.1.

국토교통부, KCS 14 20 01～70 : 2022, 2022.1.11.

국토교통부, KCS 14 31 05～70 : 2022, 2022.1.11.

국토교통부, KDS 14 20 01～62 : 2022, 2022.1.11.

국토교통부, 시멘트 콘크리트 포장 시공지침, 2017.4.

국토해양부, 건축공사 표준시방서, 2015.

국토해양부, 도로공사 표준시방서, 2016.

국토해양부, 레미콘·아스콘 품질관리 지침, 2012.11.

국토해양부, 시멘트 콘크리트 포장 생산 및 시공 지침, 2009.11.

국토해양부, 콘크리트 구조기준, 2012.10.

국토해양부, 콘크리트 표준시방서, 2009.

국토해양부, 콘크리트 표준시방서, 2016.

김선국 외 3, 시공학, 동화기술, 2016.3.

대한건설협회, 2005 건설공사 표준품셈, 2005.1.

대한전문건설협회, 콘크리트 구조물(토목)의 균열과 하자문제, 2005.5.

문한영, 건설재료학, 동명사, 1987.2.

성기태 외 3, 토목재료학, 신광문화사, 2007.6.

이경하 역, 아스팔트 혼합물의 지식, 동화기술, 2002.10.

이형준 외 5, 건설재료학, 동화기술, 2016.8.

장영길 외 3, 토목재료 및 실험, 동화기술, 2004.3.

장영길 외 5 역, 콘크리트의 지식, 동화기술, 2003.2.

재료 연구소, 복합재료야 놀자, (주)동아에스앤씨, 2017.4.

전용배 외 2, 실내토질시험법의 기초, 성안당, 2001.3.

전용배 외 4, 건설재료 및 시험, 동화기술, 2010.3.

전용배, 건설재료 및 실내시험법 기초, 동화기술, 2018.2.

정상진 외 10, 건축재료학, 보성각, 1995.8.

토목공학연구회, 토목실험, 형설출판사, 1987.2.

中村聖三 외 1, 土木材料學, コロナ社, 2014.2.

宮川豊章 외 1, 土木材料學, 朝倉書店, 2012.3.

6
Chapter

콘크리트 배합설계

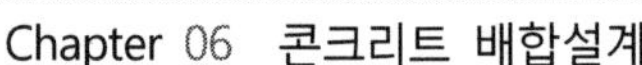

6.1 개 요

콘크리트 시방서 KCS 14 20 10 : 2022 일반 콘크리트 공사 일반사항 '1.3 용어의 정의' 조항에서 콘크리트 배합에 대하여 다음과 같이 제시하고 있다.

> "배합(mixing) : 콘크리트 또는 모르타르를 만들 때 소요되는 각 재료의 비율이나 사용량"
>
> (KCS-2022 1.3)

즉, 콘크리트 배합이란 콘크리트나 모르타르를 제작할 때 또는 비비기 작업을 할 때 투입하는 각 재료 사용량 그리고 전체 체적에서 각 재료가 차지하는 비율을 정하는 것을 말한다.

배합의 구체적인 방법을 콘크리트 시방서 2.2 '배합' 조항에서 다음과 같이 두 개 조항으로 제시하고 있다.

> "콘크리트의 배합은 소요의 강도, 내구성, 수밀성, 균열저항성, 철근 또는 강재를 보호하는 성능을 갖도록 정하여야 한다. 또한 작업에 적합한 워커빌리티를 갖도록 하기 위해서는 거푸집 구석구석까지 콘크리트가 충분히 채워지도록 하고, 다지는 작업이 용이하면서 재료 분리가 생기지 않도록 콘크리트 배합을 정하여야 한다."
>
> (KCS-2022 2.2.1)

즉, 배합을 정하는 기준으로 구조물에 가해질 하중에 대하여 파괴 위험이 없이 저항할 수 있는 소요 강도를 충분히 가져야 하고, 풍화, 기상작용, 화학적 작용, 침식작용 등과 같은 파괴적인 작용에 대하여 충분히 저항할 수 있는 내구성을 갖도록 배합을 정하여야 한다. 또 타설이 가능한 범위 내에서 최소 단위 수량, 즉 된 반죽질기(최소 슬럼프)를 갖는 콘크리트가 되도록 배합을 정하여야 한다고 제시하고 있다.

또한 콘크리트가 치밀하게 채워지도록 다짐작업을 하면서 재료 분리가 발생하지 않는 범위로 배합을 결정하는 것을 제시하고 있다.

콘크리트 배합 선정은 이상의 원칙을 준수하여야 하나, 이미 실시된 동등한 콘크리트 배합 자료로부터 배합을 결정하는 경우도 있다. 이와 같은 경우는 같은 배합일지라도 사용재료가 다르면 자연적으로 워커빌리티, 강도 등 여러 성질이 변화하므로 실제로 사용되는 여러 재료에 대하여 배합설계에 필요한 시험을 실시하여야 한다. 이와 같은 결과를 가지고 계획배합을 결정하고 시험배합을 거쳐 그 배합을 수정하여 가는 것이 일반적인 순서이다.

또한 배합에는 시방배합(계획조합)과 현장배합이 있다. 이에 대하여 콘크리트 시방서 1.3 용어의 정의 조항에서 다음과 같이 제시하고 있다.

> "시방배합(specified mix) : 소정의 품질을 갖는 콘크리트가 얻어지는 배합(조건)으로 시방서 또는 책임기술자에 의하여 지시된 것. 1 m^3 콘크리트의 반죽에 대한 재료 사용량으로 나타냄." (KCS-2022 1.3)
>
> "현장배합(mix proportion at job site, mix proportion in field) : 시방배합(계획조합)의 콘크리트가 얻어지도록 현장에서 재료의 상태 및 계량방법에 따라 정한 배합" (KCS-2022 1.3)

즉, 시방배합은 시방서 또는 책임기술자에 의해 표시한 배합이고, 현장배합은 시방배합의 콘크리트가 되도록 현장에 따른 재료 상태 및 계량방법에 따라 정해지는 배합을 말한다.

결국 배합이란 콘크리트를 용이하게 다룰 수 있는 범위 내에서 가장 적은 배합수량으로 비벼서 강도, 내구성 기타 소요의 성질을 개선하도록 하는 것이다.

6.2 배합의 표시방법

일반적인 콘크리트에서 배합은 소요 강도, 내구성, 수밀성, 작업성이 얻어질 수 있는 최소한의 단위 수량을 정하며, 포장 콘크리트의 경우 피니셔빌리티(Finishability)를 요구하며 피니셔빌리티는 굵은 골재 최대치수, 굵은 골재 단위 부피, 잔 골재 입도, 컨시스턴시 등에 의한 표면 마무리의 쉬운 정도를 말한다. 댐 콘크리트의 경우 필요한 단위 질량과 경화할 때 콘크리트 내부 온도상승이 작을 것도 요구한다.

시방배합은 시방서 혹은 책임기술자에 의해 지정된 배합으로서 시방배합을 할 때 사용하는 골재는 표면건조 포화상태를 기본으로 하며 잔 골재는 5 mm 체를 전부 통과하는 것을, 굵은 골재는 5 mm 체에 전부 남는 것을 사용하는 배합을 말한다. 그러나 현장의 골재는 시방배합에서 사용되는 골재와 달리 5 mm 이상의 골재가 잔 골재에 섞여 있고, 굵은 골재 중에는 5 mm 이하의 골재가 섞여 있으므로 이것들의 보정이 필요하다. 또한 잔 골재는 대부분의 경우 습윤상태를 사용하므로, 표면수량의 보정이 필요하고, 굵은 골재도 습윤상태라면 표면수량의 보정이나 기건 상태라면 유효흡수량의 보정이 필요하다. 그리고 혼화제는 대부분 물에 희석하여 사용하므로 혼화제 중 수분량 보정을 한다. 따라서 현장배합은 사용하는 골재의 입도, 수분과 혼화제의 희석수를 고려한 1배치당의 각 재료량을 말한다.

표 6.1 콘크리트 배합의 표시 (KCS-2022, 2.2.11)

굵은 골재 최대치 (mm)	슬럼프 범위 (mm)	공기량 범위 (%)	물-결합재 비[1)] W/B (%)	잔 골재율 S/a (%)	단위 질량(kg/m^3)						
					물	시멘트	잔 골재	굵은 골재		혼화재료	
										혼화재 1)	혼화제 2)

주1) 포졸란 반응성 및 잠재수경성을 갖는 혼화재를 사용하지 않는 경우에는 물-시멘트 비가 된다.
주2) 같은 종류의 것을 사용할 경우에는 각각의 난을 나누어 표시한다.

6.3 배합설계 방법

(1) 배합강도

현장에서 콘크리트 품질은 골재, 시멘트 등의 품질 변동, 계량 오차, 비비기 작업 변동 등에 따라 그리고 공사기간 동안 변화한다. 따라서 구조물 어느 부분에 사용한 콘크리트 압축강도가 구조물 설계에서 기준으로 한 압축강도보다 작아지지 않는 것을 보증하기 위하여 현장에서 콘크리트 품질 변동에 따른 콘크리트 배합강도(f_{cr})를 설계기준강도(f_{ck})보다 크게 정해야 한다. 콘크리트 시방서(KCS-2022) 1.3 용어의 정의 조항에서 배합강도에 대하여 다음과 같이 제시하고 있다.

> "배합강도(required average concrete strength) : 콘크리트의 배합을 정하는 경우에 목표로 하는 강도" (KCS-2022 1.3)

즉, 구조물의 용도에 적합한 또는 목표로 정한 강도를 말한다.
또한 배합강도를 정하는 방법을 콘크리트 시방서 일반 콘크리트 '2.2.2 배합강도' 조항에서 다음과 같이 제시하고 있다.

> "구조물에 사용되는 콘크리트 압축강도가 소요의 강도를 갖기 위해서는 콘크리트 배합 설계 시 배합강도(f_{cr})를 정하여야 한다. 배합강도(f_{cr})는 (20±2)℃ 표준 양생한 공시체의 압축강도로 표시하는 것으로 하고, 강도는 강도관리를 기준으로 하는 재령에 따른다." (KCS-2022 2.2.2)

(2) 배합강도 결정방법

① 결정방법

㈀ 통계적인 분석결정 : 20개 이상 실적자료를 수식으로 결정

㈁ 변동계수를 가정하여 결정 : K값에 의한 확률로 구함

㈂ 증가계수와 변동계수 관계에서 결정 : 시방서 그래프 이용

② 수식

$$a = \frac{f_{cr}}{f_{ck}} = \frac{1}{1-KV} \tag{6.1}$$

여기서, $f_{cr} = a\,f_{ck}$

a : 증가계수

f_{cr} : 배합강도

f_{ck} : 설계기준강도

K : 임의의 확률에 해당하는 편차

$V = \dfrac{s}{\overline{X}}$

예제 6.1

콘크리트 압축강도 시험에 있어서 10개의 공시체를 측정한 결과, 평균치는 18 MPa, 표준편차는 1 MPa일 때의 변동계수는? (건·재·기출, 21.9)

① 3.46% ② 5.56% ③ 8.21% ④ 11.11%

풀이 ② $\dfrac{1}{18} = 0.05556 \fallingdotseq 5.56\%$

(3) 콘크리트 시방서 배합강도 구하는 식

구조물에 사용된 콘크리트 압축강도가 설계기준 압축강도보다 작아지지 않도록 현장 콘크리트 품질변동을 고려하여 콘크리트 배합강도(f_{cr})를 설계기준 압축강도(f_{ck})보다 충분히 크게 정하여야 한다.

배합강도는 설계기준 압축강도 35 MPa 이하인 경우 식 (6.2) 및 식 (6.3)을 사용하고, 35 MPa을 초과하는 경우는 식 (6.4) 및 식 (6.5) 각 두 식에 의한 값 중 큰 값으로 정하여야 한다.

$f_{ck} \leq 35$ MPa인 경우

$$f_{cr} = f_{ck} + 1.34s\ [\mathrm{MPa}] \tag{6.2}$$

$$f_{cr} = (f_{ck} - 3.5) + 2.33s\ [\mathrm{MPa}] \tag{6.3}$$

$f_{ck} > 35$ MPa인 경우

$$f_{cr} = f_{ck} + 1.34s\ [\mathrm{MPa}] \tag{6.4}$$

$$f_{cr} = 0.9f_{ck} + 2.33s\ [\mathrm{MPa}] \tag{6.5}$$

여기서, s : 압축강도 표준편차(MPa)

식 (6.2)와 식 (6.3)에서 콘크리트 압축강도 표준편차는 실제 사용한 콘크리트 30회 이상 시험 실적으로부터 결정하는 것을 원칙으로 한다. 그러나 압축강도 시험횟수가 29회 이하이고, 15회 이상인 경우는 그것으로 계산한 표준편차에 다음 표 6.2의 보정계수를 곱한 값을 표준편차로 사용할 수 있다.

콘크리트 압축강도 표준편차를 알지 못할 때, 또는 압축강도 시험횟수가 14회 이하인 경우 콘크리트 배합강도는 표 6.3과 같이 정한다.

표 6.2 시험횟수가 29회 이하일 때 표준편차의 보정계수 (KCS-2022 2.2.2)

시험횟수	표준편차의 보정계수
15	1.16
20	1.08
25	1.03
30 이상	1.00

표 6.3 압축강도 시험횟수가 14회 이하인 경우 배합강도 (KCS-2022 2.2.2)

설계기준강도 f_{ck}(MPa)	배합강도 f_{cr}(MPa)
21 미만	$f_{ck}+7$
21 이상 35 이하	$f_{ck}+8.5$
35 초과	$f_{ck}+10$

예제 6.2 

품질기준강도가 28 MPa이고, 15회의 압축강도 시험으로부터 구한 표준편차가 3.0 MPa일 때 콘크리트의 배합강도를 구하면? (건·재·기출, 21.9)

① 29.32 MPa
② 32.12 MPa
③ 32.66 MPa
④ 36.52 MPa

풀이 ③ $28+1.34\times3\times1.16=32.66,\ (28-3.5)+2.33\times3\times1.16=32.60$

(4) 콘크리트 압축강도를 기준으로 해서 물 - 시멘트 비(W/C) 결정

① 압축강도와 물-시멘트 비와의 관계는 시험에 의하여 정하는 것을 원칙으로 한다. 이때 공시체는 재령 28일을 표준으로 한다. 그 관계식은 일반적으로 식 (6.6)로 구한다.

$$f_{28}\,(\mathrm{kg/cm^2}) = -210+\frac{215}{(W/C)} \tag{6.6}$$

② 배합에 사용할 물-시멘트 비를 기준으로 한 재령에서 시멘트-물 비(C/W)와 압축강도(f_{ck})와 관계식은 배합강도 f_{cr}에 해당하는 시멘트-물 비 값의 역수로 한다.

이 f_{cr}은 설계기준강도 f_{ck}에 적당한 증가계수 α를 곱한 것으로 한다. 이 증가계수 α는 현장에서 예상되는 콘크리트 강도의 변동계수(coefficient of variation) 및 구조물 중요도에 따라 결정하며, 그림 6.1에서 예상되는 변동계수에 의해 구한다. 현장에서 관리 정도에 따른 콘크리트 압축강도 변동계수의 대략적인 값은 표 6.4를 참고하기 바란다.

표 6.4 압축강도의 변동계수의 대략 값 (건설재료학, 동명사, 문한영)

관리 정도	변동계수	시공상태
우수	7~10	우수한 배치 플랜트에서 잘 관리한 경우
양호	10~15	일반 현장, 시방서에 의해 관리를 잘한 경우
보통	15~20	보통 감독상태 현장
불량	20 이상	부주의한 시공

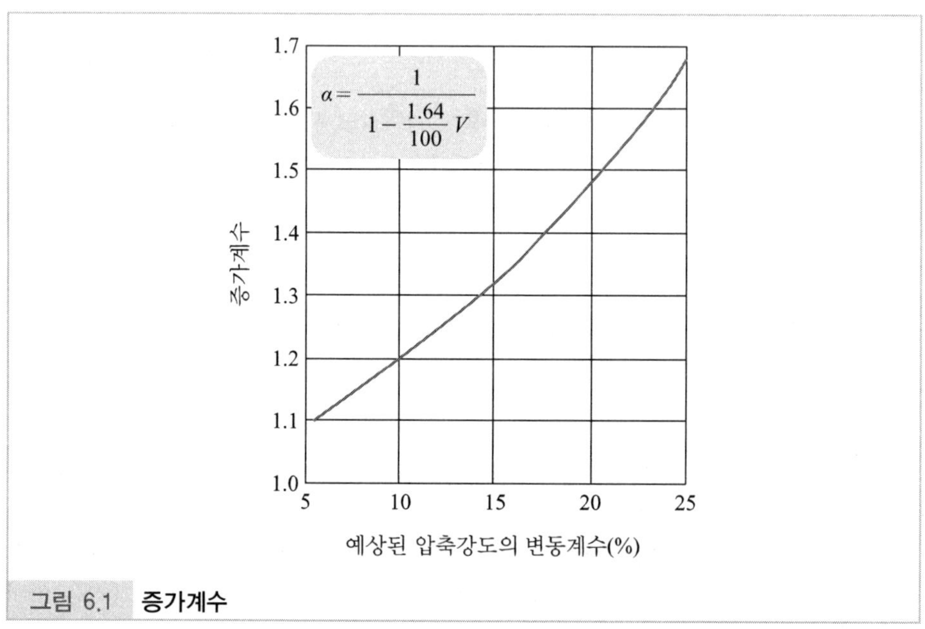

그림 6.1 **증가계수**

(5) 콘크리트 내구성을 기본으로 물 - 결합재비를 정할 경우

그 값은 표 6.5의 값 이하로 한다.

표 6.5 내구성을 기준으로 물-결합재비를 정할 경우의 최대 물-결합재비(%)

(시멘트·콘·포장, 시공지침 국토부 2017)

노출상태	최대 물-결합재비
제빙화학제, 염, 소금물, 바닷물에 노출되거나 이런 종류들이 살포된 콘크리트의 철근부식 방지	40
습한 상태에서 동결융해 또는 제빙화학제에 노출된 콘크리트	45
물에 노출되었을 때 낮은 투수성이 요구되는 콘크리트	50

(6) 굵은 골재 최대치수 결정

콘크리트 제조의 경제성 관점에서 보면 되도록이면 큰 굵은 골재를 사용하는 것이 효율성이 높을 것이다. 그러나 철근 콘크리트 부재에서는 철근이 몹시 복잡하게 조립되어 있고, 부재 치수가 크지 않은 경우가 많으며, 또 부재 모양이 복잡한 경우도 있으므로 콘크리트가 구석구석까지 잘 채워지기 위해서는 너무 큰 굵은 골재를 사용하지 않는다.

굵은 골재 최대치수는 철근 콘크리트 부재에서는 부재 최소치수의 1/5 및 철근 최소수평 순간격의 3/4을 넘어서는 안 되며, 일반적인 구조물에서는 25 mm, 단면이 큰 구조물에서는 40 mm를 대체적으로 표준으로 하며, 50 mm를 넘어서는 안 된다. 또한 무근 콘크리트 부재에서는 부재 최소치수의 1/4을 넘어서는 안 되며, 일반적으로 40 mm를 표준으로 하며, 100 mm를 넘어서는 안 된다.

표 6.6 굵은 골재 최대치수 (KCS-2022 2.2.6)

구조물의 종류	굵은 골재 최대치수(mm)
일반적인 경우	20 또는 25
단면적이 큰 경우	40
무근 콘크리트	40 부재 최소치수의 1/4을 초과해서는 안 됨

(7) 슬럼프 결정

콘크리트 제조에 적절한 워커빌리티를 갖는 슬럼프 값은 콘크리트 체의 크기 및 형상, 콘크리트 취급 및 다지기 방법 등에 따라 다르다. 슬럼프가 큰 콘크리트를 사용하면 워커빌리티는 좋지만, 블리딩이 많아지고, 모르타르와 굵은 골재의 접착력이 약화되어 분리현상이 많아진다. 그러므로 비비기에 알맞은 범위 내에서 되도록이면 작은 슬럼프의 콘크리트를 사용할 필요가 있다. 이 조항에서 제시된 정도의 슬럼프 값으로도 작업이 어려운 경우 배합을 변경하거나 유동화제 사용, 기타 조치를 강구하여야 한다.

콘크리트 운반이 오래 걸릴 경우 또는 기온이 높을 경우에는 슬럼프가 크게 낮아지므로 배합을 할 때 이를 고려하여 슬럼프 값을 정하여야 한다. 그러므로 콘크리트 슬럼프는 운반, 타설, 다짐 등 작업에 알맞은 범위 내에서 되도록 작은 값으로 정해야 한다. 콘크리트를 칠 때 슬럼프 값은 일반적인 경우에는 5～12 cm, 단면이 큰 경우에는 3～10 cm, 또 무근 콘크리트 경우에는 3～8 cm를 일반적인 표준으로 한다.

표 6.7 슬럼프 표준값 (KCS-2022 2.2.7)

종 류		슬럼프값(mm)
철근 콘크리트	일반적인 경우	80～150
	단면이 큰 경우	60～120
무근 콘크리트	일반적인 경우	50～150
	단면이 큰 경우	50～100

주1) 유동화 콘크리트의 슬럼프는 콘·시방서 KCS 14 20 31 : 2022 「2.2 배합」을 표준으로 한다.
주2) 여기에서 제시된 슬럼프 값은 구조물의 종류에 따른 슬럼프의 범위를 나타낸 것으로 실제로 각종 공사에서 슬럼프 값을 정하고자 할 경우에는 구조물의 종류나 부재의 형상, 치수 및 배근상태에 따라 알맞은 값으로 정하되 충전성이 좋고 충분히 다질 수 있는 범위에서 되도록 작은 값으로 정하여야 한다.
주3) 콘크리트의 운반시간이 길 경우 또는 기온이 높을 경우에는 슬럼프가 크게 저하하므로 운반 중의 슬럼프 저하를 고려한 슬럼프 값에 대하여 배합을 정하여야 한다.

(8) 공기량, 잔 골재율, 단위 수량 결정

콘크리트 시방서 KCS-2022 2.2.9에서 콘크리트 공기량에 대하여 다음과 같이 제시하고 있다.

> "공기 연행제, 공기연행 감수제 또는 고성능 공기연행 감수제를 사용한 콘크리트의 공기량은 굵은 골재 최대치수와 노출등급을 고려하여 표 6.7과 같이 정하며, 운반 후 공기량은 이 값에서 ±1.5% 이내이어야 한다." (KCS-2022 2.2.9)

즉, 콘크리트는 적절한 양의 연행공기를 갖고 있으면 동해와 같은 기상작용에 대한 내구성이 우수하므로 심한 기상작용을 받는 경우에는 공기연행 콘크리트를 사용하는 것이 좋다. 또한 적당한 공기량은 표 6.7에서 제시한 것과 같이 콘크리트 용적의 4.5～7.5% 정도의 값이 일반적인 표준이다. 그리고 콘크리트 공기량은 운반이나 다짐 등에 의하여 감소되므로 제시한 기준 값에서 편차는 ±1.5% 이내로 정하고 있다.

"공기연행 콘크리트의 공기량은 같은 단위 공기 연행제량을 사용하는 경우라도 여러 조건에 따라 상당히 변화하므로 공기연행 콘크리트 시공에서는 반드시 KS F 2409 또는 KS F 2421에 따라 공기량 시험을 실시하여야 한다." (KCS-2022 2.2.9)

"공기 연행제, 공기연행 감수제 및 고성능 공기연행 감수제 등의 단위량은 소요의 슬럼프 및 공기량을 얻을 수 있도록 시험에 의해 정하여야 한다." (KCS-2022 2.2.9)

즉, 콘크리트 반죽질기는 작업에 적합한 범위 내에서 가능한 작은 슬럼프의 것이 좋다. 소요 슬럼프를 얻는데 필요한 단위 수량은 굵은 골재 최대치수, 골재의 입도와 입형, 혼화재료 종류, 콘크리트 공기량 등에 따라서 다르므로 사용되는 재료에 관해서 시험을 하여 이것을 정하도록 규정한 것이다. 그래서 기상작용이 심하지 않은 곳에서 공기연행 콘크리트를 사용하는 경우에는 소요 워커빌리티를 얻는 범위 내에서 가능한 적은 공기량으로 하는 것이 좋다.

"고성능 공기연행 감수제를 사용한 콘크리트의 경우로서 물-결합재 비 및 슬럼프가 같으면, 일반적인 공기연행 감수제를 사용한 콘크리트와 비교하여 잔 골재율을 1~2% 정도 크게 하는 것이 좋다." (KCS-2022 2.2.8)

표 6.8 공기연행 콘크리트 공기량의 표준값 (KCS-2022 2.2.9)

굵은 골재의 최대치수(mm)	공기량(%)	
	심한 노출[1)]	보통 노출[2)]
10	7.5	6.0
15	7.0	5.5
20	6.0	5.0
25	6.0	4.5
40	5.5	4.5

주1) 노출등급 EF2, EF3, EF4
주2) 노출등급 EF1

부순 돌이나 고로 슬래그 굵은 골재를 사용할 경우의 단위 수량은 입형에 따라 다르지만 자갈을 사용했을 경우에 비하여 약 10% 증가한다.

단위수량은 최대 185 kg/m^3 이내의 작업이 가능한 범위 내에서 될 수 있는 대로 적게 사용하며, 그 사용량은 시험을 통해 정하여야 한다.

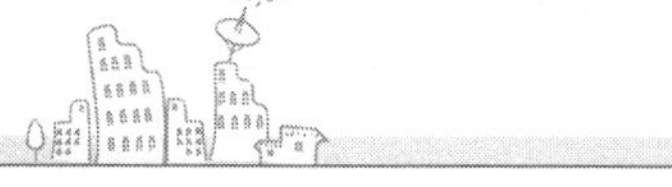

단위수량은 굵은 골재의 최대 치수, 골재의 입도와 입형, 혼화 재료의 종류, 콘크리트의 공기량 등에 따라 다르므로 실제의 시공에 사용되는 재료를 사용하여 시험을 실시한 다음 정하여야 한다.(KCS-2022 2.2.4) 콘크리트 배합설계에 있어서는 잔 골재율을 적절하게 정하여야 한다. 일반적으로 잔 골재율을 작게 하면 소요 워커빌리티의 콘크리트를 얻기 위하여 필요한 단위 수량이 감소되고, 아울러 단위 시멘트량이 적어져서 경제적으로 된다. 그러나 잔 골재율을 어느 정도 보다 작게 하면 콘크리트는 거칠어지고, 재료 분리가 일어나는 경향이 커지고, 워커빌리티가 나쁜 콘크리트가 된다.

잔 골재와 굵은 골재가 주어진 경우 소요의 워커빌리티를 얻을 수 있고 또한 단위수량이 최소가 되는 잔 골재율이 존재하는데, 이와 같은 잔 골재율은 사용하는 잔 골재 입도, 콘크리트 공기량, 단위 시멘트량, 혼화재료 종류 등에 따라 다르므로 시험에 의하여 정하도록 규정한 것이다.

공사 중에 잔골재의 입도가 변화하여 조립율이 ±0.20 이상 차이가 있을 경우에는 배합의 적정성 확인 후 배합 보완 및 변경 등을 검토하여야 한다. 이때 잔골재율에 대해서도 그 적합 여부를 시험에 의해 확인하여야 한다. 콘크리트 펌프시공의 경우에는 콘크리트 펌프의 성능, 압송거리 등에 따라 잔 골재율의 값을 결정하는 것으로 한다. 또 유동화 콘크리트 경우에는 슬럼프 증가량을 고려해서 잔 골재율의 값을 결정하는 것으로 한다.(KCS-2022 2.2.8)

표 6.9 콘크리트 단위 굵은 골재 용적, 잔 골재율 및 단위 수량 대략값

(시멘트·콘·포장지침, 국토부 2017)

굵은 골재의 최대치수 (mm)	단위 굵은 골재 용적 (%)	공기 연행제를 사용하지 않은 콘크리트			공기연행 콘크리트				
		갇힌 공기 (%)	잔 골재율 S/a (%)	단위 수량 W (kg)	공기량 (%)	양질의 공기 연행제를 사용한 경우		양질의 공기연행 감수제를 사용한 경우	
						잔 골재율 (%)	단위 수량 (kg)	잔 골재율 (%)	단위 수량 (kg)
15	58	2.5	53	202	7.0	47	180	48	170
20	62	2.0	49	197	6.0	44	175	45	165
25	67	1.5	45	187	5.0	42	170	43	160
40	72	1.2	40	177	4.5	39	165	40	155

주1) 물-결합재비 55%, 슬럼프 80 mm, 잔골재 조립율 2.8인 보통의 입도를 갖는 모래와 부순 굵은골재를 사용한 조건임.

주2) 사용재료 또는 콘크리트의 품질이 주1)의 조건과 다를 경우에는 위의 표의 값을 표 6.10에 따라 보정한다.

콘크리트 잔 골재와 굵은 골재의 비율을 정하는 데는 상기와 같은 잔 골재 외에 굵은 골재의 단위 부피질량에 기준을 둔 방법도 있다. 이 방법에 의하면 슬럼프나 물－시멘트 비에 관계없이 골재 최대치수와 잔 골재 입도에 따라 콘크리트 1 m^3 중의 굵은 골재 겉보기 부피가 정해져서 부순 돌과 같은 모난 골재를 사용하였을 때도 자동적으로 굵은 골재량을 결정할 수가 있다.

표 6.9는 잔 골재율 및 단위 수량의 대체적인 표준과 단위 굵은 골재 부피의 표준을 나타낸 것이다.

예제 6.3

콘크리트의 시방배합이 다음의 표와 같을 때 공기량은 얼마인가? (단, 시멘트의 밀도는 3.15 g/cm^3, 잔골재의 표건 밀도는 2.60 g/cm^3, 굵은 골재의 표건 밀도는 2.65 g/cm^{3}이다.) (건·재·기출, 22.4)

시방배합표(kg/cm^3)

물	시멘트	잔골재	굵은 골재
180	360	745	990

① 2.6%　　② 3.6%　　③ 4.6%　　④ 5.6%

풀이 ③

$$W_v + C_v + S_v + G_v = 1$$

$$C_v = \frac{C}{C_S},\ \frac{180}{1} + \frac{360}{3.15} + \frac{745}{2.6} + \frac{990}{2.65} = 954.4 \fallingdotseq 95.4\%$$

∴ 공기량 $= 100 - 95.4 = 4.6\%$

(9) 잔 골재율 및 단위 수량 보정

사용재료 또는 콘크리트 품질기준 조건이 다음과 상이할 경우 표 6.9의 잔 골재율과 단위 수량을 보정한다.

기준 조건 : 물－시멘트 비＝55%
슬럼프＝8 cm
잔 골재의 조립률＝2.8

표 6.10 기준배합에 대한 *S/a*, *W*의 수정치 (시멘트·콘·포장지침, 국토부 2017)

구 분	*S/a* 보정(%)	*W* 보정(kg)
잔골재 조립률이 0.1만큼 클(작을) 때마다	0.5만큼 크게(작게) 한다.	보정하지 않는다.
슬럼프 값이 10 mm만큼 클(작을) 때마다	보정하지 않는다.	1.2%만큼 크게(작게) 한다.
공기량이 1%만큼 클(작을) 때마다	0.5～1.0만큼 작게(크게) 한다.	3%만큼 작게(크게) 한다.
물－시멘트 비가 0.05 클(작을) 때마다	1만큼 크게(작게) 한다.	보정하지 않는다.
S/a가 1% 클(작을) 때마다	-	1.5만큼 크게(작게) 한다.
부순 돌을 사용할 경우	3～5만큼 크게 한다.	9～15만큼 크게 한다.
부순 모래를 사용할 경우	2～3만큼 크게 한다.	6～9만큼 크게 한다.

주) 단위굵은골재 용적에 의하는 경우에는 잔골재의 조립률이 0.1만큼 커질(작아질) 때마다 단위굵은골재 용적을 1%만큼 작게(크게) 한다.

예제 6.4

콘크리트 배합설계에서 잔골재율(S/a)을 작게 하였을 때 나타나는 현상으로 틀린 것은? (건·재·기출, 22.3)

① 소요의 워커빌리티를 얻기 위하여 필요한 단위 시멘트량이 증가한다.
② 소요의 워커빌리티를 얻기 위하여 필요한 단위수량이 감소한다.
③ 재료분리가 발생되기 쉽다.
④ 워커빌리티가 나빠진다.

풀이 ①

(10) 단위 시멘트량 및 혼화재료량 결정

"배합 시 단위 시멘트량은 125 kg/m^3 이상, 단위 결합재량은 250 kg/m^3 이상으로 한다."(KCS 14 : 2022 2.3.5) 경제적으로 포장용 콘크리트 제조 시 필요한 단위시멘트량의 표준은 굵은골재 최대치수 40 mm, 슬럼프 25 mm, 설계기준 휨강도가 4.5 MPa의 콘크리트로 280～350 kg/m^{3}이다. 일반적으로 최소 단위시멘트량은 280 kg/m^3 정도이다.(시멘트·콘·시공지침, 국토부 2017)

단위 시멘트량은 소요 강도, 내구성 및 수밀성 등을 갖는 콘크리트를 얻도록 시험에 의하여 정하여야 한다. 이들의 시험을 할 경우, 단위 시멘트량과 강도, 수밀성 및 내구성 등과 관계를 정하는 것보다는 물-시멘트 비와 강도, 수밀성 및 내구성 등과 관계를 정하는 것이 편리하다. 그래서 시험 결과로부터 정한 물-시멘트와 단위 수량으로부터 단위 시멘트량을 정하도록 규정한 것이다.

해양환경에 접해지는 경우 단위 시멘트량은 구조물 규모, 중요성, 환경조건 등을 고려하여 소요 내구성이 얻어지도록 정하여야 하며 단, 플라이 애시나 고로 슬래그 미분말을 혼화재로 사용할 경우 이것을 시멘트의 일부로 계산한다.

공기 연행제 및 공기연행 감수제 등의 단위량은 소요 공기량을 얻을 수 있도록 시험에 의하여 정해져야 한다. 소요 공기량을 얻는데 필요한 단위 공기 연행제량(공기연행 감수제를 포함)은 시멘트 분말도, 단위 수량, 단위 시멘트량, 혼화재 종류 및 사용량, 골재 입도 및 입형, 비비기 시간, 슬럼프, 콘크리트 온도 등에 따라 다르므로 시험에 의하여 정하여야 한다.

제빙화학제에 노출된 콘크리트 노출등급 EF4에 있어서 플라이 애시, 고로 슬래그 미분말 또는 실리카 퓸을 시멘트 재료의 일부로 치환하여 사용하는 경우 이들 혼화재의 사용량은 표 6.11의 값을 초과하지 않도록 한다.(KCS-2022 2.2.10)

표 6.11 제빙화학제[1]에 노출된 콘크리트 최대 혼화재 비율 (KCS-2022 2.2.10)

혼화재의 종류	시멘트와 혼화재 전체에 대한 혼화재의 질량 백분율(%)
KS L 5405에 따르는 플라이 애시 또는 기타 포졸란	25
KS F 2563에 따르는 고로 슬래그 미분말	50
실리카 퓸	10
플라이 애시 또는 기타 포졸란, 고로 슬래그 미분말 및 실리카 퓸의 합	20[2]
플라이 애시 또는 기타 포졸란과 실리카 퓸의 합	35[2]

주 1) 노출등급 EF4에 해당한다.
2) 플라이 애시 또는 기타 포졸란의 합은 25% 이하, 실리카 퓸은 10% 이하이어야 한다.

(11) 굵은 골재 및 잔 골재량 결정

콘크리트 1 m^3당 단위 수량, 시멘트량, 공기량을 계산하고 이를 근거로 전체 골재

량을 계산한다.

$$A = 1 - \left(\frac{W}{G_w \times 1{,}000} + \frac{C}{G_c \times 1{,}000} + \frac{a}{100} \right) \tag{6.7}$$

여기서, A : 골재량(m^3)

W : 물 중량(kg/m^3)

C : 시멘트량(kg/m^3)

a : 공기량(%)

G_w, G_c : 물, 시멘트 비중

또한 전체 골재량(A)에서 잔 골재율(S/a)을 계산하여 잔 골재량과 굵은 골재량을 각각 구한다.

(12) 시험배치 및 결과분석

시방배합은 시방서 또는 감독자가 지시한 배합을 말하는 것으로서(시멘트·콘·포장지침, 국토부 2017) 배합표에는 구조물 종류, 설계기준강도, 배합강도, 시멘트 종류, 잔 골재 조립률, 굵은 골재 공극률, 혼화제 종류, 운반시간, 시공시기 등에 대해서도 명기하는 것이 바람직하다.

배합은 질량으로 표시하는 것을 원칙으로 하지만 소규모 공사나 중요하지 않은 공사 등에서는 골재 양을 부피로 표시해도 좋다. 표면건조 포화상태 골재라도 그 부피는 계량방법에 따라 달라지므로 배합을 부피로 표시하기 위해서는 골재 계량방법을 일정하게 할 필요가 있다. 따라서 시방배합에서 골재 부피는 KS F 2505(골재의 단위 질량 및 실적률 시험방법)에 규정한 방법으로 시험했을 경우의 것으로 한다.

시방배합에서 잔 골재는 5 mm 체를 전부 통하는 것을 말하고 굵을 골재는 5 mm 체에 전부 남는 것을 말하며 모두 표면건조 포화상태에 있는 것을 말한다.

계산된 배합에 의해서 제1시험배치를 비벼서 슬럼프와 공기량이 얻어지지 않은 경우에는 수정하여 제2시험배치를 비벼서 필요로 하는 슬럼프와 공기량이 될 때까지 되풀이 한다.

잔 골재율이 최소가 되는 시험배치를 비벼서 필요한 슬럼프 값과 공기량을 얻을 수 있는 단위 수량을 구한다. 즉, 워커빌리티와 공기량의 범위 안에서 최소의 S/a를 결정한다. 이후 초기 배합조건에 적절한 결과를 얻었다면 그 다음에는 주어진 W/C에 ±5%를 가감한 배합설계를 실시하고 이에 대한 공시체를 제작하여 압축강도 시험을 실시한다. 실험결과를 토대로 주어진 배합설계의 강도 - W/C관계를 그래프화 한다. 이 관계를 이용하여 설계압축강도에 대한 배합강도 산정을 재실시하고 그 다음 단계를 통해 시방배합을 마무리한다.

6.4 현장배합

시방배합을 현장배합으로 고칠 경우에는 잔 골재의 표면수로 인한 부풀음(Bulking), 현장에서 골재 계량방법과 KS F 2505에 규정한 방법과의 차이로 인한 부피 차를 고려하여야 한다. 시방배합에 있어서는 골재는 표면건조 포화상태의 것으로, 잔 골재는 5 mm 체를 통과하는 것을 굵은 골재는 5 mm 체에 남는 것을 고려하여 시방배합을 규정하였으므로, 시방배합을 현장배합으로 고칠 경우에는 골재 함수상태, 5 mm 체에 남는 잔 골재량, 5 mm 체를 통과하는 굵은 골재 양 및 혼화재에 물의 혼합량을 고려하여야 한다.

6.4.1 골재 입도에 대한 수정

현장골재를 체가름 시험 결과 S : 시방배합의 단위 잔 골재량, G : 시방배합의 단위 굵은 골재량, a : 모래 속에 5 mm 체에 남는 양의 백분율(%), b : 자갈 속에 5 mm 체를 통과하는 양의 백분율(%)인 경우 계량해야 할 잔 골재량 Z_S, 계량해야 할 굵은 골재량 Z_G은 다음과 같은 식으로 구한다.

(1) 현장배합의 단위 잔 골재량

$$Z_G + Z_S = S + G$$

$$bZ_G + (100 - a)Z_S = 100S$$

$$Z_S = \frac{100S - b(S + G)}{100 - (a + b)}$$

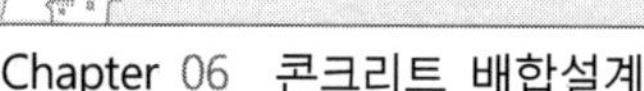

(2) 현장배합의 단위 굵은 골재량

$$Z_G = S + G - Z_S$$

예제 6.5

현장의 골재에 대한 체분석 결과 잔골재 속에서 5 mm 체를 남는 것이 6%, 굵은 골재 속에서 5 mm체를 통과하는 것이 11%이었다. 시방배합표상의 단위 잔골재량이 632 kg/m^3, 단위 굵은 골재량이 1,176 kg/m^{3}일 때 현장배합을 위한 단위 잔골재량은? (단, 표면수에 대한 보정은 무시한다.) (건·재·기출, 22.3)

① 522 kg/m^3 ② 537 kg/m^3
③ 612 kg/m^3 ④ 648 kg/m^3

풀이 ① $Z_S = \dfrac{100S - b(S+G)}{100-(a+b)} = \dfrac{100 \times 632 - 11(632+1176)}{100-(6+11)}$

$= 521.83 \fallingdotseq 522$

6.4.2 골재 표면수에 대한 보정

골재 표면수를 측정한 결과 c : 현장상태 모래의 표면수량(%), d : 현장상태 굵은 골재의 표면수량(%)인 경우 계량해야 할 잔 골재량 S_S, 계량해야 할 굵은 골재량 S_G과 단위 수량 S_W은 다음과 같은 식으로 구한다.

(1) 현장배합의 단위 잔 골재량

$$S_S = Z_S + (Z_S)\left(\frac{c}{100}\right)$$

(2) 현장배합의 단위 굵은 골재량

$$S_G = Z_G + (Z_G)\left(\frac{d}{100}\right)$$

(3) 현장배합의 단위 수량 수정

$$S_W = W - \left(\frac{Z_S\,c + Z_G\,d}{100} \right)$$

6.5 배합설계 예

6.5.1 설계조건 및 재료 성질

(1) 설계조건

기상작용을 받는 철근 콘크리트 구조물
$f_{ck} = 26$ MPa, 압축강도 변동계수 $V = 10\%$

(2) 재료의 성질

- 시멘트 : 보통 P.C., 비중=3.16
- 잔 골재 : 조립률=2.7, 표건상태 비중=2.65
- 굵은 골재 : 최대치수=25 mm, 표건 비중=2.65
- 공기 연행제 : 시멘트 중량의 0.03% 사용

6.5.2 배합계산

(1) 배합강도 결정

- 강도 증가계수 $\alpha = \dfrac{1}{1 - 1.64\dfrac{V}{100}} = 1.2$
- 배합강도 $f_{cr} = \alpha f_{28} = 1.2 \times 260 = 312\ \mathrm{kg/cm^2}$

(2) W/C의 결정

- 식을 이용하는 경우 $W/C = \dfrac{1}{\left(\dfrac{f_{cr}+210}{215}\right)} = 41.2\%$
- 실험에 의한 방법 $W/C = 45.2\%$
- 최종 $W/C = 45\%$ 가정한다.

(3) 굵은 골재 최대치수 및 슬럼프 값

- 굵은 골재 최대치수=25 mm
- 슬럼프 값=10 cm (표 6.10의 철근 콘크리트 일반적인 경우)

(4) 골재 최대치수에 대한 잔 골재율(S/a), 단위 수량 W, 공기량 결정

- 잔 골재율=42% (표 6.12의 양질의 공기 연행제를 사용한 경우)
- 단위 수량=170 kg
- 공기량=5% 현장조건을 고려하여 4.5%로 수정
- 주어진 조건에 대한 보정 : W/C=55%, 슬럼프=8 cm, 잔 골재 조립률=2.8을 기준한 것이므로 주어진 재료조건으로 수정한다.

조 건	보정계산	잔 골재율(42%)	단위 수량(170 kg)
모래 조립률 2.7	$42-\left(\dfrac{2.8-2.7}{0.1}\right)(0.5)=41.5$	41.5	170
W/C=0.45	$41.5-\left(\dfrac{0.55-0.45}{0.05}\right)(1)=39.5$	39.5	170
슬럼프 값=10 cm	$1701+(10-8)(0.012)=174$	39.5	174
공기량 4.5%	$39.5+(5-4.5)(0.75)=39.9$ $1741+(5-4.5)(0.03)=176$	39.9	176

(5) 재료 단위량 결정

- 단위 수량=176 kg/m^3
- 단위 시멘트량 $C = \dfrac{176}{(W/C)} = 391$ kg

단위 잔 골재량 및 단위 굵은 골재량

골재의 절대용적

$$a = 1{,}000 - \left\{ \frac{391}{3.16}(\text{시멘트}) + 176(\text{물}) + 45(\text{공기량}) \right\} = 655\ \ell$$

단위 잔 골재량

$$S = (\text{잔 골재의 절대용적})(\text{비중}) = (39.9\%)(a)(2.6) = 679\ \text{kg}$$

단위 굵은 골재량

$$G = (\text{굵은 골재의 절대용적})(\text{비중}) = (100\% - 39.9\%)(a)(2.65) = 1043\ \text{kg}$$

단위 공기 연행제량

$$AE = C(0.03\%) = (391)(0.0003) = 117\ \text{g/m}^3$$

굵은 골재 최대 치수 (mm)	슬럼프의 범위 (cm)	공기량의 목표치	물-시멘트비 W/C (%)	잔 골재율 S/a (%)	단위량(kg/m^3)						
					물 W	시멘트 C	잔 골재 S	굵은 골재 G		혼화재료	
								mm ~ mm	mm ~ mm	혼화재	혼화제 (공기 연행제)
25	10	4.5	45	39.9	176	391	679	1043			0.117

6.5.3 시방배합을 현장배합으로 환산

(1) 현장조건

현장의 골재상태 체 분석 결과 모래 속에 5 mm 체에 남는 것이 7%, 자갈 속에 5 mm 체를 통과하는 것이 10%이며, 모래 표면수 3.2%, 자갈 표면수가 0.8%이다.

(2) 골재 입도에 대한 수정

배합설계 시 적용된 골재 입도와 표면수는 현장조건과는 다르므로 현장조건의 골재 입도 및 표면수에 적합하도록 시방배합을 수정한다.

① **골재 입도에 대한 수정**

S : 시방배합의 단위 잔 골재량

G : 시방배합의 단위 굵은 골재량

a : 모래 속에 5 mm 체에 남는 양의 백분율(%)

b : 자갈 속에 5 mm 체를 통과하는 양의 백분율(%)

② **현장배합의 단위 잔 골재량**

$$Z_G + Z_S = S + G$$

$$bZ_G + (100-a)Z_S = 100S$$

$$Z_S = \frac{100S - b(S+G)}{100-(a+b)} = \frac{(100)(679)-(10)(679+1043)}{100-(7+10)} = 611\ \text{kg/m}^3$$

③ **현장배합의 단위 굵은 골재량**

$$Z_G = S + G - Z_S = 679 + 1043 - 611 = 1111\ \text{kg/m}^3$$

④ **골재의 표면수에 대한 보정**

c : 현장상태 모래의 표면수량(%)

d : 현장상태 자갈의 표면수량(%)

⑤ **현장배합의 단위 잔 골재량**

$$S_S = Z_S + (Z_S)\left(\frac{c}{100}\right) = 611 + (611)\left(\frac{3.2}{100}\right) = 630.6\ \text{kg/m}^3$$

⑥ **현장배합의 단위 굵은 골재량**

$$S_G = Z_G + (Z_G)\left(\frac{d}{100}\right) = 1111 + (1111)\left(\frac{0.8}{100}\right) = 1119.9\ \text{kg/m}^3$$

⑦ **현장배합의 단위 수량 수정**

$$S_W = W - \left(\frac{(Z_S)(c) + (Z_G)(d)}{100}\right) = 176 - (19.6 + 8.9) = 147.5\ \text{kg/m}^3$$

(3) 최종 현장배합

- 물 : 147.5 kg/m^3
- 시멘트 : 391 kg/m^3

- 잔 골재 : 630.6 kg/m^3
- 굵은 골재 : 1119.9 kg/m^3
- 공기 연행제 : 117 kg/m^3

굵은 골재 최대 치수 (mm)	슬럼프의 범위 (cm)	공기량의 목표치	물–시멘트비 W/C (%)	잔골재율 S/a (%)	단위량(kg/m^3)					
					물 W	시멘트 C	잔골재 S	굵은 골재 G	혼화재료	
								mm ~ mm	혼화재	혼화제 (공기연행제)
25	10	4.5	45	39.9	147.5	391	630.6	1119.9		0.117

연습문제

01 배합설계 순서에 대하여 설명하시오.

02 배합설계 시 물-시멘트 비 결정방법에 대하여 설명하시오.

03 시방배합과 현장배합에 대하여 설명하시오.

04 다음과 같은 설계조건과 재료로써 배합설계를 하시오.

- 설계조건

  기상작용을 받는 철근 콘크리트 구조물로서 콘크리트의 설계기준강도 f_{ck} = 27 MPa, 현장에서 예상되는 압축강도의 변동계수는 10%이다.
  아래의 재료를 사용하여 공기연행 콘크리트의 배합설계를 하시오.

- 재료의 성질

  시멘트 : 보통포틀랜드 시멘트, 비중=3.17
  잔 골재 : 조립률=2.65, 표면건조 포화상태의 비중=2.60
  굵은 골재 : 최대치수=25 mm, 표면건조 포화상태의 비중=2.67
  공기 연행제 : 표준사용량으로서 시멘트 질량의 0.03% 사용

참고문헌

건설교통부, 콘크리트 표준시방서, 2003.

국토교통부, KCS 14 20 01～70 : 2022, 2022.1.11.

국토교통부, KCS 14 31 05～70 : 2022, 2022.1.11.

국토교통부, KDS 14 20 01～62 : 2022, 2022.1.11.

국토교통부, 시멘트 콘크리트 포장 시공지침, 2017.4.

국토해양부, 도로공사 표준시방서, 2016.

국토해양부, 레미콘·아스콘 품질관리 지침, 2012.11.

국토해양부, 시멘트 콘크리트 포장 생산 및 시공 지침, 2009.11.

국토해양부, 콘크리트 구조기준, 2012.10.

국토해양부, 콘크리트 표준시방서, 2009.

국토해양부, 콘크리트 표준시방서, 2016.

대한건설협회, 2005 건설공사 표준품셈, 2005.1.

문한영, 건설재료학, 동명사, 1987.2.

성기태 외 3, 토목재료학, 신광문화사, 2007.6.

이형준 외 5, 건설재료학, 동화기술, 2016.8.

장영길 외 3, 토목재료 및 실험, 동화기술, 2004.3.

장영길 외 5 역, 콘크리트의 지식, 동화기술, 2003.2.

전용배 외 2, 실내토질시험법의 기초, 성안당, 2001.3.

전용배 외 4, 건설재료 및 시험, 동화기술, 2010.3.

전용배, 건설재료 및 실내시험법 기초, 동화기술, 2018.2.

토목공학연구회, 토목실험, 형설출판사, 1987.2.

中村聖三 외 1, 土木材料學, コロナ社, 2014.2.

宮川豊章 외 1, 土木材料學, 朝倉書店, 2012.3.

Chapter 7

특수 콘크리트

7.1 레디믹스트 콘크리트(Ready Mixed Concrete)

콘크리트 시방서(KCS-2022) 1.3 "용어의 정의" 편에서 레디믹스트 콘크리트에 대하여 다음과 같이 제시하고 있다.

> "레디믹스트 콘크리트(ready mixed concrete) : 콘크리트 제조 전문 공장의 대규모 배치 플랜트에 의하여 각종 콘크리트를 주문자의 요구에 맞는 배합으로 계량, 혼합한 후 시공 현장에 운반차로 운반하여 판매하는 콘크리트" (KCS-2022 1.3)

즉, 시공자가 지정하는 품질 콘크리트를 정비된 콘크리트 제조 설비를 갖춘 공장으로부터 공사현장까지 지정된 품질을 유지하여 배달 공급하는 굳지 않은 콘크리트를 말한다. 한국은 1975년 4월 'KS F 4009 레디믹스트 콘크리트'를 제정하였고 2007년 5월 개정하여 2007년 7월 1일부터 개정된 규정을 공사현장에 적용하고 있다. 레디믹스트 콘크리트는 공장에 따라 차이가 있으므로 공장을 선정할 때 유의사항을 콘크리트 시방서에서 다음과 같이 규정하고 있다.

"레디믹스트 콘크리트 공장의 선정"(KCS-2022 1.6)

> "KS F 4009 및 KS인증 심사기준에 따라 사용재료, 제조설비, 품질관리 상태 등을 조사하여 사용목적에 맞는 공장을 선정하거나 설치하여야 한다." (KCS-2022 1.6)
>
> "공장 선정은 현장까지의 운반시간, 배출시간, 콘크리트의 제조능력, 운반차의 수, 공장의 제조 설비, 품질관리 상태 등을 고려하여야 한다." (KCS-2022 1.6)
>
> "단일 구조물, 동일 공구에 타설하는 콘크리트는 가능한 1개 공장의 레디믹스트 콘크리트를 사용하여야 한다. 부득이 2개 이상의 공장을 선정하는 경우 품질관리계획서에 의해 동일한 성능이 확보되도록 책임기술자가 확인하여야 한다." (KCS-2022 1.6)

또한 현장 책임기술자는 레디믹스트 콘크리트를 현장에 반입할 때 갖추어야 할 서류를 다음과 같이 제시하고 있다.

"레디믹스트 콘크리트 반입 전・후에는 다음의 자료를 확인 및 작성하여야 한다."(KCS-2022 1.5.3)

① 레디믹스트 콘크리트 배합표
② 레디믹스트 콘크리트 현장배합표
③ 레디믹스트 콘크리트 납품서
④ 레디믹스트 콘크리트 구성재료 시험 성적서
⑤ 구조물 부위별 사용 레디믹스트 콘크리트 종류 기록서
⑥ 콘크리트 압축강도 시험성과표

7.1.1 제조방법

레디믹스트 콘크리트는 재료 혼합, 운반거리에 따라 다음 3가지 제조방법이 있다.

(1) 센트럴믹스트 콘크리트(Central Mixed Concrete)

공장에서 각 재료를 계량하고 혼합하여 완전히 비벼진 콘크리트를 지정된 공사현장까지 공급하는 방식이다. 운반 중에 콘크리트가 굳는 것을 방지하기 위해 트럭믹서에서 계속하여 교반(Agitate)작업을 한다.

(2) 쉬링크믹스트 콘크리트(Shrink Mixed Concrete)

공장에서 각 재료를 계량하고 혼합하여 완전히 비비지 않은 상태로 운반하지만 현장에 도착할 때는 완전히 혼합한 콘크리트로 공급하는 방식이다.

(3) 트랜싯믹스트 콘크리트(Transit Mixed Concrete)

공장에서 각 재료 계량장치에서 배합설정한 각 재료를 직접 트럭믹서에 투입하여 공사현장에 도착하는 동안에 배합설계한 양의 물을 주입 혼합하여 공사현장에 도착했을 때는 완전한 콘크리트로 공급하는 방식이다.

7.1.2 레디믹스트 콘크리트 특징

(1) 장점

① 균등질 콘크리트 및 양질 콘크리트를 얻을 수 있다.
② 콘크리트 타설 능률 향상과 공기 단축이 가능하다.
③ 콘크리트 제조설비를 공사현장에 설치할 필요가 없다.
④ 공사현장은 콘크리트 타설 및 양생만 품질관리 한다.

(2) 단점

① 운반 공급 범위 및 운반시간에 제약이 있다.
② 콘크리트 워커빌리티 현장 변경이 어렵다.
③ 운반 중에 콘크리트 품질이 낮아질 수 있다.

7.1.3 레디믹스트 콘크리트 품질

레디믹스트 콘크리트를 발주하는 경우 KS F 4009 기준에 따라 품질을 지정하는 것으로 한다.

레디믹스트 콘크리트 종류는 보통 콘크리트, 경량 콘크리트, 포장 콘크리트, 고강도 콘크리트로 하고, 구입자는 굵은 골재 최대치수, 슬럼프 및 호칭강도를 조합한 표 7.1에 표시한 ○표를 한 범위 내에서 종류를 지정하는 것을 원칙으로 한다.

KS F 4009 이외의 기준을 적용하거나 별도의 기준을 정할 때에는 사용자와 생산자가 협의하여야 한다.

표 7.1 레디믹스트 콘크리트의 종류 (KCS-2022, 1.7.1)

콘크리트 종류	굵은 골재 최대치수 (mm)	슬럼프 또는 슬럼프 플로 (mm)	호칭강도 MPa(=N/mm^2)[1]												
			18	21	24	27	30	35	40	45	50	55	60	휨 4.0[1]	휨 4.5[1]
보통 콘크리트	20, 25	80, 120, 150, 180	○	○	○	○	○	○	-	-	-	-	-	-	-
		210	-	○	○	○	○	○	-	-	-	-	-	-	-
		500[2], 600[2]	-	-	-	○	○	○	-	-	-	-	-	-	-
	40	50, 80, 120, 150	○	○	○	○	○	○	-	-	-	-	-	-	-
경량 콘크리트	13, 20	80, 120, 150, 180, 210	○	○	○	○	○	○	○	-	-	-	-	-	-
포장 콘크리트	20, 25, 40	25, 65	-	-	-	-	-	-	-	-	-	-	-	○	○
고강도 콘크리트	13, 20, 25	120, 150, 180, 210	-	-	-	-	-	-	○	○	○	-	-	-	-
		500[2], 600[2], 700[2]	-	-	-	-	-	-	○	○	○	○	○	-	-

주1) 휨 4.0, 휨 4.5는 포장용 콘크리트에서 휨 호칭강도를 의미한다.
주2) 슬럼프 플로값을 의미함.

(1) 받아들이기 검사 (KCI : 2022, 1.7.2)

레디믹스트 콘크리트의 받아들이기 검사는 현장 콘크리트 품질기술자가 실시하여야 한다. 받아들이기 검사는 KS F 4009에 따라야 한다. 다만, 굳지 않은 콘크리트의 단위수량과 물-결합재비에 대한 검사의 시기 및 횟수, 판정기준은 표 7.2에 따르고, 워커빌리티의 검사는 굵은 골재 최대 치수 및 슬럼프가 설정치를 만족하는지의 여부를 확인함과 동시에 재료 분리 저항성을 외관 관찰에 의해 확인하여야 한다. 강도검사는 표 7.3에 따라 압축강도시험에 의한 검사를 실시한다. 이 검사에서 불합격된 경우에는 구조물에 대한 콘크리트의 강도 검사를 실시하여야 한다. 내구성 검사는 공기량, 염화물 함유량을 측정하는 것으로 한다. 내구성으로부터 정한 물-결합재비는 배합검사를 실시하거나, 강도시험에 의해 확인할 수 있다. 검사결과 불합격으로 판정된 콘크리트는 사용할 수 없다.

압축강도에 의한 콘크리트 품질 검사의 시기 및 횟수는 표 7.3에 따른다. 압축강도

에 의한 콘크리트의 품질관리는 일반적인 경우 조기재령에 있어서의 압축강도에 의해 실시한다. 이 경우, 시험체는 구조물에 사용되는 콘크리트를 대표할 수 있도록 채취하여야 한다.

표 7.2 콘크리트의 받아들이기 품질 검사 (KCI : 2022, 3.5.3.1)

<table>
<tr><th colspan="2">항목</th><th>시험·검사 방법</th><th>시기 및 횟수</th><th>판정기준</th></tr>
<tr><td colspan="2">굳지 않은 콘크리트의 상태</td><td>외관 관찰</td><td>콘크리트 타설 개시 및 타설 중 수시로 함</td><td>워커빌리티가 좋고, 품질이 균질하며 안정할 것</td></tr>
<tr><td colspan="2">슬럼프</td><td>KS F 2402의 방법</td><td rowspan="4">최초 1회 시험을 실시하고, 이후 압축강도 시험용 공시체 채취 시 및 타설 중에 품질변화가 인정될 때 실시</td><td>KS F 4009의 슬럼프 허용오차 이내</td></tr>
<tr><td colspan="2">슬럼프 플로</td><td>KS F 2594의 방법</td><td>KS F 4009의 슬럼프 플로 허용오차 이내</td></tr>
<tr><td colspan="2">공기량</td><td>KS F 2409의 방법
KS F 2421의 방법
KS F 2449의 방법</td><td>허용오차 : ±1.5%</td></tr>
<tr><td colspan="2">온도</td><td>온도측정</td><td>정해진 조건에 적합할 것</td></tr>
<tr><td colspan="2">단위용적질량</td><td>KS F 2409의 방법</td><td>필요한 경우 별도로 정함</td><td>정해진 조건에 적합할 것</td></tr>
<tr><td colspan="2">염화물 함유량</td><td>KS F 4009 부속서 A의 방법</td><td>바닷모래를 사용한 경우 2회/일, 그밖에 염화물 함유량 검사가 필요한 경우 별도로 정함</td><td>KS F 4009에 따름</td></tr>
<tr><td rowspan="4">배합</td><td>단위수량[1)]</td><td>한국콘크리트학회 제규격(KCI-RM101)에 따른 굳지 않은 콘크리트의 단위수량시험[1)]</td><td>1회/일, 120 m^3 마다 또는 배합이 변경될 때마다</td><td>시방배합 단위수량 ± 20 kg/m^3 이내</td></tr>
<tr><td>단위 결합재량</td><td>결합재의 계량값</td><td>전 배치</td><td>KS F 4009의 재료 계량 오차 이내</td></tr>
<tr><td>물－결합재비</td><td>굳지 않은 콘크리트의 단위수량과 단위결합재의 계량값으로부터 계산</td><td>필요한 경우 별도로 정함</td><td>참고 자료로 활용함</td></tr>
<tr><td>기타, 콘크리트 재료의 단위량</td><td>콘크리트 재료의 계량값</td><td>전 배치</td><td>KS F 4009의 재료 계량 오차 이내</td></tr>
<tr><td colspan="2">펌퍼빌리티</td><td>펌프에 걸리는 최대 압송 부하의 확인</td><td>펌프 압송 시</td><td>콘크리트 펌프의 최대 이론 토출압력에 대한 최대 압송부하 이하</td></tr>
</table>

주 1) 각 현장마다 구비된 측정기기와 시험인원 등을 고려하여 한국콘크리트학회 제규격(KCI-RM101)에 규정된 시험방법 중 한 가지 시험방법을 정하여 시행한다.

표 7.3 압축강도에 의한 콘크리트의 품질 검사 (KCI : 2022, 3.5.3.2)

종류	항목	시험·검사 방법	시기 및 횟수[1]	판정기준	
				$f_{cn} \leq 35$ MPa	$f_{cn} > 35$ MPa
도로부터 배합을 정한 경우	압축강도 (재령 28일의 표준양생 공시체)	KS F 2405의 방법[1]	또는	① 연속 3회 시험값의 평균이 이상 ② 1회 시험값이 −3.5 MPa 이상	① 연속 3회 시험값의 평균이 이상 ② 1회 시험값이 의 90% 이상
그 밖의 경우				압축강도의 평균값이 품질기준강도[2] 이상일 것	

주 1) 1회의 시험값은 공시체 3개의 압축강도 시험값의 평균값임
2) 현장 배치플랜트를 구비하여 생산·시공하는 경우에는 설계기준압축강도와 내구성 설계에 따른 내구성기준압축강도 중에서 큰 값으로 결정된 품질기준강도를 기준으로 검사

(2) 슬럼프 및 슬럼프 플로 (KCI : 2022,1.7.3)

슬럼프는 KS F 2402의 규정에 따라 시험한 후 그 결과값과 호칭 슬럼프의 허용오차는 표 7.4에 따라야 한다.

표 7.4 슬럼프의 허용오차(mm) (KCI : 2022, 1.7.3)

슬럼프	슬럼프 허용오차
25	± 10
50 및 65	± 15
80 이상	± 25

슬럼프 플로로 품질을 지정하는 경우 KS F 2594의 규정에 따라 시험하고 슬럼프 플로의 허용오차는 표 7.5에 따라야 한다.

표 7.5 슬럼프 플로의 허용오차(mm)[2] (KCI : 2022, 1.7.3)

슬럼프 플로	슬럼프 플로의 허용오차
500	± 75
600	± 100
700[1]	± 100

주 1) 굵은 골재의 최대 치수가 13 mm인 경우에 한하여 적용한다.
2) 이 기준은 설계기준압축강도 40 MPa 미만의 콘크리트에 한하여 적용한다.

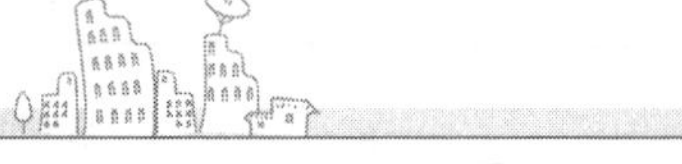

(3) 공기량 (KCI : 2022, 1.7.4)

공기량은 보통콘크리트의 경우 4.5%, 경량 콘크리트의 경우 5.5%, 포장콘크리트 4.5 %, 고강도콘크리트 3.5% 이하로 하되, 그 허용오차는 ±1.5%로 한다.

(4) 염화물 함유량 (KCI : 2022, 1.8.1)

① 콘크리트 중의 염화물 함유량은 콘크리트 중에 함유된 염소이온의 총량으로 표시한다.
② 굳지 않은 콘크리트 중의 염화물 함유량은 염소이온량(Cl^-)으로서 원칙적으로 0.30 kg/m^3 이하로 하여야 한다.
③ 상수도 물을 혼합수로 사용할 때 여기에 함유되어 있는 염소이온량이 불분명한 경우에는 혼합수로부터 콘크리트 중에 공급되는 염소이온량을 250 mg/L로 가정할 수 있다. 다만, 시험에 의한 경우 그 값을 사용한다.
④ 외부로부터 염소이온의 침입이 우려되지 않는 철근콘크리트나 포스트텐션방식의 프리스트레스트 콘크리트 및 최소 철근비 미만의 철근을 갖는 무근콘크리트 등의 구조물을 시공할 때, 염화물 함유량이 적은 재료의 입수가 매우 곤란한 경우에는 방청에 유효한 조치를 취한 후 책임기술자의 승인을 얻어 콘크리트 중의 전 염화물 함유량의 허용상한값을 0.60 kg/m^3로 할 수 있다.
⑤ 재령 28일이 경과한 굳은 콘크리트의 수용성 염소 이온량은 표 1.9-3의 값을 초과하지 않도록 하여야 한다.
⑥ 철근이 배치되지 않은 무근콘크리트의 경우는 이 조의 규정을 적용하지 않는다.

(5) 내구성 (KCI : 2022, 1.9.3)

① 콘크리트는 구조물의 사용기간 중에 받는 여러 가지의 화학적, 물리적 작용에 대하여 충분한 내구성을 가져야 한다.
② 콘크리트에 사용하는 재료는 콘크리트의 소요 내구성을 손상시키지 않는 것이어야 한다.
③ 콘크리트는 그 내부에 배치되는 강재가 사용기간 중 소정의 기능을 발휘할 수 있도록 강재를 보호하는 성능을 가져야 한다.
④ 콘크리트의 물－결합재비는 원칙적으로 60% 이하로 하며, 단위수량은 185 kg/m^3을 초과하지 않도록 하여야 한다.
⑤ 콘크리트는 원칙적으로 공기연행콘크리트로 하여야 한다.

⑥ 콘크리트는 침하균열, 소성수축균열, 건조수축균열, 자기수축균열 혹은 온도균열에 의한 균열폭이 KDS 14 20 30 (부록 4.1.2)의 허용균열폭 이내여야 한다.
⑦ 염소이온침투, 동결융해, 탄산화, 황산염 및 기타 유해한 환경에 노출되는 구조물에 대해서는 1.9.2를 만족하는 콘크리트를 사용하여야 한다.
⑧ 시공 단계에서는 설계 시 고려된 구조물의 강도와 내구성이 충분히 확보될 수 있도록 정해진 피복 두께를 확보하고 다지기, 양생 등에 주의를 기울여야 한다.
⑨ 책임기술자는 설계 시 정해진 구조물의 노출범주 및 등급과 내구성 확보를 위한 요구조건에 따른 적용 및 이행 여부를 확인하여야 한다.

7.2 경량골재 콘크리트

경량골재 콘크리트는 설계기준압축강도가 15 MPa 이상으로 기건 단위질량이 2,100 kg/m^3 이하의 범위에 해당하는 것으로 한다.(KCS 14 20 20 : 2022, 1.1)

7.2.1 경량골재 콘크리트 종류 및 품질

경량골재 콘크리트는 경량골재 콘크리트 1종 및 경량골재 콘크리트 2종으로 분류하고, 기건 단위질량의 범위 및 대응하는 레디믹스트 콘크리트의 호칭강도는 표 7.6과 같다.

표 7.6 경량골재 콘크리트의 종류 (KCS 14 20 20 : 2022, 1.6)

사용한 골재에 의한 콘크리트의 종류	사용골재	기건 단위질량 (kg/m^3)	레디믹스트 콘크리트로 발주 시 호칭강도[1] (MPa)
경량골재 콘크리트 1종	굵은골재를 경량골재로 사용하여 제조	1,800～2,100	18, 21, 24, 27, 30, 35, 40
경량골재 콘크리트 2종	굵은골재와 잔골재를 주로 경량골재로 사용하여 제조	1,400～1,800	18, 21, 24, 27

주 1) 레디믹스트 경량골재 콘크리트의 굵은골재 최대치수는 15 mm 또는 20 mm로 지정

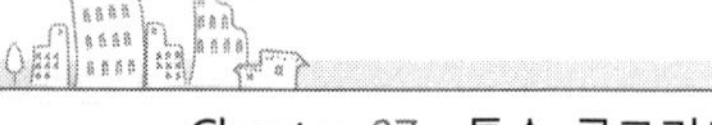

경량골재 콘크리트를 레디믹스트 콘크리트로 발주할 경우에는 KS F 4009의 기준에 따라 품질을 지정한다. 레디믹스트 콘크리트의 공장 선정 및 품질 관리 시 다음에 명시되지 않은 사항은 KCS 14 20 10 (1.6, 1.7)을 따른다. 경량골재 콘크리트의 단위질량은 KS F 2462에 제시된 기건 단위질량을 기준으로 한다. 기건 단위질량은 받아들이기 검사 시에는 굳지 않은 경량골재 콘크리트의 단위용적질량은 KS F 2409에 따라 실시하여, 3회 시험한 평균값이 설계에서의 기준 값 이하이어야 한다. 경량골재 콘크리트의 압축강도는 KS F 2405에 준하여 시험하고 KCS 14 20 10 (3.5)에 따라 3개 공시체의 평균값으로 한다. 단, 기건 단위질량 측정 시와 동일한 방식으로 만든 기건 상태의 공시체에 대해 시험한다. 경량골재 콘크리트의 인장강도는 28일 재령에서 2 MPa 이상이어야 한다. 이때 경량골재 콘크리트의 쪼갬 인장강도는 KS F 2423에 준하여 시험하고 KDS 41 30 00 (3.1)에 따라 3개 공시체의 평균값으로 한다. 단, 기건 단위질량 측정 시와 동일한 방식으로 만든 기건 상태의 공시체에 대해 시험한다.(KCS 14 20 20 : 2022, 1.6)

7.2.2 경량골재 콘크리트 배합

경량골재 콘크리트 배합에 대하여 콘크리트 시방서에서 다음과 같이 제시하고 있다.

> "경량골재 콘크리트의 배합은 구조물에 요구되는 단위질량, 강도, 내구성, 수밀성, 균열저항성, 철근 또는 강재를 보호하는 성능을 갖는 범위 내에서 단위수량을 가능한 작게 할 수 있도록 정하여야 한다. 경량골재 콘크리트는 공기연행 콘크리트로 하는 것을 원칙으로 한다." (KCS 14 20 20 : 2022, 2.2.1)

(1) 물 - 결합재 비

경량골재 콘크리트의 압축강도를 기준으로 하여 물－결합재비를 정할 경우, 압축강도와 물－결합재비와의 관계는 동일한 경량골재를 사용한 시험에 의하여 정한다. 이때 공시체는 재령 28일을 표준으로 하고, 압축강도는 3회 강도 시험 값의 평균값으로 한다. 경량골재 콘크리트의 최대 물－결합재비는 60%를 원칙으로 한다. 콘크리트의 내동해성 또는 황산염에 대한 내구성을 기준으로 물－결합재비를 정할 경우, 노출상태에 따라 최소 설계기준압축강도를 27 MPa, 30 MPa, 또는 35 MPa로 설정한다. 노출상태에 대한 정의 및 구체적인 요구사항은 KCS 14 20 10 (2.2)에 따른다. (KCS 14 20 20 : 2022, 2.2.2)

(2) 단위 결합재량

단위 결합재량은 원칙적으로 단위수량과 물-결합재비로부터 정하여야 한다. 이때, 경량골재 콘크리트의 단위 결합재량의 최솟값은 300 kg/m^3 이상이어야 한다.(KCS 14 20 20 : 2022, 2.2.3)

(3) 슬럼프

콘크리트의 슬럼프는 작업에 알맞은 범위 내에서 작게 한다. 슬럼프는 일반적인 경우 대체로 80 mm에서 210 mm를 표준으로 한다.(KCS 14 20 20 : 2022, 2.2.4)

(4) 공기량

경량골재 콘크리트의 공기량은 KS F 2449에 따른 용적법으로 측정하며, 경량골재의 흡수율이 적으면 KS F 2421 (압력법)의 방법으로 할 수 있다. 공기량은 5.5%를 기준으로 그 허용오차는 ± 1.5%로 한다. 경량골재 콘크리트의 공기량은 골재수정계수를 사전에 측정하여 적용하여야 한다.(KCS 14 20 20 : 2022, 2.2.5)

(5) 비비기

경량골재 콘크리트는 믹서의 비비기 효율, 믹서 안에서 골재가 흡수하는 정도 등을 고려하여 슬럼프, 강도 등 소정의 품질과 성질을 갖도록 제조하여야 한다. (2) 경량골재 콘크리트의 비비기 시간은 믹서의 형식 및 사용 방법, 비비기 성능을 고려하여 KS F 2455에 의해 정하는 것을 원칙으로 한다. 표준비비기 시간은 믹서에 재료를 전부 투입한 후 강제식 믹서일 때는 1분 이상, 가경식 믹서일 때는 2분 이상으로 하여야 한다. 비비기에 대한 기타 사항에 대해서는 KCS 14 20 10 (2.2.13)에 따른다. (KCS 14 20 20 : 2022, 2.2.6)

(6) 배합의 표시 방법

(1) 경량골재 콘크리트의 시방배합의 표시는 표 7.7을 따른다. 현장 배합은 표 7.7에

의하여 질량으로 표시한다. 시방배합을 현장 배합으로 수정할 때 골재의 함수 상태, 잔골재 가운데 5 mm 체에 남은 양, 굵은 골재 가운데 5 mm 체를 통과하는 양 등을 고려하여야 한다. 또한, 경량골재의 건조 상태 또는 습윤 상태에 따른 유효 흡수율 혹은 표면수율을 보정하여 시방배합을 현장 배합으로 변경하여야 한다.(KCS 14 20 20 : 2022, 2.2.7)

표 7.7 시방 및 현장 배합의 표시 방법 (KCS 14 20 20 : 2022,2.2.7)

굵은 골재의 최대치수 (mm)	콘크리트의 단위질량 (kg/m³)	슬럼프 범위 (mm)	공기량 범위 (%)	물-결합재비 *W/B* (%)	잔골재율 *S/a* (%)	단위질량(kg/m³)					
						물	시멘트	잔골재[1]	굵은 골재[1]	혼화재료	
										혼화재	혼화제[2]

주 1) 경량골재와 보통중량골재가 혼합되어 사용할 경우에는 각각을 구분하여 단위질량을 표시한다.
2) 같은 종류의 재료를 여러 가지 사용할 경우에는 각각의 난을 나누어 표시한다. 이 때 사용량에 대해서는 희석하거나 녹이지 않은 것으로 나타낸다.

7.2.3 경량골재 콘크리트 시공

콘크리트 시방서 KCS 14 20 : 2022.3에서 경량골재 콘크리트 시공에 대하여 다음과 같이 정하고 있다.

경량골재 콘크리트의 운반은 통상의 레디믹스트 콘크리트용 운반차를 사용하는 것을 기준으로 한다. 다만 재료분리나 슬럼프 저하 등의 품질저하가 우려될 경우 별도의 운반 대책을 마련할 수 있다. 경량골재 콘크리트는 콘크리트용 펌프를 사용하여 압송할 수 있으며 높은 위치에 타설하거나 장거리 압송의 경우 이에 상응하는 조치를 사전에 취하여 배관 막힘사고 등이 발생하지 않도록 대책을 강구하도록 한다. (KCS 14 20 20 : 2022, 3.2)

경량골재 콘크리트를 타설할 때 재료분리 및 콘크리트의 품질변화가 최소화될 수 있는 공법과 기기를 선정하여 시공하도록 한다. (KCS 14 20 20 : 2022, 3.3.1)

경량골재 콘크리트는 재료분리가 발생하지 않도록 다짐 방법 및 다짐 기구의 선정에 유의하도록 한다. 고유동 콘크리트 등과 같이 슬럼프 및 플로가 커서 다짐이 필요 없다고 판단되는 경우에는 책임기술자와 협의하여 다짐을 생략할 수 있다. (KCS 14 20 20 : 2022, 3.3.2)

예제 7.1 

경량골재 콘크리트에 대한 설명으로 옳은 것은? (건·재·기출, 22.3)

① 내구성이 보통 콘크리트보다 크다.
② 열전도율은 보통 콘크리트보다 작다.
③ 동결융해에 대한 저항성은 보통 콘크리트보다 크다.
④ 건조수축에 의한 변형이 생기지 않는다.

풀이 ②

7.3 매스 콘크리트

매스 콘크리트(Mass Concrete)에 대하여 콘크리트 시방서에서 "부재 혹은 구조물 치수가 커서 시멘트 수화열에 의한 온도 상승 및 강하를 고려하여 설계·시공해야 하는 콘크리트"(KCS 14 20 42 : 2022, 1.3)라고 정의하고 있다. 매스 콘크리트로 다루어야 하는 구조물 부재치수는 일반적인 표준으로서 넓이가 넓은 평판구조의 경우 두께 0.8 m 이상, 하단이 구속된 벽체의 경우 두께 0.5 m 이상으로 한다. 그러나 프리스트레스트 콘크리트나 고강도 콘크리트 구조물 등 부배합 콘크리트가 쓰이는 경우에는 더 얇은 부재라도 구속조건에 따라 매스 콘크리트로 보아야 한다. 매스 콘크리트는 구조물 시공과정에서 발생하는 균열을 제어 또는 저감하고 발생한 균열은 구조물 작용하중에 대한 저항성 및 환경조건에 대한 내구성 등 필요한 기능을 확보할 수 있도록 적절한 조치를 강구하여야 한다.

7.3.1 온도균열 제어 (KCS 14 20 42 : 2022, 1.6)

매스 콘크리트를 시공할 때는 구조물에 필요한 기능 및 품질을 손상시키지 않도록 온도균열을 제어하여야 하며, 이를 위하여 콘크리트 품질 및 시공방법 선정, 온도철근 배치 등의 적절한 조치를 취하여야 한다. 시멘트, 혼화재료, 골재 등의 재료 및 배합의 적절한 선정, 블록분할과 이음 위치, 콘크리트 타설 시간간격 선정, 거푸집 재료

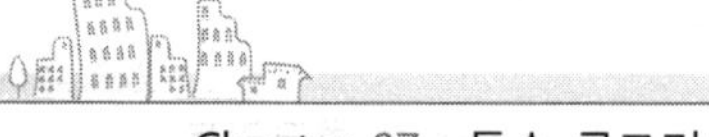

및 종류와 구조, 콘크리트 냉각 및 양생방법 선정 등을 검토하여야 한다. 매스 콘크리트 설계와 시공할 때 유의사항은 온도균열의 제어이기 때문에 건설되는 구조물의 용도, 필요한 기능 및 품질에 대응하도록 균열 방지대책을 수립하거나 균열의 폭, 간격, 발생 위치에 대한 제어를 실시하여야 한다.

구조물을 설계할 때에 신축이음이나 수축이음을 계획하여 균열 발생을 제어할 수도 있으며 이 때 구조물의 기능을 고려하여 위치 및 구조를 정하고 필요에 따라서 배근, 지수판, 충전재를 설계한다. 특히 외부구속을 많이 받는 벽체 구조물은 수축이음을 설치하여 균열 발생위치를 제어하는 것이 효과적이므로 이를 검토하여야 한다.

그 밖의 균열 방지 및 제어방법으로는 콘크리트 선행 냉각, 관로식 냉각 등에 의한 온도저하 및 제어방법, 팽창 콘크리트 사용에 의한 균열 방지방법, 또는 온도철근의 배치에 의한 방법 등이 있는데, 그 효과와 경제성을 종합적으로 판단하여야 한다.

7.3.2 수축이음 (KCS 14 20 42 : 2022, 1.7)

벽체구조물 경우 온도균열을 제어하기 위해서는 구조물 길이 방향에 일정 간격으로 단면 감소 부분을 만들어 그 부분에 균열이 집중되도록 하고 나머지 부분에서는 균열이 발생하지 않도록 하여 균열이 발생한 위치에 대한 사후 조치를 쉽게 하기 위해 수축이음을 설치할 수 있다. 계획된 위치에서 균열 발생을 확실히 유도하기 위해서 수축이음의 단면 감소율을 35% 이상으로 하여야 한다.

수축이음 위치는 구조물의 내력에 영향을 미치지 않는 곳에 설치하며, 필요한 간격은 구조물의 치수, 철근량, 타설 온도, 타설 방법 등에 따라 큰 영향을 받으므로 이들을 고려하여 정하여야 한다. 균열 유발부분은 누수 및 철근 부식 등이 일어날 가능성이 높으므로 시공 전에 이에 대한 대책을 세울 필요가 있으며, 설치 후에도 적당한 보수를 하여야 한다.

7.3.3 블록분할 및 이음 (KCS 14 20 42 : 2022, 1.8)

매스 콘크리트의 타설 구획 크기와 이음 위치 및 구조는 온도균열 제어를 하기 위한 방열 조건, 구속 조건과 공사용 배치 플랜트 능력이나 1회 콘크리트 타설 가능량 등 시공할 때 여러 조건을 종합적으로 판단하여 결정하여야 한다.

시공이음에 있어 수평이음은 먼저 타설된 콘크리트 표면의 레이턴스를 제거한 후 시공하며, 연직이음은 구조물 기능을 손상하지 않도록 주의하여 시공하여야 한다.

7.3.4 온도균열 지수에 의한 평가 (KCS 14 20 42 : 2022, 1.9)

① 매스 콘크리트의 온도균열 발생에 대한 검토는 온도균열 지수에 의하여 평가하는 것을 원칙으로 한다.

② 정밀한 해석방법에 의한 온도균열 지수는 식 (7.1)과 같이 임의 재령에서의 콘크리트 인장강도와 수화열에 의한 온도응력의 비로서 구한다.

$$\text{온도균열 지수 } I_{cr}(t) = \frac{f_{sp}(t)}{f_t(t)} \tag{7.1}$$

여기서, $f_t(t)$: 재령 t일에서 수화열에 의하여 생긴 부재 내부 온도응력 최댓값 (MPa)

$f_{sp}(t)$: 재령 t일에서 콘크리트 쪼갬 인장강도로서, 재령 및 양생온도를 고려하여 구함(MPa)

$I_{cr}(t)$: 재령 t일에서 온도균열지수

③ 온도균열 지수의 산정에 필요한 임의 재령에서 온도응력 해석은 유한 요소법 등과 같은 정밀한 방법을 사용할 수 있다.

④ 온도균열 지수는 구조물의 중요도, 기능, 환경조건 등에 대응할 수 있도록 선정하여야 하며, 철근이 배치된 일반적인 구조물의 표준적인 온도균열 지수 값은 다음과 같다.

(ㄱ) 균열 발생을 방지하여야 할 경우 : 1.5 이상

(ㄴ) 균열 발생을 제한할 경우 : 1.2～1.5

(ㄷ) 유해한 균열 발생을 제한할 경우 : 0.7～1.2

예제 7.2

매스 콘크리트의 온도균열 발생에 대한 검토는 온도균열지수에 의해 평가하는 것을 원칙으로 한다. 철근이 배치된 일반적인 구조물의 표준적인 온도균열지수의 값 중 균열발생을 제한할 경우의 값으로 옳은 것은? (건·재·기출, 22.4)

① 1.5 이상 ② 1.2~1.5
③ 0.7~1.2 ④ 0.7 이하

풀이 ②

7.3.5 콘크리트 열특성 (KCS 14 20 42 : 2022, 1.10)

① 콘크리트 단열온도 상승 특성은 사용하는 시멘트 종류, 단위 시멘트량, 콘크리트 타설온도 등을 고려하여 적절한 방법으로 정하여야 한다. 일반적으로 콘크리트 단열온도 상승량은 단열온도 상승 시험 등을 통하여 얻는 것을 원칙으로 한다.

② 콘크리트 단열온도 상승 특성은 콘크리트 타설이 끝난 후 콘크리트 내부 온도 변화를 해석하기 위한 기본적인 자료이며, 일반적으로 식 (7.2)로 나타낼 수 있다.

$$Q(t) = Q_{\infty}(1 - e^{-rt}) \tag{7.2}$$

여기서, Q_{∞} : 최종 단열온도 상승량(℃)으로서 시험에 따라 정해지는 계수
r : 온도 상승속도로서 시험에 따라 정해지는 계수
t : 재령(일)
$Q(t)$: 재령 t일에서의 단열온도 상승량(℃)

③ 계산이나 기존 자료에 의해 단열온도 상승 특성을 추정할 경우에는 시멘트 종류, 단위 시멘트량 및 타설온도를 고려하여 표 7.8에 나타낸 회귀식에 의해 Q_{∞} 및 r을 추정할 수 있다.

④ 고로 슬래그 시멘트의 단열온도 상승은 포틀랜드 시멘트에 비해 제품 종류나 생산공장 등에 의한 차이가 크므로 수화열을 예측할 때 주의가 필요하다.

표 7.8 식 (7.2)에서의 Q_∞ 및 r의 표준값 (KCS-2022, 1.10)

시멘트의 종류	타설온도 (℃)	$Q(t)=Q_\infty(1-e^{-rt})$			
		$Q_\infty(C)=aC+b$		$r(C)=gC+h$	
		a	b	g	h
보통 포틀랜드 시멘트	10	0.12	11.0	0.0015	0.135
	20	0.11	13.0	0.0038	−0.036
	30	0.11	12.0	0.0040	0.337
중용열 포틀랜드 시멘트	10	0.11	6.0	0.0003	0.303
	20	0.10	9.0	0.0015	0.279
	30	0.11	9.0	0.0021	0.299
조강 포틀랜드 시멘트	10	0.13	15.0	0.0016	0.478
	20	0.13	12.0	0.0025	0.650
	30	0.13	10.0	0.0014	1.720
고로 슬래그 시멘트	10	0.11	14.0	0.0014	0.073
	20	0.10	15.0	0.0025	0.207
	30	0.10	15.0	0.0035	0.332
플라이 애시 시멘트	10	0.15	−3.0	0.0007	0.141
	20	0.12	8.0	0.0028	−0.143
	30	0.11	11.0	0.0030	0.059

주1) C는 결합재 질량으로서 단위는 kg/m^3임.
주2) 이 표에서 결합재 질량을 기준으로 고로 슬래그 시멘트는 슬래그 40%, 플라이 애시 시멘트는 플라이 애시 20%의 혼입률을 고려한 것임.

⑤ 콘크리트 재료 및 온도해석에 사용하는 열전도율, 열확산율, 비열 등의 열특성값은 콘크리트 배합에 따라 적절한 값을 취하여야 하며, 식 (7.3)과 같이 표시한다.

$$h_c^2 = \frac{\lambda_c}{C_c \cdot \rho} \tag{7.3}$$

여기서, λ_c : 열전도율(W/m℃)
C_c : 비열(J/kg℃)
h_c^2 : 열확산율(m^2/s)
ρ : 밀도(kg/m^3)

⑥ 콘크리트 열특성계수는 사용하는 콘크리트 배합 특히 골재 성질 및 단위 골재량이나 콘크리트 습윤상태에 좌우되므로 이러한 영향을 적절히 고려해서 정하여야 한다. 그러나 일반적인 콘크리트 구조물에 쓰이는 열전도율, 비열, 열확산율, 밀

도, 열팽창계수는 표 7.9에 나타낸 값으로 볼 수 있다.

⑦ 일반적인 암반의 밀도는 2,600～2,700 kg/m^3, 열전도율은 1.7～5.2 W/m℃, 비열은 710～800 J/kg℃로 취할 수 있다.

표 7.9 콘크리트 열특성계수 일반값 (KCS-2022, 1.10)

열계수	사용값
열전도율(W/m℃)	2.6～2.8
비열(J/kg℃)	1,050～1,260
열확산율(m^2/s)	(0.83～1.10)×10^{-6}
밀도(kg/m^3)	2,300
열팽창계수(/℃)	1×10^{-5}

7.3.6 온도 해석 (KCS 14 20 42 : 2022, 1.11)

콘크리트 온도 해석은 구조물 종류 및 형상 등에 따라 적절한 방법으로 실시하여야 한다. 콘크리트 온도 해석에 사용되는 경계조건, 즉 열전달경계, 단열경계, 고정온도경계는 구조물 형상, 방열조건 등을 고려하여 적절히 정하여야 한다. 특히, 열전달률(외기대류계수)은 콘크리트 표면부 온도에 큰 영향을 미치며, 부재 두께가 비교적 작은 경우에는 내부온도 상승에도 영향을 미치므로 거푸집 유무, 종류, 두께, 존치기간, 양생방법, 주위 풍속 등을 고려하여 그 값을 정하여야 한다.

7.3.7 매스 콘크리트 강도와 탄성계수 (KCS 14 20 42 : 2022, 1.12)

① 온도균열 발생을 추정하기 위해서는 새로 타설한 콘크리트 인장강도를 적절히 정해야 하며, 콘크리트 인장강도는 사용하는 시멘트 종류, 물-결합재 비, 골재 종류, 온도이력, 재령 등의 영향을 고려한 시험에 따라 정할 수 있다.

② 근사적으로 인장강도를 구하고자 할 때에는 식 (7.4)에 의하여 압축강도를 구해, 이것으로부터 식 (7.5)를 사용하여 인장강도의 근사값을 구할 수 있다.

$$f_{cm} = f_{ck} + \Delta f \tag{7.4}$$

$$f_{sp}(t) = c\sqrt{f_{cm}(t)} \quad (7.5)$$

여기서, $f_{cm}(t)$: 재령 t일의 콘크리트 평균압축강도(MPa)

$f_{sp}(t)$: 재령 t일의 콘크리트의 쪼갬인장강도(MPa)

f_{ck} : 재령 28일일 때의 설계기준 압축강도(MPa)

Δf : f_{ck}가 40 MPa 이하면 4 MPa, 60 MPa 이상이면 6 MPa이며, 그 사이는 직선보간으로 구한다.

t : 재령(일)

c : 콘크리트 건조 정도에 따라 다르지만 0.44를 표준으로 한다.

③ 온도응력을 추정하기 위해서는 재령의 영향을 고려한 콘크리트 유효 탄성계수를 적절히 정하여야 한다. 유효 탄성계수는 콘크리트 부재단면 내의 평균 탄성계수에 크리프, 응력이완 등에 의한 강성 저하를 고려한 것으로 한다.

④ 상기 ③의 유효 탄성계수 추정 방법 대신에 더 간편하게 근사값으로 구하고자 할 때에는 식 (7.6)을 사용할 수 있다.

$$E_e(t) = \psi(t) \times 8{,}500 \times \sqrt[3]{f_{cm}(t)} \quad (7.6)$$

여기서, $E_e(t)$: 재령 t일에서의 유효 탄성계수(MPa)

$\psi(t)$: 온도가 상승할 때 크리프 영향이 커짐에 따라 탄성계수 보정계수

(ㄱ) 재령 3일까지 : $\psi(t) = 0.73$

(ㄴ) 재령 5일 이후 : $\psi(t) = 1.0$

(ㄷ) 재령 3일에서 5일까지는 직선보간법으로 구한다.

7.3.8 온도응력 해석 (KCS 14 20 42 : 2022. 1.13)

온도응력을 구하고자 할 때는 구조물에서의 균열 발생 가능성이 가장 큰 위치 및 재령에서 온도응력을 계산하여야 한다. 계산방법은 그 목적에 따라서 적절한 방법을 선택하여야 한다.

온도응력은 새로 타설한 콘크리트 블록 내의 온도 차이만으로도 발생하는 내부구속응력과 새로 타설한 콘크리트 블록의 온도에 의한 자유로운 변형이 외부적으로 구속되기 때문에 발생하는 외부구속응력이 있으며 외부구속체가 경화 콘크리트 또는

암반 등인 경우에는 구속체와 새로 타설한 콘크리트 경계면에서 활동이 발생하지 않는 것으로 간주하여 그 구속효과를 산정하는 것을 원칙으로 한다.

중요한 구조물에 대하여 유한요소법에 의해 계산할 경우에는 필요한 정밀도가 얻어지도록 요소분할의 정도, 해석영역, 경계조건 설정, 구속체 및 피구속체 물성값의 선택 등에 충분히 주의하여야 한다. 또한 부재 크기가 매우 큰 부재의 경우 최종 안전온도에 도달했을 때의 응력도 고려하여야 한다.

일반적인 구조물에 대하여 더 간편히 온도응력을 계산하고자 할 때에는 근사계산 방법도 채택할 수 있다.

7.3.9 온도균열 폭 제어 (KCS 14 20 42 : 2022, 1.14)

① 기존의 실적으로부터 온도응력 및 온도균열 발생이 문제가 되지 않는다고 판단되는 경우나 온도응력으로부터 계산한 온도균열 지수가 1.5 이상이면 별도의 온도균열 제어 대책을 수립하지 않을 수 있다.

② 구조물 내구성에 손상을 줄 수 있는 큰 폭의 유해한 온도균열을 철근에 의해 제어할 경우에는 먼저 기존에 배치된 철근으로 균열 폭이 제어되는지 검토하고 철근량이 부족할 경우 추가의 온도철근을 배치하여야 한다. 그림 7.1은 최대 균열 폭과 온도균열 지수 관계를 나타내고 있다.

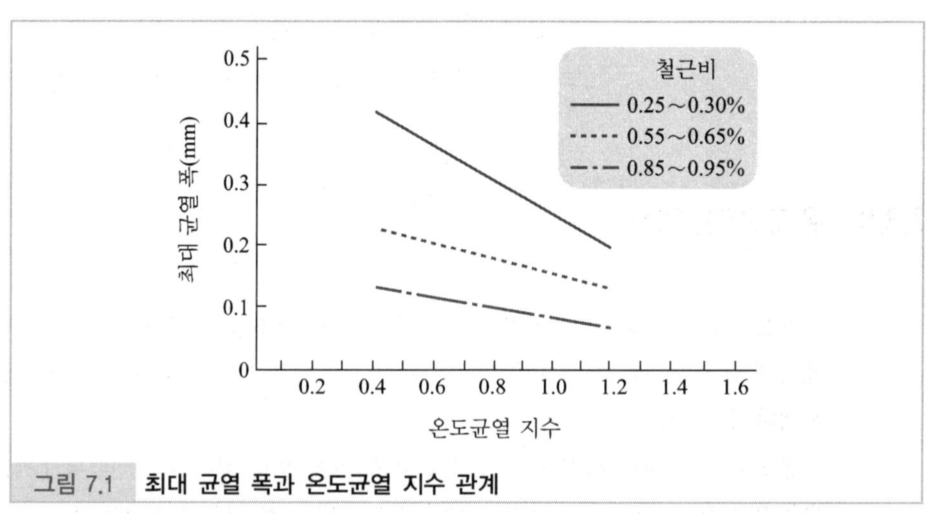

그림 7.1 **최대 균열 폭과 온도균열 지수 관계**

7.3.10 시공 (KCS 14 20 42 : 2022, 3.1)

매스 콘크리트의 시공은 콘크리트 구조물이 소요의 품질과 기능을 만족할 수 있도록 사전에 시멘트 수화열에 의한 온도응력 및 온도균열에 대한 충분한 검토를 한 후에 시공계획을 세워서 이것에 따라 실시해야 한다. 매스 콘크리트를 시공할 때의 균열 제어의 표준적인 방법은 그림 7.2에 나타낸 흐름도를 따를 수 있다.

(1) 콘크리트 타설 (KCS 14 20 42 : 2022, 3.3)

① 매스 콘크리트 타설 시간 간격은 균열제어 관점으로부터 구조물 형상과 구속 조건에 따라 적절히 정하여야 한다.

② 온도 변화에 의한 응력은 신·구 콘크리트의 유효 탄성계수 및 온도 차이가 크면 클수록 커지므로 신·구 콘크리트 타설 시간 간격을 지나치게 길게 하는 일은 피하여야 한다.

③ 매스 콘크리트를 몇 개의 블록으로 나누어 타설할 경우, 타설 시간 간격을 너무 짧게 하면 앞서 타설한 콘크리트 블록이 새로 타설한 콘크리트 블록의 온도에 영향을 주고, 결국 콘크리트 전체 온도가 높아져서 균열 발생 가능성이 커질 우려가 있으므로 이를 고려하여 타설 계획을 수립하여야 한다.

④ 매스 콘크리트 타설 온도는 온도균열을 제어하기 위한 관점에서 가능한 한 낮게 하여야 한다.

⑤ 콘크리트 타설 온도를 낮추는 방법으로 물, 골재 등의 재료를 미리 냉각시키는 선행 냉각방법이 있으며, 선행 냉각방법은 냉수나 얼음을 따로따로 혹은 조합해서 사용하는 방법, 냉각한 골재를 사용하는 방법, 액체질소를 사용하는 방법 등이며 이들 중 적절한 방법을 고려하여야 한다.

(2) 양생 (KCS 14 20 42 : 2022, 3.4)

① 매스 콘크리트 양생은 콘크리트 온도변화를 제어하기 위하여 적절한 방법에 따라 실시해야 한다. 콘크리트 온도를 될 수 있는 대로 천천히 외기 온도에 가까워지도록 하기 위해 필요에 따라 콘크리트 표면 보온 및 보호조치 등을 강구해야 한다.

② 매스 콘크리트 타설 후의 콘크리트 온도제어대책으로서 관로식 냉각도 효과적이지만 소정의 효과를 거둘 수 있도록 파이프의 재질, 지름, 간격, 길이, 냉각수 온도, 순환속도 및 통수 기간 등을 검토한 후 적용하여야 한다.

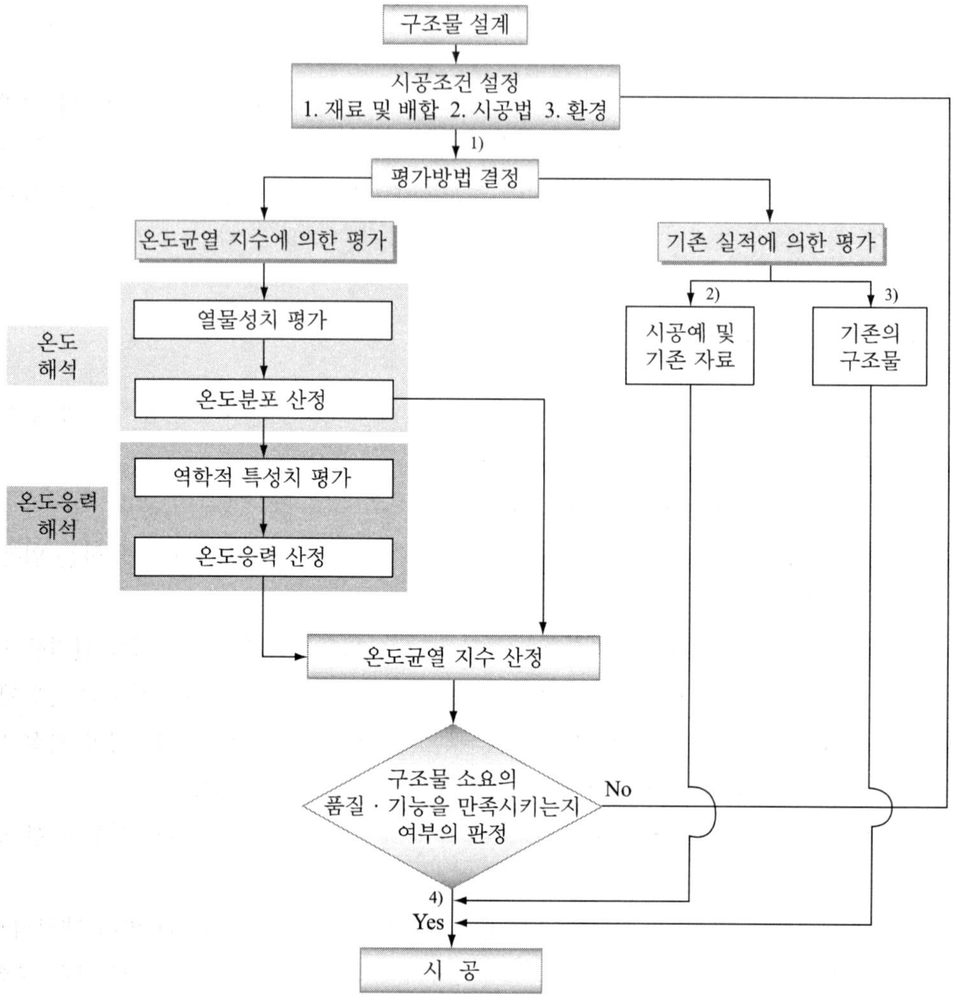

구조물 설계

시공조건 설정
1. 재료 및 배합 2. 시공법 3. 환경

1)

평가방법 결정

온도균열 지수에 의한 평가

기존 실적에 의한 평가

온도
해석

열물성치 평가

온도분포 산정

온도응력
해석

역학적 특성치 평가

온도응력 산정

2)

3)

시공예 및
기존 자료

기존의
구조물

온도균열 지수 산정

구조물 소요의
품질 · 기능을 만족시키는지
여부의 판정

No

4)
Yes

시 공

주1) 검토 대상 구조물이 기존 실적범위 내에 있는지 확인 요망

주2) 같은 종류 구조물이 같은 종류 시공법을 사용하여 문제가 생기지 않는다는 것이 사례로서 알려져 있는 경우

주3) 중요도가 낮은 구조물에서 이와 같은 검토가 필요하지 않다는 사실이 지금까지 경험에 의해 알려져 있는 경우

주4) 수축이음을 설치해서 균열 위치를 제어하고 발생된 균열을 보수함으로써 구조물 소요 기능을 만족시킬 수 있는 경우를 포함

그림 7.2 **균열 발생 검토 흐름도** (KCS 14 20 42 : 2022, 3.1)

(3) 현장품질관리 (KCS 14 20 42 : 2022, 3.5)

① 매스 콘크리트 시공에서는 사전 검토에 의한 온도균열 제어대책의 효과가 얻어지도록 또, 대량의 콘크리트를 연속적으로 시공하기 위한 모든 조건을 만족하도록 운반, 타설, 양생 등에 대하여 적절한 조치를 취해야 한다.

② 넓은 면적에 걸쳐 콘크리트를 타설할 경우에는 콜드조인트가 생기지 않도록 하나의 시공구간 면적, 콘크리트 공급능력, 이어타설 허용시간 등을 고려하여 시공 순서를 정하여야 한다. 특히 기온이 높을 경우에는 콜드조인트가 생기기 쉬우므로 응결지연제 사용, 타설 블록 크기 감소 등의 대책을 고려하여야 한다.

③ 매스 콘크리트에서는 콘크리트를 타설한 후에 침하가 커서 침하균열이 발생하는 경우도 있으므로, 침하 발생이 우려되는 경우에는 다시 진동 다짐 등을 실시하여야 한다.

7.4 한중 콘크리트

콘크리트 시방서 KCS 14 20 40 : 2022 '한중 콘크리트'에서 시공조건을 "타설일의 일평균기온이 4℃ 이하 또는 콘크리트 타설 완료 후 24시간 동안 일최저기온 0℃ 이하가 예상되는 조건이거나 그 이후라도 초기동해 위험이 있는 경우 한중 콘크리트로 시공하여야 한다."(KCS 14 20 40 : 2022, 1.1)라고 제시하고 있다. 또 "한중 콘크리트를 시공할 때에는 콘크리트가 동결되지 않아야 하며, 또 한랭 기온에서도 소요의 품질이 얻어지도록 적절한 조치를 취하여야 한다"고 말하고 있다."(KCS 14 20 40 : 2022, 1.4) 즉, 하루 평균기온이 4℃ 이하가 되는 기상조건 하에서는 응결, 경화 반응이 지연되어 밤중이나 새벽뿐만 아니라 낮에도 콘크리트가 동결할 염려가 있으므로 한중 콘크리트로 시공하여야 한다. 콘크리트가 동결하면 시멘트와 물의 수화반응이 정지하거나 현저하게 저하하여 강도 증진을 기대할 수 없다. 그리고 굳지 않은 콘크리트일 때 동결하면 콘크리트 중의 수분이 동결에 의해 팽창하고 얼음이 녹으면 공극으로 남아 충분한 양생을 하여도 강도 회복은 어렵다. 한중 콘크리트 시공에서 특히 주의할 사항은 다음과 같다.(KCS 14 20 40 : 2022, 1.4)

① 응결, 경화 초기에 동결되지 않도록 할 것

② 양생종료 후 따뜻해질 때까지 받는 동결융해작용에 대하여 충분한 저항성을 가지

게 할 것

③ 공사 중의 각 단계에서 예상되는 하중에 대하여 충분한 강도를 가지게 할 것

예제 7.3

한중 콘크리트에 대한 설명으로 틀린 것은? (건·재·기출, 21.9)

① 하루의 평균기온이 10℃ 이하가 예상되는 조건일 때는 한중 콘크리트로 시공하여야 한다.
② 한중 콘크리트에는 공기연행콘크리트를 사용하는 것을 원칙으로 한다.
③ 재료를 가열할 경우 시멘트는 어떠한 경우라도 직접 가열할 수 없다.
④ 기상조건이 가혹한 경우나 부재두께가 얇을 경우에는 타설할 때의 콘크리트의 최저 온도는 10℃ 정도를 확보하여야 한다.

풀이 ①

7.4.1 한중 콘크리트 재료 및 배합

(1) 시멘트

시멘트는 KS L 5201에 규정되어 있는 포틀랜드 시멘트를 사용하는 것을 표준으로 한다. 왜냐하면 초기 발열이 크고 강도발현이 빨라 동해를 적게 받을 수 있기 때문이다. 기상조건이 가혹하여 보통 포틀랜드 시멘트로 소요 양생온도나 초기강도 확보가 곤란한 경우 수화열이 높은 조강 포틀랜드 시멘트 사용을 권장하며 긴급공사용 초속경 시멘트나 알루미나 시멘트를 사용할 수 있다.

혼합 시멘트는 강도발현이 늦기 때문에 한중 콘크리트로 적합하지 않다. 매스 콘크리트, 고강도 콘크리트 경우 수화열에 의하여 균열이 발생할 수가 있으므로 수화열이 낮은 중용열 시멘트 사용을 검토하여야 한다.

(2) 골재 및 혼화제

골재가 동결하여 있거나 골재에 빙설이 혼입하여 있는 골재는 그대로 사용하면 안 된다. 방동·내한제 등 특수한 혼화제를 사용할 때는 품질이 확인된 것을 사용하여야 한다.(KCS 14 20 40 : 2022.2.1)

(3) 재료 가열

재료를 가열할 경우, 물 또는 골재를 가열하여야 하며, 시멘트는 어떠한 경우라도 직접 가열할 수 없다. 골재 가열은 온도를 균등하게 하고 또 건조하지 않는 방법을 적용하여야 한다. 재료 가열은 용이함과 열용량이 큰 점으로 보아 물의 가열이 유리하다. 재료 가열은 재료가 균일하게 가열되어 항상 소요온도의 재료가 얻어지도록 또 콘크리트 비비기 작업에 대응할 수 있도록 충분한 능력을 가진 것이어야 한다. 재료를 가열했거나 재료 온도를 알 수 있을 때 비빈 직후의 콘크리트의 온도는 적절한 식으로 계산하여 적용할 수 있다.(KCS 14 20 40 : 2022.2.1)

(4) 배합 (KCS 14 20 40 : 2022.2.2)

한중 콘크리트에는 공기연행 콘크리트를 사용하는 것을 원칙으로 한다. 단위 수량은 초기 동해 저감 및 방지를 위하여 소요 워커빌리티를 유지할 수 있는 범위 내에서 되도록 적게 정하여야 한다. 단위 수량을 감소시키는 것은 특히 낮은 온도에서 많아지는 블리딩을 감소시켜 콘크리트 온도 저하를 방지하는 효과도 기대할 수 있다. 한중 콘크리트 배합은 초기 동해 피해 방지를 위한 소요 압축강도가 초기 양생기간 내에 얻어지고 콘크리트의 설계기준 압축강도가 소정의 재령에서 얻어지도록 정하여야 한다. 또한 물-결합재 비는 원칙적으로 60% 이하로 하여야 한다.

7.4.2 재료 품질관리 (KCS 14 20 40 : 2022.2.3)

콘크리트를 비빈 직후의 온도는 기상조건, 운반시간 등을 고려하여 타설 할 때에 소요의 콘크리트 온도가 얻어지도록 하여야 한다. 타설이 끝났을 때의 콘크리트 온도는 운반, 타설 도중의 열손실 때문에 믹서에서 비볐을 때의 온도보다 떨어지는데 이 저하의 정도는 일반적으로 운반 및 타설 1시간에 대하여 콘크리트 온도와 주위의 기온과의 차이는 15% 정도로 본다.

가열한 재료를 믹서에 투입하는 순서는 시멘트가 갑자기 급결하지 않도록 정하여야 한다. 가열한 물과 시멘트가 접촉하면 시멘트가 갑자기 응결할 우려가 있으므로 먼저 가열한 물과 굵은 골재 다음에 잔 골재를 넣어서 믹서 안의 재료 온도가 40℃ 이하가 된 후 최후에 시멘트를 넣는 것이 좋다. 콘크리트를 비빈 직후 온도는 각 배치마다 변동이 적어지도록 관리하여야 한다.

7.4.3 운반 및 타설 (KCS 14 20 40 : 2022.3.3)

한중 콘크리트 운반은 열량의 손실을 가능한 줄이도록 하여야 한다. 타설할 때 콘크리트 온도는 구조물 단면치수, 기상조건 등을 고려하여 5～20℃ 범위에서 정하여야 한다. 기상조건이 가혹한 경우나 단면두께가 300 mm 이하인 경우에는 타설할 때 콘크리트 최저온도는 10℃ 정도로 확보하여야 한다. 콘크리트를 타설할 때 철근이나 거푸집 등에 빙설이 부착하여서는 안 된다.

시공 이음부에서 콘크리트가 동결한 경우에는 적당한 방법으로 이것을 녹이고 콘크리트 시방서 KCS 14 20 10 3.6.1 '일반사항', 3.6.2 '수평시공 이음' 및 3.6.3 '연직시공 이음'에 제시한 방법으로 콘크리트를 이어 타설하여야 한다. 타설이 끝난 콘크리트는 양생을 시작할 때까지 콘크리트 표면 온도가 급랭할 가능성이 있으므로 콘크리트를 타설한 후 즉시 시트나 기타 적당한 재료로 표면을 덮고 특히 바람을 막아야 한다.

7.4.4 양생 (KCS 14 20 40 : 2022 3.4.1)

콘크리트 타설이 종료된 후 초기 동해를 받지 않도록 초기 양생을 실시하여야 한다. 초기 양생방법 및 양생기간은 외기온도, 배합, 구조물 종류 및 크기 등을 고려하여 정하여야 한다. 콘크리트는 타설 후 초기에 동결하지 않도록 잘 양생하고 특히 구조물의 모서리나 가장자리 부분은 보온하기 어려운 곳이어서 초기 동해를 받기 쉬우므로 초기 양생에 주의하여야 한다. 콘크리트를 타설한 직후에 찬바람이 콘크리트 표면에 닿는 것을 방지하여야 한다.

한중 콘크리트는 표 7.10의 소요 압축강도가 얻어질 때까지 콘크리트 온도를 5℃ 이상으로 유지하여야 하며 소요 압축강도에 도달한 후 2일간은 구조물 어느 부분이라도 0℃ 이상이 되도록 유지하여야 한다.

표 7.10의 강도를 얻기에 필요한 양생일수는 시험에 의해 정하는 것이 원칙이나 5℃ 및 10℃에서 양생할 경우의 일반적인 표준은 표 7.11에 나타내었다.

매스 콘크리트의 초기양생은 단열보온 양생에 준하여 콘크리트를 타설할 때 콘크리트의 온도, 시멘트의 종류, 시멘트량, 혼화제의 종류, 부재의 주변온도 및 구속조건 등에 따라 콘크리트의 중심온도가 과도하게 높아지지 않도록 하고, 또한 부재의 온도차이가 크지 않도록 계획하여야 한다.

표 7.10 한중 콘크리트 양생 종료 때 소요 압축강도 표준(MPa)

(KCS 14 20 40 : 2022 3.4.1)

구조물 노출 \ 단면 (mm)	300 mm 이하	300 mm 초과 800 mm 이하	800 mm 초과
(1) 계속해서 또는 자주 물로 포화되는 부분	15	12	10
(2) 보통 노출상태에 있고 (1)에 속하지 않는 부분	5	5	5

표 7.11 소요 압축강도를 얻는 양생일수 표준(보통 단면) (KCS 14 20 40 : 2022 3.4.1)

구조물 노출상태 \ 시멘트 종류		보통 포틀랜드 시멘트	조강 포틀랜드+보통 포틀랜드+촉진제	혼합시멘트 B종
(1) 계속해서 또는 자주 물로 포화되는 부분	5℃	9일	5일	12일
	10℃	7일	4일	9일
(2) 보통 노출상태에 있고 (1)에 속하지 않는 부분	5℃	4일	3일	5일
	10℃	3일	2일	4일

초기양생은 구조체 관리용 시험체를 제작하여 표 7.10에 표시된 압축강도가 얻어졌는지 확인 후 책임기술자의 승인을 받아 종료하여야 한다. 이때, 구조체 관리용 시험체는 타설된 구조체와 동일한 조건으로 양생한 후 압축강도 시험을 실시한다.

단면 두께가 얇고 보통 노출상태에 있는 콘크리트는 초기 양생 종료 후 계속 특별한 보온 양생을 하지 않는 경우 콘크리트 노출면은 시트와 같은 적절한 재료로 덮어서 초기 양생 완료 후 2일 이상 콘크리트 온도를 0℃ 이상으로 보존하여야 한다.

7.4.5 보온 양생 (KCS 14 20 40 : 2022 2.4.2)

한중 콘크리트 보온 양생 방법은 급열 양생, 단열 양생, 피복 양생 및 이들을 복합한 방법 중 한 가지 방법을 선택하여야 한다. 콘크리트에 열을 가할 경우에는 콘크리트를 급격히 건조시키거나 국부적으로 가열되지 않도록 하여야 한다.

급열 양생을 실시하는 경우 가열설비 수량 및 배치는 시험가열을 실시한 후 결정하여야 하며, 단열 양생을 실시하는 경우 콘크리트를 계획된 양생온도로 유지하도록 관리하며 국부적으로 냉각되지 않도록 하여야 하고 보온 양생 또는 급열 양생을 끝

마친 후에는 콘크리트 온도를 급격히 저하시키지 않아야 한다. 보온 양생이 끝난 후에는 양생을 계속하여 관리재령에서 예상되는 하중에 필요한 강도를 얻을 수 있게 실시하여야 한다.

7.4.6 현장품질 관리와 동바리 및 거푸집

지반의 동결 융해에 의하여 변위를 일으키지 않도록 지반의 동결을 방지하는 공법으로 시공되어야 하며, 현장여건이 여의치 않을 경우에는 동결심도 이하에 말뚝기초로 시공하여야 한다. 콘크리트가 갑자기 냉각되면 콘크리트 내·외부의 온도차가 커져 균열이 생길 우려가 있으므로 거푸집 제거는 콘크리트의 온도를 갑자기 저하시키지 않도록 하여야 한다.

한중 콘크리트의 현장 품질관리는 KCS 14 20 10 (3.5.4) 외에 표 7.12에 따른다.

또한 양생을 끝낼 시기, 거푸집 및 동바리 떼어낼 시기는 현장 콘크리트와 가급적 동일한 상태에서 양생한 공시체의 강도시험에 따르거나 콘크리트 온도기록에 의한 적산온도로부터 추정한 강도에 따라 정한다.

한중 콘크리트 품질관리 및 검사할 때 물-결합재 비를 적산온도 방식에 의하여 정한 경우, 사용한 콘크리트 품질관리 또는 품질검사를 위한 압축강도시험 재령은 다음 식 (7.7)로부터 정한다. 다만, 시험체 양생은 20±2℃인 수중 양생으로 한다.

$$Z_{20} \leq \frac{M}{30}\text{일} \tag{7.7}$$

여기서, Z_{20} : 압축강도시험을 할 재령일(일)

M : 배합을 정하기 위하여 사용한 적산온도 값(℃·D)

구조체 콘크리트의 압축강도 검사는 현장 봉함 양생으로 한다.

양생기간 중 콘크리트 온도, 보온 공간의 온도 및 기온을 자기기록 온도계로 기록한다. 콘크리트가 동결할 위험성이 적은 경우에는 그 주위 기온만을 기록하여 양생관리를 하여도 좋다. 표 7.12는 한중 콘크리트 온도관리 및 검사 기준이다.

표 7.12 한중 콘크리트 온도관리 및 검사 (콘·시방서 14장 3.2, 2016)

항 목	시험·검사방법	시기·횟수	판정 기준
바깥 기온	온도 측정	공사 시작 전 및 공사 중	일평균 기온 4℃ 이하
타설 때 온도			5~20℃ 이내 및 계획된 온도 범위 내, 계획하는 온도 범위는 7.4.3 운반 및 타설에 적합할 것
양생 중 콘크리트 온도 혹은 보온 양생 공간 온도			계획된 온도 범위 내, 계획할 온도 범위는 7.4.4 양생에 적합할 것

7.5 서중 콘크리트

콘크리트 시방서(KCS 14 20 41:2021) 1.3 용어의 정의에 "서중 콘크리트(hot weather concreting) : 높은 외부기온으로 인하여 콘크리트의 슬럼프 또는 슬럼프 플로 저하나 수분의 급격한 증발 등의 우려가 있을 경우에 시공되는 콘크리트로서 하루평균기온이 25℃를 초과하는 경우 서중 콘크리트로 시공한다." 라고 서중 콘크리트의 정의를 제시한다.

서중 콘크리트 환경에서 콘크리트를 시공할 경우 콘크리트 온도가 높아져서 운반 중 슬럼프 저하, 공기량 감소, 콜드조인트 발생, 표면 수분의 급격한 증발에 따른 균열 발생, 온도균열 발생 등 위험성이 증가한다. 그러므로 콘크리트를 타설할 때와 타설한 직후에는 될 수 있는 대로 콘크리트 온도가 낮아지도록 재료 취급, 비비기, 운반, 타설하기 및 양생 등에 대하여 적절한 조치를 취하여야 한다. 서중 콘크리트로 시공하여야 할 시기는 하루 평균 기온이 25℃를 초과하는 것이 예상되는 경우 서중 콘크리트로 시공하여야 한다.

7.5.1 재료 및 배합

서중 콘크리트에 사용하는 재료는 KCS 14 20 10 (2)에서 제시한 일반 콘크리트 공사의 재료기준을 따른다.

서중 콘크리트 환경에서 재료는 온도가 낮아지도록 배려하여 사용하여야 한다.

콘크리트 배합은 소요 강도 및 워커빌리티를 얻을 수 있는 범위 내에서 단위 수량 및 단위 시멘트량이 많아지지 않도록 적절한 조치를 취하여야 한다. 기온 10℃ 상승에 대하여 단위 수량은 2～5% 증가하므로 소요 압축강도를 확보하기 위해서는 단위 수량에 비례하여 단위 시멘트량 증가를 검토하여야 한다.(KCS-2022 2.2) 그러나 단위 시멘트량이 커지면 수화발열량이 증대하므로 온도균열이 발생하여 장기강도 증가를 기대할 수 없는 경우가 있다. 그러므로 될 수 있는 대로 단위 수량을 작게 하는 동시에 단위 시멘트량이 너무 많지 않도록 하여야 한다.

7.5.2 시공 및 현장품질관리 (KCS 14 20 41 : 2021.3)

(1) 콘크리트 비비기

비빈 직후 콘크리트 온도는 기상조건, 운반시간 등의 영향을 고려하여 타설할 때 소요 콘크리트 온도가 얻어지도록 하여야 한다.

(2) 운반

비빈 콘크리트는 가열되거나 건조해져서 슬럼프가 저하하지 않도록 적당한 장치를 사용하여 되도록 빨리 운송하여 쳐야 한다. 덤프트럭 등을 사용하여 운반할 경우에는 콘크리트 표면을 덮어서 일광의 직사나 바람으로부터 보호하여야 한다. 펌프로 수송할 경우에는 수송관을 젖은 천으로 덮어야 하며, 레디믹스트 콘크리트를 사용하는 경우에는 애지테이터 트럭을 뙤약볕에 장시간 대기시키는 일이 없도록 사전에 배차계획까지 충분히 고려하여 시공계획을 세워야 한다.

운반 및 대기시간의 트럭믹서 내 수분증발을 방지하고 폭우가 내릴 때 우수의 유입방지와 주차할 때 이물질 등의 유입을 방지할 수 있는 뚜껑을 설치하여야 한다.

(3) 콘크리트 타설

콘크리트를 타설하기 전 지반과 거푸집 등을 조사하여 콘크리트로부터 물을 흡수하여 품질변화 우려가 있는 부분은 습윤상태로 유지하여야 한다. 또 거푸집, 철근 등이 직사일광을 받아서 고온이 될 우려가 있는 경우에는 살수, 덮개 등의 적절한 조치를 하여야 한다. 서중 콘크리트는 비빈 후 되도록 빨리 타설하여야 하며 지연형 감수제를 사용하는 일반적인 대책을 강구한 경우라도 1.5시간 이내에 타설하여야 한다. 콘크리트를 타설할 때 온도는 35℃ 이하여야 한다.

(4) 현장품질관리

서중 콘크리트 현장 품질관리는 KCS 14 20 10 (3.5.4) 및 표 7.13에 따른다.

표 7.13 서중 콘크리트 품질 검사 (KCS-2022 3.5)

항목	시험·검사 방법	시기·회수	판단 기준
외기온도	온도측정	공사시작 전 및 공사 중	일평균기온이 25 ℃를 초과하는 경우
재료온도		계획한 온도 범위 내	
비빔온도		계획한 온도 범위 내	
타설온도		공사 중	35℃ 이하 및 계획한 온도의 범위 내 (3.3 타설에 적합할 것), 매스 콘크리트의 경우는 KCS 14 20 42 (3.3)에 준할 것
운반시간	시간 확인	공사시작 전 및 공사 중	비비기로부터 타설 종료까지의 시간은 1.5시간 이내 및 계획한 시간 이내일 것

예제 7.4

서중 콘크리트에 대한 설명으로 틀린 것은? (건·재·기출, 20.9)

① 하루 평균기온이 25℃를 초과하는 것이 예상되는 경우 서중 콘크리트로 시공한다.
② 일반적으로는 기온 10℃의 상승에 대하여 단위수량은 2~5% 감소하므로 단위수량에 비례하여 단위 시멘트량의 감소를 검토하여야 한다.
③ 콘크리트를 타설하기 전에 지반과 거푸집 등을 조하사여 콘크리트로부터의 수분흡수로 품질변화의 우려가 있는 부분은 습윤 상태로 유지하는 등의 조치를 하여야 한다.
④ 콘크리트는 비빈 후 즉시 타설하여야 하며, 일반적인 대책을 강구한 경우라도 1.5시간 이내에 타설하여야 한다.

풀이 ②

7.6 수밀 콘크리트

콘크리트 시방서(KCS 14 20 30 : 2022) 1.3 용어의 정의에 "수밀콘크리트(water-tight concrete) : 수밀성이 큰 콘크리트 또는 투수성이 작은 콘크리트" 라고 수밀 콘크리트의 정의를 제시한다.

수밀 콘크리트는 투수, 투습에 따라 안전성, 내구성, 기능성, 유지관리 및 외관변화 등의 영향을 받는 구조물인 각종 저장시설, 지하구조물, 수리구조물, 저수조, 수영장, 상하수도시설, 터널 등 높은 수밀성이 필요한 콘크리트 구조물에 적용한다. 시공할 때에는 설계내용을 충분히 검토하여 균열, 콜드조인트, 이어타설 부분, 신축이음, 재료분리 등 외부로부터 물의 침입이나 내부로부터 유출이 원인이 되는 결함이 생기지 않도록 하여야 한다. 그래서 시공이음 위치, 신축이음 구조 및 간격, 온도균열 발생 유무 등을 검토하여야 한다. 그리고 균일하고 치밀한 조직을 갖는 콘크리트가 만들어질 수 있도록 재료, 배합, 타설, 다지기 및 양생 등에 대하여 적절한 조치를 취하여야 한다. 수밀을 요하는 이음부 수밀성이 확보되도록 필요에 따라 배수공, 방수공 등을 실시하여야 한다.

7.6.1 재료 (KCS 14 20 30 : 2022.2)

(1) 혼화재료

수밀 콘크리트에 사용하는 혼화재료는 콘크리트 워커빌리티를 확실히 개선시키고 KCS 14 20 10 (2.1.5)에 적합한 공기 연행제, 감수제, 공기연행 감수제, 고성능 공기연행 감수제 또는 포졸란 등의 사용을 원칙으로 한다. 혼화재료로서 팽창제, 방수제 등을 사용할 경우에는 그 효과를 확인한 뒤 사용방법을 충분히 검토하여야 한다. 또한 방수제 가운데는 방수효과는 있어도 콘크리트 수밀성 이외의 성질에 영향을 미치는 것도 있으므로 그 효과를 확인한 뒤 사용방법을 충분히 검토하여야 한다.

(2) 배합

배합은 콘크리트 소요 품질이 얻어지는 범위 내에서 단위 수량 및 물-결합재 비는 되도록 작게 하고 단위 굵은 골재량을 가급적 크게 한다. 콘크리트 소요 슬럼프는 가급적 작게 하고 180 mm를 넘지 않도록 하며 콘크리트 타설이 용이할 때에는 120 mm 이하로 한다. 콘크리트 워커빌리티를 개선시키기 위해 공기 연행제, 공기연행 감수제 또는 고성능 공기연행 감수제를 사용하는 경우라도 공기량은 4% 이하로 한다. 그리고 물－결합재 비는 50% 이하를 표준으로 한다.

7.6.2 시공

① 소요 품질을 갖는 수밀 콘크리트를 얻기 위해서는 적당한 간격으로 시공이음을 두어야 하며, 그 이음부의 수밀성에 주의하여야 한다.

② 콜드조인트는 누수 원인이 되어 수밀을 요하는 구조물 기능을 손상시키므로 가능한 연속으로 쳐서 콜드조인트가 발생하지 않는 균일한 구조물을 만들어야 한다.

③ 거푸집 긴결재로 사용한 볼트, 강봉 등의 아래쪽에는 블리딩 물이 고여서 이것이 콘크리트 경화 후 물의 통로를 만들어 누수를 일으킬 수 있으므로 누수에 나쁜 영향이 없는 재질 및 형태의 것을 사용하여야 하고 다지기를 잘 하여야 한다.

④ 수밀 콘크리트는 누수 원인이 되는 건조수축균열 발생이 없도록 시공하여야 하며 0.1 mm 이상의 균열 발생이 예상되는 경우 방수를 검토하여야 한다.

⑤ 수밀성 향상을 위한 방수제를 사용하고자 할 때에는 방수제 사용 방법에 따라 배치 플랜트에서 충분히 혼합하여 현장으로 반입시키는 것을 원칙으로 한다. 단 사용 방수제에 따라 콘크리트 타설 현장에서 혼합하는 경우에는 사전에 이에 대한 계획을 수립하여 책임기술자 승인을 얻어 관리하여야 한다.

⑥ 수밀성 향상을 목적으로 사용하는 방수제가 혼합된 콘크리트는 재료 분리, 콘크리트 다루기, 슬럼프 저하, 공기연행 콘크리트의 경우는 공기량 감소가 최소가 되도록 취급하고 운반하여야 한다.

⑦ 연속 타설 시간 간격은 외기온도가 25℃를 넘었을 경우에는 1.5시간, 25℃ 이하일 경우에는 2시간을 넘어서는 안 된다. 다만, 특별한 방법을 강구한 경우에는 책임기술자 지시에 따르거나 승인을 받아 이 시간 한도를 변경할 수 있다.

⑧ 연직 시공이음에는 지수판 등 물의 통과 흐름을 차단할 수 있는 방수처리재 재료 및 도구를 사용하는 것을 원칙으로 한다.

7.7 유동화 콘크리트

콘크리트 시방서 KCS 14 20 31 : 2021 "1.3 용어 정의"에서 유동화 콘크리트에 대하여 다음과 같이 제시하고 있다.

"베이스 콘크리트(base concrete) : ① 유동화 콘크리트를 제조할 때 유동화제를 첨가하기 전의 기본 배합의 콘크리트 ② 숏크리트의 습식 방식에서 사용하는 급결제를 첨가하기 전의 콘크리트" (KCS 14 20 31 : 2021.1.3)

"유동화제(plasticizer) : 배합이나 굳은 후의 콘크리트 품질에 큰 영향을 미치지 않고 미리 혼합된 베이스 콘크리트에 첨가하여 콘크리트의 유동성을 증대시키기 위하여 사용하는 혼화제" (KCS 14 20 31 : 2021.1.3)

"유동화 콘크리트(superplasticized concrete) : 미리 비빈 베이스 콘크리트에 유동화제를 첨가하여 유동성을 증대시킨 콘크리트" (KCS 14 20 31 : 2021.1.3)

즉, 유동화 콘크리트는 유동화제 첨가에 의해 유동성을 크게 한 콘크리트로서 품질을 변화시키는 것이 아니라 타설 및 다짐 등 시공성을 개선하는 방법으로 이용되며 콘크리트 펌프에 의한 압송성을 개선하기 위하여 유효한 수단이고, 단위 수량 및 단위 시멘트량을 절감시키는 것이 가능하게 되므로 온도균열 방지 및 콘크리트 고품질화에도 유용하다. 유동화 콘크리트를 시공할 때는 유동화 후 소요 품질이 얻어지도록 사전에 베이스 콘크리트 재료, 배합, 유동화 방법, 타설, 양생 및 품질관리방법 등에 대하여 충분히 검토하여야 한다.

7.7.1 재료

(1) 혼화제

유동화제에는 표준형과 지연형이 있으며, 공기 연행제, 감수제, 공기연행 감수제, 고성능 공기연행 감수제는 KS F 2560 '콘크리트용 화학 혼화제'에 적합하고 또한 유동화제와 병용할 경우에 유동화 콘크리트에 나쁜 영향을 미치지 않아야 한다. 또한 베이스 콘크리트 배합 및 유동화제 첨가량은 유동화 콘크리트가 소요 워커빌리티,

강도, 탄성적 성질, 내구성, 수밀성 및 강재를 보호하는 성능 등을 가지며 품질 변동이 적어지도록 정하여야 한다.(KCS 14 20 31 : 2021.2)

(2) 슬럼프

① 유동화 콘크리트 슬럼프는 작업에 적절한 범위로서 원칙적으로 210 mm 이하로 한다.

② 슬럼프 증가량은 100 mm 이하를 원칙으로 하며 50～80 mm를 표준으로 한다.

③ 베이스 콘크리트 슬럼프는 콘크리트 유동화에 지장이 없는 범위로 정하여야 한다.

④ 보통 콘크리트 및 경량골재 콘크리트 슬럼프 최댓값은 표 7.14에 나타낸 바와 같다.

표 7.14 유동화 콘크리트 슬럼프(mm) (KCS 14 20 31 : 2021.2.2)

콘크리트의 종류	베이스 콘크리트	유동화 콘크리트
보통 콘크리트	150 이하	210 이하
경량골재 콘크리트	180 이하	210 이하

⑤ 베이스 콘크리트 및 유동화 콘크리트 슬럼프 및 공기량 시험은 50 m^3이다. 1회씩 실시하는 것을 표준으로 한다.

7.7.2 시공

유동화제를 사용한 콘크리트는 운반에 따른 슬럼프 저하가 크기 때문에 일반적으로는 현장에 도착한 레미콘 트럭에 적당하게 계량한 유동화제를 추가 투입하여 고속 교반 후 펌프 압송 등에 의해 타설을 한다. 또한 시간 경과에 따라 비교적 빠르게 슬럼프가 저하하기 때문에 첨가 후부터 타설까지 시간을 가능한 한 짧게 하는 배려가 필요하다.

콘크리트 유동화는 다음 중 한 가지 방법에 의한다.

① 배치 플랜트에서 운반한 콘크리트를 공사 현장 트럭 교반기에서 유동화제를 첨가하여 균일하게 될 때까지 휘저어 유동화 한다.

② 배치 플랜트에서 트럭 교반기 내에 유동화제를 첨가하여 즉시 고속으로 휘저어

유동화 한다.

③ 배치 플랜트에서 트럭 교반기 내에 유동화제를 첨가하여 저속으로 휘저으면서 운반하여 공사현장 도착 후에 고속으로 휘저어 유동화한다.

또한 유동화 콘크리트 재유동화는 유동화제 허용한도를 초과하여 첨가할 염려가 있을 뿐만 아니라 과잉 첨가에 의한 재료분리 또는 콘크리트의 응결, 지연, 내구성, 장기강도 등에 나쁜 영향을 미칠 수 있으므로 원칙적으로 하여서는 안 된다. 부득이 한 경우 책임기술자 승인을 받아 1회에 한하여 재유동할 수 있다. 그러나 처음 비비기로부터 타설이 끝날 때까지 시간은 원칙적으로 일반 콘크리트 규정에 따른다. 유동화제는 원액으로 사용하고 미리 정한 소정량을 한꺼번에 첨가하고, 계량은 질량 또는 부피로 계량하고 그 계량 오차는 1회에 3% 이내로 한다.

예제 7.5

다음은 유동화 콘크리트의 슬럼프에 대한 내용으로 ( )에 들어갈 알맞은 값은? (건·재·기출, 22.4)

유동화 콘크리트의 슬럼프는 (㉠) mm 이하를 원칙으로 하며, 슬럼프 증가량은 유동화제의 첨가량에 따라 커지지만 너무 크게 되면 재료 분리가 발생할 가능성이 높아지므로 (㉡) mm 이하를 원칙으로 한다.

① ㉠ : 180 ㉡ : 100 ② ㉠ : 210 ㉡ : 100
③ ㉠ : 180 ㉡ : 150 ④ ㉠ : 210 ㉡ : 150

풀이 ②

예제 7.6

유동화 콘크리트에 대한 설명으로 틀린 것은? (건·재·기출, 22.3)

① 미리 비빈 베이스 콘크리트에 유동화제를 첨가하여 유동성을 증개시킨 콘크리트를 유동화 콘크리트라고 한다.
② 유동화제는 희석하여 사용하고, 미리 정한 소정의 양을 2~3회 나누어 첨가하며, 계량은 질량 또는 용적으로 계량하고, 그 계량오차는 1회에 1% 이내로 한다.
③ 유동화 콘크리트의 슬럼프 증가량은 100 mm 이하를 원칙으로 하며, 50~80 mm를 표준으로 한다.

④ 베이스 콘크리트 및 유동화 콘크리트의 슬럼프 및 공기량 시험은 50 m^3마다 1회씩 실시하는 것을 표준으로 한다.

풀이 ②

예제 7.7

유동화 콘크리트에 대한 설명으로 틀린 것은? (건·재·기출, 20.6)

① 유동화 콘크리트의 슬럼프 값은 최대 210 mm 이하로 한다.
② 유동화제는 질량 또는 용적으로 계량하고, 그 계량 오차는 1회에 1% 이내로 한다.
③ 유동화콘크리트의 슬럼프 증가량은 100 mm 이하를 원칙으로 하며, 50～80 mm를 표준으로 한다.
④ 베이스 콘크리트 및 유동화 콘크리트의 슬럼프 및 공기량 시험은 50 m^3마다 1회씩 실히사는 것을 표준으로 한다.

풀이 ②

7.8 고강도 콘크리트

콘크리트 표준시방서 KCS 14 20 33 : 2022에서 고강도 콘크리트는 재령 28일의 설계기준 압축강도를 보통 또는 중량 콘크리트에서 40 MPa 이상, 경량골재 콘크리트는 27 MPa 이상으로 한다고 규정하고 있다. 미국 콘크리트 학회 고강도 콘크리트 분과위원회(Committee 363)는 1984년 보고서에서 보통 콘크리트는 42 MPa, 경량 콘크리트는 28 MPa 이상을 고강도로 하며, 최근에는 105 MPa 이상을 초고강도 콘크리트(Ultra High Strength Concrete)라고 한다. 일본은 건축에서 27 MPa 이상 36 MPa 이하를 고강도 콘크리트라 하고 토목에서는 60～80 MPa을 고강도 콘크리트로 규정하고 있다.

7.8.1 재료

(1) 시멘트

시멘트는 KCS 14 20 10 (2.1.1)의 해당 규정에 적합한 것이어야 한다. 고강도용 시멘트 종류로는 3종을 제외한 시멘트가 권장되는데 이는 3종 시멘트는 후기강도와 수화열 등이 불리하기 때문이다.

(2) 혼화재

고강도 콘크리트에 사용되는 고성능 감수제는 콘크리트 제조에 적절한 지 시험배합을 거쳐 확인 후 사용하여야 한다. 플라이 애시, 실리카 흄, 고로 슬래그 미분말 등 혼화재는 시험배합을 거쳐 확인한 후 사용하여야 한다.

(3) 잔 골재

잔 골재는 깨끗하고 강하며 내구적인 것으로서 적당한 입도를 가지며 먼지, 진흙, 유기 불순물, 염분 등 유해물질을 함유하여서는 안 되며 품질은 KCS 14 20 10 (2.13)의 일반 콘크리트 공사 규정을 따른다. 그리고 잔 골재는 대소의 입자가 알맞게 혼입되어 있어야 하며, 체가름 시험은 KS F 2502에 따른다. 입도는 KCS 14 20 10 (표 2.1-1)의 일반 콘크리트 공사 범위를 표준으로 한다.

(4) 굵은 골재 (KCS 14 20 33 : 2022.2.1.4)

① 고강도 콘크리트에 사용하는 굵은 골재가 콘크리트 강도 및 워커빌리티 등에 미치는 영향이 크므로 선정에 세심한 주의를 하여야 한다.

② 고강도 콘크리트에 사용되는 굵은 골재는 크고 작은 알갱이가 알맞게 혼합되어 있는 것으로 공극률을 줄임으로써 시멘트 풀이 최소가 되도록 하는 것이 좋으며, 체가름 시험은 KS F 2502에 따른다. 입도는 KCS 14 20 10 (표 2.1-3) 일반 콘크리트 공사 표준을 따른다.

③ 고강도 콘크리트에 사용되는 굵은 골재 최대치수는 25 mm 이하로 하며, 철근 최소 수평 순간격 3/4 이내의 것을 사용하도록 한다. 단, 콘크리트를 공극 없이 타설할 수 있는 반죽질기나 다짐방법을 사용할 경우에는 책임기술자 판단에 따라

적용하지 않을 수도 있다.

④ 굵은 골재의 점토량 시험은 KS F 2512, 골재 씻기 시험은 KS F 2511, 유기 불순물 시험은 KS F 2510, 염화물 함유량 시험은 KS F 2515, 골재의 안정성 시험은 KS F 2507에 따른다.

7.8.2 배합 (KCS 14 20 33 : 2022.2.1)

(1) 배합강도

고강도 콘크리트 배합강도는 보통 콘크리트 배합강도 KCS 14 20 10 (2.2.2) 규정에 의하여 정한다.

(2) 물 - 결합재 비

고강도 콘크리트의 물-결합재 비는 소요 강도와 내구성을 고려하여 정하며 실제로 사용하는 콘크리트와 거의 동일한 재료를 사용하여 소요 슬럼프 값 또는 슬럼프 플로, 소요 공기량이 얻어지는 콘크리트에 관하여 물-결합재 비와 콘크리트 강도 관계식을 시험배합하여 구한다. 그리고 배합강도에 상응하는 물-결합재 비는 시험에 의한 관계식을 이용하여 결정하며 이 경우 관계식의 신뢰성을 고려하여 안전한 쪽으로 물-결합재 비를 결정하여야 한다.

(3) 단위 시멘트량

단위 시멘트량은 소요 워커빌리티 및 강도를 얻을 수 있는 범위 내에서 가능한 한 적게 되도록 시험에 따라 정하여야 한다.

(4) 단위 수량

단위 수량은 소요 워커빌리티를 얻을 수 있는 범위 내에서 가능한 작게 하여야 한다.

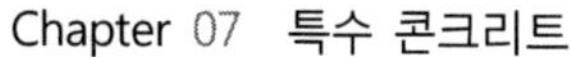

(5) 잔 골재율

잔 골재율은 소요 워커빌리티를 얻도록 시험에 의하여 결정하여야 하며 가능한 한 작게 하도록 한다.

(6) 고성능 감수제

고성능 감수제의 단위량은 소요강도 및 작업에 적합한 워커빌리티를 얻도록 시험에 의해서 결정하여야 한다.

(7) 슬럼프

슬럼프는 작업이 가능한 범위 내에서 되도록 적게 하며, 유동화 콘크리트로 할 경우 슬럼프 플로의 목표 값은 설계기준 압축강도 40 MPa 이상 60 MPa 이하의 경우 구조물 작업 조건에 따라 500, 600 및 700 mm로 구분하여 정하며, 그 이상의 고강도 콘크리트 경우 책임기술자 지시에 따라야 한다.

(8) 소요 공기량

기상 변화가 심하거나 동결융해에 대한 대책이 필요한 경우를 제외하고는 공기 연행제를 사용하지 않는 것을 원칙으로 한다.

예제 7.8

고강도 콘크리트에 대한 일반적인 설명으로 틀린 것은? (건·재·기출, 21.9)

① 단위 시멘트량은 소요의 워커빌리티 및 강도를 얻을 수 있는 범위 내에서 가능한 한 적게 되도록 시험에 의해 정하여야 한다.
② 잔골재율은 소요의 워커빌리티를 얻도록 시험에 의하여 결정하여야 하며, 가능한 작게 하도록 한다.
③ 고강도 콘크리트의 설계기준압축강도는 보통콘크리트에서 40 MPa 이상, 경량골재 콘크리트는 27 MPa 이상으로 한다.
④ 고강도 콘크리트의 워커빌리티 확보를 위해 공기연행제를 사용함을 원칙으로 한다.

풀이 ④

7.8.3 시공 (KCS 14 20 33 : 2022.3.1)

(1) 비비기

비비기는 성능이 우수한 믹서로 비벼야 한다. 믹서에 재료를 투입하는 순서는 책임기술자의 승인을 얻어야 한다. 재료는 제조된 콘크리트의 물성이 사용하고자 하는 구조물에 가장 적합하도록 투입순서를 정하여야 한다. 비비기 시작은 시험에 의해서 정하는 것을 원칙으로 한다.

(2) 운반 (KCS 14 20 33 : 2022.3.2)

콘크리트는 재료 분리 및 슬럼프 값의 손실이 적은 방법으로 신속하게 운반하여야 하며, 운반시간 및 거리가 긴 경우에 사용하는 운반차는 트럭믹서, 트럭 애지테이터 혹은 건비빔 믹서로 하여야 하며, 고성능 감수제 등을 추가로 투여하는 등의 조치를 하여야 한다. 콘크리트 운반차량은 운반지연으로 인한 급격한 슬럼프 값 저하 가능성에 대비하여 고성능 감수제 투여장치 등의 보조장치를 준비하여야 한다. 그리고 버킷의 구조는 콘크리트 투입 및 배출시 재료 분리를 일으키지 않는 것, 또는 버킷에서 콘크리트 배출이 용이한 것으로 하여야 한다. 또한 콘크리트 펌프는 사용기종, 수송관 직경, 압송속도 등에 관한 사항은 책임기술자 지시에 따른다.

(3) 타설 (KCS 14 20 33 : 2022.3.3)

타설 순서는 구조물 형상, 콘크리트 공급 상태, 거푸집 등의 변형을 고려하여 결정하여야 한다. 기둥과 벽체 콘크리트, 보와 슬래브 콘크리트를 일체로 하여 타설할 경우는 보 아랫면에서 타설을 중지한 다음, 기둥과 벽에 타설한 콘크리트가 침하한 후 보와 슬래브 콘크리트를 타설하여야 한다. 타설 전에 철근, 거푸집 등은 시공 상세도에 따라 시공되는지 여부와 타설 설비 및 장치가 제대로 되어 있는가를 확인하여야 하고, 거푸집 내에 이물질이 없는가를 확인하여야 한다. 그리고 콘크리트 타설 낙하높이는 콘크리트 재료분리가 일어나지 않는 범위에서 책임기술자 승인을 얻어야 한다. 콘크리트는 운반 후 신속하게 타설하여야 한다. 타설할 때는 받침 또는 투입구를 설치하며, 타설 간격은 콘크리트면이 거의 수평을 이루는 때로 정한다. 다짐에 사용되는 다짐기 기종은 고강도 콘크리트의 높은 점성 등을 고려하여 선정하여야 하며 다짐 시간과 다짐 방법을 사전에 검토하여야 한다.

그리고 수직부재에 타설하는 콘크리트 강도와 수평부재에 타설하는 콘크리트 강도 차가 1.4배를 초과한 경우에는 수직부재에 타설한 고강도 콘크리트는 수직-수평부재 접합면으로부터 수평부재 쪽으로 안전한 내민 길이를 확보하도록 하여야 한다. 그러나 수직부재와 수평부재 접합부에 기계적인 보강을 통하여 안정성 확보를 입증할 경우 내민 길이를 확보하지 않을 수 있다.

(4) 양생 (KCS 14 20 33 : 2022.3.4)

콘크리트를 타설한 후 초기 강도 발현을 위한 경화에 필요한 온도 및 습도를 유지하여야 하며 진동, 충격 등 유해한 작용의 영향을 받지 않도록 충분히 조치하여야 한다. 고강도 콘크리트는 낮은 물－결합재 비를 가지므로 철저히 습윤 양생을 실시하여야 하며, 부득이한 경우 현장봉함 양생 등을 실시할 수 있다. 타설한 후 경화할 때까지 직사광선이나 바람에 의해 수분이 증발하지 않도록 조치하여야 하며, 부재 두께가 0.8 m 이상인 경우 양생은 매스 콘크리트 KCS 14 20 42 : 2022 양생방법을 따른다.

7.9 수중 콘크리트

콘크리트 시방서 KCS 14 20 43 : 2022.1.3 '수중 콘크리트' 편에서 수중 콘크리트 정의를 다음과 같이 제시하고 있다.

> "수중 콘크리트(underwater concrete) : 담수 중이나 안정액 중 혹은 해수 중에 타설되는 콘크리트"
> (KCS 14 20 30 : 2022.1.3)

즉, 수중 콘크리트란 담수, 해수, 혹은 이수(안정액) 등 수중에 타설하는 콘크리트를 말한다. 수중 콘크리트는 시공이음, 철근 부착, 품질 등을 검측하는 것이 어렵다. 그러므로 수중 콘크리트를 시공하는 경우 높은 배합강도 콘크리트로 타설하던가 설계기준 강도를 작게 하여야 하며, 종류에 따라 성능 차이가 있으므로 수중 콘크리트에 대한 재료, 배합, 적용 개소, 타설, 시공기계에 대하여 재료 분리가 가능한 작게 되도록 시공하여야 한다.

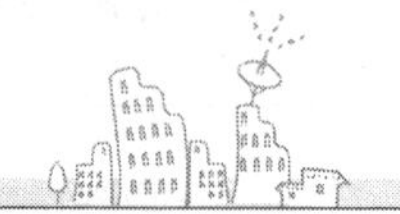

수중에서 분리를 저감시키기 위한 혼화제를 사용하여 분리가 작은 수중 불분리성 콘크리트가 보급 정착단계에 있다. 수중 불분리성 콘크리트는 수중 콘크리트와 물리적 성질이 다르며 고려하여야 할 사항이 많다. 수중 오탁 방지와 같이 시공 조건이 엄격한 경우 혹은 철근 콘크리트 경우는 수중 불분리성 콘크리트를 사용할 필요가 있지만 일반적인 시공 조건의 경우에는 일반 수중 콘크리트를 사용한다.(KCS 14 20 43 : 2022.1.4)

7.9.1 일반 수중 콘크리트

(1) 배합

수중 콘크리트 배합은 설정된 소정의 강도, 수중분리 저항성, 유동성 및 내구성 등의 성능을 만족하도록 시험에 따라 정하여야 한다. 일반 수중 콘크리트는 수중에서 시공할 때의 강도가 표준공시체 강도의 0.6～0.8배가 되도록 배합강도를 설정하여야 한다. 수중 불분리성 콘크리트는 KCI-CTI02에 따라서 제작한 수중 제작 공시체 재령 28일 압축강도를 배합강도로서 설정하여야 한다.(KCS 14 20 43 : 2022 2.2.1)

수중 콘크리트는 다짐이 불가능하기 때문에 큰 유동성이 필요하며 재료분리를 적게 하기 위하여 단위 시멘트량을 많게 하고 잔 골재율을 크게 한 점성이 풍부한 콘크리트를 사용하여야 하므로 슬럼프는 표 7.15를 표준으로 한다.

표 7.15 일반 수중 콘크리트 슬럼프 표준 값(mm) (KCS-2022 2.2.3)

시공 방법	일반 수중 콘크리트	현장타설 말뚝 및 지하 연속벽에 사용하는 수중 콘크리트
트레미	130～180	180～210
콘크리트 펌프	130～180	-
밑 열림 상자, 밑 열림 포대	100～150	-

(2) 시공

① **콘크리트 타설 원칙** (KCS 14 20 43 : 2022 3.1.1)

수중 콘크리트는 시멘트 유실, 레이턴스 발생을 방지하기 위하여 물막이를 하여 물을 정지시킨 상태에서 타설하여야 한다. 완전히 물막이를 할 수 없는 경우에도 유속은 1초간 50 mm 이하로 하여야 한다. 그리고 콘크리트를 수중에 낙하시키면 재료분리가 일어나고 시멘트가 유실되기 때문에 콘크리트는 수중에 낙하시켜서는 안 된다.

콘크리트면을 가능한 한 수평하게 유지하면서 소정 높이 또는 수면 위에 이를 때까지 연속으로 타설하여야 한다. 수중 타설할 때에 1회 연속으로 타설해 올라가는 높이가 너무 클 경우 거푸집이 변형하고 모르타르가 누출할 염려가 있으므로 거푸집 강도 및 조립에 주의하여야 한다. 레이턴스 발생을 되도록 적게 하기 위하여 타설 도중에 가능한 콘크리트가 흐트러지지 않도록 물을 휘젓거나 펌프 선단부분을 이동시켜서는 안 되며 콘크리트가 경화될 때까지 물의 유동을 방지하여야 한다. 또한 한 구획 콘크리트 타설 완료한 후 레이턴스를 모두 제거하고 다시 타설하여야 한다. 수중 콘크리트 시공할 때 시멘트가 물에 씻겨서 흘러나오지 않도록 트레미나 콘크리트 펌프를 사용하여 타설하여야 한다. 그러나 부득이한 경우 및 소규모 공사 경우 밑 열림 상자나 밑 열림 포대를 사용할 수 있다.

② **트레미에 의한 타설** (KCS 14 20 43 : 2022 3.1.2)

트레미는 수밀성을 가지며 콘크리트가 자유롭게 낙하할 수 있는 크기를 가져야 하므로 트레미 안지름은 수심 3 m 이내에서 250 mm, 3～5 m에서 300 mm, 5 m 이상에서 300～500 mm 정도, 굵은 골재 최대치수의 8배 이상이 되도록 하여야 한다. 트레미 하단에서 유출되는 콘크리트를 수중에서 멀리 유동시키면 품질이 저하되므로 트레미 1개로 타설할 수 있는 면적이 지나치게 크지 않도록 하여야 하며 30 m^2 이하로 하여야 한다.

그리고 트레미는 콘크리트를 타설하는 동안 하반부가 항상 콘크리트로 채워져 있어야 하며 트레미는 콘크리트를 타설하는 동안 수평 이동시켜서는 안 된다. 콘크리트를 수중 낙하시키면 재료분리가 심하게 생기기 때문에 콘크리트를 타설할 때는 트레미 선단부분에 밑 뚜껑이 있는 것을 사용하거나 플런저(Plunger)를 삽입하는 등의 대책을 강구하여야 한다. 또한 콘크리트를 타설하는 동안 트레미 하단을 타설된 콘크리트면보다 300～400 mm 아래로 유지하면서 가볍게 상하로 움직여야 한다.

트레미 몸통부분을 유연성 있는 호스를 사용하여 외부 물과 호스 압력 균형에 의해 몸통 내에 콘크리트가 남지 않도록 한 특수한 트레미 또는 선단에 원격조작이 가능한 밸브와 콘크리트면을 탐지하는 센서를 붙인 특수한 트레미를 사용할 경우에는 그 적합성을 충분히 검토하여야 한다.

③ **콘크리트 펌프에 의한 타설** (KCS 14 20 43 : 2022 3.1.3)

수중 콘크리트를 낮은 곳에서 압송할 때 배관 내에서 부압(대기압보다 낮은 압력)이 걸리는 경우가 많으므로 콘크리트 펌프 배관은 수밀하여야 한다. 콘크리트 펌프 안지름은 굵은 골재 최대치수의 3배에 해당하는 100～150 mm 정도가 좋으며, 압송관 1개로 타설할 수 있는 면적은 5 m^2 정도로 하여야 한다. 콘크리트 펌프로 타설하는 방법은 트레미에 준한다. 콘크리트 펌프 선단부에는 스펀지 볼 등을 삽입하여 배관 내 물과 콘크리트와 접촉을 피하고 타설 중에는 배관 내를 콘크리트로 채우며 배관 선단부분을 콘크리트 상면부터 300～500 mm 아래로 유지하여야 한다.

배관 이동 시에는 배관 내로 물이 역류하거나 콘크리트 수중낙하가 되지 않도록 선단부분에 역류를 방지하는 장치(역류 밸브) 등을 취하여야 한다. 또한 압송압력이 큰 경우 관 선단부분 요동에 의해 콘크리트가 흐트러지는 일이 없도록 선단부분에 충분한 질량을 붙여주거나 또는 고정시켜 주어야 한다.

④ **밑 열림 상자 및 밑 열림 포대에 의한 타설** (KCS 14 20 43 : 2022 3.1.4)

밑 열림 상자 및 밑 열림 포대는 그 바닥이 콘크리트를 치는 면 위에 도달하여 콘크리트를 쏟아낼 때 쉽게 열릴 수 있는 구조여야 한다. 콘크리트를 타설할 때는 밑 열림 상자, 밑 열림 포대를 조용히 수중에 내려 콘크리트를 배출한 후 콘크리트면에서 상당한 거리가 떨어질 때까지 천천히 끌어 올려야 한다. 밑 열림 상자나 밑 열림 포대를 사용하여 수중 콘크리트를 타설하면 콘크리트가 작은 산 모양이 되어 거푸집 구석까지 콘크리트가 잘 들어가지 않는 경우가 있으므로 수심을 측정하여 깊은 곳에서부터 콘크리트를 타설하여야 한다. 또한 이 방법에 의한 수중 콘크리트는 1상자 또는 1포대별로 콘크리트 경계부분에서 일체성이 떨어지는 것을 고려하여 그 용도를 선정하여야 한다.

7.9.2 수중 불분리성 콘크리트

수중 불분리성 콘크리트는 타설할 때 수중 불분리성을 가지며 경화 전까지 유동성을 유지하며 경화 후에는 소정의 강도 및 내구성을 가져야 한다. 그리고 수중 불분리성 콘크리트는 혼화제의 증점 효과(젤화 효과)와 소정의 유동성을 확보하기 위하여 일반 수중 콘크리트보다도 단위 수량이 크게 요구되므로 감수제, 공기연행 감수제

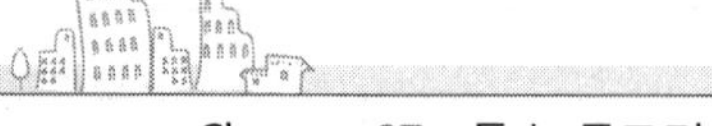

또는 고성능 감수제를 사용하여야 한다. 그러나 혼화제 중에는 수중 불분리성 혼화제와 병용할 경우 상호작용으로 나쁜 영향을 미치는 경우가 있기 때문에 품질을 반드시 확인하여야 한다. 수중 불분리성 콘크리트의 수중 분리 저항성은 수중 분리도 혹은 수중·공기 중 강도비로 설정하며, 일반적으로 수중 분리도는 KCI-AD102 부속서 2(한국 콘크리트 학회 시험규격)에 준하여 실시한 경우 현탁 물질량은 50 mg/ℓ 이하, pH는 12.0 이하, 또 수중·공기 중 강도비는 수중 분리 저항성의 요구가 비교적 높은 경우 0.8 이상, 일반적인 경우에는 0.7 이상으로 설정하여야 한다.

수중 분리 저항성은 점성에 영향을 받으므로 물－결합재 비와 단위 시멘트량으로 설정하며, 표 7.16의 값을 표준으로 하여야 한다.

표 7.16 수중 콘크리트 물－결합재 비 및 단위 시멘트량 (KCS 14 20 43 : 2022 2.2.1)

종 류	일반 수중 콘크리트	현장타설 말뚝 및 지하 연속벽에 사용하는 수중 콘크리트
물－결합재 비	50% 이하	55% 이하
단위 시멘트량	370 kg/m^3	350 kg/m^3 이상

예제 7.9

수중 콘크리트에 대한 설명으로 틀린 것은? (건·재·기출, 21.9)

① 수중 콘크리트는 물막이를 설치하여 물을 정지시킨 정수 중에서 타설하여야 한다.
② 수중 콘크리트는 트레미나 콘크리트 펌프를 사용해서 타설하여야 한다.
③ 일반 수중 콘크리트의 물－결합재비는 60% 이하를 표준은로 한다.
④ 수중 콘크리트는 콘크리트가 경화될 때까지의 물의 유동을 방지해야 한다.

풀이 ③

수중 불분리성 콘크리트 내염해성 및 각종 염류에 의한 침식작용은 일반적인 콘크리트와 거의 동일하므로 콘크리트 화학작용 및 철근 부식작용 등을 고려하여 물－결합재 비를 정할 경우 최댓값은 표 7.17의 값을 표준으로 하여야 한다.

수중 불분리성 콘크리트는 다짐이 불가능한 경우가 많기 때문에 콘크리트 충전성을 좋게 하기 위하여 부재 최소치수 1/5을 표준으로 하며, 철근 최소간격 1/2을 넘어서는 안 된다. 그리고 수중 불분리성 콘크리트 유동성은 슬럼프 플로로 표시하며. 별도로 정하는 규준 '수중 불분리성 콘크리트의 슬럼프 플로 시험방법'에 의한다.

표 7.17 내구성으로부터 정해진 콘크리트 최대 물-결합재 비(%)

(KCS 14 20 43 : 2022 2.2.1)

콘크리트 종류 / 환경	무근 콘크리트	철근 콘크리트
담수 중	65	55
해수 중	60	50

(3) 시공

① **비비기** (KCS 14 20 43 : 2022 2.2.3)

수중 불분리성 콘크리트 비비기는 제조설비가 갖추어진 플랜트에서 물을 투입하기 전 건식으로 20~30초를 비빈 후 전 재료를 투입하여 비비기를 하여야 한다. 중력식 믹서를 이용하는 경우 콘크리트가 드럼 내부에 부착되어 충분히 비벼지지 못할 경우가 있기 때문에 믹서는 강제식 배치믹서를 사용하여야 한다. 수중 불분리성 콘크리트는 보통 콘크리트에 비하여 믹서에 걸리는 부하가 크기 때문에 소요 품질 콘크리트를 얻기 위하여 1회 비비기 양은 믹서 공칭용량의 80% 이하로 하여야 한다. 비비는 시간은 시험을 실시하여 콘크리트 소요 품질을 확인하여 정하여야 하며, 강제식 믹서 경우 비비는 시간은 90~180초를 표준으로 한다. 수중 불분리성 콘크리트를 레디믹스트 콘크리트 공장에서 비빌 경우에는 일반적인 지정사항 이외에 슬럼프 플로, 수중 제작 공시체 압축강도, 수중·공기 중 강도비, 수중 불분리성 혼화제 종류와 사용량 등을 생산자와 협의하여 정하여야 한다.

② **콘크리트 타설** (KCS 14 20 43 : 2022 3.1.5)

타설은 유속이 50 mm/s 정도 이하의 정수(정지한 물) 중에서 수중낙하거리 0.5 m 이하여야 한다. 그리고 타설은 콘크리트 펌프 또는 트레미 사용을 원칙으로 하며 수중 불분리성 콘크리트를 콘크리트 펌프로 압송할 경우 압송압력은 보통 콘크리트의 2~3배, 타설 속도는 1/2~1/3 정도이므로 품질을 저하시키지 않도록 시공계획을 세워야 한다. 수중 불분리성 콘크리트는 유동성이 크고 유동에 따른 품질변화가 적기 때문에 일반 수중 콘크리트보다 트레미 1개 및 콘크리트 펌프 배관 1개당 받아들이는 면적을 크게 할 수 있다. 그러나 콘크리트를 과도히 유동시키는 것은 품질 저하 및 불균일성을 발생시킬 위험이 있으므로 수중 유동거리는 5 m 이하로 하여야 한다.

7.9.3 현장타설 말뚝 및 지하 연속벽에 사용하는 수중 콘크리트

현장타설 말뚝 및 지하 연속벽은 구조물 본체나 지하굴착 토류벽 등에 사용하므로 정밀도 관리, 이수(안정액)관리, 콘크리트 품질관리 등 고도의 시공관리가 필요하다.

(1) 굵은 골재 최대치수

수중 콘크리트에서는 굵은 골재 최대치수가 크면 클수록 분리하기 쉽고 충전이 불충분하기 때문에 굵은 골재 최대치수는 부재 최소 치수의 1/5, 철근 순간격 1/2 이하 또는 20～25 mm 이하를 표준으로 한다.

(2) 유동성 (KCS 14 20 43 : 2022 2.2.3)

현장타설 콘크리트 말뚝 및 지하 연속벽 콘크리트는 일반적으로 트레미를 사용하여 수중에서 타설하기 때문에 슬럼프 값은 180～210 mm를 표준으로 하여야 한다. 특히 철근간격이 좁은 경우 등 슬럼프가 큰 콘크리트를 타설할 필요가 있을 때는 유동화제를 사용한 부배합 콘크리트로서 시공하여야 하나 슬럼프가 240 mm를 넘지 않아야 한다.

현장타설 콘크리트말뚝 및 지하 연속벽 콘크리트 설계기준 압축강도는 21～35 MPa 정도이며, 수중에서 재료분리를 억제하기 위하여 어느 정도 점성이 필요하고, 흙탕물 혼입 등에 의하여 강도가 저하되는 것을 고려하여 물-결합재 비는 규정값 이하, 규정값이 없는 경우는 55% 이하를 표준으로 하며, 단위 시멘트량은 규정값 이하, 규정값이 없는 경우는 350 kg/m^3 이하로 한다. 지하 연속벽을 가설용으로만 이용할 경우 단위 시멘트량을 300 kg/m^3 이상으로 하여야 한다.

현장타설 말뚝 및 지하 연속벽에 사용하는 수중 콘크리트에서 일반적으로 설계기준 압축강도가 50 MPa을 초과하는 경우는 높은 유동성이 요구되므로 슬럼프 플로 범위는 500～700 mm로 하여야 한다. 현장타설 콘크리트 말뚝 및 지하 연속벽 콘크리트는 수중에서 시공할 때 강도가 대기 중에서 시공할 때 강도의 0.8배, 안정액 중에서 시공할 때 강도가 대기 중에서 시공할 때 강도의 0.7배로 배합강도를 설정하여야 한다.(KCS 14 20 43 : 2022 2.2.1)

수중 불분리성 콘크리트 유동성은 그 시공 조건에 따라 표 7.18에 나타낸 슬럼프 플로로 설정하여야 한다. 슬럼프 플로시험은 KS F 2594의 규격에 따른다.

표 7.18 수중 불분리성 콘크리트 슬럼프 플로 (KCS 14 20 43 : 2022 2.2.3)

시공 조건	슬럼프 플로의 범위(mm)
급경사면의 장석(1 : 1.5～1 : 2)의 고결, 사면의 엷은 슬래브(1 : 8 정도까지)의 시공 등에서 유동성을 적게 하고 싶은 경우	350～400
단순한 형상의 부분에 타설하는 경우	400～500
일반적인 경우, 표준적인 철근 콘크리트 구조물에 타설하는 경우	450～550
복잡한 형상의 부분에 타설하는 경우 특별히 양호한 유동성이 요구되는 경우	550～600

(3) 시공

① 철근 망태 (KCS 14 20 43 : 2022 3.3.1)

철근 망태는 보관, 운반, 설치할 때 유해한 변형이 생기지 않도록 견고한 것으로 하여야 한다. 지하 연속벽과 같은 장방형 철근 망태에서는 비틀림을 방지하기 위해 철근을 외측에 경사시켜 격자형으로 배치하여야 한다. 또 철근 망태를 쌓아 보관, 운반할 경우에는 망태 안에 가설 버팀재를 넣는 등 변형되지 않도록 하여야 한다.

현장타설 말뚝 및 지하 연속벽 콘크리트는 충분히 다질 수 없고 공벽(벽의 공간)과 철근 간격이 좁아서 콘크리트가 구석구석까지 채워지지 않는 어려운 점을 고려하여 철근 피복두께를 100 mm 이상으로 충분히 확보하여야 한다.

외측 가설벽(임시벽), 차수벽 경우 철근 피복두께를 80 mm 이상으로 할 수 있다. 여기서 철근 피복두께는 띠철근 외측에서 말뚝 또는 벽의 설계 유효단면 외측까지 거리를 말한다.

그리고 간격재(Spacer)는 시공 상세도에서 제시한 철근 피복두께가 확보되도록 적정한 형상 및 배치가 되도록 해야 한다. 간격재는 철근 망태를 넣을 때 이탈하든가 공벽을 깎아내지 않는 형상이어야 하며, 보통 깊이 방향에 3～5 m 간격, 같은 깊이 위치에 4～6개소 주철근에 설치하여야 한다. 철근 망태 설치는 굴착이 끝난 다음 공벽 붕괴나 진흙(Slime)침전이 생길 염려가 있어 굴착 종료 후 될 수 있는 대로 빠른 시기에 실시하고 그 위치와 연직도를 정확히 유지하여 휨, 좌굴, 탈락 및 공벽에 접촉되지 않도록 하여야 한다.

② 콘크리트 타설 (KCS 14 20 43 : 2022 3.3.2)

시공면에 진흙이 퇴적된 채로 콘크리트를 타설하면 말뚝 선단지지력 저하, 진흙 혼입으로 콘크리트 품질 저하 등 나쁜 영향을 미치므로 진흙 제거는 굴착 완료

후와 콘크리트 타설 직전에 2회 실시하여야 한다. 현장타설 말뚝 및 지하 연속벽 콘크리트 타설은 일반적으로 안정액 중에서 시행하며 타설 높이는 높고 시공면적이 좁으며 양질의 콘크리트가 요구되는 것을 고려하여 트레미를 써서 연속으로 타설하여야 한다. 이때 트레미 안지름은 굵은 골재 최대치수의 8배 정도가 적당하며, 굵은 골재 최대치수 25 mm의 경우, 관지름이 200～250 mm의 트레미를 사용하여야 한다.

콘크리트를 타설하는 도중 트레미 삽입깊이가 너무 적으면 콘크리트가 분출하여 분리되므로 콘크리트를 타설하는 도중에는 콘크리트 속의 트레미 삽입깊이는 2 m 이상으로 한다. 타설 완료 직전에 콘크리트면을 확인하기 쉬운 경우에는 삽입깊이를 2 m 이하로 할 수 있다. 지하 연속벽을 타설할 경우에는 현장타설 말뚝 타설과 비교하여 콘크리트 유동거리가 길어져서 재료분리가 생기기 쉬우므로 트레미는 가로방향 3 m 이내의 간격에 배치하고 단부나 모서리에 배치하여야 한다.

콘크리트 타설 속도가 지나치게 지연되면 안정액 섞임에 의하여 콘크리트 품질이 저하되며, 반대로 콘크리트 타설 속도가 빠르면 이음부 내에 콘크리트가 유출되므로 콘크리트 타설 속도는 먼저 타설하는 부분의 경우 4～9 m/h, 나중에 타설하는 부분의 경우 8～10 m/h로 실시하여야 한다. 콘크리트 윗면에서 타설하는 도중 안정액 및 진흙 혼입, 블리딩에 의한 레이턴스 발생 등으로 품질이 저하되므로 콘크리트 설계면보다 0.5 m 이상 높이로 여유 있게 타설하고 경화한 후 이것을 제거하여야 한다. 다만 가설벽, 차수벽 등에 쓰이는 지하 연속벽 경우 여분으로 더 타설하여 올리는 높이는 0.5 m 이하라야 한다.

예제 7.10

현장 타설 말뚝에 사용하는 수중 콘크리트의 타설에 대한 설명으로 틀린 것은? (건·재·기출, 22.3)

① 굵은 골재 최대 치수 25 mm의 경우, 관지름이 200～250 mm의 트레미를 사용하여야 한다.
② 먼저 타설하는 부분의 콘크리트 타설속도는 8～10 m/h로 실시하여야 한다.
③ 콘크리트 상면은 설계면보다 0.5 m 이상 높이로 여유 있게 타설하고 경화한 후 이것을 제거하여야 한다.
④ 콘크리트를 타설하는 도중에는 콘크리트 속의 트레미의 삽입 깊이는 2 m 이상으로 하여야 한다.

풀이 ② 4～9 m/h

7.10 프리플레이스트 콘크리트

콘크리트 시방서 KCS 14 20 50 : 2021 프리플레이스트 콘크리트편 1.3 용어의 정의에서 "**프리플레이스트 콘크리트**(preplaced concrete) : 미리 거푸집 속에 특정한 입도를 가지는 굵은골재를 채워놓고, 그 간극에 모르타르를 주입하여 제조한 콘크리트"라고 제시하고 있다.

즉, 특정한 입도를 가진 굵은 골재를 거푸집 속에 채워 넣고 그 공극 내부에 특수한 모르타르를 적당한 압력으로 주입하여 만든 콘크리트를 말한다. 여기서 말하는 특수한 모르타르란 유동성이 크고, 재료 분리가 적고, 적당한 팽창성을 가진 모르타르를 말하며 일반적으로 포틀랜드 시멘트와 모래 이외에 플라이 애시나 고로 슬래그 분말, 감수제, 팽창제 등을 혼합한 것이다. 혼화제인 Intrusion Aid를 사용한 경우 Prepacked Concrete라 하기도 하고 미국에서는 Preplaced Aggregate Concrete라고 하며, 우리나라와 일본에서는 Prepacked Concrete로 알려져 있다. 이 공법은 보통 콘크리트 시공법과 다른 특수 콘크리트 공법으로서 항만공사를 위시하여 심해수중에 축조하는 수중구조물, 방사선 차폐용, 고밀도 콘크리트, 노후 구조물의 보수, 보강 및 매스 콘크리트 등에서 신뢰도와 경제성을 확인하고 있다.

7.10.1 강도

프리플레이스트 콘크리트 강도는 원칙적으로 재령 28일 또는 재령 91일에서 압축강도를 기준으로 한다. 그런데 프리플레이스트 콘크리트를 수중 콘크리트, 폐색용 콘크리트 및 속 채우기 콘크리트 등에 사용할 경우 양생조건이 양호하고 오랜 기간 경과한 후 설계하중을 받는 구조물에서는 재령 91일 압축강도를 기준으로 한다. 그러나 프리플레이스트 콘크리트를 장기간에 걸쳐서 양호한 양생을 기대할 수가 없는 일반적인 구조물 또는 재령 91일 이내에 설계하중을 받는 구조물에 사용할 경우에는 재령 28일 압축강도를 기준으로 하여야 한다. 프리플레이스트 콘크리트 압축강도시험은 KS F 2431 '프리팩트 콘크리트의 압축강도 시험방법'에 따라야 한다.(KCS 14 20 50 : 2021 1.6)

7.10.2 재료

(1) 결합재

프리플레이스트 콘크리트 주입 모르타르는 KS L 5201에 적합한 포틀랜드 시멘트를 사용하는 것을 표준으로 한다. 단, 수화열 억제, 유동성 및 화학적 저항성 향상 등의 목적으로 콘크리트용 혼화재료를 소요 품질 얻어지는 범위 내에서 시험확인 후 사용할 수 있다. 이 때 포틀랜드 시멘트에 플라이 애시 등이 혼합된 것을 결합재라고 말한다. 고로 슬래그 시멘트, 조강포틀랜드 시멘트 등을 결합재로 사용할 경우에는 소요 품질의 프리플레이스트 콘크리트가 얻어지도록 시험으로 확인한 후에 사용하여야 한다.(KCS 14 20 50 : 2021 2.1.1)

(2) 골재

잔 골재 입도는 주입 모르타르 유동성과 보수성(물을 안정적으로 유지하는 성질)을 좋게 하기 위하여 표 7.19의 범위를 표준으로 하며, 조립률은 1.4~2.2 범위로 한다. 굵은 골재 최소치수는 15 mm 이상, 굵은 골재 최대치수는 부재단면 최소치수의 1/4 이하, 철근 콘크리트 경우 철근 순간격의 2/3 이하로 하여야 한다. 굵은 골재 최대치수와 최소치수의 차를 적게 하면 굵은 골재 실적률이 작아지고 주입 모르타르 소요량이 많아지므로 적절한 입도분포를 선정할 필요가 있으며 일반적으로 굵은 골재 최대치수는 최소치수의 2~4배 정도로 한다.(KCS 14 20 50 : 2021 2.1.3)

표 7.19 잔 골재 표준입도 (KCS 14 20 50 : 2021 2.1.3)

체 호칭치수(mm)	체를 통과한 질량백분율(%)
2.5	100
1.2	90~100
0.6	60~80
0.3	20~50
0.15	5~30

7.10.3 배합

(1) 주입 모르타르 배합

주입 모르타르는 다음과 같은 조건이 만족되도록 그 배합을 정하여야 한다.

① 주입 모르타르 유동성은 KS F 2432 '주입 모르타르의 컨시스턴시 시험방법(testing method for consistency of mortar grouting)'에 따라 시험한 경우 유하시간(아래로 흐르게 하는 시간)이 16~20초를 표준으로 한다.(KCS 14 20 50 : 2021 1.7.1)

② 주입 모르타르 블리딩은 KS F 2433 '주입 모르타르의 블리딩률 및 팽창률 시험방법(testing method for bleeding and expansion ratio of mortar grouting)'에 따라 시험한 경우 시험개시 후 3시간의 값이 3% 이하여야 한다.(KCS 14 20 50 : 2021 1.7.2)

③ 주입 모르타르 팽창률은 KS F 2433에 따라 시험한 경우 시험 개시 후 3시간의 값이 5~10%를 표준으로 한다. 주입 모르타르 팽창성을 부여하는 목적은 블리딩 현상에 의하여 침하 수축하는 모르타르를 팽창시켜서 굵은 골재와 모르타르 사이에 틈이 생기는 것을 방지함과 동시에 부착 강도를 증대시켜 주기 위함으로써 주입 모르타르와의 팽창성을 확보하여야 한다.(KCS 14 20 50 : 2021 1.7.3)

④ 팽창률은 블리딩의 2배 정도 이상이 바람직하지만 팽창률이 지나치게 크면 모르타르 내부 공극을 크게 하여 해롭다. 특히 한중에 시공할 때는 팽창률이 작아지기 쉽고 서중에 시공할 때는 팽창이 빠르게 커지기 쉬워서 알루미늄 분말 혼입량을 조절하여 소요 팽창률을 결정하여야 한다.(KCS 14 20 50 : 2021 2.2.1)

⑤ 깊은 해수 중에 시공할 경우에는 압력을 받는 모르타르 팽창률이 적정한 값이 되도록 보일 법칙에 따라 팽창재(알루미늄 분말) 혼입량을 증가시켜야 한다.(KCS 14 20 50 : 2021 2.2.1)

⑥ 압축강도는 KS F 2431 '프리팩트 콘크리트의 압축강도 시험방법(standard test method for compressive strength of molded prepacked concrete cylinders)'에 따라 시험한 경우 소요 강도를 얻을 수 있어야 한다.

(2) 배합 표시

프리플레이스트 콘크리트 배합 표시법은 표 7.20에 따른다. 배합표에는 구조물 종류, 설계기준 강도, 배합강도, 시멘트 종류, 잔 골재 조립률, 굵은 골재 종류 및 혼화제 종류 등을 함께 기록하여야 한다.

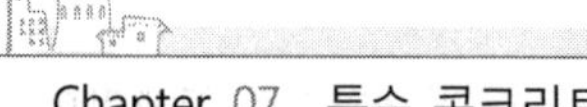

표 7.20 배합 표시법 (콘·시방서 KCS 14 20 50 : 2021 2.2.2)

굵은 골재			주입 모르타르									
최소 지수 (mm)	최대 지수 (mm)	공극률 (%)	유하 시간 범위 (s)	물-결합재비 (%) W/B	혼합재의 혼합률 (%) F/B	잔골재 결합재비 (%) S/B	단위 질량(kg/m^3)					
							물	시멘트	잔골재	혼화재	혼화제[1]	팽창재[2]

주1) 혼합제 사용량은 mℓ/m^3 또는 g/m^{3}으로 표시하고 희석하거나 또는 용해하지 않은 것을 말함.
주2) 팽창재 사용량은 g/m^{3}으로 표시하고 프리플레이스트 콘크리트용 혼화제에 포함되지 않은 것을 말함.

7.10.4 시공

프리플레이스트 콘크리트 시공방법은 일반적인 경우, 대규모인 경우 및 고강도 경우에 대응하여 각각 적합한 방법을 선정하여야 한다. 또한 시공할 때 소정의 성능을 가지는 프리플레이스트 콘크리트가 얻어지도록 시공 장소, 기상 조건 등을 고려하여 시공계획을 입안하여야 한다.

프리플레이스트 콘크리트는 보통 콘크리트와 비교하여 콘크리트 품질을 확인하기가 곤란하고 시공이 적절하지 못할 경우에는 결함을 일으키기 쉬우므로 프리플레이스트 콘크리트를 시공할 때 소요 품질의 콘크리트가 확실히 얻어질 수 있도록 모르타르 배합을 결정하고 안전한 시공방법을 채택하여야 한다. 프리플레이스트 콘크리트는 소요 강도, 내구성, 수밀성 및 강재를 보호하는 성능 등 품질 변동이 적은 것이어야 한다.(KCS 14 20 50 : 2021 1.4)

(1) 굵은 골재 채움

① 굵은 골재를 채울 때 주입관, 검사관 등의 매설물이 해로운 영향을 받을 염려가 있을 경우에는 이를 보호하여야 한다.

② 거푸집 속에 채울 굵은 골재는 모르타르 주입 전까지 깨끗한 상태여야 한다.

③ 해중공사에서는 굵은 골재를 채운 후에 굵은 골재 표면에 조패류 등이 부착할 염려가 있어 굵은 골재를 채운 후 될 수 있는 대로 빨리 모르타르를 주입하여야 한다.

④ 굵은 골재는 크고 작은 알갱이가 고르게 분포하고 부서지지 않도록 채워야 한다.

⑤ 굵은 골재를 투입할 때 충격에 의하여 파쇄 되면 굵은 골재 공극에 작은 돌 부스러기가 혼입하여 주입 모르타르 충전이 좋지 않음으로 벨트 컨베이어 토출구 낙하높이를 낮추어 굵은 골재 파쇄를 방지하여야 한다.(KCS 14 20 50 : 2021 3.7)

(2) 주입기기 및 주입관 배치

① 모르타르 주입용 기기는 시공조건, 시공방법을 고려하여 여유 있게 준비하여야 한다.

② 주입관은 확실하고 원활하게 주입작업이 될 수 있는 구조로서 그 안지름은 수송관과 같거나 그 이하로 하여야 한다.

③ 연직주입관 수평간격은 2 m 정도를 표준으로 한다.

④ 수평주입관 수평간격은 2 m 정도, 연직간격은 1.5 m 정도를 표준으로 한다. 다만 수평주입관에는 역류를 방지하는 장치를 구비하여야 한다.(KCS 14 20 50 : 2022 3.8)

(3) 비비기 (KCS 14 20 50 : 2021 2.2.3)

① 모르타르 믹서는 5분 이내에 소요 품질의 주입 모르타르를 비빌 수 있어야 한다. 모르타르 믹서는 1배치가 0.2～1.5 m^3 정도 용량이고, 1조, 2조, 3조식이 보통 쓰인다.

② 믹서 재료 투입은 물, 혼화재, 플라이 애시, 시멘트, 잔 골재 순으로 하고, 믹서는 이들 재료 전체를 균일하게 비비며, 시멘트나 혼화재 등의 입자를 강력히 분산시키는 구조가 바람직하다. 일반적으로 애지테이터 날개 회전수는 125～500 rpm 정도여야 하며, 비비기 시간은 2～5분 정도로 소정의 유동성과 품질의 주입 모르타르가 얻어지는 모르타르 믹서여야 한다.

③ 재료 투입시간 및 비비기 시간은 정해진 범위 내에 들도록 관리하여야 한다. 특히 고속회전으로 비비기를 장시간 실시하면 모르타르 온도가 상승하고 유동성이 저하하며, 기온이 높은 시기에 시공하는 경우나 주입시간이 걸릴 때, 비비기를 끝낸 모르타르는 애지테이터에 옮기든가 믹서 내에서 저속으로 비비기를 하여야 한다.

④ 애지테이터는 주입 모르타르를 천천히 교반할 수 있고 모르타르 주입이 완료될 때까지 소요 품질을 유지할 수 있어야 한다.

⑤ 애지테이터는 모르타르 펌프에 연속적으로 주입 모르타르를 공급하기 위해서 뿐만 아니라 비빈 모르타르 품질변화를 방지하기 위한 일시적인 저장장소이므로 애

지테이터 용량은 시간당 비비기량과 주입펌프 용량을 고려하여 보통 믹서용량의 3~5배 정도로 해주어야 한다.

(4) 압송 (KCS 14 20 50 : 2021 3.8.3)

① 모르타르 펌프는 충분한 압송능력을 보유하고 주입 모르타르를 연속적이며 공기가 혼입하지 않도록 주입할 수 있는 구조여야 하며, 굵은 골재 치수, 주입면적, 주입관 및 수송관 지름 등을 종합적으로 검토하여 정해야 한다.

② 수송관은 모르타르 펌프에서 토출되는 주입 모르타르를 주입관까지 원활하게 수송할 수 있어야 한다.

③ 모르타르 펌프 압송능력은 수송관 압송저항에 따라 정해지고, 그 압송저항은 수송관 지름, 관내유속, 모르타르 유동성, 이음 형상 및 수송관 재질 등에 따라 변화하므로 압력손실이 적게 되도록 다음과 같은 사항에 대하여 주의하여야 한다.

㈀ 수송관 연장을 짧게 한다.

㈁ 수송관 연장이 100 m를 넘을 때는 중계용 애지테이터와 펌프를 사용한다.

㈂ 수송관의 급격한 곡률과 단면의 급변을 피한다.

㈃ 압송압력에 의하여 이음부분에서 모르타르가 탈수되어 막히지 않도록 이음은 수밀하며 깨끗하고 점검이 쉬운 구조여야 한다.

㈄ 수송관 지름은 펌프 토출구 지름에 맞추어야 하며, 관내 유속이 너무 작으면 모르타르 재료분리에 따른 침강이 생기기 쉽고, 관내 유속이 크면 압력손실이 커지므로 모르타르 평균 유속은 0.5~2 m/s 정도 되도록 정한다.

(5) 주입작업 (KCS 14 20 50 : 2021 3.9.1)

① 모르타르 주입을 중단하여 설계나 시공계획에 없는 시공이음을 두는 것은 중대한 약점이므로 이는 절대로 피하여야 하며 모르타르 주입은 설계와 시공계획에서 정한 시공면까지 계속하여야 한다.

② 주입은 최하부로부터 시작하여 상부로 향하여 시행하며 모르타르면 상승속도는 0.3~2.0 m/h 정도로 하여야 한다.

③ 주입은 거푸집 내 모르타르면이 거의 수평으로 상승하도록 주입장소를 이동하면서 실시하여야 한다. 이를 위해 펌프 토출량을 일정하게 유지하면서 적당한 시간 간격으로 주입관을 순차로 바꿔가며 주입하여야 한다.

④ 연직주입관은 관을 뽑아 올리면서 주입하되 주입관 선단은 0.5~2.0 m 깊이의 모

르타르 속에 묻혀 있는 상태로 유지하여야 한다.

(6) 한중 시공 (KCS 14 20 50 : 2021 3.9.4)

한중에서 시공할 경우에는 굵은 골재 및 주입 모르타르가 동결하지 않도록 하여야 하며 야간이나 기온이 급격히 저하되는 경우 주입 모르타르 팽창지연이 일어나는 것을 피하기 위해 필요에 따라 적절한 보온 급열을 하여야 한다. 일반적으로 한중에 시공할 때 주입 모르타르 온도를 올리기 위해서는 물을 가열하는 것이 좋으나 온수 온도는 40℃ 정도 이하여야 한다.

(7) 서중 시공 (KCS 14 20 50 : 2021 3.9.5)

서중에서 시공할 경우에는 주입 모르타르 온도상승, 지나치게 빠른 팽창 및 유동성저하 등이 일어나지 않도록 하여야 한다. 모르타르 비벼진 온도가 25℃를 넘을 경우, 주입 모르타르 유동성이 급격히 저하되는 경향이 있어 주입관이나 수송관이 막히기 쉽고 굵은 골재 속의 주입 모르타르 유동경사가 커져서 재료분리가 생기기 쉬우며 지나치게 빠른 모르타르 팽창으로 인하여 콘크리트 품질이 저하하기 쉽다. 따라서 다음 사항에 유의하여 주입 모르타르 과대팽창 및 유동성 저하를 방지하여야 한다.

① 애지테이터 안의 모르타르 저류시간을 짧게 한다.
② 비빈 후 즉시 주입한다.
③ 수송관 주변 온도를 낮추어 준다.
④ 응결을 지연시키며 유동성을 크게 한다.
⑤ 유동성과 유동경사 관리를 엄격히 하며 주입 중단을 막는다.
⑥ 유동성을 유지시킬 수 있는 혼화제를 추가 혼입한다. 다만 책임기술자가 품질 확인 후 시행하여야 한다.

예제 7.11

소요의 품질을 갖는 프리플레이스트 콘크리트를 얻기 위한 주입 모르타르의 품질에 대한 설명으로 틀린 것은? (건·재·기출, 22.4)

① 굳지 않은 상태에서 압송과 주입이 쉬워야 한다.
② 굵은 골재의 공극을 완벽하게 채울 수 있는 양호한 유동성을 가지며, 주입 작업이 끝날

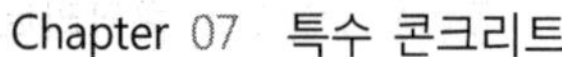

때까지 이 특성이 유지되어야 한다.

③ 모르타르가 굵은 골재의 공극에 주입되어 경화되는 사이에 블리딩이 적으며, 팽창하지 않아야 한다.

④ 경화 후 충분한 내구성 및 수밀성과 강재를 보호하는 성능을 가져야 한다.

풀이 ③

7.10.5 대규모 프리플레이스트 콘크리트

시공속도가 40～80 m^3/h 이상 또는 1구획 시공면적이 50～250 m^2 이상의 대규모 프리플레이스트 콘크리트를 대상으로 하며, 주입 모르타르 제조설비 용량이나 주입관 수량이 커서 일반적인 프리플레이스트 콘크리트 시공방법을 그대로 적용할 수가 없는 경우에 대하여 규정한다.

(1) 굵은 골재

시공면적이 넓은 프리플레이스트 콘크리트를 대상으로 할 경우 굵은 골재 최소치수를 크게 하는 것이 효과적이며, 굵은 골재 최소치수가 클수록 주입 모르타르 주입성이 현저하게 개선되므로 굵은 골재 최소치수는 40 mm 정도 이상이어야 한다.(KCS 14 20 50 : 2021 2.1.3)

(2) 주입 모르타르 배합

주입 모르타르는 소요시간 동안 유동성을 유지하여야 한다. 주입 모르타르가 굵은 골재 주위 및 거푸집 구석구석에 밀실하게 잘 채워지기 위해 굵은 골재 공극에 주입된 모르타르 유동성 유지시간을 갖는 것이어야 한다. 주입 모르타르는 시공 중에 재료분리를 작게 하기 위해 부배합으로 하여야 한다. 특히 대형 구조물에서 콘크리트 쳐올리는 높이가 높고 주입관 간격도 크므로 재료분리 등을 작게 하기 위해 주입 모르타르는 블리딩이 적고, 물에 대한 희석 저항성이 우수한 부배합으로 하여야 한다.

(3) 시공

① 주입 모르타르 제조설비로는 재료공급설비, 계량설비, 모르타르 믹서, 애지테이터

및 모르타르 펌프를 구비하여 원활한 모르타르 제조와 주입이 용이한 플랜트여야 한다.

② 주입관은 설치가 용이하고 끌어올리기, 분리하기가 쉬운 구조여야 한다. 그러므로 대규모로 시공할 때에는 굵은 골재 채우기에 앞서 겉 관을 소정의 위치에 배치하고 이 속에 주입관을 넣어 설치하는 2중관 방식이 좋다. 이때 겉 관은 지름 0.2 m 정도의 강관에 적당한 크기와 간격 구멍을 만든 것으로서 주입 모르타르가 자유롭게 유출되고 굵은 골재 침입이 방지되는 구조여야 하며 이때 주입관 길이는 3 m 정도가 좋다.(KCS 14 20 50 : 2021 3.8.2)

③ 주입관 간격은 굵은 골재 치수, 주입 모르타르 배합, 유동성 및 주입속도에 따라 정하며 일반적으로 주입관 간격은 5 m 전후가 좋다.(KCS 14 20 50 : 2021 3.8.2)

④ 모르타르 주입은 연속하여 시행하는 것을 원칙으로 하며 모르타르면 상승속도가 0.3 m/h 정도 이하가 되지 않도록 하여야 한다.(KCS 14 20 50 : 2021 3.9.1)

⑤ 복수의 주입관을 사용하여 모르타르를 주입할 경우에는 각 주입관마다 정해진 유량을 유지하여야 한다.

⑥ 모르타르 주입은 되도록 시공에 적합한 시기를 선정하여야 하고 주입관은 설치가 용이하고 끌어올리기, 분리하기가 쉬운 구조이어야 한다.

7.10.6 고강도 프리플레이스트 콘크리트

고강도 프리플레이스트 콘크리트라 함은 고성능 감수제에 따라 주입 모르타르 물－결합재 비를 40% 이하로 낮추어 재령 91일에서 압축강도 40 MPa 이상이 얻어지는 프리플레이스트 콘크리트를 말한다.(KCS 14 20 50 : 2021 1.4) 고강도를 필요로 하는 프리플레이스트 콘크리트는 물－결합재 비가 작고 굵은 골재 공극에 주입이 용이한 고성능 감수제를 혼입한 주입 모르타르를 사용한다.

(1) 재료

① 고강도 프리플레이스트 콘크리트용 주입 모르타르는 물－결합재 비와 단위 수량이 적고 또한 고품질 콘크리트가 요구되는 장소에 시공하므로 재료 관리를 철저히 하여야 한다.(KCS 14 20 50 : 2021 2.2.1)

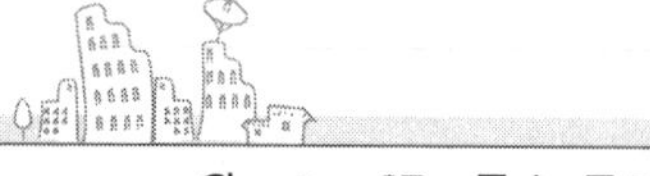

(2) 주입 모르타르 배합

① 주입 모르타르 유동성은 KS F 2432 '주입 모르타르의 컨시스턴시 시험방법'에 따라 시험할 경우 유하시간은 25~50초를 표준으로 한다. 다만 주입 모르타르 유동성은 규정된 시험방법으로 시험한 경우 유하시간이 25초 이하에서는 재료분리 경향이 있고 50초를 넘으면 주입성이 나빠지는 문제점이 있으나 유하시간이 20초 정도의 모르타르로서 재료분리가 생기지 않을 경우에는 사용할 수 있다.

② 블리딩률은 KS F 2433 '주입 모르타르의 블리딩률 및 팽창률 시험방법'에 따라 시험할 경우 시험개시 후 3시간에서 1%의 값 이하를 표준으로 한다.

(3) 시공

고강도용 주입 모르타르는 단위 질량과 소성점성이 크므로 주입 모르타르 비비기에 요하는 모르타르 믹서의 에너지도 커야 하므로 약 1.5배의 고성능 모르타르 믹서를 사용하여야 한다.(KCS 14 20 50 : 2021 2.2.3) 고강도용 주입 모르타르를 주입할 때에는 점성이 높은 주입 모르타르가 압송될 수 있는 고성능 모르타르 펌프를 사용하여야 한다. 보통 주입 모르타르에서는 피스톤식 펌프가 주로 사용되나 고강도용 주입 모르타르는 소성점성이 크기 때문에 펌프 압송 압력은 보통 주입 모르타르의 2~3배가 되므로 피스톤식보다 스퀴즈식 펌프가 적합하다.(KCS 14 20 50 : 2021 3.8.3)

7.11 해양 콘크리트

콘크리트 시방서 KCS 14 20 44 : 2022, 1.3 용어의 정의에 "해양 콘크리트(offshore concrete) : 항만, 해안 또는 해양에 위치하여 해수 또는 바닷바람의 작용을 받는 구조물에 쓰이는 콘크리트"라고 정의하고 있다.

해양 콘크리트 구조물은 해상 도시, 해상 공항, 해상 발전소, 해저 저유 탱크, 해저 거주기지, 선박 정박시설, 도크, 해저 터널, 해상교량, 방파제, 계선안(Quay Wall : 선박 접안시설) 및 해안 제방 등이 있다. 해안선으로부터 250 m 이내 육상 지역은 콘크리트 구조물이 염해를 입기 쉬우므로 해안으로부터 거리에 따라 구분하여 내구성 향상 대책을 수립하여야 한다. 해상부는 해중, 간만대, 물보라 지역, 해상 대기 중

으로 구분하여 내구성 대책을 수립하여야 한다.(KCS 14 20 44 : 2022 1.1)

해양 콘크리트 구조물에 쓰이는 콘크리트 설계기준 강도는 30~35 MPa 이상으로 한다. 해양 콘크리트 구조물은 염해를 받기 쉬운 환경이기 때문에 콘크리트 열화 및 강재 부식에 의해 그 기능이 손상되지 않도록 하여야 한다. 강재 방식은 콘크리트 피복 두께를 크게 하는 것, 균열 폭을 적게 하는 것, 적절한 재료와 시공방법을 사용하는 것 등이 있으며 장기 내구성을 요하는 중요한 구조물 경우 콘크리트 성능저하 방지와 강재 부식을 방지할 수 있는 추가적인 조치를 취하여야 한다.(KCS 14 20 44 : 2022 1.4)

해양 콘크리트 구조물을 시공할 때는 해풍, 파랑, 조류 등의 영향 및 선박 항행이나 주변 어장에 미치는 영향, 야간이나 악천후 때에 항행 선박으로부터 받는 장애 등을 미리 검토하여 충분한 대책을 세워야 한다. 프리캐스트 콘크리트 부재를 사용할 경우 그 설치는 이 장의 「7.11.4 운반」에 따라야 한다.(KCS 14 20 44 : 2022 1.4)

해양 콘크리트 구조물을 시공할 때는 해수 오탁을 일으키지 않은 공법을 적용하여 해양오염, 생태계에 나쁜 영향 등이 미치지 않도록 환경보전에 주의하여야 한다.

7.11.1 재료

(1) 시멘트

시멘트는 해수의 작용에 대하여 특히 내구적이어야 하므로 KS L 5201 보통 포틀랜드 시멘트 또는 중용열 포틀랜드 시멘트에 KS L 5405의 플라이 애시, KS F 2563의 고로슬래그 미분말 등의 혼화재료를 혼합하여 사용하거나 KS L 5210의 콘크리트용 고로 슬래그 시멘트, KS L 5211의 플라이 애시 시멘트 등 혼합시멘트를 사용하여야 한다. 이들 혼합계 시멘트는 내해수성 이외에도 장기 재령 강도가 크고, 수화열이 적은 이점이 있어 해양 콘크리트에 적합하지만 초기 강도가 작은 결점이 있어 초기 습윤 양생에 주의하여야 한다. 해양 콘크리트에는 시멘트 콘크리트 이외 시멘트와 폴리머를 사용한 폴리머 시멘트 콘크리트와 결합재를 폴리머만 사용한 폴리머 콘크리트(Resin Concrete) 또는 시멘트 콘크리트 공극 속에 합성수지를 함침시킨 폴리머 함침 콘크리트(Polymer-Impregnated Concrete) 등을 사용할 수 있다.(KCS 14 20 44 : 2022 2.1)

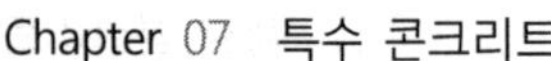

(2) 골재

골재는 청정(깨끗한 것), 강경(단단한 것), 내구적이고 적당한 입도를 가지며 먼지, 흙, 유기불순물, 염분 등 유해물이 허용치 이상 함유해서는 안 된다. 특히 얇은 석편, 부서지기 쉬운 것, 결이 있는 것, 강도가 낮은 것, 흡수량이 큰 것 및 팽윤성이 있는 것 등은 내구성이 좋지 않은 골재이므로 사용할 수 없으며, 해수는 알칼리 골재반응의 반응성을 촉진하는 경우가 있으므로 충분한 검토를 하여야 한다.(KCS 14 20 44 : 2022 2.1)

해양 콘크리트에 사용하는 고로 슬래그 굵은 골재는 KCS 14 20 10 (2.1.4)의 B에 해당하는 품질 이상을 갖춘 것을 사용하여야 하며, 경량골재의 품질은 KCS 14 20 20 (2.1)의 규정을 만족시키는 것이어야 하고, 내마모성 및 내동해성도 검토를 하여야 한다.

(3) 강재

강재는 KSD 3504, KSD 7002 등 KS에 적합한 것이어야 한다. 특히 해양 환경에서는 강재가 염화물 작용을 받아 부식되고 동시에 반복 응력을 받는 강재는 피로 강도가 현저하게 저하되므로 PC 강재와 같은 고장력강에서 작용 응력이 인장강도의 60%를 넘을 때에는 응력부식(Stress Corrosion) 및 강재의 부식피로에 대하여 검토하여야 한다.(KCS 14 20 44 : 2022 2.1)

(4) 혼화재

해양 콘크리트를 시공하는 혼화재료는 KCS 14 20 10 (2.1.5)의 규정에 적합한 것을 사용하여야 한다.(KCS 14 20 44;2022.2.1)

혼화재료 중 고로 슬래그미분말이나 플라이 애시를 적당량 시멘트와 치환함으로써 수밀하고 해수의 화학작용에 대한 내구성이 큰 콘크리트를 만들 수 있으나, 이들 혼화재의 사용효과는 혼화재 종류, 분말도 및 혼합률에 따라 크게 상이하므로 사용할 때에는 실험 등을 거쳐 품질을 확인한 후 사용방법을 정하여야 한다.

양질의 공기 연행제, 감수제, 공기연행 감수제, 고성능 감수제 또는 고성능 공기연행 감수제를 사용하여 콘크리트 워커빌리티를 개선하고, 블리딩 및 재료분리가 적고, 내구성 및 수밀성이 크며, 균등질 콘크리트가 얻어지도록 하여야 한다.

7.11.2 배합

(1) 물 - 결합재 비

내구성에 의해 정해지는 콘크리트 강도와 물-결합재비는 KCS 14 20 10 (1.9)의 규정에 따른다.

(2) 단위 결합재량

단위 결합재량을 크게 하면 균등질이고 밀실한 콘크리트가 되므로 해수 중의 각종 염류의 화학적 침식, 콘크리트 내부 강재 부식 등에 대한 저항성이 커지므로 단위 결합재량은 구조물 규모, 중요성 및 환경 조건 등을 고려하여 소요 내구성이 얻어지도록 정하여야 한다.

해양 철근 콘크리트 및 프리스트레스트 콘크리트 구조물에서 내구성으로 정해지는 단위 결합재량은 표 7.21의 값 이상으로 하여야 한다. 그러나 단위 결합재량이 너무 많으면 얇은 단면과 두꺼운 단면에서는 각각 건조수축과 수화열에 의한 온도응력으로 인하여 콘크리트 균열 발생 가능성이 커지므로 주의하여야 한다.(KCS 14 20 44 : 2022 2.2)

표 7.21 내구성으로 정해지는 최소단위 결합재량(kg/m^3) (KCS 14 20 44 : 2022.2.2)

환경구분 \ 굵은 골재 최대치수(mm)	20	25	40
물보라 지역, 간만대 및 해상 대기 중	340	330	300
해중	310	300	280

(3) 공기량

공기연행콘크리트의 공기량은 KCS 14 20 10 (2.2.9)의 규정에 따라 정해야 한다.

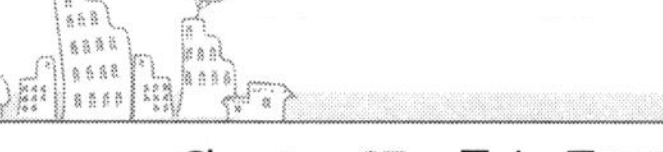

예제 7.12 

해양 콘크리트에 대한 설명으로 틀린 것은? (건·재·기출, 21.9)

① 육상구조물 중에 해풍의 영향을 많이 받는 구조물도 해양 콘크리트로 취급하여야 한다.
② 해수는 알칼리골재반응의 반응성을 촉진하는 경우가 있으므로 충분한 검토를 하여야 한다.
③ 단위결합재량을 작게 하면 균등질의 밀실한 콘크리트를 얻을 수 있고, 각종 염류의 화학적 침식에 대한 저항성이 커진다.
④ 해수작용에 대한 저항성 향상을 위하여 고로슬래그 시멘트, 플라이 애시 시멘트 등을 사용할 수 있다.

풀이 ③

7.11.3 시공

(1) 콘크리트 시공 (KCS 14 20 44 : 2022 3.1)

① 해양 구조물에서는 시공이 불충분하거나 불량한 곳으로부터 구조물 열화가 쉽게 진행되므로 균일한 콘크리트를 얻을 수 있도록 타설, 다지기, 양생 등에 특히 주의하여 시공하여야 한다.
② 해양 구조물은 시공 이음부를 둘 경우 성능저하가 생기기 쉬우므로 될 수 있는 대로 피하여야 한다. 특히 만조위로부터 위로 0.6 m, 간조위로부터 아래로 0.6 m 사이의 감조부분에는 시공이음이 생기지 않도록 시공계획을 세워야 한다.
③ 간만의 차가 너무 커서 콘크리트를 1회 타설하는 높이가 매우 높은 경우나 기타 부득이한 사정으로 시공이음을 피할 수 없는 경우에는 콘크리트 시방서 KCS 14 20 10 (3.6)의 규정에 따르며 내구성에서 결점이 되지 않도록 충분한 조치를 강구하여야 한다.
④ 콘크리트가 충분히 경화되기 전에 해수에 씻기면 모르타르 부분이 유실되는 등 피해를 받을 우려가 있으므로 직접 해수에 닿지 않도록 보호하여야 한다. 이 기간은 보통 포틀랜드 시멘트를 사용할 경우 대개 5일간이며 고로 슬래그 시멘트 등 혼합 시멘트를 사용할 경우에는 이 기간을 실제기준 압축강도 75% 이상의 강도가 확보될 때까지 연장하여야 한다.

⑤ 강재와 거푸집판과의 간격은 소정의 피복두께를 확보하도록 하여야 한다. 간격재의 설치 수는 기초, 기둥, 벽 및 난간 등에는 2개/m^2 이상, 보, 주 거더 및 슬래브 등에는 4개/m^2 이상을 표준으로 한다.

(2) 콘크리트 표면 보호

모래 입자를 포함하고 있는 유수, 모래와 자갈을 포함한 파랑작용, 선박 충격 등의 심한 영향을 받는 구조물에서는 고무 방충재, 목재, 양질의 석재, 강재 및 고분자재료 등 적당한 재료로 콘크리트 표면을 보호하거나 철근 피복 두께 또는 단면을 증가시켜야 한다. 또한 물보라에 의해 비말해수(Spray Seawater)가 직접 닿는 부분과 비말해수 영향권 이상 높은 곳에 위치한 경우라도 해풍 영향으로 비래염분(Airbone Sea Salt, Airbone Chloride, Airborne Salt)이 콘크리트 표면에 흡착될 우려가 있는 부분은 장기적인 내구성능 저하를 고려하여 콘크리트 표면 보호나 철근 부식 방지 등을 위한 염해 방지대책을 강구하여야 한다.

7.11.4 운반 (KCS 14 20 44 : 2022 3.2)

① 프리캐스트 콘크리트 부재를 설계하고 시공할 때 부재를 소정 위치에 설치하기 위하여 운반 내지 예항할 때는 기상 조건, 해상 조건 및 해상 교통이 상황 등을 사전에 조사하여 시공기계에 여유를 두어 안전한 시공이 되도록 하여야 한다.

② 운반하거나 예항할 때 작용하는 하중에 대해 프리캐스트 부재가 안전하고 손상을 받지 않도록 이들 하중을 설계 조건에 고려하여야 하며 긴급한 상황일 때의 대피 방법과 대피장소도 미리 고려하여 시공 안정성을 확보하여야 한다.

③ 프리캐스트 부재를 설치할 장소의 지반은 소요 내하력을 가지며 평탄하여야 하므로 이를 위하여 미리 토사 치환에 의한 지반개량, 사석 고르기, 수중 콘크리트 시공 등을 실시하며 또한 능력이 충분한 시공기계, 잠수부 등을 확보하여 소요의 정밀도를 얻을 수 있도록 하여야 한다.

④ 해상 공사에서 프리캐스트 콘크리트 부재를 연결하는 방법은 육상 공사에 비하여 어렵고 연결부는 약점이 되기 쉬우므로 가능한 한 해상에서 연결하는 작업을 줄일 수 있도록 구조물 형식을 택하거나 충분한 내수성, 내염성을 가진 접합 방법을 사용하여야 한다.

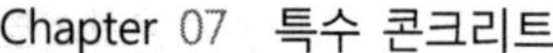

7.12 팽창 콘크리트

콘크리트 시방서 KCS 14 20 24 : 2022, 1.3 용어의 정의에 "팽창 콘크리트(expansive concrete) : 팽창재 또는 팽창시멘트의 사용에 의해 팽창성이 부여된 콘크리트"라고 정의하고 있다.

팽창 콘크리트는 팽창재 역할 혼화재를 시멘트에 첨가하여 콘크리트 건조수축 성질에 대하여 미리 콘크리트를 팽창시켜 두는 수축 보상용 콘크리트, 화학적 프리스트레스를 도입하여 내압 강도를 높인 화학적 프리스트레스용 콘크리트 및 충전용 모르타르 콘크리트 등이 있다. 수축 보상용 콘크리트는 건조수축에 의한 균열을 감소시키고, 콘크리트 수축으로 인한 체적 감소를 억제시킨다. 화학적 프리스트레스용 콘크리트는 수축 보상용 콘크리트보다도 큰 팽창력을 가져야 한다. 충전용 모르타르 및 콘크리트는 팽창력에 의한 충전효과를 주목적으로 한다.

7.12.1 팽창 콘크리트 품질

팽창 콘크리트는 소요 강도, 팽창성능, 내구성, 수밀성 및 강재를 보호하는 성능 등을 가져야 하며 품질 변동이 작은 것이어야 한다. 또한 시공할 때 작업에 적합한 워커빌리티를 가지고 있어야 한다.

(1) 팽창률 (KCS 14 20 24 : 2022 3.5.2)

① 콘크리트 팽창률은 일반적으로 재령 7일에 대한 시험치를 기준으로 한다.

② 콘크리트 팽창률 시험은 KS F 2562 '콘크리트용 팽창재'의 참고 1에 규정된 A법에 따른다.

③ 수축 보상용 콘크리트 팽창률은 150×10^{-6} 이상, 250×10^{-6} 이하인 값을 표준으로 한다.

④ 화학적 프리스트레스용 콘크리트 팽창률은 200×10^{-6} 이상, 700×10^{-6} 이하를 표준으로 한다.

⑤ 공장제품에 사용하는 화학적 프리스트레스용 콘크리트 팽창률은 200×10^{-6} 이상, $1{,}000 \times 10^{-6}$ 이하를 표준으로 한다.

7.12.2 재료 (KCS 14 20 24 : 2022 2.1.2)

(1) 혼화재

① 팽창재는 KS F 2562 '콘크리트용 팽창재'에 적합한 것을 사용한다.

② 시멘트, 화학 혼화제, 플라이 애시 및 고로 슬래그 미분말 등은 KCS 14 20 10 (2.1)에 따른다.

(2) 재료 취급과 저장 (KCS 14 20 24 : 2022 2.1.2)

① 팽창재는 풍화하지 않도록 저장하여야 한다.

② 팽창재는 습기 침투를 막을 수 있는 사이로 또는 창고에 시멘트 등 다른 재료와 혼입하지 않도록 구분하여 저장하여야 한다.

③ 포대 팽창재는 지상 0.3 m 이상의 마루 위에 쌓아 운반이나 검사에 편리하도록 배치하여 저장하여야 한다.

④ 포대 팽창재는 12포대 이하로 쌓아야 한다.

⑤ 포대 팽창재는 사용 직전에 포대를 여는 것을 원칙으로 하며 저장 중에 포대가 파손된 것은 공사에 사용할 수 없다.

⑥ 저장 기간이 길어진 경우(3개월 이상)에는 팽창재 시험을 실시하여 소요 품질을 갖고 있는지를 확인하고 나서 사용하여야 한다.

⑦ 팽창재 운반 또는 저장 중에 직접 비에 맞지 않도록 한다.

⑧ 벌크상태 팽창재 및 팽창재와 시멘트를 미리 혼합한 것은 양호한 밀폐상태에 있는 사이로 등에 저장하여 다른 재료와 혼합하지 않도록 하여야 한다.

7.12.3 배합 (KCS 14 20 24 : 2022 2.2.1)

① 팽창 콘크리트 배합은 소요강도, 내구성, 수밀성, 강재를 보호하는 성능 및 워커빌리티를 만족하도록 정함과 동시에 건조수축 보상에 의한 균열감소 혹은 화학적 프리스트레스 도입에 의한 인장 또는 휨내력 증대, 충전 모르타르 및 콘크리트 등 그 목적에 따라 필요한 팽창 성능을 갖도록 정하여야 한다. 기본적인 사항은 KCS 14 20 10 (2.2)에 따른다.

② 팽창 콘크리트 배합을 결정하기 전에 반드시 시험 비빔을 하여 슬럼프, 단위 질량, 압축강도 등의 시험을 하는 외에 필요에 따라서 팽창률 시험을 하여 각각 소요의 값이 얻어지는 것을 확인하여야 한다.

③ 화학적 프리스트레스용 콘크리트 단위 시멘트량은 단위 팽창재량을 제외한 값으로서 보통 콘크리트인 경우 260 kg/m^3 이상, 경량 콘크리트인 경우 300 kg/m^3 이상으로 한다.

④ 소요 공기량은 일반적으로 KCS 14 20 10 (2.2.9), KCS 14 20 20 (2.2.5)에 따른다.

7.12.4 시공

(1) 콘크리트 제조, 운반 및 타설

① 팽창재는 다른 재료와 별도로 질량으로 계량하며 그 오차는 1회 계량 분량의 1% 이내로 한다.(KCS 14 20 24 : 2022 2.2.2)

② 팽창재는 다른 재료와 충분히 비벼 균일한 상태로 믹서로부터 배출하기 위하여 콘크리트 비비기 시간은 강제식 믹서를 사용하는 경우는 1분 이상으로 하고, 가경식 믹서를 사용하는 경우는 1분 30초 이상으로 하여야 한다.(KCS 14 20 24 : 2022 2.2.3)

③ 콘크리트를 비비고 나서 타설을 끝낼 때까지 시간은 기온, 습도 등의 기상 조건과 시공에 관한 등급에 따라 1～2시간 이내로 한다.(KCS 14 20 24 : 2022 3.2)

④ 한중 콘크리트를 타설할 때 콘크리트 온도는 10℃ 이상 20℃ 미만으로 한다.(KCS 14 20 24 : 2022 3.3)

⑤ 서중 콘크리트를 비빈 직후 콘크리트 온도는 30℃ 이하, 칠 때는 35℃ 이하로 하여야 한다.(KCS 14 20 24 : 2022 3.3)

⑥ 내·외부 온도차에 의한 온도 균열 우려가 있으므로 팽창 콘크리트에 급격한 살수를 하여서는 안 된다.(KCS 14 20 24 : 2022 3.3)

⑦ 포대 팽창재를 사용하는 경우에는 포대수로 계산하여도 된다. 그러나 1포대 미만의 것을 사용하는 경우에는 반드시 질량으로 계량하여야 한다.(KCS 14 20 24 : 2022 2.2.2)

⑧ 믹서에 투입할 때 팽창재가 호퍼 등에 부착하지 않도록 하고 만약 부착된 경우에는 굳기 전에 바로 제거하여야 한다.(KCS 14 20 24 : 2022 2.2.3)

⑨ 팽창재는 원칙적으로 다른 재료를 투입할 때 동시에 믹서에 투입한다. 만약 다른 재료의 투입 시기와 차이가 있을 때에는 즉시 배치 플랜트 운전자와 연락하여 상황에 따라 비비기 시간을 연장하여야 한다.(KCS 14 20 24 : 2022 2.2.3)

⑩ 굳지 않은 콘크리트 온도는 제조·운반·타설 중 콘크리트 소요 품질에 현저한 변화가 생기지 않는 값으로 하여야 한다. 또한 타설 후 콘크리트 내부 온도가 현저히 상승하거나 초기 동해를 입지 않도록 하여야 한다.(KCS 14 20 24 : 2022 3.3)

⑪ 시공 이음부는 설계도서에서 정한 시공 이음부 위치에서 실시하는 것을 원칙으로 한다.(KCS 14 20 24 : 2022 3.3)

⑫ 새로운 콘크리트 타설에 앞서 기존 콘크리트 이음면은 재료 분리가 발생한 콘크리트, 접착 불량 골재 등을 제거하고 살수하여 충분히 흡수시켜야 한다.(KCS 14 20 24 : 2022 3.3)

(2) 콘크리트 양생 및 거푸집 제거 (KCS 14 20 24 : 2022 3.4)

① 콘크리트를 타설한 후에는 살수 등 기타 방법으로 습윤상태를 유지하며, 직사 일광, 급격한 건조 및 추위에 대하여 적당한 양생을 하며 콘크리트 온도는 2℃ 이상을 5일간 이상 유지시켜야 한다.

② 노출면은 특히 콘크리트가 양생작업에 따라 손상을 입지 않을 정도로 경화한 후 5일간 다음 중 하나의 방법에 따라 적당한 양생을 하여 습윤상태를 유지하도록 한다.

(ㄱ) 적당한 시간간격으로 직접 노출면에 살수한다.

(ㄴ) 양생 매트로 덮고 양생기간 중 양생 매트가 충분히 물을 머금고 있도록 적절히 살수한다.

(ㄷ) 시트로서 빈틈없이 덮는다.

(ㄹ) 막 양생제를 도포한다.

③ 보온 양생, 급열 양생, 증기 양생 그 밖의 촉진 양생을 실시할 경우에는 소요 품질이 얻어지는지를 시험에 따라 확인하여야 한다.

④ 거푸집을 제거한 후 콘크리트 노출면, 특히 외벽 면은 직사일광, 급격한 건조 및 추위를 막기 위해 필요에 따라 양생 매트·시트 또는 살수 등을 따른 적당한 양생을 실시한다.

⑤ 콘크리트 거푸집 존치기간은 콘크리트 강도 확보와 팽창률 확보 및 수화 반응에 필요한 수분의 건조를 방지하기 위하여 평균기온 20℃ 미만인 경우에는 5일 이상, 20℃ 이상인 경우에는 3일 이상을 원칙으로 한다. 단 슬래브, 보의 밑면, 아

치 하부 거푸집은 원칙적으로 동바리를 해체한 후 해체한다. 단, 압축강도 시험을 할 경우 설계기준 강도의 2/3 이상 값에 도달한 것이 확인될 경우 해체할 수 있다. 그러나 이때의 콘크리트 압축강도는 14 MPa 이상이어야 한다.

예제 7.13

팽창 콘크리트의 양생에 대한 설명으로 틀린 것은? (건·재·기출, 20.9)

① 콘크리트를 타설한 후에는 살수 등 기타의 방법으로 습윤 상태를 유지하며 콘크리트 온도는 2℃ 이상을 5일간 이상 유지시켜야 한다.
② 보온양생, 급열양생, 증기양생 등의 촉진양생을 실시하면 충분한 소요의 품질을 확보할 수가 있어 품질확인을 위한 시험을 할 필요가 없어 편리하다.
③ 거푸집을 제거한 후 콘크리트의 노출면, 특히 슬래브 상부 및 외벽 면은 직사일광, 급격한 건조 및 추위를 막기 위해 필요에 따라 양생매트・시트 또는 살수 등에 의한 적당한 양생을 실시하여야 한다.
④ 콘크리트 거푸집널의 존치기간은 평균기온 20℃ 미만인 경우에는 5일 이상, 20℃ 이상인 경우에는 3일 이상을 원칙으로 한다.

풀이 ②

7.13 숏크리트

숏크리트(Shotcrete, Sprayed Concrete, 뿜어 붙이기 콘크리트)란 컴프레스(Compress) 혹은 펌프를 이용하여 노즐 위치까지 호스 속으로 운반한 콘크리트를 압축공기에 의해 시공 면에 뿜어서 만든 콘크리트이다. 터널이나 대공동 구조물 복공, 철골 구조물 피복, 비탈면 혹은 벽면 풍화나 박리, 박낙 방지, 터널, 댐 및 교량 보수, 보강 공사 등에 사용한다. 숏크리트는 터널 및 지하 공간 구조물의 조기 안정화와 굴착 후 지반이완 및 외력에 대한 안정성 확보를 목적으로 한 임시 지보재 역할과 영구적으로 구조체 역할을 하여 장기간 구조적 안정성 확보를 목적으로 하는 영구 지보재 역할로 대별하므로 적용 목적에 따라 숏크리트 요구 성능과 품질을 검토하여 그 기능을 결정하여야 한다. 비탈면, 법면 또는 벽면 풍화나 박리, 박락 방지를 위하여 숏크리트를 적용할 경우에 적용 목적에 일치하도록 재료, 배합 등을 결정하여야 한다. 숏크리트에 의하여 보수, 보강을 할 때에는 대상 구조물 기능 및 목적에 일치하도록 숏크리트 면의 처리, 재료, 배합 등을 결정하여야 한다.

숏크리트는 다음과 같은 기능을 발휘할 수 있도록 하여야 한다.(KCS 14 20 51 : 2021 1.4)

① 지반과의 부착 및 자체 전단 저항 효과로 숏크리트에 작용하는 외력을 지반에 분산시키고, 터널 주변의 붕락하기 쉬운 암괴를 지지하며, 굴착면 가까이에 지반 아치가 형성될 수 있도록 한다.
② 강지보재 또는 록 볼트에 지반 압력을 전달하는 기능을 발휘하도록 하여야 한다.
③ 굴착된 지반의 굴곡부를 메우고 절리면 사이를 접착시킴으로써 응력집중현상을 피하도록 한다.
④ 굴착면을 피복하여 풍화방지, 지수, 세립자 유출 등을 방지하도록 한다.
⑤ 보수, 보강 재료로 사용되어 소요의 강도와 내구성 등 구조물의 충분한 보수 및 보강성능을 발휘하여야 한다.
⑥ 비탈면, 법면 또는 벽면 보호 공법으로 적용되어 충분한 안정성을 확보하여야 한다.

영구 지보재로 숏크리트를 적용할 경우, 숏크리트는 다음과 같은 기능을 추가적으로 발휘할 수 있어야 한다.(KCS 14 20 51 : 2021 1.4)

① 지반과 숏크리트 부착강도와 전단강도는 암괴를 지지할 수 있도록 충분히 커야 한다.
② 지반과의 부착력으로 하중을 분산시키는 작용을 하여야 한다.
③ 암괴를 지지할 수 있도록 휨강도가 충분히 커야 한다.
④ 지반하중에 의하여 지속적으로 발생하는 압축력에 저항할 수 있도록 숏크리트는 강도가 충분히 커야 한다.
⑤ 휨하중, 전단하중 등에 대하여 충분히 저항하여야 하며 균열 발생에 대비하여 높은 인성이 확보되어야 한다.
⑥ 수밀성, 동결융해 저항성 등 장기 내구성이 우수하여야 한다.
⑦ 영구 지보재로 숏크리트를 적용할 경우, 숏크리트 라이닝이 최종 노출면이 될 수 있으므로 필요할 때는 화재에 대한 안전성을 확보할 수 있는 대책을 세워야 한다.
⑧ 영구 지보재로 숏크리트를 적용할 경우, 소요 두께 및 층별 기능을 위해 각 층별로 다른 성능의 숏크리트를 타설할 수 있다.
⑨ 영구 지보재로 숏크리트를 적용할 경우, 조명, 환기 등 기타 부대설비를 충분히 고정시킬 수 있을 만큼 숏크리트 강도와 부착 성능을 확보하여야 한다.

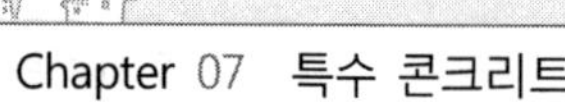

7.13.1 숏크리트 공법

숏크리트 공법은 배합방법에 따라 건식법과 습식법으로 나눌 수 있다.

(1) 건식법

시멘트와 골재를 물을 첨가하지 않고 비벼서 압송관 노즐까지 보내어 노즐에서 물을 첨가하여 압축공기로 뿜어 붙이는 공법이다. 노즐(Nozzle)이란 일정한 방향을 가지고 콘크리트를 압축공기와 함께 뿜어 붙이기 면에 토출시키기 위한 압송 호스 선단의 통을 말한다. 건식 방식의 숏크리트 배합을 정할 때에는 ① 굵은 골재 최대치수 ② 잔 골재율 ③ 단위 시멘트량 ④ 물－결합재 비 ⑤ 혼화재료 종류 및 단위량 등을 선정하여야 한다. 건식 방식에 있어서 물의 계량 및 연속 믹서를 사용할 경우의 허용 계량오차는 믹서 용량에 따라 정해지는 소정의 시간당 계량분을 질량으로 환산하고 표 7.22의 값 이하로 하여야 한다. 이 경우 소정의 시간당 계량분은 믹서 종류, 비비기 시간 등을 고려하여 적절히 정하여야 한다.

표 7.22 계량오차 (KCS 14 20 10 : 2022 2.2.12)

재료 종류	측정단위	허용오차(%)
시멘트	질량	－1%, ＋2%
골재	질량 또는 부피	±3%
물	질량	－2%, ＋1%
혼화재	질량	±2%
혼화제	질량 또는 부피	±3%

건식 숏크리트는 배치 후 45분 이내에 뿜어 붙이기를 실시하여야 하며, 습식 숏크리트는 배치 후 60분 이내에 뿜어 붙이기를 실시하여야 한다.

숏크리트는 타설되는 장소 대기 온도가 32 ℃ 이상이 되면 건식 및 습식 숏크리트 모두 뿜어 붙이기를 할 수 없으며, 적절한 온도 대책을 세운 후 타설하여야 한다. 또한 보강재 및 뿜어 붙일 면의 온도 역시 38℃보다 낮은 온도로 사전처리를 한 후 뿜어 붙이기를 실시하여야 한다. 숏크리트 재료 온도가 10℃보다 낮거나 32℃보다 높을 경우 적절한 온도 대책을 세워 재료의 온도가 10～32℃ 범위에 있도록 한 후 뿜어 붙이기를 실시하여야 한다.(KCS 14 20 51 : 2021 3.1.1)

예제 7.14

숏크리트의 시공에 대한 일반적인 설명으로 틀린 것은? (건·재·기출, 22.4)

① 건식 숏크리트는 배치 후 45분 이내에 뿜어붙이기를 실시하여야 한다.
② 습식 숏크리트는 배치 후 60분 이내에 뿜어붙이기를 실시하여야 한다.
③ 숏크리트는 타설되는 장소의 대기 온도가 25℃ 이상이 되면 건식 및 습식 숏크리트 모두 뿜어붙이기를 할 수 없다.
④ 숏크리트는 대기 온도가 10℃ 이상일 때 뿜어붙이기를 실시하여야 한다.

풀이 ③

(2) 습식법

시멘트, 골재 및 물을 믹서로 비벼서 압송관 노즐까지 보내어 노즐에서 물을 추가하거나 또는 추가 없이 압축공기로 뿜어 붙이는 공법이다. 모르타르 뿜어 붙이기에는 습식공법, 콘크리트 뿜어 붙이기에는 건식공법을 많이 사용한다. 습식 방식의 숏크리트 배합을 정할 때에는 상기 건식법의 경우와 동일하게 5개 항목에 대하여 선정하여야 한다. 습식 방식에서 급결제 첨가 전의 베이스 콘크리트는 굵은 골재 최대치수, 슬럼프, 및 배합강도에 기초하여 정하는 것을 원칙으로 하며, 베이스 콘크리트를 펌프로 압송할 경우 슬럼프는 120 mm 이상을 표준으로 한다.(콘·시방서 21장, 2.4.3) 공기연행제는 건식 숏크리트의 경우 사용할 수 없으며, 습식 숏크리트의 경우 동결융해 저항성을 확보하기 위하여 사용할 수 있다.(콘·시방서 21장, 2.2.3)

7.13.2 품질 (KCS 14 20 51 : 2021 1.6)

숏크리트 뿜어 붙이기 성능은 반발률, 분진농도 및 초기강도로 설정할 수 있으며, 유사한 시공 사례가 있거나 반발률과 분진 농도의 관계가 분명하게 되어 있는 경우에서 숏크리트 뿜어 붙이기 성능은 분진농도와 숏크리트 초기강도로 설정하며 표 7.23 및 표 7.24의 값을 표준으로 한다. 반면 유사 시공 사례가 없으며 반발률과 분진농도의 관계가 불명확하고 새로운 혼화재료를 사용하여 숏크리트를 시공하려고 할 경우에는 분진농도와 초기강도 이외에 뿜어 붙이기 성능의 하나로서 반발률 상한치

를 설정하여야 하는데 일반적으로 20～30%의 값을 표준으로 한다.

표 7.23 분진농도 표준값 (KCS 14 20 51 : 2021 1.6.1)

환기 및 측정조건	분진농도(mg/m^3)
– 환기조건 : 갱내 환기를 정지한 환경 – 측정방법 : 뿜어 붙이기 작업 개시 5분 후부터 원칙으로 2회 측정 – 측정위치 : 뿜어 붙이기 작업 개소로부터 5 m 지점	5 이하

표 7.24 숏크리트 초기강도 표준값 (KCS 14 20 51 : 2021 1.6.1)

재 령	숏크리트의 초기강도(MPa)
24시간	5.0～10.0
3시간	1.0～3.0

주) 영구 지보재 개념으로 숏크리트를 적용할 경우의 초기강도는 3시간 1.0～3.0 MPa, 24시간 강도 5.0～10.0 MPa 이상으로 하며, 장기강도의 감소를 최소화하여야 한다.

일반 숏크리트의 장기 설계기준 압축강도는 재령 28일로 설정하며 그 값은 21 MPa 이상으로 한다. 단, 영구 지보재 개념으로 숏크리트를 타설할 경우에는 설계기준 압축강도를 35 MPa 이상으로 한다.

영구 지보재로 숏크리트를 적용할 경우 구조적 안정성과 박락에 대한 저항성을 확보하기 위해 암반 및 숏크리트 각 층간의 부착강도를 높일 필요가 있으며 재령 28일 부착강도는 1.0 MPa 이상이 되도록 관리하여야 한다.

영구 지보재로 숏크리트를 적용할 경우 절리와 균열 거동에 저항하기 위하여 휨인성 및 전단강도가 우수하여야 한다.

7.13.3 재료

(1) 골재

골재는 깨끗하고 단단하며, 강하고, 내구적이며, 알맞은 입도를 가지며, 화학적으로도 안정하여 숏크리트 공법에 적합한 것이어야 한다. 숏크리트용 골재는 입도를 제외한 골재의 품질은 KCS 14 20 10의 규정에 만족하여야 하며, 골재의 입도는 KS

F 2577 숏크리트용 재료의 혼합골재 입도 범위에 하여야 하며 노즐 막힘 현상이나 반발량을 최소화할 수 있도록 굵은 골재 최대치수를 13 mm 이하로 한다. 숏크리트에 적용되는 골재는 알칼리 골재반응에 무해한 골재를 사용하여야 한다.(KCS 14 20 51 : 2021 2.1.3)

(2) 급결제

급결제는 KCI-SC102 '숏크리트용 급결제 품질 규격'과 KS F 2782의 규정에 적합한 것이어야 한다. 급결제 첨가량은 시공 조건, 사용재료, 조기 강도 발현 효과, 장기강도 저하정도 등을 고려하여 결정하여야 한다. 숏크리트 조기 강도 발현 효과가 좋고 장기강도 감소를 최소화할 수 있으며 인체에 유해한 영향이 없는 알칼리프리 급결제와 시멘트 광물계 급결제를 우선 사용하여야 한다.(KCS 14 20 51 : 2021 2.1.4)

(3) 보강재

보강재로 철망을 사용할 경우에는 원칙적으로 용접철망으로 하고, KS D 7017 '용접철망'에 적합하며 숏크리트 공법에 적합한 것으로 하여야 한다.(KCS 14 20 51 : 2021 2.1.5)

보강재는 숏크리트 작업에 따라 이동이나 진동 등이 일어나지 않도록 적절한 방법으로 설치 및 고정시켜야 한다. 보강재는 뿜어 붙일 면과 20～30 mm 간격을 두고 근접시켜 설치하여야 한다. 철망 망눈 지름은 5 mm 내외, 개구 크기는 100×100 mm 또는 150×150 mm를 표준으로 하고 숏크리트가 철망 뒷부분까지 충분히 채워질 수 있는 것이어야 한다.(KCS 14 20 51 : 2021 3.1.3)

(4) 섬유

터널 라이닝, 굴착사면 보호보강, 기설 콘크리트 구조물 보수보강 등에 강 섬유 보강 콘크리트를 쓴 숏크리트를 사용하고 있다. 또한 강 섬유 이외에 유리 섬유, 합성 섬유, 탄소 섬유 등이 있는데 사용할 때는 소요 품질이 얻어지는가를 충분히 확인 검토 후 사용하여야 한다. 숏크리트에 보강 섬유를 사용할 경우 섬유 뭉침 현상 및 노즐 막힘 현상이 발생하지 않도록 유의하여야 하며 설정된 초기 및 장기강도, 휨강도 그리고 휨인성 등을 만족할 수 있도록 적정 혼입률을 결정하여야 한다.

7.13.4 시공

(1) 뿜어 붙일 면의 사전처리 (KCS 14 20 51 : 2021 3.1.2)

① 작업 중 낙하할 위험이 있는 돌, 풀, 나무 등은 제거하여야 한다.
② 뿜어 붙일 면에 용수가 있을 경우에는 배수 파이프나 배수 필터를 설치하는 등 적절한 배수 처리를 하여야 한다.
③ 뿜어 붙일 면이 흡수성인 경우에는 뿜어 붙일 재료로부터 과도한 수분이 흡수하지 않도록 미리 붙일 면에 물을 뿌리는 등 적절한 처리를 하여야 한다.
④ 비탈면이 동결하였거나 빙설이 있는 경우에는 녹여서 표면의 물을 없앤 다음 뿜어 붙여야 한다.
⑤ 절취면이 비교적 평활하고 넓은 법면에 대해서는 수축에 의한 균열 발생이 많으므로 세로 방향으로 적당한 간격으로 신축줄눈을 설치하여야 한다.

(2) 숏크리트 작업 (KCS 14 20 51 : 2021 3.3.2)

① 노즐은 항상 뿜어 붙일 면에 직각이 되도록 유지하고 적절한 뿜어 붙이는 거리와 뿜는 압력을 유지하여야 한다.
② 숏크리트는 뿜어 붙인 콘크리트가 흘러내리지 않는 범위의 적당한 두께로 뿜어 붙여 소정의 두께가 될 때까지 반복하여 뿜어 붙여야 한다.
③ 강재 지보공를 설치한 곳에 숏크리트를 실시할 경우에는 뿜어 붙일 면과 강재 지보재 사이에 공극이 생기지 않도록 뿜어 붙이고 또한 숏크리트와 강재 지보재가 일체가 되도록 주의하여 실시하여야 한다.
④ 숏크리트 작업에서 반발량이 최소가 되도록 함과 동시에 리바운드된 재료가 다시 혼입하지 않도록 한다.
⑤ 숏크리트 표면은 특별히 필요한 경우를 제외하고는 숏크리트만으로 마무리하는 것을 원칙으로 한다.

예제 7.15

숏크리트의 특징에 대한 설명으로 틀린 것은? (건·재·기출, 22.3)

① 용수가 있는 곳에서도 시공하기 쉽다.
② 수밀성이 적고 작업 시에 분진이 생긴다.

③ 노즐맨의 기술에 의하여 품질, 시공성 등에 변동이 생긴다.
④ 임의 방향으로 시공 가능하나 리바운드 등의 재료손실이 많다.

풀이 ①

7.14 섬유 보강 콘크리트

섬유 보강 콘크리트(Fiber Reinforced Concrete, FRC)란 보강용 섬유를 혼입하여 주로 인성, 균열 억제, 내충격성 및 내마모성 등을 높인 콘크리트를 말한다. 콘크리트 인장강도와 균열 저항성을 높이고 인성을 개선시킬 목적으로 모르타르 또는 콘크리트에 섬유를 보강시켜 만든 구조용 복합재료이다. 섬유가 시멘트 내에 골고루 분산·보강되고 섬유혼입이 쉽기 때문에 콘크리트 제품 생산에 적용하기 쉬운 장점이 있다. 이러한 섬유 보강 콘크리트는 인장강도, 충격강도, 피로강도 마모 저항성 등이 증대하여 콘크리트 포장이나 공장 바닥, 수조 등의 수밀 콘크리트 등에 사용하고 있다. 바닥용 모르타르 균열 방지나 터널 라이닝에 숏크리트 등으로 사용하기도 한다. 시멘트계 복합재료용 섬유는 강 섬유, 유리 섬유, 탄소 섬유 등의 무기계 섬유와 아라미드 섬유, 폴리프로필렌 섬유, 비닐론 섬유, 나일론 등의 유기계 섬유로 구별한다. 이들 섬유는 섬유와 시멘트 결합재 사이 부착성이 양호하고 섬유의 인장강도가 크며 내구성, 내열성 및 내후성이 우수하다. 콘크리트 보강용 섬유는 섬유 보강 콘크리트의 물리적 및 역학적 성능시험과 구조성능에 미치는 영향에 대한 확인시험 후 책임기술자 승인을 받아 사용하여야 한다.

예제 7.16

섬유보강 콘크리트에 대한 설명으로 틀린 것은? (건·재·기출, 21.3)

① 섬유보강 콘크리트 1 m^3 중에 포함된 섬유의 용적 백분율(%)을 섬유 혼입률이라고 한다.
② 보강용 섬유를 혼입하여 주로 인성 균열억제, 내충격성 및 내마모성 등을 높인 콘크리트를 섬유보강 콘크리트라고 한다.
③ 섬유보강 콘크리트의 비비기에 사용하는 믹서는 가경식 믹서를 사용하는 것을 원칙으로 한다.

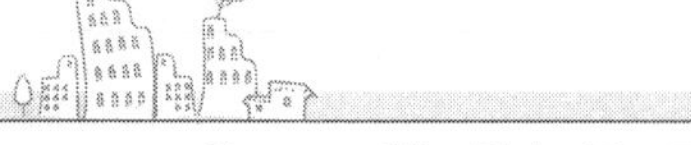

④ 섬유보강 콘크리트의 배합은 소요의 품질을 만족하는 범위 내에서 단위수량을 될 수 있는 대로 적게 되도록 정하여야 한다.

풀이 ③

7.15 폴리머 - 콘크리트 복합체

고분자 화학공업에서 생산한 폴리머(Polymer)를 혼화재로 사용하여 콘크리트가 갖는 결점을 개선한 콘크리트를 폴리머－콘크리트 복합체(Concrete-Polymer Composite)라고 말한다. 콘크리트 시방서 KCS 14 20 23 : 2021 폴리머 시멘트 콘크리트에서 다음과 같이 정의하고 있다.

> "**폴리머 시멘트 모르타르**(polymer-modified mortar, PMM) : 결합재로 시멘트와 시멘트 혼화용 폴리머(또는 폴리머 혼화제)를 사용한 모르타르"
>
> "**폴리머 시멘트 콘크리트**(polymer-modified concrete, PMC) : 결합재로 시멘트와 시멘트 혼화용 폴리머(또는 폴리머 혼화제)를 사용한 콘크리트"
>
> "**시멘트 혼화용 폴리머 분산제**(polymer dispersion) : 시멘트 혼화용 폴리머(또는 폴리머 혼화제)의 일종으로 수중에 입경 0.05～1μm의 폴리머 미립자가 분산되어 있는 것으로 미립자가 고무인 경우를 라텍스(latex), 합성수지의 경우를 에멀션(emulsion)이라 함."
>
> "**시멘트 혼화용 재유화형 분말수지**(redispersible polymer powder) : 시멘트 혼화용 폴리머(또는 폴리머 혼화제)의 일종으로 고무라텍스 및 수지 에멀션에 안정제 등을 첨가한 것을 건조시켜 얻은 재유화가 가능한 분말형 수지"

7.15.1 폴리머 시멘트 콘크리트

폴리머 시멘트 콘크리트 제조는 시멘트 콘크리트와 동일하다. 워커빌리티와 압축강도에 주안점을 두고 배합설계를 하는 시멘트 콘크리트에 비해서 폴리머 시멘트 콘크리트는 인장강도, 휨강도, 접착성, 수밀성, 기밀성, 내약품성, 내마모성 등도 고려하여 배합설계를 한다. 시멘트는 포틀랜드 시멘트, 혼합 시멘트, 알루미나 시멘트, 초속경 시멘트 등이 사용된다. 그리고 혼화제용 폴리머는 SBR 라텍스(Latex), PAE 및 EVA 에멀션(Emulsion)과 같은 폴리머 분산제를 사용한다. 또한 혼화용 보강재로서는 내알칼리성 유리 섬유, 강 섬유, 폴리아미드 섬유, 폴리프로필렌 섬유, 폴리에틸렌 섬유, 탄소 섬유 등을 사용한다. 폴리머 시멘트 콘크리트 용도는 접착용 모르타르, 방수재, 포장용, 방식재, 라이닝재로 사용한다.

(1) 배합 (KCS 14 20 23 : 2021 2.2.1)

① 폴리머 시멘트 페이스트, 모르타르 및 콘크리트는 물－결합재 비, 골재－시멘트 비 및 폴리머－시멘트 비에 따라 성질이 변화하기 때문에 사용목적에 맞는 배합설계를 하여야 한다.

② 물－결합재 비는 요구되는 워커빌리티 지표 하나인 플로값 또는 슬럼프값으로부터 정하여야 하며, 혼합한 폴리머 디스퍼전 중의 수분과 거기에 첨가된 물의 양을 합하여 산정하며 물－결합재 비는 30～60%의 범위로서 가능한 한 적게 정하여야 한다.

③ 폴리머－시멘트 비는 5～30%의 범위로 하며 폴리머 시멘트 페이스트, 모르타르 및 콘크리트 배합은 최종적으로 예상되는 시공 조건에서 시험배합을 통하여 정하여야 한다.

(2) 비비기 (KCS 14 20 23 : 2021 2.2.2)

① 비비기는 기계 비빔을 원칙으로 한다.

② 믹서에 재료를 투입하는 순서는 책임기술자 지시에 따른다.

③ 비비기 시간은 시험에 의해서 정하는 것을 원칙으로 한다.

(3) 자재 품질관리 (KCS 14 20 23 : 2021 2.3)

시멘트 혼화용 폴리머 품질은 KS F 4916 '시멘트 혼화용 폴리머(polymer for cement modifiers)'의 규정을 따르며, 그 품질 규정 값은 표 7.25와 같다.

표 7.25 시멘트 혼화용 폴리머 KS F 4916에 의한 품질 규정 값

(KCS 14 20 23 : 2021 2.3)

시험 종류	시험항목	규 정
분산제 시험	겉모양	거친 입자, 이물질, 응고물 등이 없을 것
	전 고형분	35.0% 이상 또한 표시값의 ±1.0% 이내
폴리머 시멘트 모르타르의 시험	휨강도	3.9 MPa 이상
	압축강도	9.8 MPa 이상
	접착강도	0.98 MPa 이상
	흡수율	15.0% 이하
	투수량	30 g 이하
	길이 변화율	0～0.150%

(4) 시공 (KCS 14 20 23 : 2021.3)

① 시공 온도는 5～35℃를 표준으로 한다.

② 바탕면은 각종 공법에 따라서 조정되며 바탕면 종류에 따라서 적절한 처리를 하여야 한다.

③ 폴리머 시멘트 페이스트, 모르타르 및 콘크리트 가용시간을 고려하여 1회 시공량에 대응하는 소정량 재료를 계량하여 균일하게 혼합하여야 한다.

④ 폴리머 시멘트 페이스트, 모르타르 및 콘크리트 혼합은 기계혼합으로 한다.

⑤ 폴리머 시멘트 페이스트, 모르타르 및 콘크리트는 제조회사에서 지정한 가용시간 내에 사용하여야 한다.

⑥ 바탕이 건조한 경우는 물로 축축하게 하거나 또는 흡수 조정재로 처리하여 시공하여야 한다.

⑦ 흙손 마감 경우는 수회에 걸쳐 누르며 필요 이상의 흙손질을 피하여야 한다.

(5) 양생 (KCS 14 20 23 : 2021.3.5)

① 시공 후 1～3일의 습윤 양생을 행한 후 시공 장소를 사용할 때까지 양생기간은 7일을 표준으로 한다.

② 동절기 시공 등에서 초기 동해 우려가 있는 경우는 폴리머 시멘트 페이스트, 모르타르 및 콘크리트가 동결되지 않도록 필요한 대책을 강구한다.

③ 하절기 옥외시공 등에서 급격한 건조가 우려되는 경우는 살수 양생 등의 대책을 강구한다.

연습문제

01 특수 콘크리트 종류를 설명하시오.

02 경량 콘크리트에 관하여 설명하시오.

03 한중 콘크리트에 관하여 설명하시오.

04 서중 콘크리트에 관하여 설명하시오.

05 AE 콘크리트에 관하여 설명하시오.

06 숏크리트에 관하여 설명하시오.

07 해양 콘크리트에 관하여 설명하시오.

08 섬유보강 콘크리트에 관하여 설명하시오.

09 폴리머 콘크리트에 관하여 설명하시오.

10 팽창 콘크리트에 관하여 설명하시오.

참고문헌

건설교통부, 콘크리트 표준시방서, 2003.

국토교통부, KCS 14 20 01～70 : 2022, 2022.1.11.

국토교통부, KCS 14 31 05～70 : 2022, 2022.1.11.

국토교통부, KDS 14 20 01～62 : 2022, 2022.1.11.

국토교통부, 시멘트 콘크리트 포장 시공지침, 2017.4.

국토해양부, 건축공사 표준시방서, 2015.

국토해양부, 도로공사 표준시방서, 2016.

국토해양부, 레미콘·아스콘 품질관리 지침, 2012.11.

국토해양부, 시멘트 콘크리트 포장 생산 및 시공 지침, 2009.11.

국토해양부, 콘크리트 구조기준, 2012.10.

국토해양부, 콘크리트 표준시방서, 2009.

국토해양부, 콘크리트 표준시방서, 2016.

대한건설협회, 2005 건설공사 표준품셈, 2005.1.

대한전문건설협회, 콘크리트 구조물(토목)의 균열과 하자문제, 2005.5.

문한영, 건설재료학, 동명사, 1987.2.

박우열 외 3, 건축재료, 대가, 2010.11.

박홍용 역, 콘크리트와 문화, 씨아이알, 2014.6.

성기태 외 3, 토목재료학, 신광문화사, 2007.6.

이형준 외 5, 건설재료학, 동화기술, 2016.8.

장영길 외 3, 토목재료 및 실험, 동화기술, 2004.3.

장영길 외 5 역, 콘크리트의 지식, 동화기술, 2003.2.

재료 연구소, 복합재료야 놀자, (주)동아에스앤씨, 2017.4.

전용배 외 2, 실내토질시험법의 기초, 성안당, 2001.3.

전용배 외 4, 건설재료 및 시험, 동화기술, 2010.3.

전용배, 건설재료 및 실내시험법 기초, 동화기술, 2018.2.

토목공학연구회, 토목실험, 형설출판사, 1987.2.

中村聖三 외 1, 土木材料學, コロナ社, 2014.2.

宮川豊章 외 1, 土木材料學, 朝倉書店, 2012.3.

Chapter 8 강 재

8.1 개 요

건설공사에 사용하는 재료는 자체 중량에 견디고 구조물에 작용하는 하중이나 외력을 지지하여야 한다. 충분한 강도를 유지하며 재료 성질이 변하지 않고 또한 값싸고 대량으로 생산하는 재료이어야 한다.

구조물이 대형화, 고층화하면서 강재가 주요 건설재료로 사용하고 있다. 강 구조물로는 교량, 건축물, 철탑, 송배전탑, 관로, 수문, 고압용기 등을 들 수 있다. 또한 선박, 항공기, 로켓, 우주선, 자동차, 기계류 등도 넓은 의미의 강구조물이라 할 수 있다. 이와 같이 강재는 기초 산업재로서 광범위한 분야에서 사용하고 있다.

8.1.1 제조

(1) 제선공정

고로(Shaft Farnace)에 철광석을 넣고 코크스를 태워서 철광석 중 산소를 제거하고 용해시켜 선철로 만드는 공정이다. 철광석을 사전 처리하는 소결이나 코크스를 만드는 과정도 포함하여 제선이라 말하는 경우도 있다.

철광석은 보통 30~70% 철분을 함유한 광석이다. 좋은 철광석이란 철분이 풍부하고 황, 인, 동과 같은 유해성분이 적어며 크기가 일정한 것이다. 철광석은 원산지에 따라 품질, 성분, 형상이 각기 다르다. 철광석(소결광), 코크스, 석회석은 고로 윗부분에 넣어져 서서히 아래로 떨어진다. 이때 코크스는 고로 밑 부분에 유입하는 열풍에 의해 연소하는데 이 과정에서 발생하는 일산화탄소가 철광석과 환원반응을 일으키면서 쇳물을 생산한다. 코크스는 철광석을 녹이는 열원 역할과 산화철인 철광석에서 산소와 쇳물을 분리시키는 역할을 한다. 고로에 투입한 철광석이 쇳물로 나오기까지는 5~6시간 정도가 필요하고 이때 쇳물 온도는 1,538℃이다.

(2) 제강공정

고로에서 생산된 쇳물(용선)은 탄소 함유량이 많고 인, 유황과 같은 불순물을 포함하여 부스러지기 쉽다. 쇳물을 강으로 만들려면 탄소 양을 줄이고 불순물을 제거하는 과정이 필요하다. 이러한 과정이 제강공정이다. 제강공정은 용선예비처리, 전로제강, 2차 정련이라는 세 가지 과정으로 구분할 수 있다.

첫째, 용선예비처리는 쇳물에 포함한 불순물인 인과 유황 성분을 제거하는 공정이다. **둘째**, 전로제강공정은 전로에 쇳물을 부은 후 고압, 고순도 산소를 불어넣어 탄소를 태우고 불순물을 제거하는 공정이며 철강의 기본 품질을 결정하는 공정이다. **마지막**으로 2차 정련은 최종제품 내부품질(성분, 재질 등) 요구조건에 맞게 제어하는 공정이다.

(3) 압연공정

강에는 연성과 전성이 있어 힘을 가하면 길게 늘이거나 얇게 넓힐 수가 있으며 가열하면 보다 쉽게 형태를 바꿀 수 있다. 이와 같은 특성을 이용하여 목적에 맞도록 모양을 가공 변형한 것이 강재이다. 강괴를 1차 가공하여 필요한 강재로 제조하는 방법에는 압연, 단조, 주조 등 3가지 방법이 있다.

① 압연

강괴 또는 강편을 회전하는 롤과 롤 사이에 끼우고 롤 간격을 좁히면서 늘리거나 얇게 성형하는 소성가공이다. 이 방법으로 만들어진 제품을 압연강재라 한다. 단조, 압출, 인발 등의 가공에 비해 단순한 형상 제품을 능률적으로 만들 수 있는 방법이다.

② 단조

강괴를 프레스 기계로 누르거나 또는 해머로 때려서 원하는 형상으로 만들어진 제품을 단조품 또는 자유 단조품이라 하며 재질이 치밀하고 단단하다. 단조 목적은 형을 만들거나 결정입자를 파괴하여 인성을 부여하는 것으로 재료 낭비를 줄이고 양질의 기계적 성질을 만드는 것이다.

③ 주조

용강을 주형에 주입하여 원하는 형상으로 만든 제품을 주강품이라고 한다. 압연으로 제조할 수 없는 복잡한 형상의 기계부품을 만든다. 그러나 제품의 기계적 성질이나 신뢰성은 뒤떨어진다. 이상의 세 가지 방법으로 만든 제품을 모두 강재라 하며 압연강재 생산량이 많기 때문에 일반적으로 강재라 하면 압연강재를 말하는 경우가 많다.

그림 8.1에서 강재 제조공정을 나타내고 있다.

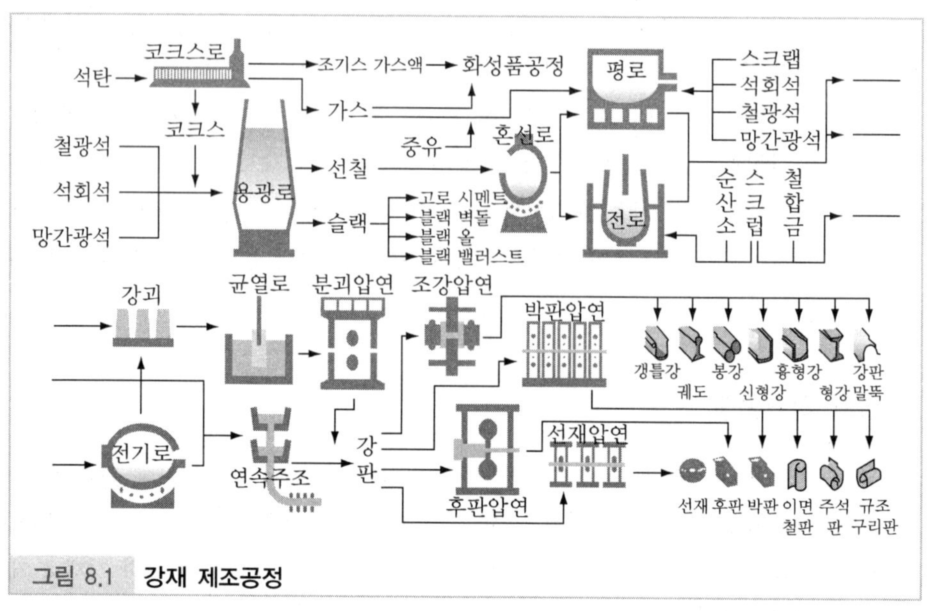

그림 8.1 **강재 제조공정**

8.1.2 종류

(1) 성분 분류

① 탄소강

탄소강이란 함유한 탄소량에 따라 특성이 정해지는 강을 말한다. 보통 탄소강의 탄소량은 0.04～1.70% 정도이고 저탄소강($C<0.2$), 중탄소강($0.2<C<0.5$), 고탄소강($C>0.5$)으로 분류한다. 용융 상태의 탄소는 강 내부에 용해하여 있으나 냉각할 때의 조직성분은 온도 및 탄소 농도에 따라 변화한다.

탄소강 성질은 탄소량이 증가할 경우 비중·선팽창계수는 감소하고 비열·전기저항성 등은 증가한다. 인장강도, 항복점 및 경도는 탄소량과 함께 증가하고 신장·충격치는 감소한다. 탄소량 0.5% 이하는 열처리 기계적 성질에 미치는 영향이 작으나 탄소량이 0.5% 이상의 고탄소강에서는 열처리 영향이 뚜렷하며 때로는 그 용도로 인하여 공구강이라 한다. 일반적으로 불림한 것은 풀림한 것보다 인장강도·항복점이 크고 신장은 작다. 즉, 풀림에 따라 연한 상태를 얻을 수 있고 불림으로 강도가 큰 것을 얻을 수 있다. 탄소강을 함유량 및 용도에 따라 분류하면 표 8.1과 같다.

표 8.1 탄소강 분류

종 류	탄소함유량 (%)	인장강도 (MPa)	연신율 (%)	담금질	용 도
극연강	<0.12	<380	25~20	부	리벳, 강선
연 강	0.13~0.20	380~440	22~18	부	교량, 선박
반연강	0.20~0.30	440~500	20~16	부	조선, 레일
반경강	0.30~0.40	500~600	15~12	약간 부	구조용 샤프트
경 강	0.40~0.50	600~700	12~9	양	공구, 건축재
최경강	0.5~0.8	>700	8~6	양	공구, 스프링

② 합금강

합금강은 탄소강에 여러 종류 금속원소를 더하여 배합한 고급강이다. 주요한 합금강에는 크롬강, 니켈-크롬강, 니켈-크롬-몰리브덴강, 크롬-몰리브덴강 등이 있다. 또 특수용 합금강으로 내식강, 내열강, 베어링강 등이 있으며 그중 내식강은 크롬만 함유시킨 것과 크롬과 니켈을 함유시킨 두 종류가 있으며 공기 중 및 수중에서 녹이 슬지 않은 강의 방청재로서 사용한다. 합금강 및 특수용도 강을 함유성분 및 용도에 따라 분류하면 표 8.2와 같다.

표 8.2 합금강 분류

분 류	종 류	용 도
합금강	크롬강	탄소강에 1% 정도의 크롬을 첨가하여 경화성능을 개량한 강
	니켈강	0.5~5.25% 니켈을 함유하며 구조용 강, 저온에서 주로 사용
	망간강	7% 이상의 망간을 함유하며 스위치, 철도건널목 등에 사용
	니켈-크롬강	강인성, 내열성, 내식성이 좋아 크랭크축, 강력볼트 등에 사용
	크롬-몰리브덴강	경화능이 크고 소리저항성이 크다.
특수용도강	베어링강	망간, 몰리브덴을 넣어 경화성능을 높이며, 공구용, 게이지용으로 사용
	자석강	전자석용으로 4% 규소 강판을 사용
	내식강	내식성을 향상시키기 위해서 크롬, 니켈 등을 첨가
	내열강	내열성을 향상시키기 위해서 니켈, 크롬, 몰리브덴 등을 첨가

(2) 용도 및 규격 분류

강은 용도에 따라 구조용 강과 공구강으로 분류하며 구조용 강재에 사용하는 것은

주로 연강 압연재인데 형강, 강판, 봉강 및 평강류 등이다. KS에서는 일반구조용 압연강재, 철근 콘크리트용 봉강, 용접구조용 압연강재, 용접구조용 내후성열간 압연강재, 보일러용 압연강재, 리벳용 원형강, 탄소강 주강품 등에 대하여 규정하고 있다.

① **형강**

형강에는 등변 r형강, I형강, ㄷ형강, 부등변 ㄱ형강 및 T형강, H형강 등이 있다. 단면이 I형강과 같이 웨브 높이가 테이퍼형상으로 변화하여 접합에 편리한 것이 있다.

② **봉강**

단면은 환봉형 이외에 4각, 6각, 8각 등이 있고 철근 콘크리트용 봉강과 철근 콘크리트용 재생봉강에는 단면 환봉형을 사용하는데 표면 형태에 따라 보통봉강과 이형봉강으로 구별한다.

③ **강판류**

강판류에는 후판, 중판, 박판 등이 있다. 후판은 주로 철골주, 보 등의 연결 래티스 보강용 등에 쓰이며 중판은 후판과 동일한 용도 외에 강재시트, 조선, 차량, 유조용 등에 쓰인다. 박판 중에서 두께 1.6 mm 이상은 가전제품 패널 등에 주로 쓰인다.

8.2 특 성

8.2.1 파괴특성

강재가 외력을 받는 경우 응력변형 특성과 강재 파괴형태 및 그 내하력에 관한 성질을 강재의 기계적인 성질이라 한다. 강재에 외력을 작용시키면 일정한 한계 내에서는 외력에 비례하여 변형이 일어나는데 외력을 제거하면 부재는 원상태로 돌아가지 않고 영구변형을 남긴다. 어느 한계 이상 수준에서는 외력 증가가 없거나 오히려 감소하는데도 변형이 증가하는 불안정한 현상이 일어나며 최종적으로는 강재 재질과

하중 작용 특성 및 환경에 따라 다양한 파괴형태로 파괴한다.

이와 같은 현상들은 다음과 같은 요인에 지배 받는다.

① 작용 하중 : 인장, 압축, 휨 또는 전단의 단독 또는 복합작용
② 작용 형식 : 정적, 동적, 반복적 또는 지속적 작용
③ 온도 : 상온, 저온 또는 고온
④ 주변 조건 : 공기 중, 수중, 높은 습기 중, 산성 또는 알칼리성 환경

외력이 압축 또는 휨인 경우 부재파손은 좌굴에 의한 것이 많다. 좌굴현상은 재료 자체 특성에도 관계있고 부재 세장비 또는 폭과 두께 등 단면의 기하학적인 형상에도 영향을 받는다.

상기한 여러 요인에 따른 구조물 주요 부재로 사용한 강재 파괴형태를 분류하면 다음과 같다.

① 상온에서 정적인 외력에 의한 연성파괴
② 외력 반복 작용에 따른 피로파괴
③ 저온에서 충격적인 외력에 따른 취성파괴
④ 고온에서 지속적인 하중에 따른 크리프 및 릴랙세이션
⑤ 수중, 다습 환경, 산성 환경에서 지속적인 하중을 받을 경우 수소취성(Hydrogen Embrittlement)에 따른 지연파괴
⑥ 알칼리 환경 중에서 지속적인 하중을 받을 경우 응력부식

8.2.2 기계적 특성

(1) 응력 - 변형률 특성

그림 8.2의 강재 응력－변형률 곡선에서 최대탄성응력 또는 직선부분 최고점을 탄성한도라 한다. 이 값은 실제적으로는 거의 측정이 불가능하며 일반적으로는 비례한도라 한다. 대응하는 응력에 대한 증가가 없는데도 신장이나 변형에 뚜렷한 증가가 있을 때의 응력을 항복점이라 한다. 항복점 이전에 발생되는 변형을 탄성변형이라 하고 항복점 이후에 응력증가가 없이 발생하는 변형을 소성변형이라 한다.

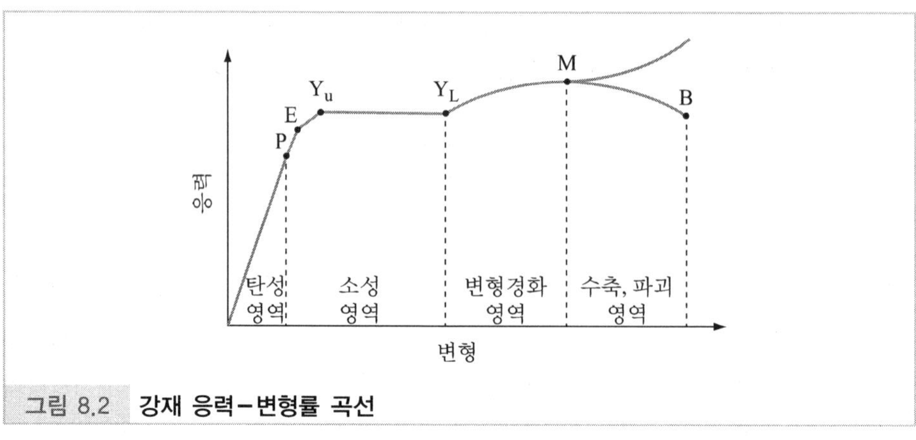

그림 8.2 **강재 응력-변형률 곡선**

응력과 변형률의 관계는 P점까지는 직선이므로 이 범위 안에서는 응력과 변형률은 비례한다. 이 때문에 P점을 비례한계라 한다. E점 이하의 응력에서는 응력이 0으로 되면 변형도 0으로 되돌아가는 것으로 보아 E점은 탄성을 상실하는 한계점으로 탄성한계인데 P점 부근에 있다. P점으로부터 곡선으로 되고 Y_u점을 넘어 하중을 증가시키면 시험기가 가리키는 하중눈금은 떨어지나 변형률이 급격한 증가가 일어나다가 Y_L점에서 다시 위로 향하는 곡선을 그린다. 이러한 변형상태를 흐름상태 또는 크리프라 하고 Y_u점을 상항복점, Y_L점을 하항복점이라 한다.

강재는 Y_u와 Y_L점을 넘는 하중을 받게 되면 탄성체로부터 소성체로 바뀐다. 또한 재료시험에 있어서 탄성한계인 E점을 찾기란 힘겨운 것이므로 Y_u점을 상업적인 탄성한계라 한다. Y_L점을 넘어 계속 하중을 증가시키면 곡선은 최고점인 M에 도달한다. 이점을 극한강도점이라 하며 재료가 받을 수 있는 최대 응력을 가리키는 힘이다. 다시 M점을 넘어서 하중을 증가시키면 하중 눈금은 떨어지나 변형 증가만이 뚜렷이 일어나고 결국에 가서는 빛과 소리를 내며 파괴한다. 이 B점을 파괴점이라 한다. 이때 재료 파괴부분의 단면적에 의한 응력을 실 응력이라 하고 변형이 일어나는 동안에도 최초의 단면적에는 변함이 없다고 가정하여 구하는 응력을 공칭응력이라 한다. 실 응력-변형률 곡선은 M점부터 위로 올라가고 공칭응력-변형률 곡선은 아래로 처진다. 탄성한계 이하로 가해진 하중은 탄성에너지로 바뀌어 재료에 저장되었다가 하중을 제거함과 동시에 탄성에너지가 힘으로 바뀌어 원상태로 복귀하는 현상이 나타난다.

하중이 증가하여 극한강도를 넘으면 시험편의 취약부에는 목 부분이 형성하는데 이것이 만들어지면 공학적이 응력인 공칭응력은 저하되어 파단이 일어난다.

(2) 취성파괴

취성파괴는 구조용 강재에 일반적으로 존재하는 취성거동 조건하에서 강재 부재가 파괴하는 것으로 정의할 수 있다. 강재는 사용조건 하에서 취성파괴가 일어나지 않도록 충분한 인성을 가져야 한다. 재료 인성은 노치(Notch : 흠집)가 있는 상태에서 소성으로 변형할 수 있는 능력으로 정의할 수 있으며 노치인성은 사용온도·하중속도·강재의 두께 및 성분·열처리 여부와 관련이 있다. 강재로 제작된 일부교량들은 재료나 접합부의 결함이나 외부환경조건으로 인한 취성파괴로 인하여 파괴가 일어나는데 취성파괴 가능성을 높이는 몇 가지 요인을 살펴보면 다음과 같다.

① 고강도 강재 사용
② 강재두께 증가
③ 사용온도 저하
④ 안전계수 감소
⑤ 응력집중 가능성을 증가시키는 부재들의 복잡한 배열
⑥ 용접사용 증가

강재두께 증가에 의한 취성파괴는 볼트 또는 리벳으로 연결된 구조물에서도 일어날 수 있지만 미숙한 용접으로 인한 초기의 흠이 취성파괴 주원인이다.

취성파괴는 여러 종류 결함으로부터 시작한다. 복잡한 대형구조물에서는 일반적으로 균열이 존재하는데 제조과정 및 검사를 철저히 함으로써 초기에 결함 크기를 줄일 수 있으나 롤링·절단·드릴링 및 용접에 따른 미세한 균열은 어쩔 수 없이 존재한다. 만일 균열 크기가 시간 및 응력에 따라 커진다면 취성파괴는 균열로부터 시작했다고 간주할 수 있다. 설계자·검사자·제작자 모두는 균열 크기가 미소하도록 주의를 기울여야 하며 균열 크기가 증가하는 조건에 대해서도 신경을 써야만 한다.

(3) 피로

정적강도보다 상당히 작은 외력의 계속적인 반복 작용에 의해 균열이 발생하여 진전하는 현상을 피로파손이라 한다. 재료의 최종적인 피로파괴는 에너지 불안정 또는 소성 불안정에 의해 균열이 급격하게 성장하는 것에 기인한다. 이와 같은 균열의 급격한 불안정 성장에 의한 것 외에 피로파괴를 “안정” 균열성장 과정이라고도 한다. 이러한 특성이 잘 나타나는 것이 강재와 같은 연성재료이다. 이와 같은 재료는 균열이 발생하여도 충분한 인성을 갖는 것이 특징이다. 강교량에 발생하는 응력 크기는

강재 정적강도와 비교하여 작은 경우가 대부분이다. 미소피로균열 발생이 부재나 구조물 전체 붕괴로 즉시 이어지는 것은 아니므로 피로균열 초기단계에서 적절한 대책을 강구함으로서 최종적인 불안정 파괴에 대한 충분한 안전성을 확보할 수 있다. 피로강도는 하중의 반복횟수·응력범주·응력변동 범위에 의해 결정한다. 반복하중 응력진폭이 일정한 경우와 변화하는 경우에 따라 피로강도는 변한다. 그러나 응력범위가 일정한 수준 이하인 경우에는 피로파괴가 발생하지 않으며 이를 피로한도라고 한다.

(4) 부식

강재는 산화화합물을 환원·제련하여 제조되기 때문에 자연계 속에서는 불안정한 상태로 존재하므로 산소 및 물과 결합하여 안정한 상태인 발청 상태로 돌아가고자 하는 현상을 부식이라 한다. 일반적으로 부식은 금속이 처해 있는 환경물질에 따라 화학적 또는 전기화학적으로 침식하는 현상을 말한다.

대기 중의 부식인자로는 습도·온도·강우량·일조·오염물질이 있는데 이들의 영향도에 따라 부식속도를 결정한다. 녹은 물과 산소 존재에 따라 발생하므로 습도는 부식의 직접적 요인으로 그 영향도가 크다. 일반적으로 습도가 60% 이상이면 노출면에 녹이 발생하기 시작한다. 따라서 다습지역에서는 도장의 열화와 함께 급속하게 녹이 발생하는 경우가 많다. 또 온도가 높을수록 녹의 진행속도가 빠른 경향이 있는데 이것은 녹의 발생전개 원리가 되는 화학반응 속도가 온도상승과 함께 빨라지기 때문이다.

부식은 부식환경에 따라 습식과 건식으로 구별하며 다시 전면부식과 국부부식으로 분류한다. 전면부식의 부식속도는 mm/hr 또는 $g/m^2/hr$ 등으로 표시하며 내식재료로서 사용 여부의 평가기준으로서 일반적으로 0.1 mm/hr 이하의 부식속도를 갖는 재료가 내식재료로서 사용 가능하다.

특히 부식에 따라 금속이 용출하여 제품을 오염시키는 경우 재료선정에 주의하여야 한다. 그러나 전면부식은 그 부식속도로부터 수명예측이 가능하고 부식에 관한 지식이 있다면 대책은 비교적 용이하다. 반면 국부부식은 전혀 예측이 불가능하기 때문에 문제로 나타나고 있다.

(5) 기타특성

① **내화성**

탄소강 강도는 200～300℃에서는 상온 강도보다는 증가하지만 500℃에서는 연화하여 상온의 약 50%, 600℃에서는 약 30%, 1000℃에서는 강도를 모두 잃으며, 1,400～1,500℃에서는 완전히 용해한다. 탄소강은 고온에서는 강도가 현저히 저하되므로 구조재로서는 내화피복이 필요하다. 탄소강 열팽창계수는 약 (1.0～1.2)×10^{-5}인데 콘크리트 열팽창계수와 거의 같다.

② **내구성**

강은 습한 상태나 또는 수중에 있으면 물의 분해에 따라 전해작용을 일으켜 표면에 녹이 발생한다. 습기 및 수중에 탄산가스가 존재하면 이 부식작용은 촉진한다. 그 외에 석탄·코크스 연소에 의한 유황 산화물이나 공기 중의 먼지·매연, 해변지대 염분 등에 의해서도 부식한다. 강재가 부식하지 않게 하려면 도료 등으로 피막을 만들든가 모르타르·콘크리트 등으로 피복하여야 한다. 강은 알칼리 중에서는 안정하므로 모르타르·콘크리트의 피복은 유효하며 철근 콘크리트 구조는 이러한 의미에서 이상적이다. 콘크리트는 오랜 기간이 지나면 표면에서 중성화하므로 콘크리트로 피복할 경우 충분한 두께로 하여야 한다.

8.3 제 품

8.3.1 교량용 강재

도로교 설계기준에 사용하는 도로교 표준강재는 표 8.3과 같다.

표 8.3 도로교 표준강재

강재의 종류	규 격	강재구분	강재기호
1. 구조용 강재	KS D 3503	일반 구조용 압연강재	SS 400
	KS D 3515	용접 구조용 압연강재	SM 400, 490 490, 520, 570
	KS D 3529	용접 구조용 내후성열간 압연강재	SMA 41, 50
2. 강관	KS D 3566	일반 구조용 탄소강관	SPS
	KS D 4602	강관말뚝	SPS
	KS D 4605	강관시트 파일	SKY
3. 접합용 강재	KS D 1010	마찰접합용 고장력 6각볼트, 6각너트, 평와셔의 세트	F8T, F10T
4. 용접재료	KS D 7004	연강용 피복 아크 용접봉	
	KS D 7006	고장력강용 피복 아크 용접봉	
	KS D 7024	서브머지드 아크 용접용 강선 및 용제	
5. 주단조품	KS D 3710	탄소강 단강품	SF 50, 55
	KS D 4101	탄소 주강품	SC 46
	KS D 4106	용접 구조용 주강품	SCW 42, 49
	KS D 4102	구조용 고장력 탄소강 및 저합금강 주강품	LMnSC 1A, 2A
	KS D 3752	기계 구조용 탄소강재	SM 35C, 45C
	KS D 4301	회 주철품	GC 250
	KS D 4302	구상흑연 주철품	GCD 40
6. 선재 2차 제품	KS D 3509	피아노 선재	PWR
	KS D 3559	경강 선재	HSWR
	KS D 7002	PC 강선 및 PC 강연선	원형선 SWPC1 이형선 SWPD1 2연선 SWPD2 이형 3연선 SWPD3 7연선 SWPC7 19연선 SWPC19
7. 봉강	KS D 3504	철근 콘크리트용 봉강	SD 300, 400, 500
	KS D 3505	PC봉강	A종 1호 SBPR 785/930 A종 2호 SBPR 785/1030 B종 1호 SBPR 930/1080 B종 2호 SBPR 930/1180

8.3.2 구조용 압연강재

(1) 일반 구조용 압연강재(KS D 3503, SS재)

KS D 3503 '일반 구조용 압연강재(rolled steels for general structures)'에서 규정하고 있는 강재이다. 기계적 성질에 중점을 두고 제조한 반면 용접성은 고려하지 않은 강재이다. SS재 경우 판 두께가 22 mm 이하는 용접성이 문제가 되지 않으므로 용접구조에도 사용하나 한랭지이거나 주요 부재인 경우에는 다음의 용접구조용 압연강재를 사용하는 것이 바람직하다. 표 8.4는 일반 구조용 압연강재에 대한 나라별 관련 규격이다.

표 8.4 일반 구조용 압연강재 관련 규격

KS	JIS	ASTM
KS D 3505	JIS G3101	
SS 330, SS 400	SS 330, SS 400	ASTM A36
SS 490, SS 540	SS 490, SS 540	

(2) 용접 구조용 압연강재(KS D 3515, SM재)

KS D 3515 '용접 구조용 압연강재(rolled steels for welded structures)'에서 규정하고 있는 강재이다. 용접성을 고려하여 성분을 조정하여 제조한 강재로 기계적 성질에 따라 5종류로 구별하고 있다. 많은 종류의 성분을 포함하고 있으며 탄소당량이 크거나 용접성 저하가 우려되므로 압연 명세표에 따라 확인하여야 한다. 용접 구조용 압연강재는 화학적 성분 및 인성에 대한 규정이 있고 용접 구조용으로써 규격화되어 있다. 인성을 나타내는 값으로 샤피 충격시험에 따라 흡수에너지를 규정하고 그 정도에 따라 A, B, C종의 3가지로 나눈다. 용접 구조용 강재는 일반 구조용 강재에 비해 화학적 성분에 대한 규정이 많고 신장 및 휨 반경이 심해서 용접성을 배려한 것이라고 볼 수 있다. 표 8.5는 용접 구조용 압연강재에 대한 나라별 관련 규격이다.

표 8.5 용접 구조용 압연강재 관련 규격

KS	JIS	ASTM
KS D 3515	JIS G 3106	ASTM A283 - A, B, C
SM 400A, B, C	SM 400A, B, C	ASTM A283 - C, D
SM 490A, B, C	SM 490A, B, C	A572 - 42, 52
SM 490YA, YB	SM 490YA, YB	A573 - 58, 65
SM 520B	SM 520B	A633 - A, B, C
SM 570	SM 570	

주) A : 지진, 한랭지 등 충격에 대한 보증이 없는 강재
B : 충격에 대한 보증 강재 (0℃, 샬피 흡수에너지 : 2.8 kgf/m)
C : 충격에 대한 보증 강재 (0℃, 샬피 흡수에너지 : 4.8 kgf/m)
SM 570의 샬피 흡수에너지 : −5℃에서 4.8 kgf/m

(3) 무도장 내후성 강(용접 구조용 내후성 열간 압연강재 KS D 3529)

KS D 3529 '용접 구조용 내후성 열간 압연강재(hot rolled atmospheric corrosion resisting steels for welded structures)'에서 규정하고 있는 강재이다. 강재가 부식한다는 가장 큰 단점을 극복하도록 철에 특정한 원소를 첨가함으로써 부식 발생을 최소화하고자 개발한 무도장 처리 "내후성 강"을 말한다. 일반 강에 구리, 크롬, 인, 니켈 등의 내식성에 우수한 원소를 소량 첨가한 저합금강으로서 스테인리스 등의 고합금강에 비해서는 뒤지지만 일반 강에 비해서는 4～8배 내식성을 갖고 있는 강재이다. 내후성 강이 대기에 노출되면 추기에는 일반 강과 유사하게 녹이 발생하지만 시간 경과에 따라서 그 녹 일부가 서서히 모재에 밀착하게 되는 녹청을 형성한다. 이 녹청이 외부 대기에 대한 보호막이 되어 도장과 같은 역할을 하여 더 이상의 부식 진행을 억제하게 되는 것이다. 표 8.6은 내후성 강재 종류별 특성을 보여주고 있다.

(4) 고장력강

고장력강이란 일반적으로 500 MPa 이상 1,000 MPa 이하의 인장강도를 갖는 용접 구조용 강을 말하는데 최근에는 600 MPa 이상의 인장강도를 갖는 강재를 지칭한다. 교량용 강재로서 규정하고 있는 고장력강은 인장강도 600 MPa급의 용접 구조용 압연강재 및 용접 구조용 내후성 열간 압연강재이고, 600 MPa급이 넘는 강은 아직 규정하고 있지 않다. 표 8.7은 교량용 고장력강에 대한 국내와 일본 도로교 시방서 규정내용을 비교하여 보여주고 있다.

표 8.6 내후성 강재 종류별 특성

<table>
<tr><th colspan="2">규격 및 종류</th><th>특 징</th><th>적 용</th></tr>
<tr><td rowspan="5">용접 구조용 내후성 열간 압연강재 KS D 3529</td><td>도장용 내후성 강 SMA 000AP, BP, CP</td><td>경제성을 고려한 내후성 강으로 도장하여 사용함. 같은 도장계를 적용한 경우, 일반 강에 비해 재 도장 주기가 1.5~2배 길어짐. 해안지역에서 사용할 때 일반 강에 비해 유리함.</td><td>무도장 내후성 강에 비해 열악한 환경에 사용. 교량, 조명타워, 해상용 컨테이너, 콘크리트 믹서</td></tr>
<tr><td>무도장 내후성 강 SMA 000AW, BW, CW</td><td colspan="2">내후성이 높으므로 무도장으로 사용할 수 있음. 재도장이 필요 없으므로 유지관리비 절감효과 및 환경보호에 유리</td></tr>
<tr><td>표면처리 미실시</td><td>경제적이지만 흑피박리에 시간이 필요</td><td>균등한 외관이 중요하지 않은 지역</td></tr>
<tr><td>표면처리 실시</td><td>비교적 경제적이고 외관도 우수함</td><td>초기에 균등한 외관이 필요한 지역</td></tr>
<tr><td>녹안정화 처리 실시</td><td>외관은 도장한 것과 동일하고 도장용 내후성 강에 비해 경제적임</td><td>미관이 중요한 지역</td></tr>
<tr><td>고내후성 열간 압연강재 KS D 3542</td><td>SPA-H, SPA-C</td><td colspan="2">내후성이 가장 우수한 강재로서 건축 외장재, 도로 시설재, 컨테이너 철도차량 등과 같은 경량 구조재로 사용</td></tr>
</table>

표 8.7 교량용 고장력강의 국내 및 일본 규정

<table>
<tr><th>규 정</th><th colspan="2">강 재</th><th>적용 판두께 (mm)</th><th>인장 강도 (MPa)</th><th>허용 인장응력 (MPa)</th><th>허용 전단응력 (MPa)</th><th>비 고</th></tr>
<tr><td rowspan="2">도로교 시방서</td><td>용접 구조용 압연강재</td><td>SM570</td><td>$8 \le t \le 50$</td><td>580~730</td><td>260</td><td>150</td><td>KS D 3515</td></tr>
<tr><td>용접 구조용 내후성 열간 압연강재</td><td>SMA58</td><td>$8 \le t \le 50$</td><td>580~730</td><td>260</td><td>150</td><td>KS D 3529</td></tr>
<tr><td rowspan="5">일본 도로교 시방서</td><td rowspan="3">용접 구조용 압연강재</td><td rowspan="3">SM570</td><td>$8 \le t \le 40$</td><td rowspan="3">580~730</td><td>260</td><td>150</td><td rowspan="3">JIS G 3106</td></tr>
<tr><td>$40 \le t \le 75$</td><td>250</td><td>145</td></tr>
<tr><td>$75 \le t \le 100$</td><td>245</td><td>140</td></tr>
<tr><td rowspan="2">용접 구조용 내후성 열간 압연강재</td><td rowspan="2">SMA570W</td><td>$8 \le t \le 50$</td><td rowspan="2">580~730</td><td>260</td><td>150</td><td rowspan="2">JIS G 3114</td></tr>
<tr><td>$50 \le t \le 75$</td><td>250</td><td>145</td></tr>
</table>

(5) 변두께 강판

변두께 강판이란 교량상판 등 길이방향 하중을 고려하여 두께를 변화시킨 신개념 후판으로 철 구조물 중량 및 제작비 절감이 가능하다. 그 용도는 교량 Girder, Box Column 각종 Crane Girder, 선박 격벽용 등에 주로 사용한다. 부재에 걸리는 응력에 따라 판 두께를 변화시켜 제작하여 생산함으로써 구조물 중량을 경감시키고 구조물을 제작할 때 일반재료에 비해 용접작업 공수를 절감할 수 있으며 용접 이음매 감소로 외관이 미려하고 구조물 안전성을 향상시킬 수 있다.

(6) 열가공 제어압연 강(TMCP강 : Thermo Mechanical Controlled Process)

열가공 제어압연 강(TMCP강)은 열간 압연할 때 가열, 압연 및 냉각조건을 조절하여 강의 인성과 용접성을 향상시킨 강재이다. 판 두께가 얇은 후판의 항복강도가 높다는 사실을 토대로 가열 및 압연조건을 제어하는 제어압연과 통상 압연 후의 공랭 대신에 수랭을 실시하여 열간 압연 직후 특정온도(500～800℃)에서 3～30℃/sec의 속도로 냉각조건을 제어하는 가속냉각기 기술에 따라 생산하며 기존의 Off-Line 열처리 공정을 생략하므로 제조 전 공기를 단축할 수 있다.

(7) 내 층상박리 강

용접구조물이 대형화 및 고층화에 따라 대형 구조물에 사용하는 후판의 경우 용접작업할 때 강판 두께 방향으로 구속응력이 작용하여 층상의 용접 균열이 발생할 우려가 있는데 이러한 강판 두께 방향의 용접 균열을 층상박리라고 한다.

층상박리 발생을 방지하기 위해 판 두께 방향의 연성을 향상시키고 특수 정련처리를 통하여 개체물 제거 및 형상을 제어하여 청정성과 이방성을 개선한 강을 내 층상박리 강이라 한다.

8.3.3 철근

콘크리트를 보강할 목적으로 콘크리트 속에 묻어 넣은 강재를 철근이라 하며 주로 봉강을 사용한다. 철근은 강도가 크고 항복점이 높으며 연성이 커서 가공하기 쉽고 콘크리트와 부착성이 좋으며, 녹이 잘 슬지 않으며, 용접이 잘되고 또 용접으로 인한 강도 저하가 작은 것이 좋다.

철근은 표면 요철(凹凸) 유무에 따라 원형철근(Round Bar)과 이형철근(Deformed Bar)으로 구분한다. 즉, 그림 8.3과 같이 표면에 리브(Rib)와 마디 등의 돌기가 있는 봉강을 이형철근이라고 하며 이러한 돌기가 없는 매끈한 표면인 봉강을 원형철근이라고 한다. 표 8.8은 KS D 3504에 규정하고 있는 철근 종류와 항복점 및 인장강도를 보인 것이고 2016년 6월 KS D 3688 '고성능 철근 콘크리트용 봉강' 규정이 KS D 3504의 '특수내진용'으로 통합되고 SD 600S가 신설되었다. 표 8.9는 이형철근 공칭치수를 보인 것이다. 이형철근에서 공칭지름, 공칭단면적, 공칭둘레라 함은 동일한 길이, 동일한 중량의 원형철근 지름, 단면적, 둘레로 환산한 값을 말하며 이들 값이 설계에 쓰인다. 이때 강(鋼)의 비중은 7.85로 본다.

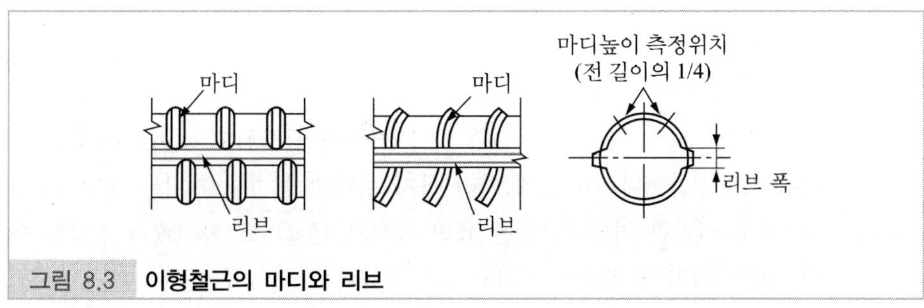

그림 8.3 이형철근의 마디와 리브

표 8.8 철근 종류 (KS D 3504 발췌편집)

종 류	기 호	항복강도 또는 0.2% 내력 (MPa)	인장강도 (MPa)	Tag색
원형철근	SR 240	240 이상	390~530	청
	SR 300	300 이상	450~610	녹
용접용 철근	SD 400 W	400~520	항복강도의 1.15배 이상	흰
	SD 500 W	500~650	항복강도의 1.15배 이상	분
내진용 철근	SD 400 S	400~520	항복강도의 1.25배 이상	보
	SD 500 S	500~620	항복강도의 1.25배 이상	적
	SD 600 S	600~720	항복강도의 1.25배 이상	청
이형철근	SD 300	300~420	항복강도의 1.15배 이상	녹
	SD 400	400~520	항복강도의 1.15배 이상	황
	SD 500	500~650	항복강도의 1.08배 이상	흑
	SD 600	600~780	항복강도의 1.08배 이상	회
	SD 700	700~910	항복강도의 1.08배 이상	하늘

표 8.9 이형철근 (KS D 3504 발췌편집)

호 칭	공칭지름 (mm)	공칭단면적 (cm^2)	공칭둘레 (cm)	단위 중량 (kgf/m^3)
D 6	6.35	0.3167	2.0	0.249
D 10	9.53	0.7133	3.0	0.560
D 13	12.7	1.267	4.0	0.995
D 16	15.9	1.986	5.0	1.56
D 19	19.1	2.865	6.0	2.25
D 22	22.2	3.871	7.0	3.04
D 25	25.4	5.067	8.0	3.98
D 29	28.6	6.424	9.0	5.04
D 32	31.8	7.942	10.0	6.23
D 35	34.9	9.566	11.0	7.51
D 38	38.1	11.40	12.0	8.95
D 41	41.3	13.40	13.0	10.50
D 51	50.8	20.27	16.0	15.90

표 8.9에 보인 이형철근은 KS D 3504에서 규정하고 있는 이형철근 호칭에 따른 각각의 규정들이다. 이 밖에 여러 가지 형태의 돌기를 가지는 이형철근들을 개발하고 있다. 이러한 이형철근들은 표면 돌기가 콘크리트 사이에서 점착력 외에 기계적인 정착력까지 발휘하여 콘크리트와 부착력을 증대시켜 주는 이점이 있다. 따라서 건설 현장에서는 이형철근을 주로 사용하고 있으며 원형철근은 거의 사용하지 않고 있다.

항복강도가 240~300 MPa인 철근을 주로 사용하고 있으나 근래에는 항복강도가 400 MPa 또는 그 이상의 철근도 사용하기에 이르렀다. 그러나 600 MPa보다 큰 항복강도를 가지고 휨 부재를 설계하여서는 안 된다고 설계기준에 규정하고 있다. 이러한 고강도 철근을 사용하면 균열이 크게 일어나는 등의 문제가 있으므로 그 사용에 있어서 주의가 필요하다.

보통 구조물에서 설계를 잘 하고 철근에 대한 콘크리트 덮개가 충분하면 철근이 녹스는 일은 거의 없다. 그러나 교량상판, 해양 구조물, 폐수처리장 등과 같이 결빙방지제, 해수 그 밖의 염화물 등에 노출되는 구조물에서는 콘크리트 열화(Deterioration, 콘크리트 품질 저하)로 인하여 철근이 부식한다. 철근의 이러한 부식을 방지할 목적으로 최근에는 이형철근 표면에 에폭시 수지(Epoxy Resin)를 도포한 철근을 사용하고 있다. 이 철근은 제조공정에서 에폭시 코팅이 이루어진다. 이러한 철근을 에폭시 도막철근 또는 에폭시 피복철근(Epoxy Coated Bar)이라고 하며 그 종류 및 기호, 품질, 제조방법 등이 KS D 3629에 규정하고 있다.

이 밖에 아연도금 철근(Galvanized Reinforcing Bar)을 사용하기도 한다. 이 철근은 가공(절단, 구부림) 후에 아연 도금하는 것이 보통이다.

예제 8.1 

철근 콘크리트용 봉강(KS D 3504)에서 기호가 SD300으로 표시된 철근을 설명한 것으로 옳은 것은? (건·재·기출, 21.3)

① 항복점이 300 MPa 이상인 이형철근
② 항복점이 300 MPa 이상인 원형철근
③ 인장강도가 300 MPa 이상인 이형철근
④ 인장강도가 300 MPa 이상인 원형철근

풀이 ①

8.3.4 PC 강재

PC 강재는 지름이나 형상에 따라 다음과 같은 종류로 분류된다.

① PC 강선
② 이형 PC 강선
③ PC 강연선(PC Strands)
④ PC 강봉
⑤ 이형 PC 강봉
⑥ 그 밖의 PC 강재

(1) PC 강선 및 이형 PC 강선

PC 강선은 지름 2.9～9 mm 원형 강선을 말한다. KS D 7002 'PC 강선 및 PC 강연선(uncoated relieved steel wires and strands prestressed concrete)'에서 규정한 PC 강선의 종류, 기호 그리고 호칭을 표 8.10에 수록하고 있다. KS D 7002에서는 PC 강선을 원형 PC 강선과 이형 PC 강선으로 구분하고 있으나 보통 PC 강선이라고 하면 원형 PC 강선을 말한다. PC 강선은 하나 또는 여러 개를 나란히 놓아 한 다발로 묶어서 긴장재를 구성하며 프리텐션 방식에도 사용하고 포스트텐션 방식에도 사용한다.

표 8.10 PC 강선 (KS D 7002 발췌편집)

종류		기호	호칭
PC 강선	원형선 및 이형선	SWPC 1AN, 1AL, 1BN, 1BL 및 SWPD 1N, 1L	5 mm 7 mm 8 mm 9 mm

이형 PC 강선은 콘크리트와 부착강도를 높이기 위하여 표면에 돌기(凸부) 또는 곰보(凹부)를 연속 또는 일정간격으로 붙인 것을 말한다.

일반적으로 많이 쓰이는 이형 PC 강선은 표면에 돌기를 붙인 강선(Ribbed Wire) 또는 표면에 곰보(凹부)를 붙인 강선(Indented Wire)이 있다. 이 밖에 일정한 파장의 파형(물결무늬)으로 가공한 강선(Crimped Wire), 직사각형 단면을 가진 띠강선(Strap Steel Wire), 달걀 모양 단면을 가진 오발 강선(Oval Steel Wire) 등이 있다. 이형 PC 강선은 주로 프리텐션 방식에 쓰인다.

(2) PC 강연선

PC 강연선(Steel Strands 또는 Stranded Cable)은 2개 소선(기본 강선)을 꽈배기 모양(S연)으로 꼰 2연선(2 Strands)과 한 개 둘레에 6개 소선을 S연으로 꼬아 만든 7연선(7 Strands)을 많이 사용하고 있다. 7연선 중심에 두는 소선을 심선, 둘레에 두는 6개 소선을 측선이라고 하며 심선은 측선보다 지름이 약간 큰 것을 사용한다. 그 밖에 3연선, 19연선 등도 있다. 작은 지름 PC 강연선은 프리텐션 방식과 포스트텐션 방식 모두에 사용하며 큰 지름 PC 강연선은 포스트텐션 방식에 많이 사용하고 있다. PC 강연선은 'PC 연선' 또는 'PC 스트랜드'라고도 하며 KS D 7002 'PC 강선 및 PC 강연선'에서 규정한 PC 강연선의 종류, 기호 그리고 호칭을 표 8.11에 나타내고 있다.

PC 강연선은 가요성이 있기 때문에 곡선 배치가 쉽고 시공성이 좋아서 최근 많이 쓰이고 있다.

(3) PC 강봉 및 이형 PC 강봉

PC 강봉은 지름이 9.2～32 mm이고 주로 포스트텐션 방식에 쓰인다. 이형 PC 강봉(Deformed Steel Bar)은 지름이 7.4～13 mm이고 표면에 돌기(凸부) 또는 곰보(凹

표 8.11 PC 강연선 (KS D 7002 발췌편집)

<table>
<tr><th colspan="3">종 류</th><th>기 호</th><th>호 칭</th></tr>
<tr><td rowspan="8">PC 강연선</td><td colspan="2">2연선</td><td>SWPC 2N, 2L</td><td>2.9 mm 2연선</td></tr>
<tr><td colspan="2">이형 3연선</td><td>SWPD 3N, 3L</td><td>2.9 mm 3연선</td></tr>
<tr><td rowspan="4">7연선</td><td>A종</td><td>SWPC 7AN, 7AL</td><td>7연선 9.3 mm
7연선 10.8 mm
7연선 12.4 mm
7연선 15.2 mm</td></tr>
<tr><td>B종</td><td>SWPC 7BN, 7BL</td><td>7연선 9.5 mm
7연선 11.1 mm
7연선 12.7 mm
7연선 15.2 mm</td></tr>
<tr><td>C종</td><td>SWPC 7CL</td><td>7연선 12.7 mm
7연선 15.2 mm</td></tr>
<tr><td>D종</td><td>SWPC 7DL</td><td>7연선 12.7 mm
7연선 15.2 mm</td></tr>
<tr><td colspan="2">19연선</td><td>SWPC 19</td><td>19연선 17.8 mm
19연선 19.3 mm
19연선 20.3 mm
19연선 21.8 mm
19연선 28.6 mm</td></tr>
</table>

부)를 연속 또는 일정간격으로 붙인 것이다. KS D 3505 ‘PC 강봉(Steel Bars for Prestressed Concrete)’에서 PC 강봉의 종류를 규정하고 있으나 토목공사에 사용하고 있는 PC 강봉은 A종 2호 SBPR 785/1030, B종 1호 SBPR 930/1080, B종 2호 SBPR 930/1180 등이 있다.

PC 강봉은 PC 강선이나 PC 강연선보다 강도는 떨어지지만 강봉 끝부분을 가공(리벳 머리식, 지압식, BBRV 공법)하거나 나사 홈을 만들어(너트식, Dywidag 공법) 쉽게 정착시킬 수 있는 장점이 있고 또 PC 강선이나 PC 강연선보다 릴랙세이션이 작은 이점이 있다.

(4) 그 밖의 PC 강재

이상에서 설명한 것들이 일반적으로 쓰이는 PC 강재이지만 특수한 목적과 용도에 쓰이는 다음과 같은 PC 강재도 있다.

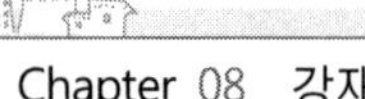

① **피복한 PC 강재**

PSC 그라우트를 주입하지 않고 부착시키지 않은 상태로 사용하여도 PC 강재가 부식하지 않도록 도금한 것 또는 플라스틱으로 피복한 것 등을 개발하고 있다.

② **저 릴랙세이션(Low Relaxation) PC 강재**

릴랙세이션을 보통의 PC 강선 또는 PC 강연선보다 작게 한 것이다. KS D 7002에 규정하고 있는 L이 이에 속한다.

③ **특수한 PC 강연선**

3개 소선을 꼬아 만든 3연선 또는 많은 수의 소선을 꼬아 만든 다층 PC 강연선, 다중 PC 강연선 등이 있으며 큰 용량의 프리스트레스 힘을 필요로 하는 경우에 쓰인다.

④ **PC 경강선**

KS D 7009 'PC 경강선(hard drawn steel for prestressed concrete)'에 규정하고 있는 것으로서 PSC 장대(PSC Pole), PSC 파이프(PSC Pipe)와 같은 공장제품에 사용하고 있다. 또 강선에 냉간 인발 가공을 하면서 감아가는 PSC 탱크(PSC Tank)에도 사용하고 있다.

⑤ **FRP 봉**

이상에서 살펴본 PC 강재 대신 최근에는 아라미드 섬유(Aramid Fiber), 탄소 섬유(Carbon Fiber), 유리 섬유(Glass Fiber) 등의 긴 섬유(연속 섬유)를 다발로 하여 에폭시 수지 등으로 결합시킨 봉상 복합재인 FRP (Fiber Reinforced Plastic) 봉을 긴장재로 사용한 예도 있다.

FRP는 PC 강재에 비하여 탄성계수는 작지만 매우 가볍고 강도가 매우 높으며 내식성이 우수하여 녹슬지 않으며 자기(자석)성질이 없는 특징이 있기 때문에 PSC 부재 긴장재로 이용하려고 활발하게 연구 개발하고 있다.

연습문제

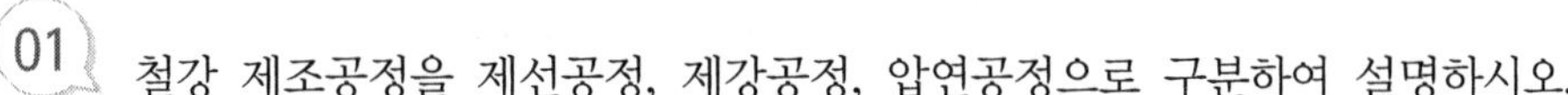

01 철강 제조공정을 제선공정, 제강공정, 압연공정으로 구분하여 설명하시오.

02 탄소강을 탄소 함유량에 따라 분류하고 각각 특징을 설명하시오.

03 합금강 및 특수용도 강에 대하여 설명하시오.

04 강재의 파괴형태별로 파괴특성을 설명하시오.

05 강재 기계적 성질 중 응력-변형률 곡선에 대하여 설명하시오.

06 취성파괴와 피로파괴 차이점에 대하여 비교 설명하시오.

07 도로교에 사용하는 표준강재에 대하여 설명하시오.

08 구조용 압연강재 종류와 그 특성에 대하여 설명하시오.

09 최근 그 수요가 증가하고 있는 고장력강에 대하여 설명하시오.

10 철근과 PC 강재에 대하여 설명하시오.

참고문헌

건설교통부, 레미콘·아스콘 품질관리 지침, 2007.12.

건설교통부, 콘크리트 표준시방서, 2003.

국가기술시험연구회, 재료역학해설, 일진사, 1990.1.

국토교통부, KCS 14 20 01～70 : 2022, 2022.1.11.

국토교통부, KCS 14 31 05～70 : 2022, 2022.1.11.

국토교통부, KDS 14 20 01～62 : 2022, 2022.1.11.

국토교통부, 시멘트 콘크리트 포장 시공지침, 2017.4.

국토해양부, 건축공사 표준시방서, 2015.

국토해양부, 도로공사 표준시방서, 2016.

국토해양부, 레미콘·아스콘 품질관리 지침, 2012.11.

국토해양부, 시멘트 콘크리트 포장 생산 및 시공 지침, 2009.11.

국토해양부, 콘크리트 구조기준, 2012.10.

국토해양부, 콘크리트 표준시방서, 2009.

국토해양부, 콘크리트 표준시방서, 2016.

김선국 외 3, 시공학, 동화기술, 2016.3.

대한건설협회, 2005 건설공사 표준품셈, 2005.1.

대한전문건설협회, 콘크리트 구조물(토목)의 균열과 하자문제, 2005.5.

문한영, 건설재료학, 동명사, 1987.2.

박홍용 역, 콘크리트와 문화, 씨아이알, 2014.6.

성기태 외 3, 토목재료학, 신광문화사, 2007.6.

이형준 외 5, 건설재료학, 동화기술, 2016.8.

장영길 외 3, 토목재료 및 실험, 동화기술, 2004.3.

장영길 외 5 역, 콘크리트의 지식, 동화기술, 2003.2.

전용배 외 2, 실내토질시험법의 기초, 성안당, 2001.3.

전용배 외 4, 건설재료 및 시험, 동화기술, 2010.3.

전용배, 건설재료 및 실내시험법 기초, 동화기술, 2018.2.

토목공학연구회, 토목실험, 형설출판사, 1987.2.

中村聖三 외 1, 土木材料學, コロナ社, 2014.2.

宮川豊章 외 1, 土木材料學, 朝倉書店, 2012.3.

9 Chapter 역청재료

9.1 개 요

역청(Bitumens)을 정의하는 것은 역청 그 자체에 미지부분이 남아 있으나 ASTM D-8-63에 의하면 다음과 같이 정의하고 있다. '광의의 역청이란 천연 또는 인공적으로 생성된 탄화수소의 혼합물에 탄화수소의 비금속유도체를 함유한 기체 또는 액체, 반고체, 고체 물질이며 이황화탄소(CS_2)에 완전히 용해하는 물질을 말한다. 특별히 석유와 관련시켜 말할 경우 Asphaltic Bitumens란 천연 또는 석유정제 잔존물로서 얻어지는 역청을 주성분으로 하는 반고체 또는 고체의 검은색 또는 암갈색 아교질 물질로 가열하면 천천히 액화하고 점착성이 많은 물질이라 이해하고 있다.'

미국은 Asphaltic Bitumens를 Asphalt Cement 또는 아스팔트라고 부르며 유럽은 Asphaltic Bitumens를 역청이라고 부르고, 이것과 골재와 혼합한 것을 아스팔트 콘크리트라고 부르고 있다. 우리나라는 명확하게 정의된 바는 없으나 Asphaltic Bitumens를 아스팔트라고 부르고 있다.

토목재료 등에 많이 쓰이고 있는 역청재료는 타르(Tar)와 석유 아스팔트 및 아스팔트 2차 제품이 대부분이다.

9.1.1 역청재료 역사

건설재료로 역청재료를 사용한 것은 기원전 메소포타미아에서 도로포장과 방수용 재료로 천연 아스팔트를 사용하였다. 이집트에서는 건축물 외에 미라(Mirra) 보존용 재료로 사용하였다. 19세기 초 석탄 부산물인 콜타르(Coal Tar)를 포장에 사용한 이후 역청재료는 도로포장에 지대한 공헌을 남겼다. 영국에서 사용하기 시작한 타르 포장은 유럽 대륙으로 퍼져나가면서 수요량이 증가하였다. 20세기에는 석유 사용량이 증가하면서 포장용 역청재료도 석탄 부산물인 타르에서 석유 정제에서 생산하는 아스팔트로 바뀌어 타르 사용량은 사라지고 있다.

9.2 아스팔트(Asphalt)

아스팔트는 원유 성분 중에서 휘발성 유분(기름 성분)이 증발하였을 때 잔존물로써 흑색 또는 흑갈색을 띤다. 수소 및 탄소로 구성되어 있고 소량의 질소·황·산소가 결합한 화합물이다. 화학적으로 복잡한 구조를 가지고 있다. 아스팔트는 열에 잘 녹으며 방수 및 내구성이 풍부한 점착성 반고체 물질이다. 천연 아스팔트와 석유 아스팔트(인공 아스팔트)로 나누며 표 9.1과 같이 분류한다.

천연 아스팔트는 오랜 기간 증발과 산화, 중축합 작용을 받아 여러 상태로 자연계에서 산출되고 있다. 석유 아스팔트는 원유 정제과정에서 연유물로 생산하며 토목에서는 도로 포장용 재료로서 널리 사용하고 있다. 석유 아스팔트는 천연 아스팔트에 비하여 불순물이 적으며 목적에 따라 물리적 성질을 조절할 수 있으므로 천연 아스팔트보다 활용도가 높다.

표 9.1 아스팔트 분류 (건설재료학, 동명사, 문한영, 발췌편집)

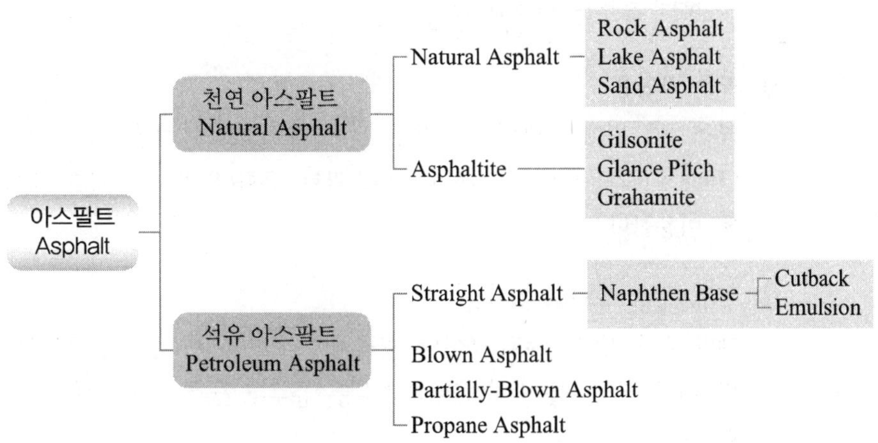

9.2.1 아스팔트 제조

아스팔트는 원유로부터 각종 석유제품을 정제하는 과정에서 생산하며 석유 정제법은 증류법을 많이 사용하는데 정제공정은 원유를 상압 증류장치에 걸어서 비점이 낮은 유분, 즉 LPG → 나프타 → 등유 → 경유 등 각 유출유분으로 구분하며 비점

이 높은 상압 중질유가 아랫부분에 남아 쌓인다. 이것을 다시 가열기에 걸어서 감압 증류장치(압력 10~18 mmHg)로 보내서 증류하면 비점이 낮은 윤활유, 중유를 생산하고 마지막에 비점이 높은 감압 중질유가 저층부에 남는데 이것이 스트레이트 아스팔트이다.

이 감압 중질유는 각종 제조공정과 용도에 따라 스트레이트 아스팔트, 탈력 아스팔트 그리고 블론(세미-블론) 아스팔트 등 3가지 종류로 분류한다.

9.2.2 아스팔트 특성과 용도

아스팔트 특성은 다음과 같다.

① 점착성이 크고 부착성이 좋다.
② 방수성이 우수하고 시공성이 좋다.
③ 절연재로 내력이 우수하고 값이 저렴하다.

아스팔트 용도는 다음과 같다.

① 도로 포장용

보조기층 위에 프라임 코트용인 컷백 아스팔트를 사용하고 기층 위에 택 코트(Tack Coat)용으로 스트레이트 아스팔트, 유화(유제) 아스팔트, 컷백 아스팔트 등을 이용한다.

② 방수, 방습 그리고 접착용

제방 호안, 댐 및 수로 라이닝, 방파제 기초보강, 댐 제체 중앙심재, 건물 옥상 및 벽, 지중 침투수를 방지하는 불투수층, 용수로 누수, 녹화 붙임공 침식 등에 이용한다.

③ 줄눈재

터널 라이닝, 철도 도상 및 도로 콘크리트 포장, 콘크리트 옹벽 등에 이용한다.

④ 방청, 코팅용

파이프 라이닝에 방청용 도료 또는 코팅재, 자동차 언더코팅재, 목재 방부용 등에 이용한다.

9.2.3 아스팔트 종류

(1) 천연 아스팔트

석유 경질분이 태양열, 지열 등으로 증발한 뒤 잔유물 형태로 산출한 것으로 생산량이 적으며 산출 상태에 따라 레이크 아스팔트, 록 아스팔트, 샌드 아스팔트, 아스팔타이트 등으로 분류하며 장기간에 자연적으로 산출한 것이다.

① **록 아스팔트**(Rock Asphalt)
천연 아스팔트가 석회암, 사암 등에 스며든 것이며 아스팔트 함유량은 10% 정도이며 잘게 부수어 도로포장에 사용한다. 품질은 일정하지 않다.

② **레이크 아스팔트**(Lake Asphalt)
아스팔트가 지표 낮은 부분에 퇴적물 형태로 호수처럼 지표면에 노출되어 있는 것이다. 남미 Trinidad Asphalt와 베네수엘라 Bermuez Asphalt 등이 있다.

③ **샌드 아스팔트**(Sand Asphalt)
모래층에 아스팔트가 스며든 것이다.

④ **아스팔타이트**(Asphaltite)
암석 균열에 석유가 스며들어 지열이나 대기작용으로 장기간 중합 또는 축합반응을 일으켜 불순물이 거의 없는 순수한 아스팔트이다. 길소나이트(Gilsonite), 글랜스 피치(Glance Pitch), 그라하마이트(Grahamite) 등이 있다.

예제 9.1 

아스팔트에 대한 설명으로 틀린 것은? (건·재·기출, 20.8)

① 레이크 아스팔트 천연 아스팔트의 하나이다.
② 석유 아스팔트는 증류방법에 의해서 스트레이트 아스팔트와 블로 아스팔트로 나눈다.
③ 아스팔트 유제는 유화제를 함유한 물속에 역청제를 분산시킨 것이다.
④ 피치는 아스팔트의 잔류물로서 얻어진다.

풀이 ④

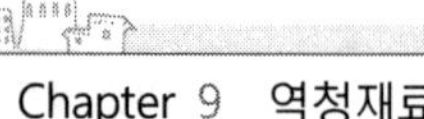

(2) 석유 아스팔트

보통 아스팔트라 하면 석유 아스팔트를 말하며 원유를 증류한 흑갈색 탄화수소 화합물로 원유정제 부산물로 제조한 것이다. 스트레이트 아스팔트, 아스팔트 시멘트, 컷백 아스팔트, 유화 아스팔트, 블론 아스팔트, 개질 아스팔트 등으로 구분할 수 있다.

① **스트레이트 아스팔트**(Straight Asphalt)

원유를 상압 증류탑(Crude Distillation Unit, CDU)에서 증류한 후 상압 잔사유(Atmospheric Residue, AR)를 감압 증류하여 얻은 잔류분은 분해하지 않는 역청물질을 많이 함유하고 있는데 이것을 스트레이트 아스팔트라고 하며 석유계 아스팔트 원료로 사용한다. 이 아스팔트는 신장성, 점착성, 방수성이 우수하지만 연화점, 내후성이 낮고 감온비가 크다. 아스팔트 총 소비량으로 볼 때 스트레이트 아스팔트가 대부분을 차지하고 있다.

② **아스팔트 시멘트**(Asphalt Cement)

도로 포장용으로 사용하는 아스팔트이다. 감압 증류 공정(Vacuum Distillation Unit, VDU)에서 운전조건을 조정하여 침입도 및 기타물성을 조절하여 생산한다. 침입도 80～100인 AP-3와 침입도 60～80인 AP-5를 많이 사용한다. 혹서기 도로 파손(소성 변형)을 방지하기 위하여 고온에서 포장성능이 우수한 것으로 알려진 AP-5 사용이 증가하고 있다.

③ **컷백 아스팔트**(Cutback Asphalt)

도로 포장용 아스팔트인 아스팔트 시멘트는 상온에서 반고체 상태이고 골재와 혼합하거나 살포할 때 가열하여 사용한다. 아스팔트 시멘트를 휘발성 석유 용제와 혼합하여 액체 상태로 만든 것이 컷백 아스팔트이다. 상온에서 액체 상태로 만들기 위해 사용한 용제에 따라 유동성을 좋게 하고 점도를 떨어뜨리기 위해 휘발유를 사용한 급속 경화형(Rapid Curing, RC), 증발속도를 늦추기 위해 등유를 사용한 중속 경화형(Medium Curing, MC), 중질유를 사용한 완속 경화형(Slow Curing, SC) 등이 있고 석유 유출유인 컷백유의 양과 질에 따라 성질이 다르며 중속 경화형을 많이 사용한다.

컷백 아스팔트는 수분이 거의 없어 노면처리용으로 사용한다.

예제 9.2

컷백(Cut back) 아스팔트에 대한 설명으로 틀린 것은? (건·재·기출, 21.9)

① 대부분의 도로포장에 사용된다.
② 경화 속도가 빠른 것부터 느린 순서로 나누면 RC > MC > SC 순이다.
③ 컷백 아스팔트를 사용할 때는 가열하여 사용하여야 한다.
④ 침입도 60~120 정도의 연한 스트레이트 아스팔트에 용제를 가해 유동성을 좋게 한 것이다.

풀이 ③

④ **유화 아스팔트(Emulsified Asphalt)**

유화 아스팔트란 아스팔트 시멘트와 물과 유화제를 혼합하여 아스팔트를 미세한 입자로 만들어 물에 분산시킨 것이다. 물속에서 아스팔트 분리 현상이 일어나지 않고 분산 상태를 유지하기 위해서는 유화제(Emulsifier)가 필요하다. 유화제가 양전하(+)로 있으면 양이온(Cation)계 유화 아스팔트, 음전하(−)로 있으면 음이온(Anion)계 유화 아스팔트라고 하며 국내 제품은 대부분 양이온계 유화 아스팔트이다. 유화 아스팔트는 비가연성이고 대기온도에서 액체상태이다. 또 수분을 포함하고 있어 습기 있는 골재에 혼합할 수 있다. 동결가능한 계절에 사용하면 물로 인하여 분해될 수 있다.

⑤ **블론 아스팔트(Blown Asphalt)**

가열한 스트레이트 아스팔트 또는 경질 감압 증류 잔사유(Vacuum Residue, VR)에 압축공기를 넣어 아스팔트 구성 분자끼리 축중합 반응을 일으켜 분자량을 크게 한 것이다. 아스팔트 시멘트보다 감온성이 작고 상온에서 고체 상태이며 내열성, 내구성이 뛰어나 건축재로 사용한다. 도로 포장에서는 시멘트 포장 충진(채움)재(Joint Filler)로 사용한다.

⑥ **개질 아스팔트(Modified Asphalt)**

아스팔트 시멘트에 합성수지나 고무 등을 첨가하여 도로 포장 성능을 개선한 아스팔트이다. 교량 및 고가도로 또는 중 차량 도로 포장에 사용하며 도시 도로에서 빛 반사 또는 우천 빗물고임을 방지하는 배수 아스팔트(Drainage)로 사용한다. SBS (Styrene Butadien Styrene) 개질 아스팔트, SBS Polymer 개질 아스팔

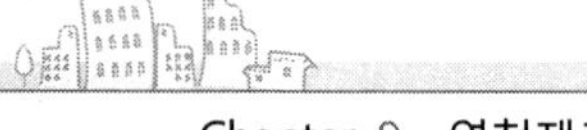

트(Superphalt), SBR (Styrene Butadien Rubber) 개질 아스팔트, CRM (Crumb Rubber Modified) 개질 아스팔트, CMR (Cold Mix Recycling) 개질 아스팔트, DAMA (Drain Asphalt Modified Additive) 개질 아스팔트 등이 있다.

9.2.4 아스팔트 성질

아스팔트는 온도가 높으면 액체 상태이고 저온에서는 딱딱해지며 아스팔트 종류에 따라 감온성이 달라진다. 아스팔트는 가소성이 풍부하고 방수성·전기 절연성·접착성 등이 크며 화학적으로 안정한 성질이다. 쇄석이나 모래·돌가루 등에 아스팔트를 혼합하여 다지면 단단하고 끈질긴 것이 되어 바닥 재료로서 알맞은 것이 된다. 아스팔트는 검은색이지만 자유롭게 착색할 수 있는 착색 아스팔트를 생산하고 있다.

(1) 물리적 성질

① 비중 및 부피 팽창계수

액체 또는 고체인 역청재료 비중은 원료 산지, 제조방법, 혼입물질, 온도 등에 따라 변화한다. 25℃에서 아스팔트 겉보기 비중은 1.01～1.04 범위이며 침입도가 작을수록 또 황의 함유량이 많을수록 비중이 크다. 온도가 높아지면 부피 팽창으로 비중은 작아진다. 비중의 온도보정에 사용하는 아스팔트 부피 팽창계수(α)는 6.1×10^{-4}/℃이다.

② 비열 및 열전도

아스팔트는 가열, 용융하여 사용하므로 연료 소비량을 계산할 경우 필요한 것이 아스팔트 비열이다. 비열은 온도 상승에 따라 증가하고 비중이 작은 아스팔트일수록 크다. 아스팔트 비열은 물의 비열 1/2이고, 0℃에서 0.4 cal/g, 100℃ 0.45 cal/g이다.

③ 전기 성질

아스팔트 전기 성질은 침입도 40 이하의 경우 20℃에서 $7\times10^{-14}/\Omega$cm 이하, 50℃에서 $7\times10^{-13}/\Omega$cm 이하, 80℃에서 $35\times10^{-13}/\Omega$cm이다. 역청재료는 전기 성질이 있으므로 전기부품 전열재로 이용한다.

④ **투수성**

아스팔트 용해도는 0.001～0.01로 작으며 물을 투과시키지 않고 점성도 높아 투수량은 보통 10^{-9}～10^{-8}(g · cm/cm^2 · h · mmHg)로 아스팔트는 불투수성 재료이다.

⑤ **침입도(Penetration)**

침입도는 침의 관입저항으로 아스팔트 컨시스턴시를 평가하는 방법이다. 침입도는 온도 상승으로 증가하고 스트레이트 아스팔트가 블론 아스팔트보다 변화가 크다.

⑥ **연화점(Softening Point)**

아스팔트를 가열하여 부드러워지기 시작하여 1인치, 즉 25.4 mm까지 쳐졌을 때 아스팔트 온도를 연화점이라 한다. 다시 말하여 온도가 상승함에 따라 아스팔트가 액화하여 액상 상태이고 그 때 처짐 기준 1인치에 도달하였을 때 아스팔트 온도를 연화점이라 말한다. 침입도와 연화점은 반비례한다. 즉, 한랭지에서는 침입도가 큰 아스팔트를 사용하고 온난지역은 연화점이 큰 아스팔트를 사용한다.

⑦ **신도(Ductility)**

아스팔트 신도란 KS M 2254 '아스팔트의 신도 시험방법'에 따라 아스팔트 시료 양단을 규정 온도 및 속도로 잡아당겼을 때 시료가 끊어질 때까지 늘어난 길이를 말한다. 별도 규정이 없는 한 시험 온도는 25±0.5℃, 속도는 5 cm/min ± 5.0%로 시험한다. 저온에서 시험할 때 온도는 4℃, 속도는 1 cm/min로 하며 아스팔트 시편이 끊어질 때까지 규정된 속도 5 ± 0.25 cm/min으로 당겨서 아스팔트 시료가 끊어졌을 때 지침 거리를 읽어 이를 cm로 기록한다. KS M 2201 '포장용 아스팔트', KS M 2202 '컷백 아스팔트'는 종류에 관계없이 신도는 전부 100 cm이다. 이 때 조건은 온도 25℃, 장력속도 5 cm/min이다. KS M 2203 '유제 아스팔트'는 종류(급속 경화형, 중속 경화형, 완속 경화형)와 등급에 관계없이 신도는 40 cm 이상이다. KS M 2204 '블론 아스팔트'는 온도는 25℃, 종류 0～10은 0 cm 이상, 10～20은 1 cm 이상, 20～30은 2 cm 이상, 30～40은 3 cm 이상으로 규정하고 있다.

(2) 화학 성질

① **아스팔트 조성**

아스팔트 원소는 대부분 탄소와 수소이며 이들 원소는 탄화수소와 유도체를 구성하여 여러 화합물로 혼합하여 이루어졌다. 아스팔트 조성은 아스팔텐(Asphaltene),

레진(Resin), 오일(Oil), 카벤(Carbene), 카바이드(Carbide) 등으로 있으나 보통 아스팔트에는 카벤, 카바이드 성분은 거의 함유하고 있지 않다.

아스팔트 조성 분석법은 대체적으로 미국 광산국법을 사용한다. 아스팔트를 *n*-펜탄(Pentane)에 용해하여 용해하지 않고 침전하는 부분과 가용분으로 분리한다. 침전하는 부분을 아스팔텐이라 부른다. *n*-펜탄 가용분에서 활성 알루미나에 흡착하는 것을 레진, 흡착하지 않는 것을 오일(Oil)이라 한다. 아스팔트를 아스팔텐, 레진, 오일로 분해하는 것이다.

아스팔텐은 분자량이 큰 그룹으로 검은색 분말 상태이며 오일은 분자량이 적어 액체 상태이다. 탄화수소 성질을 좌우하는 탄소와 수소 비(C/H 비)도 아스팔텐이 0.8 이상으로 가장 크고 오일이 0.6으로 가장 작다. 레진은 분자량 C/H 비가 이 두 가지 중간에 있는 물질이다. 아스팔트 성질은 이 3가지 구성 비율에 따라 나누며 아스팔텐 양이 많을수록 굳은 아스팔트이다.

② 아스팔트 콜로이드 구조

용융된 아스팔트 내부구조를 확대하면 콜로이드 구조이다. 고분자량 아스팔텐을 중심으로 그 표면에 레진분이 흡착하여 용해, 분산하여 저분자량 오일분 중에 분산 부유하고 있다. 미립자가 용매 중에 안정하여 부유를 계속하는 상태를 콜로이드 구조라 한다.

아스팔트는 이 콜로이드 구조 상태에 따라 졸형, 겔형, 피치형, 그리고 졸－겔형으로 분류한다. 졸형은 아스팔텐이 적고 경도가 높은 부드러운 아스팔트로 저온에서 단단하고 취약하나 고온에서는 유동성이 증가하여 뉴턴 유체로 변화되기 쉽다. 겔형은 블론 아스팔트 등으로 감온성이 낮고 가요성, 내유동성이 우수하다. 피치형은 감온성이 높은 탈력아스팔트가 있다. 일반 포장용 아스팔트는 졸과 겔형의 중간적 성질을 가진 졸－겔형이다.

9.3 아스팔트 혼합물

아스팔트는 굵은 골재, 잔 골재, 충전재를 혼합하여 혼합물로써 이용하는 경우가 많다. 아스팔트 혼합물 중 골재는 하중 분산 및 마찰저항 기능을 한다. 골재 중 굵은 골재는 2.5 mm 체에 남는 것이며 부순 돌을 이용하고, 용도에 따라 균질하고, 깨끗하고, 내구적이며 먼지, 진흙, 유기물 등 유해물을 포함하지 않은 것을 사용한다. KS F 2357 '포장 혼합물용 굵은 골재 품질' 규정을 표 9.2에 나타내고 있다.

표 9.2 포장 혼합물용 굵은 골재 품질(KS F 2357)

구 분	표 층	기 층
비중(절건)	2.45 이상	2.45 이상
흡수율(%)	3.0 이하	3.0 이하
안정성(%)	12 이하	12 이하
마모율(%)	35 이하	35 이하

잔 골재는 2.5 mm 체를 통과하고 0.08 mm 체에 남는 것이며 하천모래를 이용하고 있다. 잔 골재는 입자끼리 서로 맞물려 혼합물을 안정시키며 굵은 골재 공극을 메운다. 포장용 아스팔트에 쓰이는 1.2 mm 체부터 0.6 mm 체 입경 잔 골재는 포장 표면을 샌드페이퍼 형태로 마무리하여 미끄럼 방지 노면을 만든다. 포장 혼합재용 잔 골재 입도는 표 9.3과 같으며 품질 규정은 표 9.4와 같다.

표 9.3 역청 혼합물용 잔 골재 입도(KS F 2357)

체 호칭 치수 (mm)	체를 통과하는 무게비(%)				
	입도 No.1	입도 No.2	입도 No.3	입도 No.4	입도 No.5
10	100	-	-	100	-
5	95~100	100	100	80~100	100
2.5	70~100	75~100	95~100	65~100	85~100
1.2	40~80	50~74	85~100	40~80	-
0.6	20~65	28~52	65~90	20~65	25~55
0.3	7~40	8~30	30~60	7~40	15~40
0.15	2~20	0~20	5~25	2~20	7~28
0.08	0~5	0~5	0~5	0~10	0~20

표 9.4 역청 포장 혼합물용 잔 골재 품질(KS F 2357)

구 분	품 질
비중(절건)	2.5 이상
흡수율(%)	3.0 이하
안정성(%)	15 이하

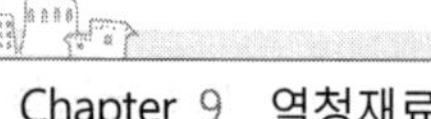

충전재(Filler)는 석회암 분말, 시멘트 또는 화성암류를 분쇄한 석분으로서 0.08 mm 체를 통과하는 무기물 분말이다. 잔 골재와 굵은 골재 공극을 충전하여 아스팔트 성질을 개선하는 재료이다. 혼합물 중 양은 적지만 강도 및 충격저항에 강하며, 신장성, 점착성을 유지하면서 온도 민감도를 저하시켜 저온에서 취성파괴를 방지하는 효과가 있다. 충전재는 먼지, 진흙, 유기물, 덩어리진 미립자 등의 유해물질을 포함하지 않아야 하며 품질은 표 9.5 규정에 적합하여야 한다.

표 9.5 충전재(석분) 품질(KS F 3501)

구 분	체 호칭 치수(mm)	통과 무게비(%)
입 도	0.60	100
	0.30	95 이상
	0.15	90 이상
	0.08	70 이상
수 분	1% 이하	

9.3.1 혼합물 종류

역청 혼합물은 굵은 골재, 잔 골재, 채움재, 역청재료 배합 비율에 따라 여러 종류를 만들 수 있다.

(1) 침투식 역청 혼합물

골재를 포설한 후에 스트레이트 아스팔트, 유화 아스팔트, 컷백 아스팔트 및 포장 타르 등 역청재료를 살포 침투시켜 골재 맞물림과 역청재료 결합력에 의하여 안정성이 있는 층을 만드는 것을 침투식 역청 혼합물이라 한다. 역청재료를 가열하여 살포하는 방식과 상온으로 살포하는 방식이 있다. 침투식 역청 혼합물 재료 사용량 표준은 표 9.6과 같다.

(2) 상온 혼합식 역청 혼합물

굵은 골재, 잔 골재, 채움재로 된 골재에 유화 아스팔트, 컷백 아스팔트 또는 포장 타르를 적당량 섞어서 상온 또는 100℃ 이하로 가열하여 혼합한 것을 상온 혼합식 역청 혼합물이다. 이 혼합물은 간단한 아스팔트 포장공사 또는 포장 유지보수에 사용한다. 상온 혼합식 역청 혼합물 표준 배합은 표 9.7과 같다.

표 9.6 침투식 역청 혼합물 재료 사용량 표준(100m²당)

구 분 \ 역청재		스트레이트 아스팔트		유화 아스팔트		컷백 아스팔트		포장 타르	
포장두께(cm)		5	7	5	7	5	7	5	7
골재 치수 (mm)	60~40 mm	5.0	5.0	5	5.0	5.0	5.0	5.0	5.0
	역청재료(ℓ)	230	230	250	250	250	250	250	250
	40~30 mm	-	-	-	-	-	-	-	-
	역청재료(ℓ)	-	-	-	-	-	-	-	-
	30~20 mm	1.5	2.0	-	3.0	1.5	3.0	1.5	3.0
	역청재료(ℓ)	130	200	-	200	140	220	140	220
	20~13 mm	-	1.5	1.5	1.5	-	1.5	-	1.5
	역청재료(ℓ)	-	120	200	200	-	120	-	120
	13~5 mm	1.0	1.0	1.5	1.0	1.0	1.0	1.0	1.0
	역청재료(ℓ)	100	100	150	150	110	110	110	110
	5~2.5 mm	0.5	0.5	0.5	0.5	0.5	0.5	0.5	0.5
골재 사용량(m³)		8.0	11.0	8.0	11.0	8.0	11.0	8.0	11.0
역청재료 사용량(ℓ)		460	650	600	800	500	700	500	700

표 9.7 상온 역청 혼합물 표준 배합

체 호칭 치수(mm) \ 혼합물 종류		유화 아스팔트 콘크리트 혼합물		컷백 아스팔트 콘크리트 혼합물
		조립도	밀립도	
통과 무게비 (%)	25	100	100	100
	20	95~100	95~100	95~100
	13	75~100	80~100	90~100
	5	35~55	50~70	65~80
	2.5	20~35	35~50	45~60
	0.60	8~20	14~26	22~37
	0.30	5~15	8~18	11~26
	0.15	2~10	3~11	5~15
	0.08	0~5	0~5	2~8
역청재료 종류와 개략적인 사용량 (%)	유화 아스팔트	7.0~8.5	8.0~9.5	-
	컷백 아스팔트	-	-	5.5~7.5

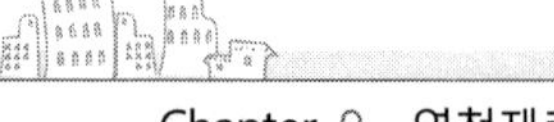

(3) 가열 혼합식 역청 혼합물

굵은 골재, 잔 골재, 충전재 또는 잔 골재, 충전재 등으로 구성한 골재에 스트레이트 아스팔트를 혼입하여 가열 혼합한 것을 가열혼합식 아스팔트 혼합물이라 한다. 가열 혼합식 아스팔트 혼합물 종류에는 매스틱 아스팔트, 구스 아스팔트, 아스팔트 콘크리트 등이 있다.

① **매스틱 아스팔트**(Mastic Asphalt)

매스틱 아스팔트는 잔 골재와 채움재에 아스팔트를 넣고 가열 혼합하여 공극률이 매우 작은 혼합물로서 유동성이 좋다. 주로 수리 구조물 유입 공법에 사용한다. 매스틱 아스팔트 표준 배합은 표 9.8과 같다.

표 9.8 매스틱 아스팔트 표준 배합

종 류	표준 배합(%)			골재 조립률	공극률 (%)	용 도
	스트레이트 Asp	잔 골재	채움재			
매스틱 Asp	14～17	43～63	25～45	1.3～1.9	0～2	수상 부분
샌드 매스틱 Asp	17～20	50～60	20～30	1.3～1.9	0～2	수중 부분

② **구스 아스팔트**(Guss Asphalt)

구스 아스팔트는 고온 아스팔트 혼합물 유동성을 이용하여 전용 피니셔로 포설하여 흙손으로 끝맺음 하는 아스팔트 혼합물이다. 쇄석 30% 이상, 채움재 20% 이상 포함하며 아스팔트 함유량은 7～10% 정도이다. 이 혼합물은 공극이 없고 불투수성이어서 강교 바닥판 포장, 한랭지 포장, 건물 바닥 포장 등에 사용한다. 구스 아스팔트 혼합물 표준 배합은 표 9.9와 같다.

표 9.9 구스 아스팔트 혼합물 표준 배합

체 호칭 치수(mm)	통과 무게비(%)	체 호칭 치수(mm)	통과 무게비(%)
13	100	0.30	28～42
5	65～55	0.15	25～34
2.5	45～62	0.08	20～27
0.6	35～50	아스팔트량 (혼합물 전량에 대한 %)	7～10

③ **가열 혼합 아스팔트 안정 처리 혼합물**

가열 혼합 아스팔트 안정 처리 혼합물은 아스팔트 포장에서 노상 조건이 불량한 장소 또는 중량교통 통과로 구조를 단단하게 할 경우, 도로 기층용 골재를 구하기 어려워 품질이 나쁜 골재를 사용할 경우에 골재에 아스팔트를 섞어서 가열 아스팔트 혼합물로 만들어 도로 기층에 사용한다. 기층용 혼합물 표준 배합은 표 9.10과 같다.

표 9.10 기층용 혼합물 표준 배합(KS F 2349)

체 호칭 치수(mm) \ 종 류		BB-1	BB-2	BB-3
통과 무게비 (%)	50	-	-	-
	40	-	-	-
	30	-	-	-
	25	100	100	100
	20	75～100	75～100	75～100
	10	50～85	50～85	50～85
	5	30～70	30～70	30～70
	2.5	-	-	-
	2.0	20～50	20～50	20～50
	0.60	-	-	-
	0.4	5～25	5～25	5～25
	0.30	-	-	-
	0.15	-	-	-
	0.08	1～7	1～7	1～7
아스팔트량(%)		3.5～5.5		

④ **아스팔트 콘크리트(Asphalt Concrete)**

아스팔트 콘크리트는 아스팔트 혼합물 중 가장 일반적인 것으로 아스콘(Ascon)이라 하며 아스팔트 포장의 기본 구조는 표면에서 마모층, 표층, 기층, 보조기층, 노상, 노반으로 구성하며 마모층, 표층, 기층은 아스팔트 콘크리트로 시공한다. 잔 골재, 굵은 골재, 채움재 등에 스트레이트 아스팔트를 섞어서 가열 혼합한 혼합물로서 도로, 공항, 주차장 등의 포장에 사용한다. 아스팔트 콘크리트는 교통조건, 기상조건, 경제조건 등에 따라 여러 종류가 있으며 그림 9.1에 아스팔트 포장 단면을 나타내고 있다.

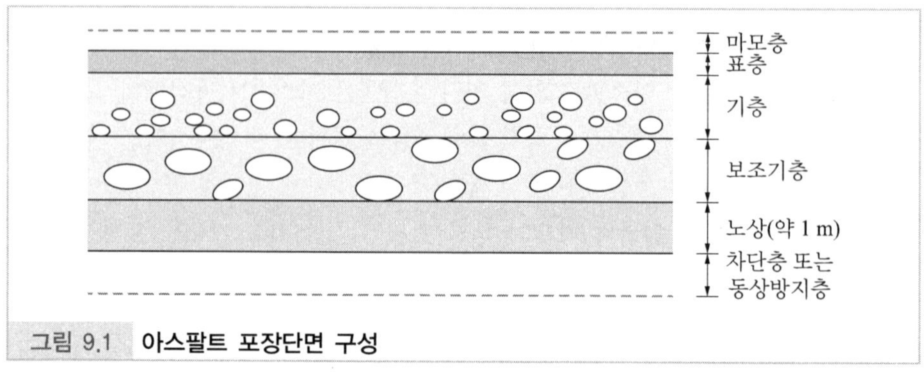

그림 9.1 아스팔트 포장단면 구성

9.3.2 혼합물 성질

역청 혼합물은 교통 하중이나 기상 조건에 의한 파괴에 견디는 혼합물로 다음과 같은 성질이 필요하다.

(1) 안정성(Stability)

역청 혼합물은 차량 하중과 고온에 따라 유동하여 파상변형을 일으킨다. 이와 같은 변형에 대한 저항성을 안정성이라 한다. 역청 혼합물이 변형에 저항하는 요소는 혼합물 골재에 의한 마찰력, 점착력, 결합재 점도이지만 이중에서 내부 마찰력이 가장 지배적인 요소이다. 내부 마찰력은 역청 혼합물에 함유하고 있는 골재 성질 특히 표면 성상에 좌우하며 역청재료 함유량이 너무 많으면 내부 마찰력이 감소한다. 즉, 주로 역청재료 함유량이 안정성을 지배하지만 역청 혼합물을 충분히 다지기 위해서는 적절한 역청재료 함유량이 필요하므로 역청재료 최적량 결정이 가장 중요하다.

(2) 가요성(Flexibility)

역청 혼합물이 노상이나 기층 침하로 인한 균열에 저항하는 성질이 가요성이다. 역청 혼합물은 역청 혼합물로 이루어진 층에 균열을 방지하면서 유연성을 가져야 한다. 또한 역청 혼합물은 역청재료 함유량이 많을수록 가요성이 커지지만 사용 재료 성상이나 골재 입도에도 영향을 받는다.

(3) 미끄럼 저항

차량이 브레이크를 밟았을 때 제동거리 내에서 정지하는데 필요한 마찰력을 줄 수 있는 역청 혼합물 표면 능력을 미끄럼 저항이라 말한다. 도로 포장면의 미끄럼 막을 형성하기 위한 조도를 가져야 한다. 역청재료 함유량이 적을수록 미끄럼 저항성이 좋다. 역청재료 함유량이 많으면 표면이 평활하여 습윤한 경우에 도로 포장면 미끄럼 저항성은 감소한다.

(4) 내구성

역청 혼합물 노화나 기상에 대한 저항성(내노화성, 내수성) 및 차량에 의한 미끄럼 작용에 대한 저항성을 내구성이라 한다. 기상 작용에 대한 영향을 작게 하도록 역청재료 함유량을 많게 하고 골재 입도를 조밀하게 잘 다져서 불투수성 혼합물로 만든다. 혼합물 내마모성은 가요성과 같은 경향을 나타내며 골재 내구성도 중요한 요소이다.

(5) 시공성

시공성이란 혼합물 혼합, 깔기, 다지기, 표면 마무리 작업, 평탄성 확보, 혼합물 분리가 발생하지 않고 균일성을 유지하는 성질을 말한다. 혼합물 시공성을 좋게 하기 위해서는 골재 최대치수를 작게 하고 거칠지 않은 입도를 가진 혼합물을 만들어야 한다.

(6) 기타 성질

이 밖의 혼합물이 갖추어야 하는 성질은 피로 저항성과 파단강도가 커야 하고 불투수성이어야 한다.

연습문제

01 천연 아스팔트에 대하여 설명하시오.

02 석유 아스팔트에 대하여 설명하시오.

03 아스팔트 용도에 대하여 설명하시오.

04 개질 아스팔트에 대하여 설명하시오.

05 컷백 아스팔트에 대하여 설명하시오.

06 유화 아스팔트에 대하여 설명하시오.

07 블론 아스팔트에 대하여 설명하시오.

08 구스 아스팔트에 대하여 설명하시오.

09 아스팔트 혼합물에 대하여 설명하시오.

10 아스팔트 물리 및 화학적 성질에 대하여 설명하시오.

참고문헌

건설교통부, 레미콘·아스콘 품질관리 지침, 2007.12.

건설교통부, 콘크리트 표준시방서, 2003.

국토교통부, KCS 14 20 01～70 : 2022, 2022.1.11.

국토교통부, KCS 14 31 05～70 : 2022, 2022.1.11.

국토교통부, KDS 14 20 01～62 : 2022, 2022.1.11.

국토교통부, 시멘트 콘크리트 포장 시공지침, 2017.4.

국토해양부, 건축공사 표준시방서, 2015.

국토해양부, 도로공사 표준시방서, 2016.

국토해양부, 레미콘·아스콘 품질관리 지침, 2012.11.

국토해양부, 시멘트 콘크리트 포장 생산 및 시공 지침, 2009.11.

국토해양부, 콘크리트 구조기준, 2012.10.

국토해양부, 콘크리트 표준시방서, 2009.

국토해양부, 콘크리트 표준시방서, 2016.

문한영, 건설재료학, 동명사, 1987.2.

성기태 외 3, 토목재료학, 신광문화사, 2007.6.

이경하 역, 아스팔트 혼합물의 지식, 동화기술, 2002.10.

이형준 외 5, 건설재료학, 동화기술, 2016.8.

장영길 외 3, 토목재료 및 실험, 동화기술, 2004.3.

장영길 외 5 역, 콘크리트의 지식, 동화기술, 2003.2.

전용배 외 2, 실내토질시험법의 기초, 성안당, 2001.3.

전용배 외 4, 건설재료 및 시험, 동화기술, 2010.3.

전용배, 건설재료 및 실내시험법 기초, 동화기술, 2018.2.

토목공학연구회, 토목실험, 형설출판사, 1987.2.

中村聖三 외 1, 土木材料學, コロナ社, 2014.2.

宮川豊章 외 1, 土木材料學, 朝倉書店, 2012.3.

Chapter 10

고분자재료

10.1 개 요

고분자재료는 일반적으로 수지 또는 플라스틱이라 말한다. 고분자(Polymer)란 많은 수의 작은 분자(Molecule)들이 서로 연결되어 이루어진 거대분자(Macromolecule)를 말한다. 고분자를 이루는 이 작은 분자개체들을 단위체 또는 단량체(Monomer)라 한다. 단량체란 '하나'라는 뜻의 'Mono'와 '개체', '부분', '객체'의 뜻을 가진 'Mer'를 합한 용어를 우리말로 번역한 것이다. 마찬가지로 처음 발견할 때 고분자란 용어도 '많다'는 뜻의 Poly를 번역한 것이다. 영국은 'High Molecule Compound'라 번역하고 독일은 'Macromolecule'로 번역하였으나 지금은 대부분 'Polymer'로 통용하고 있다. 이들을 서로 결합시키는 반응을 중합(Polymerization)이라 한다. 중합이라는 반응에 따라 만들어지므로 이런 물체를 중합체 또는 폴리머(Polymer)라 말하고, Monomer를 저분자 화합물이라 번역하기도 한다.

분자량이 적은 저분자 화합물을 결합하여 큰 분자량을 만드는 것을 고분자 합성이라 하며 이 고분자 생성 반응을 넓은 의미의 중합이라 한다. 이때 처음 물질인 분자량이 작은 분자를 단량체라 하며 반응 생성물을 중합체 또는 고분자라 한다. 토목재료로서 고분자재료는 대부분 합성고분자 화합물이면서 유기고분자 화합물 가운데 섬유나 고무를 제외한 합성수지(Synthetic Resin 또는 Plastic)이다. 합성수지는 'Synthetic Resin'을 번역한 것이지만 지금은 'Plastic'으로 통용하고 있다. 플라스틱(Plastic)이라는 말은 "성형에 적합한, 성형하다." 라는 말에서 나왔다. 소성을 지닌 물질 또는 소성 가능한 물질을 줄여서 가소물, 즉 플라스틱이라고 하는데 합성수지 대체어로서 플라스틱이라는 말을 사용하고 있다.

10.2 고분자 분류

고분자는 생성기원 분류, 반복단위 연결방법 분류 그리고 가공 특징 분류 등으로 나눌 수 있다.

10.2.1 생성기원 분류

고분자는 그 생성기원에 따라 천연 고분자, 합성 고분자, 반합성 고분자로 나눌 수 있다. 화학적 관점에 따라 무기 고분자와 유기 고분자로 구별한다. 천연 고분자는 천연상태에서 고분자 화합물로 존재하는 고분자를 말하며 합성 고분자는 인공으로 저분자 화합물로부터 합성한 고분자 그리고 반합성 고분자는 천연 고분자를 화학적인 방법에 따라 성질을 바꾼 고분자를 말한다. 또한 유기와 무기는 탄소 함유 여부에 따라 결정하며 탄소계 화합물이 유기 화합물이다. 표 10.1은 생성기원에 의한 고분자 화합물 분류이다.

표 10.1 생성기원 분류

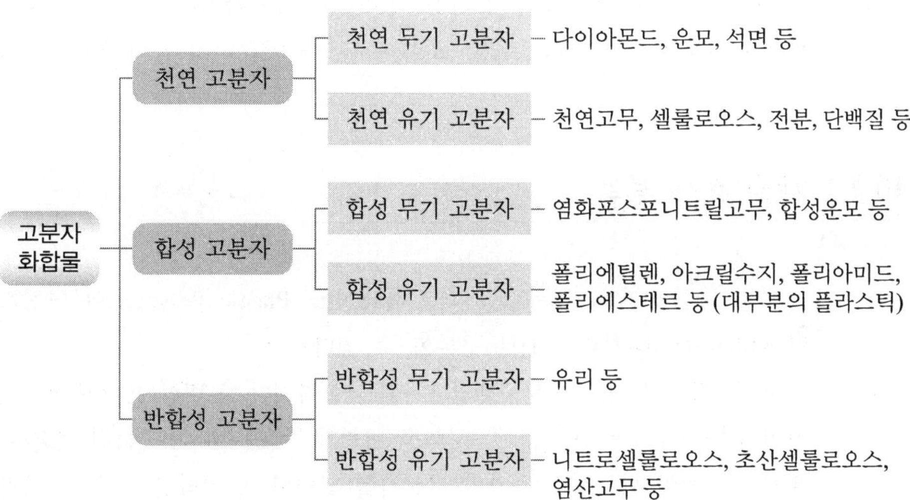

10.2.2 연결 방법 분류

고분자는 분자 내에 원자가 규칙적으로 어떤 구조단위로 반복하고 있다. 반복구조 단위 연결 방법에 따라 1차원 고분자, 2차원 고분자 그리고 3차원 고분자로 분류한다.

(1) 1차원 고분자

일렬로 연결되어 있어 쇄상(Chain) 또는 선형 고분자(Linear Polymer)라고 한다. 폴리아미드, 폴리에스테르, 폴리스타이렌 등이 있다.

(2) 2차원 고분자

평면상에서 2차원으로 연결되어 있어 판 모양(Planar) 또는 사다리 모양 고분자(Ladder Polymer)라고 한다. 운모, 흑연 등이 있다.

(3) 3차원 고분자

입체적인 3차원적으로 연결되어 가교(Cross-Linked) 또는 망상 고분자(Network Polymer)라고 한다. 페놀 수지, 요소 수지, 에폭시 수지 등이 있다.

10.2.3 가공 특징 분류

가공 특징에 따라 열가소성 고분자(Thermo-Plastic Polymer)와 열경화성 고분자(Thermo-Setting Polymer)로 구분할 수 있다.

열가소성 고분자는 쇄상구조인 1차원 고분자이다. 특별한 용매에 용해하거나 또는 가열하면 용융하여 가소성, 즉 형태를 변형할 수 있지만 냉각하면 경화하여 고체 고분자로 되돌아오는 성질을 가진 고분자를 말한다. 열경화성 고분자는 3차원 망상구조 고분자이다. 만들어진 처음에는 가열하면 가소성을 가지므로 성형이 가능하지만 가열로 인하여 중합반응을 하면 중화하여 가소성을 잃어버려서 3차원 고분자로 변화하는 것을 말한다.

이상과 같은 고분자 분류방법 이외에도 고분자의 서로 다른 성질 예를 들면 섬유, 고무, 플라스틱 등의 특성을 가진 고분자 또는 생성고분자 중 반복 단위 일반명칭 등으로 고분자를 분류하는 방법도 있다.

10.3 합성수지(Plastic)

합성수지란 합성고분자 화합물 총칭으로 열가소성 수지와 열경화성 수지로 분류한다. 가열에 의하여 부드러워지므로 성형이 가능하고 가볍고 튼튼하며 일반적으로 전기 절연성이 좋고 내식성이 좋으며 대량 생산이 가능하고 색이 아름답다. 구조용 및 기계부품 재료에 사용한다.

10.3.1 열가소성 수지

열가소성 수지는 중합형-선상구조로서 단량체가 상호 결합하는 중합을 통해 고분자로 만들어진다. 가열하면 연화하여 가소성을 갖지만 냉각하면 고체로 돌아가는 고분자 물질이다. 성형 후 냉각시키면 성형 모양을 그대로 유지하며 굳는다. 강한 힘에는 점성 유동체이고 약한 힘에는 무한 점성, 즉 고체 성질을 나타낼 때 이러한 성질이 소성이다.

열가소성 수지에는 결정성과 비결정성 두 종류가 있다. 결정성인 것에는 폴리에틸렌, 나일론, 폴리아세탈 수지 등이며 색은 불투명 흰색이다. 비결정성인 것에는 염화비닐 수지, 폴리 스타이렌, ABS 수지, 아크릴 수지 등이며 색은 대체로 투명하다.

(1) 종류 및 특징

① 아크릴(Acrylic, Acrylic Acid) 수지

㈀ 폴리 메틸 메타크릴레이트(Poly Methyl Methacrylate, PMMA), 폴리 아크릴로나이트릴(Poly AcryloNitrile, PAN), 폴리 아크릴산(Poly Acrylic Acid, PAA) 등

㈁ 투광성, 내후성 우수, 착색 자유로움.

㈂ 채광판, 유리대용품, 도료 등으로 활용

㈃ 비중 : 1.2～1.7

② 폴리 메틸 메타크릴레이트(Poly Methyl MethAcrylate) 수지 : PMMA

㈀ 메틸 메타크릴레이트(Methyl Methacrylate), 메타크릴레이트(Methacrylate) 또는 아크릴 수지라고도 함.

(ㄴ) 투명, 강도, 내약품성 우수
(ㄷ) 방풍유리, 장식용 조명, 조명기구 등으로 활용
(ㄹ) 비중 : 1.2～1.7

③ 염화 비닐(Poly Vinyl Chloride) 수지 : PVC
(ㄱ) 연질(SPVC), 경질(HPVC)으로 구분
(ㄴ) 강도, 전기절연성, 내약품성 우수, 내열성이 낮아 온도 신축이 큼.
(ㄷ) 바닥용타일, 시트, 이음 재료, 파이프, 접착제, 필름 등으로 활용
(ㄹ) 비중 : 연질(SPVC) 1.16～1.35, 경질(HPVC) 1.35～1.45

④ 폴리 비닐 아세탈(Poly Vinyl Acetal) 수지 : PVA
(ㄱ) 폴리 비닐 포르말(PVF), 폴리 비닐 부티럴(PVB) 등
(ㄴ) 투명, 밀착성 우수
(ㄷ) 안전유리 중간 막, 도료, 접착제 등으로 활용
(ㄹ) 비중 : 1.43

⑤ 폴리 스타이렌(Poly Styrene) 수지 : PS
(ㄱ) 스티롤(Styrol) 수지, 폴리 스티롤(Poly Styrol) 수지로도 말한다(스티롤은 독일어). GPS (General PS), GPPS (General Purpose PS), HIPS (High Impact PS), ABS (Acrylonitrile Butadiene Styrene), SAN (Styrene AcryloNitrile) 또는 AS 등이 있음.
(ㄴ) 투명, 전기절연성, 내수성, 내약품성 우수
(ㄷ) 사출용 : 문구, 채광용, 전자제품, 포장용기 등
압출용(발포 스티로폼) : 건축재, 보온재, 등으로 활용
단열 및 완충재로 사용하고 1회용 포장용기, 스티로폼 등으로 활용
(ㄹ) 종류별 사용처
- GPS : 스티로폼으로 활용
- GPPS : CD 케이스로 활용
- HIPS : 리모컨 케이스로 활용
- ABS : 냉장고 야채박스 등으로 활용
- SAN : 선풍기 날개, 냉장고 선반 등으로 활용

(ㅁ) 비중 : 1.0

⑥ **폴리 에틸렌(Poly Ethylene) 수지 : PE**

㈀ 고밀도 폴리 에틸렌 : HDPE (High Density PE), 저밀도 폴리 에틸렌 : LDPE (Low Density PE), 선형 저밀도 폴리 에틸렌 : LLDPE (Liner Low Density PE) 등

㈁ 내약품성, 전기 절연성, 내수성, 저온에서 탄성 우수

㈂ 종류별 사용처

- HDPE : 건축용 파이프, 세제 용기, 파렛트 등
- LDPE : 방수 필름, 포장 필름, 파이프 이음관 등
- LLDPE : 포장용 시트, 전선피복 등으로 활용

㈃ 비중 : 0.92～0.96

⑦ **폴리 아미드(Poly Amide) 수지 : PA**

㈀ 폴리 아마이드 수지라고도 함.

㈁ 인장강도와 내마모성 우수, 인조 섬유제인 나일론(상품명) 주원료

㈂ 건축물 내장재, 섬유제품(운동복)인 기모 원단, 주방용품 등으로 활용

㈃ 비중 : 1.11～1.14

⑧ **셀룰로이드(Celluloid) 수지**

㈀ 투명, 가소성, 가공성 우수, 내열성 부족, 최초 플라스틱

㈁ 유리 대용품, 탁구공 등으로 활용

㈂ 비중 : 1.32

⑨ **폴리 프로필렌(Poly Propylene) 수지 : PP**

㈀ 반투명, 가장 가벼운 플라스틱, 착색 자유로움.

㈁ 식품 위생용품, 경첩 힌지 등으로 활용

㈂ 비중 : 0.8

⑩ **폴리 카보네이트(Poly Carbonate) 수지 : PC**

㈀ 렉산(GE 상품명)이라고도 함.

㈁ 절연, 가공, 내충격 우수

㈂ 판유리 대체제, 곡면유리 대체제 등으로 활용

㈃ 비중 : 1.2

⑪ **불소 수지 : PTFE**

㈀ 폴리 테트라 플루오로 에틸렌(Poly Tetra Fluoro Ethylene) 또는 테프론(듀폰

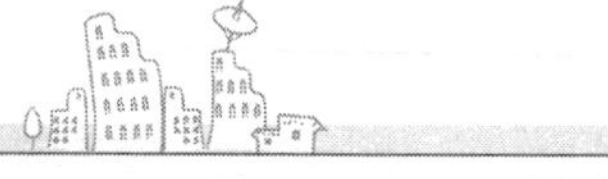

: Dupont의 상품명)이라고도 함.

㈁ 내열 우수, 마찰계수 작음.

㈂ 개스킷, 베어링, 요리용 팬 등으로 활용

㈃ 비중 : 2.2

10.3.2 열경화성 수지

열경화성 수지는 축합형－망상구조로 가열하면 경화하고 한 번 경화하면 가열하여도 연화하거나 용매에 녹지 않는 합성수지이다. 열경화성 수지를 성형하면 용매에 녹지 않으며 가열하여도 용융하지 않는다. 분자 내에 3개 이상 반응을 가진 저분자량 물질이다. 경화하면 3차원 구조 고분자가 되어 내열성, 내용제성, 내약품성, 기계적 성질, 전기 절연성이 좋다. 멜라민 수지, 페놀 수지, 요소 수지(유레아 수지) 등이 있다.

(1) 종류 및 특징

① 페놀(Phenol) 수지 : PF, 석탄산 수지, Phenol－Formaldehyde

㈀ 알킬페놀(Alkyl Phenol) 수지, 크레졸(Cresol Phenol) 수지 등

㈁ 강도, 절연성, 내산성, 내열성, 내수성 우수

㈂ 보온재, 접착제, 도료, 전기 절연제, 파이프, 브레이크 라이닝 등으로 활용

㈃ 비중 : 1.05～2.0

② 요소(Urea) 수지 : UF, 유레아, Urea Formaldehyde

㈀ UM-G, UM-E 등

㈁ 투명성, 내약품성, 강도, 내열성 우수, 착색 자유로움.

㈂ 마감재, 가구재, 도료, 접착제 등으로 활용

㈃ 비중 : 1.4～1.5

③ 멜라민(Melamine) 수지 : MF, Melamine Formaldehyde

㈀ 포마이카(Formica : 상품명) 등

㈁ 투명성, 장식 재료. 내약품성, 내열성 우수, 착색 자유로움.

㈂ 마감재, 가구재, 접착제 등으로 활용

㈃ 비중 : 1.4～1.5

④ **알키드(Alkyd) 수지**

㈀ 접착성, 내후성, 성형가능, 전기적 성능 우수

㈁ 도료, 접착제 등으로 활용

㈂ 비중 : 1.5～2.0

⑤ **폴리에스터(Polyester) 수지 : UP, 폴리에스테르 수지**

㈀ 불포화 폴리에스테르(Unsaturated Polyester)라고도 함.

㈁ 강도, 투명성, 절연성, 내열성, 내약품성 우수

㈂ 창틀, 도료, 욕조, 정화조, 접착제, 요트(FRP) 재료 등으로 활용

㈃ 비중 : 1.5～2.0

⑥ **실리콘(Silicone) 수지 : 규소 수지**

㈀ 열절연성, 내약품성, 내후성, 발수성, 내열성 전기적 성능 우수

㈁ 방수피막, 발포보온재, 도료 접착제, 윤활제, 보색제 등으로 활용

㈂ 비중 : 1.7～2.0

⑦ **에폭시(Epoxide) 수지 : EP, Epoxy 수지**

㈀ 접착성, 내약품성, 내열성 우수

㈁ 금속도료, 방수 피막, 보온 및 보냉 재료, 접착제, 충진재 등으로 활용

㈂ 비중 : 1.8～2.3

⑧ **우레탄(Urethane) 수지 : PU, Poly Urethane**

㈀ 열가소성과 열경화성 모두 있음.

㈁ 열절연성, 내약품성, 내열성 우수

㈂ 도료, 내수피막, 흡음제, 접착제, 보온 및 보냉 재료 등으로 활용

㈃ 비중 : 1.5～2.0

⑨ **푸란(Furan) 수지**

㈀ 푸르푸랄(Furfural) 수지, 푸르푸랄알코올(Furfural Alcohol) 수지 등

㈁ 내약품성, 내열성, 내용제성 , 내마모성 우수, 항상 흑색

㈂ 방식라이닝, 내식 전기절연재 등으로 활용

㈃ 비중 : 1.5～2.0

10.3.3 합성수지 장점 및 단점

(1) 합성수지 장점

① **경량성과 고강도성**

고분자 단위 질량은 발포 고분자를 포함하면 15~2,200 kg/m^3 정도이다. 알루미늄의 1/3, 강철, 구리, 납 등의 1/3~1/8로 경량이다. 그러면서도 고분자재료 압축 및 인장강도는 높다. 또한 구조 재료로서 품질을 확인하기 위한 방법인 강도/중량비를 검토하면 연와 0.02, 압축강도 15 MPa인 콘크리트 0.06, 강재 0.15, 소나무 0.7, 두랄루민 1.6, 적층 플라스틱 2.2로 고분자가 최고 품질을 갖추고 있다.

② **가공성**

고분자는 제품 목적이나 요구하는 성능에 적합한 원료를 사용할 수가 있어 성형이나 주형은 치수나 형태에 상관없이 가공이 용이하여 대량생산에 적합하다.

③ **내수성, 내투습성**

내수성 및 내투습성은 폴리초산비닐 등 일부를 제외하고 매우 우수하다.

④ **내약품성**

내약품성은 산이나 알칼리, 염류, 부식성 가스 등에 보통 시멘트 콘크리트나 철강보다도 우수하다. 내약품성은 고분자 내부에 혼입하는 충전재 종류 및 성질에 따라 다르다.

⑤ **내마모성**

내마모성은 보통 시멘트 콘크리트보다 우수하여 바닥재의 이용에 적당하다.

⑥ **자유로운 착색과 투명성**

페놀 수지나 푸란 수지를 제외하고는 대부분 투명 또는 백색이므로 안료나 염료를 첨가함에 따라 자유롭게 착색할 수 있다. 또한 높은 투명도를 이용하여 다른 용도로 개발할 수 있다.

⑦ **접착성**

고분자 제품은 상호간 또는 금속, 콘크리트, 목재 등과 접착할 수 있다.

⑧ **내절연성, 전기적 특성**

고분자재료는 전기 및 열 절연성이 있어 절연재료로 사용한다.

(2) 합성수지 단점

① **내열성 불량, 가연성**

고분자재료 결점은 하중과 열에 의한 변형이 크다. 이것은 온도 변화에 따른 팽창이나 수축 또는 강도나 탄성계수 저하로 일어난다. 고분자 열팽창계수는 2.5～20.0×10^{-5}/℃이어서 강재보다 2.5～20배 정도이다.

고분자 온도 한계는 실리콘과 같은 예외를 제외하고는 대개 70～200℃이다. 고분자는 대부분이 탄소를 함유하는 유기화합물로 가연성이며 완전 불연성화는 어렵다.

② **큰 크리프와 작은 표면경도**

고분자는 무기충전재를 많이 혼합한 경질재료이지만 콘크리트나 금속보다 크리프가 크다. 고분자를 구조재로 사용할 때 크리프는 큰 결점이 된다. 크리프는 약간의 온도 변화에도 크게 변화한다. 크리프 방지에는 다른 충전재나 보강재를 통합하거나 변형을 작게 할 수 있는 단면모양으로 사용하여야 한다. 표면 경도가 작아 국부적인 응력집중을 피하고 응력을 균등하게 분산시켜 사용하여야 한다.

③ **노화-내후성 불충분**

비, 바람을 맞거나 직사광선에 의한 자외선이나 열의 작용에 따라 고분자는 노화하기 쉽다. 안료를 함유하는 고분자는 안료 퇴색을 고려하여야 한다.

④ **가격**

건설 분야에서 고분자재료는 단가가 높아 많이 사용할 수 없다.

10.4 첨가재료

고분자에 첨가제를 넣는 이유는 **첫째** 가공성 개선, **둘째** 고분자 기계적 물성, 표면 물성, 화학적 물성, 미학적 물성 등을 개량, **셋째** 부피나 무게를 증가시키기 때문이다.

첨가제(Additive)를 기능에 따라 분류하면 다음과 같다.

10.4.1 노화 방지제(Antiaging Agent)

노화 방지제에는 열안정제(Heat Stabilizers), 항산화제(Antioxidants), 자외선 방지제(UV Stabilizers) 등이 있다.

(1) 열안정제

제품을 사용하는 동안 고분자의 물리 및 화학 성질을 유지하도록 하는 화합물이다. 고분자 혼합 및 제조는 고온에서 이루어지기 때문에 열안정제 없이는 제조가 어렵다.

(2) 항산화제

공기 중 산소로 인하여 산화 및 열화를 받아 제조 또는 사용할 때 품질저하를 억제, 방지할 목적으로 고분자에 첨가한다. 산화열화반응 억제, 방지는 연쇄 개시 및 성장반응 금지, 과산화물 분해 등이다. 고분자용 산화방지제는 페놀 계통 및 유황 계통을 사용하며 첨가 사용량은 0.1～1.5% 정도로 알려져 있다.

(3) 자외선 방지제

자외선은 분자를 분해할 정도 에너지를 갖고 있다. 고분자는 태양 자외선으로 인하여 분해하여 색이 변하고 부스러진다. 따라서 자외선을 차단하거나 흡수하여 고분자를 보호할 목적으로 자외선 방지제를 첨가한다. 자외선 방지제는 광안정제 일종이며 UV (Ultra Violet)제라 말한다.

10.4.2 가소제(Plasticizer)

가소제는 고분자 분해점 이하에서 가공할 수 있도록 하여 고분자 가공성과 유연성을 증가시키기 위하여 첨가하는 물질이다. 가소제는 고분자의 자유 부피를 증가시켜서 고분자 분절 운동을 쉽게 한다. 최근에는 가소제 사용이 환경호르몬 문제로 줄어가고 있지만 가소제를 가장 많이 사용하는 것은 PVC이다. 가소제는 원료 종류에 따라 분류할 수도 있고 일차, 이차 가소제 등으로 분류할 수 있다.

10.4.3 충전재

충전재는 다른 첨가제에 비하여 대량으로 사용하는 첨가재이다. 많을 경우 40~50% 사용하기도 한다. 충전재 사용 목적은 물성 및 가공성 개선이다. 그러나 충전재를 대량으로 사용하는 경우 물성저하가 나타나기도 한다. 충전재 종류는 무기질과 유기질로 분류하고 형상에 따라 분말형, 평판형, 침상형, 구상형, 섬유형 등으로 분류한다. 충전재가 고분자와 혼합할 때 화학조성이나 형상에 따라 효과가 두드러지게 다르므로 용량 조절에 주의하여야 한다.

10.5 건설재료용 고분자재료

건설 기본 재료로 사용하는 콘크리트, 철근 콘크리트, 목재, 강재 등은 비교적 값이 싸고 대량으로 일정하게 지속적인 공급이 가능하다는 장점을 가지고 있다. 현재로써는 이들을 대치할 만한 재료를 찾기 힘들다. 그러나 이들 재료 자체 단점을 보완하도록 성능을 개선함으로써 새로운 재료를 개발할 수 있다. 강재 방청처리, 목재 방화성능 향상, 콘크리트 인장강도 증대 등이 있다. 이러한 건설 기본 재료의 결점을 고분자재료를 이용하여 역학 및 화학적 성질을 개선 또는 개발하고 있다.

10.5.1 방수시트

건설재료에 많은 비중을 차지하고 있는 콘크리트 균열 발생은 구조물에 큰 악영향을 미치므로 매우 중요시 다루어야 할 사항이다. 이에 대해 합성고무, 합성수지를 원료로 한 방수시트는 신장능력이 크기 때문에 바탕 재료에 대하여 추종적이고 순응성이 양호한 것으로 평가하고 있다. 내후성, 내수성을 가지고 온도변화의 영향이 작은 재료이며 색상이 다양하여 지붕 방수층 등에 적합한 재료이다.

합성 고분자 방수시트 재료는 공장에서 시트제품 형태로 생산하여 품질, 두께, 폭, 길이 등을 품질관리하는 방수재이다. 합성 고분자 방수시트 재료는 크게 합성고무계와 합성수지계로 분류한다. 합성고무계는 가황고무계, 비가황고무계로 분류하고 합성수지계는 염화비닐수지계(PCV계), 에틸렌아세트산수지계(EAV계)로 분류한다. 합성 고분자재료의 특징은 다음과 같다.

① 물성이 균질하다.
② 바탕재 균열에 대해서 추종성이 있다.
③ 내구성이 우수하여 노출공법에 적당하다.
④ 온도 물성변화가 작으므로 연화, 경화가 작다.

합성 고분자 방수시트 재료 특성을 표 10.2에 나타내고 있다.

표 10.2 합성 고분자 방수시트 재료 특징

구 분		특 징
합성 고무계	가황고무계 시트	• 인장강도, 신장률이 크다. • 내후성이 양호하다. • 온도에 따른 성질 변화가 작고, 대부분의 기상조건에 적합하다. • 바탕 균열에 추종적 성능이 있다.
	비가황고무계 시트	• 내후성이 우수하다. • 시간이 지나도 시트 수축에 의한 접합부 어긋남이 일어나지 않음. • 시트 상호 접합 및 접착성이 양호하여 일체화한다. • 유연하여 바탕 형상에 잘 대응한다.
합성 수지계	염화비닐계 시트	• 내후성, 내약품성이 우수하다. • 열융착 또는 용제·용착에 따라 시트 접합부를 일체화 한다. • 시트를 자유롭게 착색할 수 있다. • 노출방수로 경화할 수 있다.
	에틸렌아세트산 수지계 시트	• 인장강도, 신장률이 크다. • 내후성, 내약품성이 우수하다. • 접착제, 열융착 등에 따라 시트 상호간 접합·접착이 가능하다. • 바탕 균열에 추종적 성능이 있다.

10.5.2 방식재

방식재란 금속의 녹 방지를 위해 또는 부식을 방지하기 위해 재료에 피복하는 재료이다. 이 피복재료는 금속(아연·알루미늄·니켈·납·구리·주석), 무기질재료(법랑·유리·세라믹)도 사용하지만 폴리에틸렌, 폴리아미드, 염화비닐 수지, 에폭시 수지, 플루오르 수지, 페놀 수지 등 유기질 재료도 사용하며 태워서 붙이기, 침지(액체에 담가 적심), 칠하기, 접착 등으로 피복한다. 또 금속의 탱크나 파이프 표면에 고무를 접착 피복하여 가황(Curing, 생고무에 황을 첨가하여 가열)하는 방법도 많이 사용하고 있다. 이것은 내충격성, 내마모성, 전기절연성도 우수하여 합성고무를 이용하여 가스 상태 약품의 저장용이나 운반용으로 용도를 확대하고 있다.

FRP (Fiber Reinforced Plastics) 라이닝에 사용하는 고분자재료 성능을 표 10.3에 나타내었다.

표 10.3 FRP 라이닝용 고분자재료 성능 (건설재료학, 동명사, 문한영 편집)

종류 / 항목	불포화 폴리에스테르 수지	에폭시 수지	페놀 수지	푸란 수지	부텐 수지
경화조건	상온 또는 가열 5～120℃	상온 또는 가열 25～150℃	가열 180℃ 이상	상온 또는 가열 25～100℃	가열 125℃ 이상
경화수축성	크다	작다	크다	크다	중간
착색성	우수	우수	보통	보통	우수
금속과 밀착성	양호	우수	보통	보통	우수
FRP 기계적 성질	우수	우수	우수	우수	우수
경도(Rockwell)	70～115	80～100	100～110	90～100	80～110
내열성	80～120℃ 최고 204℃	90～130℃ 최고 210℃	150℃	80～150℃ 최고 175℃	85～140℃
자외선 영향	약간 황색 변색	없음	없음	없음	약간 황색 변색
강산성	침식	침식	침식	침식	약간 침식
강알칼리성	침식	약간 침식	침식	대부분 불변	약간 침식
유기용제	케톤 및 염소류에 침식	대부분 영향 없음	대부분 영향 없음	대부분 영향 없음	염소용매에 침식
가격(저렴한 순서)	2	5	1	4	3

10.5.3 봉랍재(Sealing Materials)

봉랍재란 건설공사에서 콘크리트 이음부분에 삽입하여 누수 방지나 지수효과를 부여하는 도막재료이다.

실링재료에 요구하는 성능 조건은 다음과 같다.

① 온도변화로 인한 콘크리트 팽창 및 수축에 견디고 박리, 균열 등이 발생하지 않을 것
② 콘크리트 팽창에 따라 적당히 압축하여 이음 밖으로 표출하지 않고 콘크리트에 과다한 응력을 주지 않을 것
③ 콘크리트 수축에 따라 가능한 신속히 복원할 것
④ 내후성, 내알칼리성, 내수성, 내약품성 및 내구성이 우수할 것
⑤ 콘크리트에 잘 부착하고 흡수 및 투수에 대한 저항성이 클 것
⑥ 밸브작용(콘크리트 움직임 및 수압작용에 따라 실링재료가 변형하여 수밀성을 높이는 작용)을 할 것
⑦ 인장강도, 인열강도가 크고 유연성이 풍부할 것
⑧ 주입시공 작업성이 용이하고 저장, 운반 및 취급이 간편할 것

10.5.4 접합재료

접합재료는 합성고무계 또는 합성수지계이며 프라이머 및 시트 품질을 저하시키지 않아야 한다. 접합재료는 방수시트 접착공법에 사용하며 피착제 조합에 따라 접합재료 종류가 다르다. 접합재료 종류는 클로로프렌고무계, 부틸고무계, 에폭시 수지계, 아크릴계, 고무 아스팔트계 등이 있고 종류에 따라 유기용제를 함유하고 있어 직접 흡입하거나 피부에 닿지 않도록 하여야 한다. 표 10.4에는 건설용 접합재료 사용예이다.

표 10.4 건설용 접합재료 사용 예

주된 기능	복합형식	구체 예	사용 접착제
응력 전달	부재 내 접합	철근 접합	에폭시
	부재와 부재 접합	접합조립을 하는 강교	폴리에스테르
		철근 콘크리트 부재 접합을 하는 프리캐스트 구조물	에폭시, 폴리에스테르
		PC판과 강받침 접합을 하는 합성교	에폭시
방수 및 응력 분산	응력전달은 긴장재 (고장력 강재에 의존)	프리캐스트 블록 접합을 하는 PC교	에폭시

또한 건설용 접합재료는 대부분 구조 접착 목적으로 사용하므로 다음과 같은 성능 조건을 만족하여야 한다.

① 피접착 표면 도포에 충분한 유동성이 있어 시공하기 쉬운 것
② 시공할 때 취급이 쉽고 독성이 없는 것
③ 시공 후 빠르게 경화하고 경화할 때 내부 변형이 발생하지 않을 것
④ 접착강도 발현이 빠르고 큰 것
⑤ 크리프나 진동, 충격 등으로 접착강도가 저하하지 않는 것
⑥ 내수성, 내알칼리성, 내후성 등이 우수한 것
⑦ 가성비가 우수한 것

또한 방조제나 교각 증축공사 등에서 신·구 콘크리트를 연속 타설하는 경우 폴리아미드계 경화제인 에폭시 수지 접합재료를 사용하고 있다. 표 10.5에는 신·구 콘크리트 연속타설 부위 휨강도 시험 예이다.

표 10.5 신·구 콘크리트 연속타설 부위 휨강도

신콘크리트 재령	접착제 미사용 휨강도 (MPa)	접착제 사용 휨강도 (MPa)
1주	1.23	3.24
2주	1.86	3.44
3주	2.33	3.86

연습문제

01 고분자재료 생성기원 분류에 대하여 설명하시오.

02 열가소성수지와 열경화성수지를 비교 설명하시오.

03 합성수지의 장점과 단점을 열거하고 설명하시오.

04 건설재료에 사용하는 고분자재료 사례를 설명하시오.

참고문헌

건설교통부, 레미콘·아스콘 품질관리 지침, 2007.12.
건설교통부, 콘크리트 표준시방서, 2003.
국가기술시험연구회, 재료역학해설, 일진사, 1990.1.
국토교통부, KCS 14 20 01～70 : 2022, 2022.1.11.
국토교통부, KCS 14 31 05～70 : 2022, 2022.1.11.
국토교통부, KDS 14 20 01～62 : 2022, 2022.1.11.
국토교통부, 시멘트 콘크리트 포장 시공지침, 2017.4.
국토해양부, 건축공사 표준시방서, 2015.
국토해양부, 도로공사 표준시방서, 2016.
국토해양부, 레미콘·아스콘 품질관리 지침, 2012.11.
국토해양부, 시멘트 콘크리트 포장 생산 및 시공 지침, 2009.11.
국토해양부, 콘크리트 구조기준, 2012.10.
국토해양부, 콘크리트 표준시방서, 2009.
국토해양부, 콘크리트 표준시방서, 2016.
김선국 외 3, 시공학, 동화기술, 2016.3.
대한건설협회, 2005 건설공사 표준품셈, 2005.1.
대한전문건설협회, 콘크리트 구조물(토목)의 균열과 하자문제, 2005.5.
문한영, 건설재료학, 동명사, 1987.2.
박우열 외 3, 건축재료, 대가, 2010.11.
박홍용 역, 콘크리트와 문화, 씨아이알, 2014.6.
성기태 외 3, 토목재료학, 신광문화사, 2007.6.
이경하 역, 아스팔트 혼합물의 지식, 동화기술, 2002.10.
이형준 외 5, 건설재료학, 동화기술, 2016.8.
장영길 외 3, 토목재료 및 실험, 동화기술, 2004.3.
장영길 외 5 역, 콘크리트의 지식, 동화기술, 2003.2.
재료 연구소, 복합재료야 놀자, (주)동아에스앤씨, 2017.4.
전용배 외 2, 실내토질시험법의 기초, 성안당, 2001.3.
전용배 외 4, 건설재료 및 시험, 동화기술, 2010.3.
전용배, 건설재료 및 실내시험법 기초, 동화기술, 2018.2.
정상진 외 10, 건축재료학, 보성각, 1995.8.
토목공학연구회, 토목실험, 형설출판사, 1987.2.
中村聖三 외 1, 土木材料學, コロナ社, 2014.2.
宮川豊章 외 1, 土木材料學, 朝倉書店, 2012.3.

Appendix

부 록

A.1 토질시험

A.1.1 흙입자의 비중시험

(1) 시험의 목적

이 시험방법은 KS F 2308에 규정되어 있다. 흙입자의 비중이란 4℃에서 증류수의 단위 중량에 대한 흙입자 단위 중량과의 비를 말한다. 흙입자의 비중 G_s는 다음 식으로 표시된다.

$$G_s = \frac{W_s}{\gamma_w V_s} \tag{A.1.1}$$

여기서, W_s 및 V_s는 흙입자의 중량 및 체적, γ_w는 물의 단위 중량이고, 표 A.1.1에 나타낸 바와 같이 온도에 따라서 변화한다.

이 시험은 흙입자의 비중을 구하는 것을 목적으로 하고 있다. 흙의 입자 부분의 중량은 저울 등을 이용하여 직접적으로 구해진다. 흙입자 부분의 체적은 비중병이나 메스플라스크를 활용하여 구한다. 본 시험의 대부분은 흙의 입자 부분 체적을 정확하게 구하기 위한 설명으로 이루어져 있다.

흙입자의 비중 G_s는 간극비 e나 포화도 S_r 등 흙의 기본적인 상태를 나타내는 제량의 계산을 하는데 필요한 값이다.

또한 다짐시험이나 입도시험, 압밀시험의 결과를 정리하는 경우에도 필요하다.

참 고

- 흙입자는 복잡하고 불규칙한 형상을 띤다. 따라서 그 체적을 정확히 구하는 것은 쉽지 않으며, 이 값의 정도가 흙입자의 비중에 크게 영향을 미친다. 그 때문에 체적을 정확히 구하기 위하여 내용물의 미소한 체적변화를 잘 알고, 표면장력에 의한 수면의 상승을 제한하기 위하여 가능한 게류샤크형 비중병을 사용한다.
- 조립의 흙인 경우에는 비중병 대신 메스플라스크를 사용한다.
- 증류수는 충분히 탈기시킨 것을 사용한다. 탈기가 불충분하면 결과에 영향을 미친다.

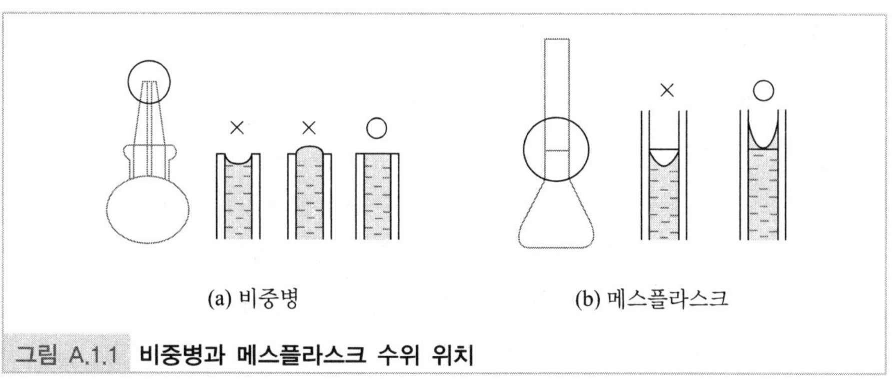

그림 A.1.1 **비중병과 메스플라스크 수위 위치**

(2) 시험용구

① 게류샤크형 비중병(용량 50 mℓ 이상의 것 3개)
② 알코올 램프
③ 항온건조로
④ 데시케이터
⑤ 저울(용량 200 gf, 감량 0.001 gf)
⑥ 온도계(최소 눈금 1℃의 것)
⑦ 고무망치나 나무망치 등 파쇄용구
⑧ 증류수
⑨ 건조로용 집게
⑩ 샬레, 증발접시, 비커 등 용기

(3) 시료의 준비

① 제2장 토질시험을 위한 교란시료의 조제방법에 따라 9.5 mm 체를 통과한 시료를 이용한다.
② 흙입자를 충분히 분리시켜 둔다.
③ 시료의 필요량은 사용할 비중병 용량에 따라 다음과 같다.
(ㄱ) 용량 100 mℓ 미만 비중병 ⇒ 노건조중량으로 10 gf 이상
(ㄴ) 용량 100 mℓ 이상 비중병 ⇒ 노건조중량으로 25 gf 이상

(4) 시험방법

1. 비중병의 검정

① 잘 건조된 비중병의 용량 W_f(gf)를 잰다.

② 비중병 본체에 증류수를 가득 채우고 스토퍼를 확실히 닫는다.

③ 비중병 주변에 묻은 물을 깨끗이 닦아낸다.

④ 전체중량(증류수+비중병) W_a'(gf)를 잰다.

⑤ 비중병 내의 증류수 수온 T'(℃)를 잰 후 비중병 내의 물을 버린다.

시료번호(깊이)	S1-1(1.0∼1.5 m)		
피크노메타 No.	93	128	107
피크노메타 중량 W_f(gf)	45.956	33.813	34.352
(증류수+피크노메타) 중량 W_a'(gf)	149.439	141.304	142.734
W_a' 측정시 증류수온도 T'(℃)	18	18	18
T'(℃)에서의 증류수 비중 $G_w(T')$			

참 고

- 큰 식물섬유는 잘게 부숴둔다.
- 비중병 검정은 시험에 사용할 모든 비중병에 대해서 미리 실시해두는 것이 편리하다.
- 비중병에 증류수를 채울 때에는 기포가 들어가지 않도록 하고 병과 스토퍼의 조합이 맞도록 한다. 메스플라스크를 사용할 경우에는 수위의 위치눈금과 메니스커스의 바닥이 일치되게 한다(그림 A.1.1 참조).
- 비중병을 손으로 잡을 경우에는 용기나 물의 팽창을 방지하기 위하여 체온이 전달되지 않도록 꼭지부분을 잡는 등 주의한다.
- 1개 비중병에 넣는 시료 양은 너무 많으면 탈기할 때 기포가 빠져나오기 어려우므로 비중병 아래에서 1/4 정도로 한다.

2. 흙입자의 비중 측정

① 준비한 시료를 비중병에 넣는다.

② 증류수를 비중병 용량의 2/3 정도까지 채운다. 이 때 비중병 내부의 상부에 붙은 시료도 흘려 넣는다.

③ 알코올램프로 비중병을 가열하여 10분 이상 끓인다.

④ 끓이는 도중에 기포가 빠져나오는 것을 돕기 위해 가끔씩 비중병을 흔들어 충

분히 기포가 빠져나오도록 한다.

⑤ 가열한 시료를 실온이 될 때까지 식힌다.

⑥ 비중병 전체에 증류수를 가하여 스토퍼를 닫아서 가득 채운다.

⑦ 전중량(시료 + 증류수 + 비중병) W_b(gf)를 잰다.

⑧ 스토퍼를 빼내고 내용물의 온도 T(℃)를 잰다.

⑨ 비중병의 내용물이 유실되지 않도록 증발접시 또는 비커에 꺼내 담는다.

⑩ 꺼낸 내용물 전량을 110±5℃에서 일정한 무게가 될 때까지 건조시킨다.

⑪ 노건조시료를 데시케이터 내에서 실온이 될 때까지 식힌다.

⑫ 노건조 중량을 측정하여 흙입자 중량 W_s(gf)를 구한다.

(시료 + 증류수 + 피크노메타) 중량 W_b(gf)		162.969	156.190	159.411
W_b 측정시 내용물 온도 T(℃)		20	20	20
T(℃)에서의 증류수 비중 $G_w(T)$				
T(℃)에서(증류수 + 피크노메타) 중량 W_a(gf)				
시료의 노건조 중량	용기 No.	93	128	107
	(노건조시료 + 용기) 중량(gf)	67.112	57.066	60.424
	용기중량(gf)	45.956	33.813	34.352
	W_s(gf)	21.156	23.253	26.072
흙입자의 비중 G_s				
평균치 G_s				

(5) 결과의 정리

① 표 A.1.1에서 비중 측정시의 온도 T(℃) 및 비중병 검정시의 수온 T'(℃)에서의 증류수의 비중값을 읽는다.

② T'(℃)(비중병 검정시의 온도)의 증류수를 가득 채운 비중병 중량 W_a'(gf)을 다음 식에 따라서 T'(℃)(비중 측정시의 온도)인 경우 W_a'(gf)로 환산한다.

$$W_a = \frac{G_w(T)}{G_w(T')} \times (W_a' - W_f) + W_f \qquad \text{(A.1.2)}$$

여기서, W_a' : 온도 T'(℃) 증류수를 가득 채운 비중병 중량(gf) (⇦ (4)1.④)

W_f : 비중병 중량(gf) (⇦ (4)1.①)

T' : W_a'를 측정할 때 비중병 내용물의 온도(℃) (⇦ (4)1.⑤)

$G_w(T')$: T'(℃)에서 증류수의 비중(표 A.1.1 참조)

$G_w(T)$: T(℃)에서 증류수의 비중(표 A.1.1 참조)

참 고

- 노건조사료를 이용하는 경우는 충분히 부순 후 노건조하여 시료중량 W_s(gf)를 재고, 깔때기 등을 이용하여 유실되는 흙이 없도록 주의하여 비중병에 넣는다. 그리고 증류수를 가하여 12시간 이상 수침시킨다.
- 알코올 램프로 가열 시에는 시료가 유실되지 않도록 주의한다. 끓이는 시간은 대략 다음과 같이 한다.
  - 일반적인 흙 → 10분 이상
  - 고유기질토 → 약 40분
  - 시라스 → 2시간 이상
- 현탁액의 기포 제거방법은, 끓이는 방법 외에도 비중병 안의 기압을 수은주로 100 mm 이하가 되도록 내리는 방법도 있다.
- 충분히 기포를 빼내지 않으면 흙입자 부분의 체적이 실제보다 크게 측정되어 G_s가 작아진다.
- (4)2.⑥의 작업은 「(4)1. 비중병의 검정」의 ②와 동일하게 스토퍼의 구멍까지 포함하여 공기가 들어가지 않도록 한다.
- ⑨의 작업은, 우선 상등액을 1/3 정도 쏟아내고, 용기의 입구를 막고 흔들어 침전되어 있는 시료를 충분히 교반한다. 그 후 비중병을 회전하여 소용돌이를 일으켜 잘 빼내면 쉽다. 남은 시료는 증류수로 닦아내면서 꺼낸다.
- 노건조시료를 이용하는 경우에는 ⑨~⑫의 작업이 필요 없다.
- 시험결과는 유효숫자 3자리 이상으로 한다.

표 A.1.1 온도 4~35℃에서 물의 비밀도(비중 또는 단위 중량) 및 보정계수 K

온도(℃)	물의 비밀도	보정계수 K	온도(℃)	물의 비밀도	보정계수 K
4	1.000 000	1.000 9	20	0.998 234	0.999 1
5	0.999 992	1.000 9	21	0.998 022	0.998 9
6	0.999 968	1.000 8	22	0.997 800	0.998 7
7	0.999 930	1.000 8	23	0.997 568	0.998 4
8	0.999 877	1.000 7	24	0.997 327	0.998 2
9	0.999 809	1.000 7	25	0.997 075	0.997 9
10	0.999 728	1.000 6	26	0.996 814	0.997 7
11	0.999 634	1.000 5	27	0.996 544	0.997 4

온도(℃)	물의 비밀도	보정계수 K	온도(℃)	물의 비밀도	보정계수 K
12	0.999 526	1.000 4	28	0.996 264	0.997 1
13	0.999 406	1.000 3	29	0.995 976	0.996 8
14	0.999 273	1.000 1	30	0.995 678	0.996 5
15	0.999 129	1.000 0	31	0.995 372	0.996 2
16	0.998 972	0.999 8	32	0.995 058	0.995 9
17	0.998 804	0.999 7	33	0.994 734	0.995 6
18	0.998 625	0.999 5	34	0.994 403	0.995 3
19	0.998 435	0.999 3	35	0.994 064	0.994 9

③ 흙입자의 비중 G_s를 다음 식으로 구한다.

$$G_s = \frac{W_s}{W_s + (W_a - W_b)} \times K \tag{A.1.3}$$

여기서, W_s : 노건조시료 중량(gf) (⇦ (4)2.⑫)

W_b : 온도 T(℃) 증류수와 시료를 가득 채운 비중병 중량(gf) (⇦ (4)2.⑦)

T : W_b를 측정할 때 비중병 내용물의 온도(℃) (⇦ (4)2.⑧)

K : 보정계수(표 A.1.1 참조)

④ 3개 결과 평균치를 그 시료의 흙입자 비중 G_s로 한다.

시료번호(깊이)	S1-1(1.0～1.5 m)		
피크노메타 No.	93	128	107
피크노메타 중량 W_f(gf)	45.956	33.813	34.352
(증류수+피크노메타) 중량 W_a'(gf)	149.439	141.304	142.734
W_a' 측정시 증류수 온도 T'(℃)	18	18	18
T'(℃)에서의 증류수 비중 $G_w(T')$	0.9986	0.9986	0.9986
(시료+증류수+피크노메타) 중량 W_b(gf)	162.969	156.190	159.411
W_b 측정시 내용물 온도 T(℃)	20	20	20
T(℃)에서의 증류수 비중 $G_w(T)$	0.9982	0.9982	0.9982
T(℃)에서(증류수+피크노메타) 중량 W_a(gf)	149.398	141.261	142.691

시료의 노건조 중량	용기 No.	93	128	107
	(노건조시료+용기) 중량(gf)	67.112	57.066	60.424
	용기 중량(gf)	45.956	33.813	34.352
	W_s(gf)	21.156	23.253	26.072
흙입자의 비중 G_s		2.784	2.788	2.783
평균치 G_s		2.785		

참 고

- 1개의 결과가 벗어난 경우는 다른 2개의 평균치를 취한다.

(6) 결과의 이용과 관련지식

① 흙입자의 비중은 흙입자를 구성하는 광물조성에 따라 다르지만 일반적으로 유기물을 많이 함유하는 흙일수록 작게 된다. 흙을 구성하는 주요 광물의 비중은 표 A.1.2와 같다.

표 A.1.2 주요 광물의 비중

조암광물	비 중	점토광물	비 중
석 영	2.65	카올리나이트	2.60
정장석	2.57	몬모릴로나이트	2.65~2.80
사장석	2.62~2.76	일라이트	2.80

② 흙입자의 비중은 흙의 상태를 나타내는 각종 지수 산정에 이용되며, 다른 토질시험 결과 정리에도 이용된다.

(ㄱ) 흙의 상태를 나타내는 간극비 e, 포화도 S_r를 구하는데 이용된다.

(ㄴ) 입도시험에서 침강분석 결과로부터 흙입자 입경 d를 계산하는데 이용된다.

(ㄷ) 다짐시험 정리에서 영공기간극곡선을 작도하는데 이용된다.

(ㄹ) 압밀시험에서 채적비 f나 간극비 e를 구하는데 필요한 흙입자 부분의 실질높이 H_s 계산에 이용된다.

(7) 예제

다음은 흙입자 비중시험에 관한 사항이다. 다음 물음에 답하시오.

1. 흙입자 비중을 구하기 위한 비중병의 검정 및 비중시험 결과이다. 다음 물음에 답하고 쓰시오. (단, 소수점 4째 자리에서 반올림하시오.)

비중병 검정 시험	비중병 무게 W_f	21.94 gf
	스토퍼까지 증류수를 가득 채운 비중병 무게 W_a'	71.86 gf
	증류수의 수온 T'	20℃
흙입자 비중 시험	(비중병+노건조 흙)의 무게(W_f+W_s)	35.74 gf
	(비중병+노건조 흙+증류수)의 무게 W_b	80.48 gf
	증류수의 수온 T	22℃
수온 15℃일 때 증류수 비중		0.999129
수온 20℃일 때 증류수 비중		0.998234
수온 22℃일 때 증류수 비중		0.997800

① 수온이 22℃일 때 스토퍼까지 증류수를 가득 채운 비중병 무게를 구하시오.
② 수온이 22℃일 때 흙입자 비중을 구하시오.
③ 표준수온이 15℃에서 흙입자 비중을 구하시오. (단, 22℃ 때의 보정계수는 0.9987임.)

2. 흙입자의 비중 측정 시 비중병 현탁액 속에 생기는 기포를 제거하는 방법 두 가지를 쓰시오.

풀이 1. ① $W_a = \dfrac{T℃\text{에서의 물의 비중}}{T'℃\text{에서의 물의 비중}} \times (W_a' - W_f) + W_f$ (식 (A.1.2) 참조)

$$= \frac{0.997800}{0.998234} \times (71.86 - 21.94) + 21.94$$

$$= 71.838 \text{ g}$$

② $G_T = \dfrac{W_s}{W_s + (W_a - W_b)} = \dfrac{13.8}{13.8 + (71.838 - 80.48)} = 2.675$

③ $G_s = K \cdot G_T = 0.9987 \times 2.675 = 2.672$ (식 (A.1.3) 참조)

2. ① 10분 이상 끓이는 방법
② 비중병 안의 기압을 수은주로 100 mm 이하가 되도록 내리는 방법

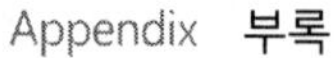

(8) 데이터시트 기입 예

KS F 2308	흙입자의 비중시험	

조사건명 .... 시험년월일 ....

시 험 자

시료번호(깊이)		S1-1(1.0～1.5 m)			S1-2(2.0～2.5 m)		
피크노메타 No.		93	128	107	62	70	86
피크노메타 중량 W_f(gf)		45.956	33.813	34.352	40.220	37.123	39.761
(증류수+피크노메타) 중량 W_a'(gf)		149.439	141.304	142.734	141.281	140.394	142.040
W_a' 측정시 증류수 온도 T'(℃)		18	18	18	14	14	14
T'(℃)에서의 증류수 비중 $G_w(T')$		0.9986	0.9986	0.9986	0.9993	0.9993	0.9993
(시료+증류수+피크노메타) 중량 W_b(gf)		162.969	156.190	159.411	149.329	149.956	150.937
W_b 측정시 내용물 온도 T(℃)		20	20	20	16	16	16
T(℃)에서의 증류수 비중 $G_w(T)$		0.9982	0.9982	0.9982	0.9999	0.9999	0.9999
T(℃)에서 (증류수+피크노메타) 중량 W_a(gf)		149.398	141.261	142.691	141.251	140.363	142.009
시료의 노건조 중량	용기 No.	93	128	107	62	70	86
	(노건조시료+용기) 중량(gf)	67.112	57.066	60.424	38.724	41.991	40.674
	용기 중량(gf)	45.956	33.813	34.352	26.334	27.216	26.932
	W_s(gf)	21.156	23.253	26.072	12.390	14.775	13.742
흙입자의 비중 G_s		2.784	2.788	2.783	2.872	2.850	2.854
평균치 G_s		2.785			2.859		

시료번호(깊이)		S2-1(1.0～1.5 m)			S2-2(2.0～2.5 m)		
피크노메타 No.		11	12	14	8	9	7
피크노메타 중량 W_f(gf)		51.555	52.665	50.010	51.760	50.016	51.239
(증류수+피크노메타) 중량 W_a'(gf)		148.395	149.265	147.680	149.934	148.159	149.860
W_a' 측정시 증류수 온도 T'(℃)		17	17	17	18	18	18
T'(℃)에서의 증류수 비중 $G_w(T')$		0.9988	0.9988	0.9988	0.9986	0.9986	0.9986
(시료+증류수+피크노메타) 중량 W_b(gf)		164.370	165.275	163.680	166.950	164.531	166.377
W_b 측정시 내용물 온도 T(℃)		19	19	19	19	19	19
T(℃)에서의 증류수 비중 $G_w(T)$		0.9984	0.9984	0.9984	0.9984	0.9984	0.9984
T(℃)에서 (증류수+피크노메타) 중량 W_a(gf)		148.356	149.226	147.641	149.914	148.139	149.840
시료의 노건조 중량	용기 No.	30	34	32	100	101	102
	(노건조시료+용기) 중량(gf)	91.760	92.551	92.968	93.792	92.861	95.369
	용기 중량(gf)	66.610	67.356	67.848	66.780	66.894	69.152
	W_s(gf)	25.150	25.195	25.120	27.012	25.967	26.217
흙입자의 비중 G_s		2.748	2.750	2.762	2.703	2.708	2.704
평균치 G_s		2.753			2.705		

특기사항

S1-1, S1-2 } 노건조 시료

S2-1, S2-2 } 자연함수상태 시료

$$W_a = \frac{G_w(T)}{G_w(T')} \times (W_a' - W_f) + W_f$$

$$G_s = \frac{W_s}{W_s + (W_a - W_b)} \times K \qquad K : \text{보정계수(표 A.1.1 참조)}$$

(9) 데이터시트

KS F 2308	흙입자의 비중시험	

조사건명 .... 시험년월일 ....
시 험 자

시료번호(깊이)							
피크노메타 No.							
피크노메타 중량 W_f(gf)							
(증류수+피크노메타) 중량 W_a'(gf)							
W_a' 측정시 증류수 온도 T'(℃)							
T'(℃)에서의 증류수 비중 $G_w(T')$							
(시료+증류수+피크노메타) 중량 W_b(gf)							
W_b 측정시 내용물 온도 T(℃)							
T(℃)에서의 증류수 비중 $G_w(T)$							
T(℃)에서 (증류수+피크노메타) 중량 W_a(gf)							
시료의 노건조 중량	용기 No.						
	(노건조시료+용기) 중량(gf)						
	용기 중량(gf)						
	W_s(gf)						
흙입자의 비중 G_s							
평균치 G_s							

시료번호(깊이)							
피크노메타 No.							
피크노메타 중량 W_f(gf)							
(증류수+피크노메타) 중량 W_a'(gf)							
W_a' 측정시 증류수 온도 T'(℃)							
T'(℃)에서의 증류수 비중 $G_w(T')$							
(시료+증류수+피크노메타) 중량 W_b(gf)							
W_b 측정시 내용물 온도 T(℃)							
T(℃)에서의 증류수 비중 $G_w(T)$							
T(℃)에서 (증류수+피크노메타) 중량 W_a(gf)							
시료의 노건조 중량	용기 No.						
	(노건조시료+용기) 중량(gf)						
	용기 중량(gf)						
	W_s(gf)						
흙입자의 비중 G_s							
평균치 G_s							

특기사항

$$W_a = \frac{G_w(T)}{G_w(T')} \times (W_a' - W_f) + W_f$$

$$G_s = \frac{W_s}{W_s + (W_a - W_b)} \times K$$

K : 보정계수(표 A.1.1 참조)

A.1.2 흙의 함수비시험

(1) 시험의 목적

이 시험방법은 KS F 2306에 규정되어 있다. 본 시험은 흙에 함유되어 있는 물의 양(함수량)을 구하기 위한 시험으로서 시험결과를 함수비 w(%)로 나타낸다.

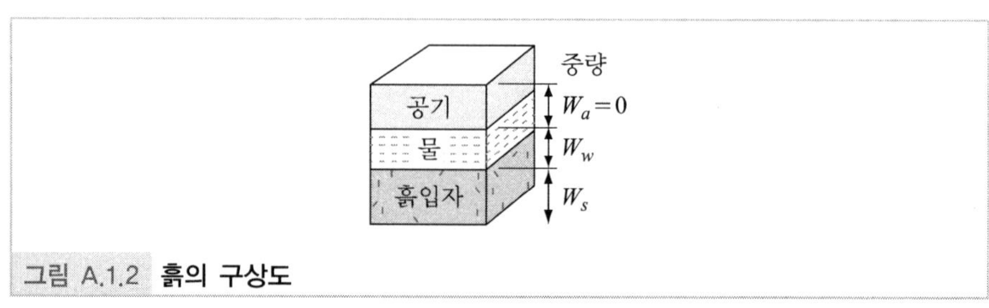

그림 A.1.2 흙의 구상도

흙의 함수비는 w는 110℃의 건조로에서 제거된 흙 중의 수분중량 W_w의 건조된 흙의 중량 W_s에 대한 백분율로 표시되며, 다음 식으로 타나낼 수 있다.

$$w(\%) = \frac{W_w}{W_s} \times 100 \tag{A.1.4}$$

자연상태의 흙은 함수량의 차이에 따라서 공학적 성질이 크게 다르기 때문에, 흙의 함수비를 파악하는 것은 흙구조물의 설계와 시공조건의 결정시 필요하다. 또한 흙의 상태를 나타내는 제량 중에서 흙의 함수비는 가장 기본이 되는 값이다.

(2) 시험용구

① 데시케이터
② 샬레 또는 증발접시
③ 저울(시료량에 따른 저울 감량을 표 A.1.3에 나타내었다.
④ 항온건조로

표 A.1.3 저울의 용량과 감량

칭량(gf)	감량(gf)
100 미만	0.01
100~1,000	0.1
1,000 이상	1.0

참 고

- 흙 중의 수분은 다음과 같은 것이 있으며, 이들 수분은 약 110℃ 이상의 온도에서 없어진다.
  - 자유수 : 중력작용을 받아 간극 속에서 자유롭게 이동하는 물
  - 모관수 : 지하수면으로부터 모관작용을 받아 상승한 물
  - 흡착수 : 흙입자의 표면에 얇은 막이 되어 전기적으로 고착되어 있는 물
- 함수비의 측정 시 습윤시료의 중량측정이 즉시 이루어지지 않는 경우에는 건조를 방지하기 위하여 뚜껑이 있는 샬레를 이용하거나 시약병을 이용하는 것이 좋다.

(3) 시료의 준비

토질시험을 수행하기 위해 현장에서 채취한 교란된 흙을 시험에 필요한 상태가 될 때까지 분취, 함수비 조정, 입도조정의 과정을 거쳐 시료를 준비하며, 함수비를 구하는데 필요한 시료의 양을 표 A.1.4에 나타내었다.

표 A.1.4 시료의 최소중량

시료의 최대입경(mm)	시료중량(gf)
75	2,000
37.5	1,000
19	150~300
4.75	30~100
2	10~30

특히, 자연상태로 채취한 흙의 경우, 그 흙을 대표하는 부분을 채취하는 것이 중요하다.

(4) 시험방법

① 용기의 중량 W_c(gf)를 측정한다.

② (습윤시료+용기)의 중량 W_a(gf)를 측정한다.

③ 시료를 용기채로 항온건조로에 넣고 110±5℃에서 일정중량이 될 때까지 건조시킨다.

④ 건조시료를 용기채로 데시케이터 속에 넣고 실온이 될 때까지 식힌다.

⑤ (건조시료+용기)의 중량 W_b(gf)를 측정한다.

(5) 결과의 정리

흙의 함수비 w(%)는 다음 식으로 구할 수 있다.

$$w = \frac{W_w}{W_s} \times 100(\%) = \frac{W_a - W_b}{W_b - W_c} \times 100(\%) \tag{A.1.5}$$

여기서, W_w : 110±5℃의 건조로에서 제거된 흙 중의 수분중량

W_s : 흙의 노건조중량

W_a : 습윤시료와 용기의 중량 (⇦ (4)②)

W_b : 노건조시료와 용기의 중량 (⇦ (4)⑤)

W_c : 용기의 중량 (⇦ (4)①)

시료번호(깊이)	B1-1(1.10~1.30 m)		
용기 No.	52	78	74
W_a(gf)	102.05	113.49	106.19
W_b(gf)	76.53	83.79	78.22
W_c(gf)	32.40	31.54	30.38
w(%)	57.8	56.8	58.5
평균치 w(%)	57.7		
특기사항			

참 고

- 데시케이터 속에는 염화칼슘과 실리카겔 등의 흡습제를 넣어 공기 중의 수분을 시료가 흡수하는 것을 방지한다.

(6) 결과의 이용과 관련지식

① 본 시험으로부터 얻어진 흙의 함수비는 흙의 액·소성한계시험, 흙의 단위 체적중량시험, 흙의 다짐시험 등에 지속적으로 이용되고, 흙의 상태를 표시하는 정수(간극비, 포화도, 건조단위 중량 등)를 구하는데 필요하다.

② 노건조 이외의 시료 건조법

토공 등의 시공관리 시 시공 도중 현장 흙의 함수비를 신속히 파악하고자 하는 경우가 있다. 이러한 경우, 전자레인지(microwaveoven)를 사용하거나 알코올 연소법 등이 이용된다.

③ 석고를 함유한 흙, 유기질흙 등의 건조온도

110℃의 온도에서는 석고를 함유한 흙은 흙 내부의 결정수까지 제거되는 경우가 있고, 또 유기물을 함유한 흙은 흙 중의 유기물 자체가 연속되기 때문에 이와 같은 시료의 건조에 있어서는 80℃ 이하의 온도에서 가능한 한 장시간에 걸쳐 건조시키는 것이 좋다.

참 고

- 전자레인지를 이용하는 경우, 흙의 종류나 양에 따라 다소의 차이가 있으나 일반 가정용 전자레인지를 이용하여 약 20분 이내의 가열시간만으로 함수비 측정이 가능하며, 알코올 연소법의 경우에는 흙이 완전히 잠기도록 알코올을 골고루 섞은 후 태워서 건조시키고, 3~4회 반복하여 항량이 되도록 하여야 한다. 그러나 이 방법은 사질토에는 적당하지만 굳은 점토덩어리나 석고, 석회질을 함유한 흙에는 부적합하다.

(7) 예제

성토재가 점성토로서 함수비가 102%에 이르기 때문에, 함수비 15%의 모래를 혼합시켜 안정적인 기반으로 조성하는 공법을 적용하여 설계에 반영하려고 한다. 함수비 80%의 성토 재료를 만들려면 점성토와 모래의 비율을 어느 정도 중량비로 하면 되는가?

풀이 성토재를 1 tf로 보고, 그 비율을 구한다.

함수비가 80%인 성토재의 1 tf의 무게 W에 대한 건조중량 W_s를 구한다.

$$w = \frac{W_w}{W_s} = \frac{W - W_s}{W_s} \qquad \text{(식 (A.1.4) 참조)}$$

$$w\,W_s = W - W_s$$

$$w\,W_s + W_s = W$$

$$W_s(1+w) = W$$

$$W_s = \frac{W}{1+w}$$

여기서, $W=1$ tf이고 w는 함수비를 100으로 나눈 값이다.

$$W_s = \frac{1}{1+0.8} = 0.556\ \text{tf}$$

점성토의 전체 중량을 x, 모래의 전체 중량을 y라 하면

$$x + y = 1\ \text{tf} \qquad ①$$

$$\frac{x}{1+1.02} + \frac{y}{1+0.15} = 0.556\ \text{tf} \qquad ②$$

식 ①로부터

$$x = 1 - y \qquad ③$$

식 ③을 식 ②에 대입하면,

$$\frac{1-y}{2.02} + \frac{y}{1.15} = 0.556\ \text{tf}$$

$$y = 0.163\ \text{tf}$$

$$x = 1 - 0.163 = 0.837\ \text{tf}$$

따라서 점성토와 모래의 중량비는

점성토 : 모래 = 0.837 : 0.163 ≒ 5 : 1

(8) 데이터시트 기입 예

KS F 2306	흙의 함수비시험	

조사건명 ……………………………… 시험년월일 ……………………
시 험 자

시료번호(깊이)	B1-1(1.10～1.30 m)			B1-3(3.80～4.60 m)		
용기 No.	52	78	74	10	37	84
W_a(gf)	102.05	113.49	106.19	94.85	87.91	98.13
W_b(gf)	76.53	83.79	78.22	74.56	69.83	77.32
W_c(gf)	32.40	31.54	30.38	32.29	31.21	32.53
w(%)	57.8	56.8	58.5	48.0	46.8	47.5
평균치 w(%)	57.7			47.4		
특기사항						

시료번호(깊이)	B1-1(1.30～1.50 m)			B1-4(5.00～5.40 m)		
용기 No.	23	48	87	62	70	82
W_a(gf)	90.97	86.31	88.97	98.10	110.56	98.88
W_b(gf)	78.22	74.54	76.27	78.83	88.20	80.07
W_c(gf)	31.56	33.28	31.88	30.97	30.38	31.76
w(%)	27.3	28.5	28.6	40.3	38.7	38.0
평균치 w(%)	28.1			39.3		
특기사항						

시료번호(깊이)	B1-1(1.50～1.70 m)			B1-4(5.40～5.80 m)		
용기 No.	67	86	59	27	25	29
W_a(gf)	90.44	98.53	76.19	87.01	83.06	107.80
W_b(gf)	68.24	73.15	59.73	68.26	65.47	82.49
W_c(gf)	33.12	32.11	33.29	32.10	31.87	32.74
w(%)	63.2	61.8	62.3	51.9	52.4	50.9
평균치 w(%)	62.4			51.7		
특기사항						

시료번호(깊이)	B1-2(2.80～3.20 m)			B1-5(6.00～6.70 m)		
용기 No.	72	96	60	77	54	32
W_a(gf)	106.85	87.24	101.55	94.75	101.55	98.13
W_b(gf)	88.53	73.67	84.62	68.74	73.25	71.65
W_c(gf)	33.27	31.83	32.97	30.50	30.87	32.08
w(%)	33.2	32.4	32.8	68.0	66.8	66.9
평균치 w(%)	32.8			67.2		
특기사항						

시료번호(깊이)	B1-2(3.20～3.60 m)			B1-6(7.50～8.00 m)		
용기 No.	28	21	33	17	16	44
W_a(gf)	87.19	94.39	88.70	77.73	96.40	95.01
W_b(gf)	76.25	82.53	78.42	61.83	75.03	74.64
W_c(gf)	30.65	31.38	31.58	30.54	31.65	33.51
w(%)	24.0	23.2	21.9	50.8	49.3	49.5
평균치 w(%)	23.0			49.9		
특기사항						

$$w = \frac{W_a - W_b}{W_b - W_c} \times 100(\%)$$

W_a : (시료+용기) 중량, W_b : (노건조시료+용기) 중량, W_c : 용기 중량

(9) 데이터시트

KS F 2306	흙의 함수비시험	

조사건명 ………… 시험년월일 …………
시 험 자

시료번호(깊이)						
용기 No.						
W_a(gf)						
W_b(gf)						
W_c(gf)						
w(%)						
평균치 w(%)						
특기사항						

시료번호(깊이)						
용기 No.						
W_a(gf)						
W_b(gf)						
W_c(gf)						
w(%)						
평균치 w(%)						
특기사항						

시료번호(깊이)						
용기 No.						
W_a(gf)						
W_b(gf)						
W_c(gf)						
w(%)						
평균치 w(%)						
특기사항						

시료번호(깊이)						
용기 No.						
W_a(gf)						
W_b(gf)						
W_c(gf)						
w(%)						
평균치 w(%)						
특기사항						

시료번호(깊이)						
용기 No.						
W_a(gf)						
W_b(gf)						
W_c(gf)						
w(%)						
평균치 w(%)						
특기사항						

$$w = \frac{W_a - W_b}{W_b - W_c} \times 100(\%)$$

W_a : (시료+용기) 중량, W_b : (노건조시료+용기) 중량, W_c : 용기 중량

A.1.3 흙의 액성한계 · 소성한계시험

(1) 시험의 목적

이 시험방법은 KS F 2303(액성한계시험), 2304(소성한계시험)에 각각 규정되어 있다. 이 시험은 흙의 컨시스턴시 중 액성한계 및 소성한계를 구하기 위하여 행한다. 점토나 점토입자를 다량 함유한 세립토의 경우, 함수량에 따라서 액상, 소성상, 반고체상, 고체상의 상태로 각각 변화하게 되는데, 각각의 상태의 경계가 되는 함수비를 각각 액성한계 w_L, 소성한계 w_p 및 수축한계 w_s라 하고, 이들 3개의 한계함수비를 총칭하여 컨시스턴시 한계(consistency limits)라 한다.

자연함수비 상태의 흙을 토질시험을 위한 교란시료의 조제방법에 따라 조제하여 표준망체 420 μm 통과시료를 대상으로 하여 시험한다. 이 시험결과는 세립토의 분류, 판별, 점성토의 역학적 성질을 추정하는데 이용된다. 또한, 흙의 성토나 노상재료로서 적합성 등을 판단하는 자료로 활용된다.

(2) 시험용구

1. 액성한계 시험용구

① 액성한계 측정기
② 홈파기
③ 주걱
④ 키친에이드(시료를 황동접시로부터 떠내는 주걱)
⑤ 유리판
⑥ 분무기, 증류수
⑦ 스톱워치 또는 메트로놈
⑧ 헝겊
⑨ 함수비 측정용구(A.1.2 흙의 함수비시험 참조)

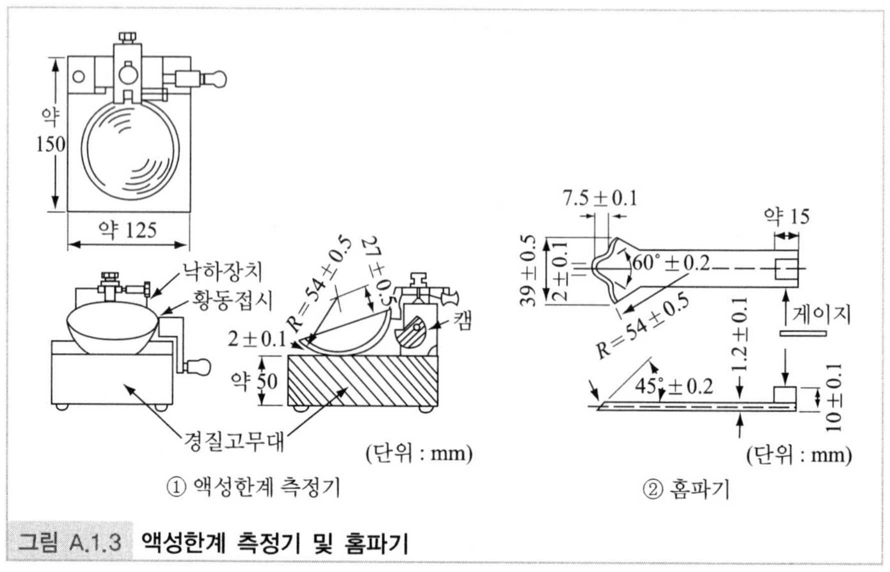

그림 A.1.3 **액성한계 측정기 및 홈파기**

2. 소성한계 측정용구

① 유리판

② 직경 3 mm 봉(길이 약 10 cm 정도)

③ 분무기

④ 증류수

⑤ 주걱

참 고

- 액성한계(Liquid Limit) w_L : 흙이 액성상태로부터 소성상태로 변화하는 경계함수비
- 소성한계(Plastic Limit) w_p : 흙이 소성상태로부터 반고체상태로 변화하는 경계함수비
- 수축한계(Shrinkage Limit) w_s : 흙이 반고체상태를 나타내는 최소의 함수비, 즉 함수량을 어느 양 이하로 감소시켜도 그 흙의 체적이 감소하지 않는 함수비
- 소성지수(Plasticity Index) PI : 액성한계와 소성한계의 차이

(3) 시료의 준비

① 자연함수비 상태의 흙을 토질시험을 위한 교란시료의 조제방법에 따라 조정하여 표준망체 420 μm를 통과한 시료 약 200 gf를 준비한다.

② 시료를 유리판 위에 균등하게 펼친다.

③ 분무기로 증류수를 균등하게 살수한 후 시료를 충분히 혼합한다.

(4) 시험방법

1. 액성한계시험

1) 측정기의 조정

액성한계 측정기의 황동접시 낙하높이를 1 cm로 조정한다.

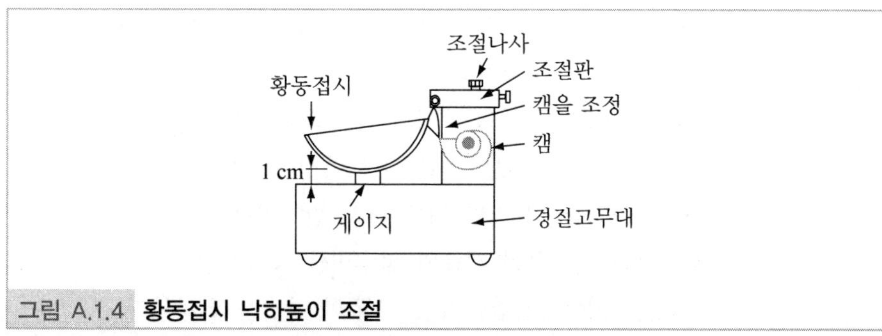

그림 A.1.4 **황동접시 낙하높이 조절**

> **참 고**
>
> - 시료의 자연함수비가 낮은 경우에는 증류수를 가한 후 20~30분 정도 방치하는 것이 좋다.
> - 시료의 자연함수비가 높은 경우에는 자연건조한 시료를 혼합하여 사용한다.
> - 일반적으로 홈파기의 손잡이 부분 두께가 1 cm이므로 이를 황동접시 아래에 놓고 조정한다.

2) 시험순서

① 주걱을 이용하여 시료를 최대 두께 1 cm가 되게 황동접시에 눌러 깐다.

② 홈파기날을 이용하여 황동접시 밑바닥에 직각이 되도록 시료의 중앙을 2등분 한다.

③ 시료가 2등분되지 않고 형태가 부서지는 경우에는 함수비를 조정하여 ①, ②의 작업을 반복하며, 반복작업에 의하여도 동일한 결과가 나타나면 이 시료를 비소성(NP)으로 분류하고, 시험을 종료한다.

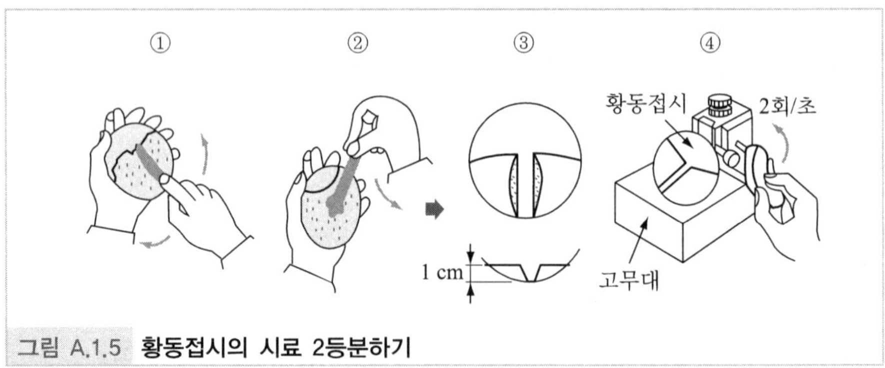

그림 A.1.5 **황동접시의 시료 2등분하기**

④ 양분된 시료 밑부분의 약 1.5 cm 길이가 합류될 때까지 황동접시 1초에 2회의 낙하속도로 낙하시킨다.

⑤ 시료의 밑부분이 1.5 cm 정도 합류되면 낙하를 중지하고 그때까지 낙하횟수를 기록한 후, 이 시료의 함수비를 측정한다.

⑥ 나머지 시료는 유리판 위에 다시 반죽한다.

⑦ 분무기를 이용하여 시료의 함수비를 증가시킨다.

⑧ 시료를 충분히 혼합하여 ①~⑦의 작업을 반복한다.

⑨ 낙하횟수 35~25회의 시료와 25~10회의 시료를 대상으로 각각 2개 정도의 시험결과로서 낙하횟수와 함수비를 정리한다.

액성한계시험				
낙하횟수		34	30	20
함수비	용기 No.	18	8	19
	W_a(gf)	28.25	30.34	31.25
	W_b(gf)	19.44	20.27	20.46
	W_c(gf)	12.57	12.46	12.23
	w(%)	128	129	131
낙하횟수		14	10	
함수비	용기 No.	22	15	
	W_a(gf)	27.89	27.46	
	W_b(gf)	19.07	18.80	
	W_c(gf)	12.45	12.39	
	w(%)	133	135	

참 고

- NP(비소성) : Non Plastic의 약자

2. 소성한계시험

① 유리판 위에 준비된 시료를 놓고, 손바닥으로 밀어 균일하게 지름 3 mm의 국수모양으로 만들고, 이것이 부슬부슬 부서질 때까지 행한다.

② 시료가 국수모양으로 형성되지 않거나 지름 3 mm가 되기 이전에 부슬부슬 부서지는 경우에는 증류수를 첨가하여 다시 반죽한 후 상기 작업을 되풀이한다. 반복작업에 의하여도 동일한 결과가 나타나면 이 시료를 비소성(NP)으로 분류하고, 시험을 종료한다.

③ 지름 3 mm 정도가 되면 직경 3 mm 봉과 나란히 하여 비교한다.

④ 시료가 지름 3 mm에 이르러도 부슬부슬 부서지지 않고 성형이 가능하면 시료를 다시 반죽하여 함수비를 소량 감소시켜 상기 ①~③의 작업을 반복한다.

⑤ 시료의 지름이 3 mm에 이르렀을 때 흙이 국수모양으로 되지 않고 부서지기 시작하면, 이 흙을 모아 함수비를 측정하고, 이 함수비를 소성한계로 한다.

⑥ 3개 시험결과를 평균하여 정리한다.

소성한계시험				
함수비	용기 No.	6	32	27
	W_a(gf)	18.47	19.32	21.53
	W_b(gf)	15.71	16.31	17.52
	W_c(gf)	12.21	12.51	12.43
	w(%)	78.9	79.2	78.8

(5) 결과의 정리

1. 액성한계시험

① 각 낙하횟수에 해당하는 함수비를 측정한다.

② 반대수용지의 세로축에 산술눈금으로 하여 함수비를, 가로축에 대수눈금으로 하여 낙하횟수를 각각 나타내어 낙하횟수-함수비 관계도를 작도한다.

③ 각 측정점을 최대한 통과하도록 직선을 작도하여 이 직선을 유동곡선이라 한다.

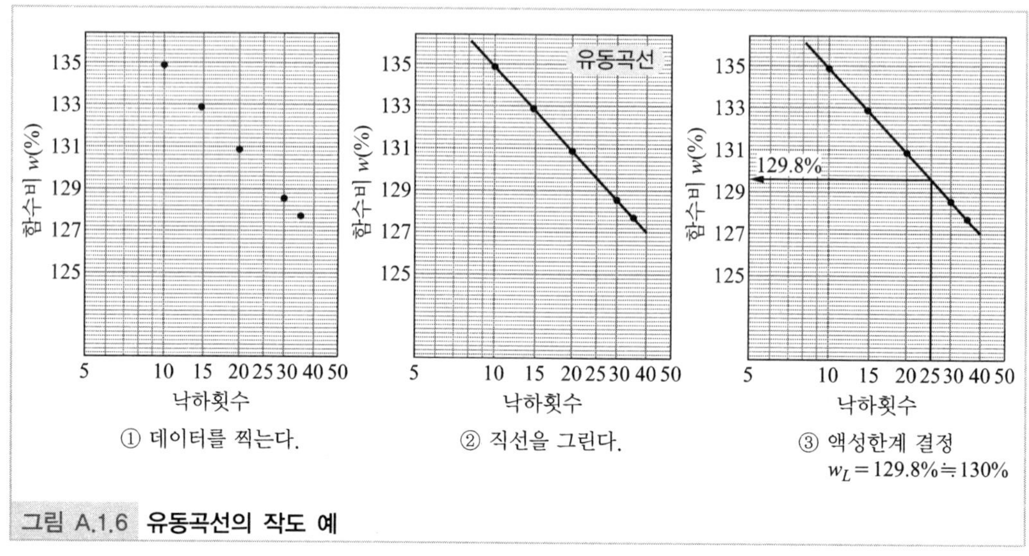

① 데이터를 찍는다. ② 직선을 그린다. ③ 액성한계 결정 $w_L = 129.8\% \fallingdotseq 130\%$

그림 A.1.6 **유동곡선의 작도 예**

④ 유동곡선상에서 낙하횟수 25회에 해당하는 함수비가 액성한계이다.

2. 소성한계시험

① (4)2.의 ⑥에서 구한 함수비 평균치를 소성한계로 한다.

② 소성한계 w_p를 구할 수 없는 경우에는 이 흙을 비소성(NP)으로 분류한다.

3. 소성지수

소성지수 I_p는, 액성한계 w_L와 소성한계 w_p의 차이로 표시되며, 다음 식에 의해 구할 수 있다.

$$I_p = w_L - w_p \tag{A.1.6}$$

(6) 결과의 이용과 관련지식

1. 시험결과로부터 얻어지는 각종 지수

시험에서 얻어진 액성한계 w_L과 소성한계 w_p, 그리고 시료의 자연함수비 w_n으로부터 각종 지수들을 구함으로써 흙의 물리적 특성을 추정할 수 있다.

1) 연경지수 I_c

자연함수 상태에서 세립토의 상대적인 안정성을 나타내는 지수로서 콘시스턴시

지수라고도 하며 다음 식으로 표현된다.

$$I_c = \frac{w_L - w_n}{w_L - w_p} = \frac{w_L - w_n}{I_p} \tag{A.1.7}$$

여기서, w_L : 액성한계(%)

w_n : 자연함수비(%)

w_p : 소성한계(%)

I_p : 소성지수

참 고

- 소성지수 I_p는 세립토가 소성을 나타내는 함수비의 범위를 의미하며, 흙의 공학적 분류에 이용된다.
- 연경지수 $I_c \geq 1$인 경우, 자연함수비가 소성한계보다 작은 경우를 의미하므로 상대적으로 안정된 상태를 나타낸다.

2) 액성지수 I_L

자연함수비 상태에서 세립토의 상대적인 연·경도를 나타내는 지수로서, 다음 식으로 표현된다.

$$I_L = \frac{w_n - w_p}{w_L - w_p} = \frac{w_n - w_p}{I_p} \tag{A.1.8}$$

3) 유동지수 I_f

유동지수는 그림 A.1.6 유동곡선의 기울기이다. 즉,

$$I_f = \frac{w_1 - w_2}{\log_{10}N_2 - \log_{10}N_1} \tag{A.1.9}$$

4) 활성도 A

점성토의 활성정도를 나타내며, 다음 식으로 표현된다.

$$A = \frac{I_p}{2\,\mu\text{m 이하의 점토함유율}(\%)} \tag{A.1.10}$$

표 A.1.5 활성도와 점토의 구분

활성도 A	점토의 구분
0.75 미만	비활성 점토
0.75～1.25	보통 점토
1.25 이상	활성 점토

2. 역학적 성질의 추정

점토지반의 압밀침하량 예측은 토질공학에 있어서 매우 중요한 문제이다. Skempton은 압밀침하량 계산에 이용되는 압축지수 C_c와 액성한계 w_L의 관계를 실험결과에 기초하여 다음 식으로 표현하였다.

$$\text{불교란시료 : } C_c = 0.009(w_L - 10)$$

$$\text{교란시료 : } C_c = 0.007(w_L - 10) \tag{A.1.11}$$

참 고

- 액성지수 $I_L \fallingdotseq 0$이면, 상대적으로 안정한 상태를 의미하고, 액성지수가 크면 일반적으로 압축성이 크고 예민한 점토로 판단할 수 있다.

3. 대표적인 흙의 액성한계·소성한계 측정 예

표 A.1.6 액성한계·소성한계의 측정예

흙의 종류	액성한계 w_L(%)	소성한계 w_p(%)
점토(충적층)	50～130	30～60
실트(충적층)	30～80	20～50
점토(홍적층)	35～90	20～50
관동롬	80～150	40～80

(7) 예제

액성한계시험을 실시하여 다음과 같은 결과를 얻었다. 그래프를 그려 액성한계 w_L, 유동지수 I_f를 구하시오. 또 이 점토의 소성한계시험을 실시하여 소성한계 w_p는 38.5%였다. 이 때 소성지수 I_p를 구하여라.

액성한계시험 결과

낙하횟수	함수비(%)
38	62.0
27	63.8
20	65.3
15	67.0
10	68.8

풀이 그래프에서 낙하횟수 25회에 해당하는 함수비를 읽는다.

$$w_L = 64.1\%$$

유동지수 I_f는 직선의 기울기이다.

$$I_f = \frac{w_1 - w_2}{\log_{10}N_2 - \log_{10}N_1}$$

(식 (A.1.9) 참조)

$$= \frac{68.8 - 62.0}{\log_{10}38 - \log_{10}10}$$

$$= \frac{6.8}{0.580} = 11.7\%$$

여기서, N : 임의의 낙하횟수

소성지수 $I_p = w_L - w_p$

$$= 64.1 - 38.5 = 25.6\%$$

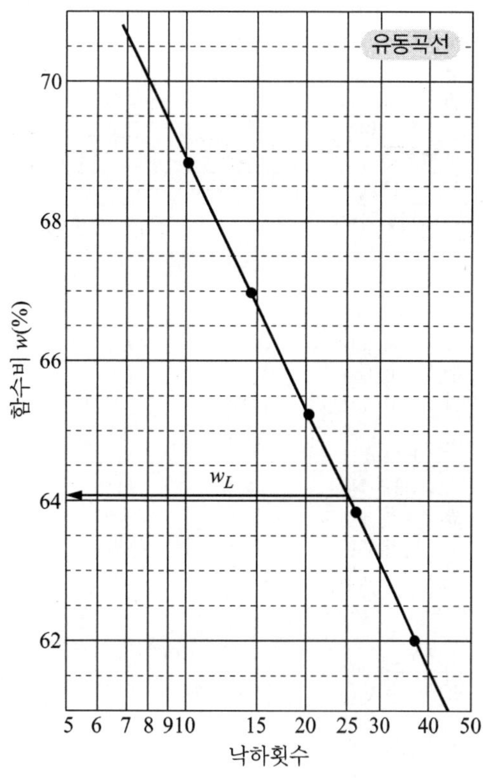

(8) 데이터시트 기입 예

KS F 2302	흙의 액성한계·소성한계시험	

조사건명 ………… 시험년월일 …………
시 험 자 …………

시료번호(깊이)		B1-1(1.00 ~ 1.50 m)		
액성한계시험				
낙하횟수		34	30	20
함수비	용기 No.	18	8	19
	W_a(gf)	28.25	30.34	31.25
	W_b(gf)	19.44	20.27	20.46
	W_c(gf)	12.57	12.46	12.23
	w(%)	128	129	131
낙하횟수		14	10	
함수비	용기 No.	22	15	
	W_a(gf)	27.89	27.46	
	W_b(gf)	19.07	18.80	
	W_c(gf)	12.45	12.39	
	w(%)	133	135	
소성한계시험				
함수비	용기 No.	6	32	27
	W_a(gf)	18.47	19.32	21.53
	W_b(gf)	15.71	16.31	17.52
	W_c(gf)	12.21	12.51	12.43
	w(%)	78.9	79.2	78.8
액성한계 w_L(%)		소성한계 w_p(%)	소성지수 I_p(%)	
130		79.0	51	

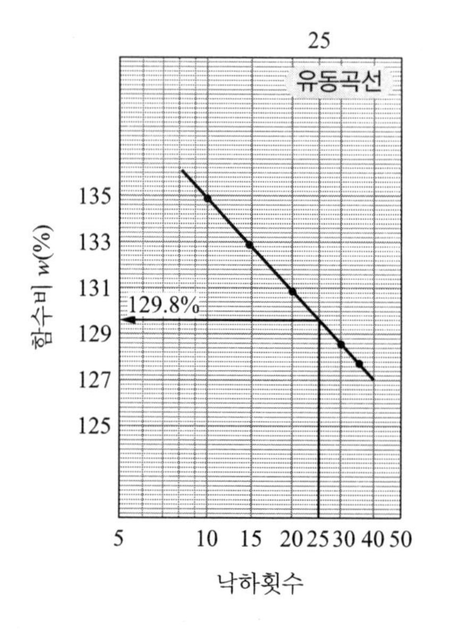

시료번호(깊이)		B1-2(3.00 ~ 3.50 m)		
액성한계시험				
낙하횟수		33	29	25
함수비	용기 No.	3	13	7
	W_a(gf)	28.27	29.92	31.19
	W_b(gf)	23.13	24.02	24.90
	W_c(gf)	12.80	12.31	12.42
	w(%)	49.8	50.4	50.4
낙하횟수		20	13	
함수비	용기 No.	5	11	
	W_a(gf)	31.91	31.59	
	W_b(gf)	25.29	25.05	
	W_c(gf)	12.25	12.41	
	w(%)	50.8	51.7	
소성한계시험				
함수비	용기 No.	36	42	33
	W_a(gf)	21.04	24.25	20.52
	W_b(gf)	19.22	21.76	18.81
	W_c(gf)	12.45	12.34	12.29
	w(%)	26.9	26.4	26.2
액성한계 w_L(%)		소성한계 w_p(%)	소성지수 I_p(%)	
50.4		26.5	23.9	

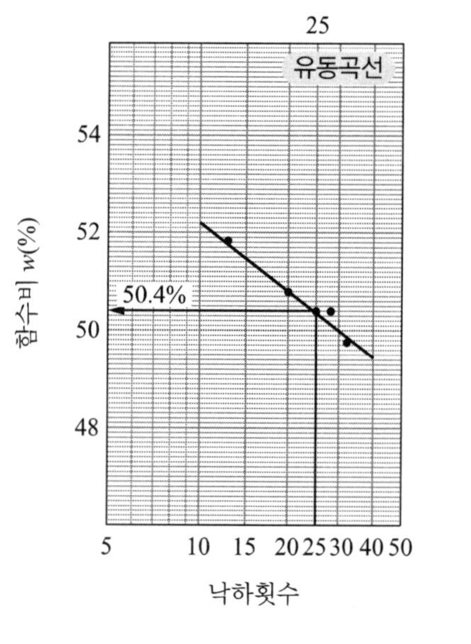

특기사항 B1-1 점토, 자연함수비 $w_n = 121\%$, $I_L = 0.82$ B1-2 점토, 자연함수비 $w_n = 42.5\%$, $I_L = 0.67$

(9) 데이터시트

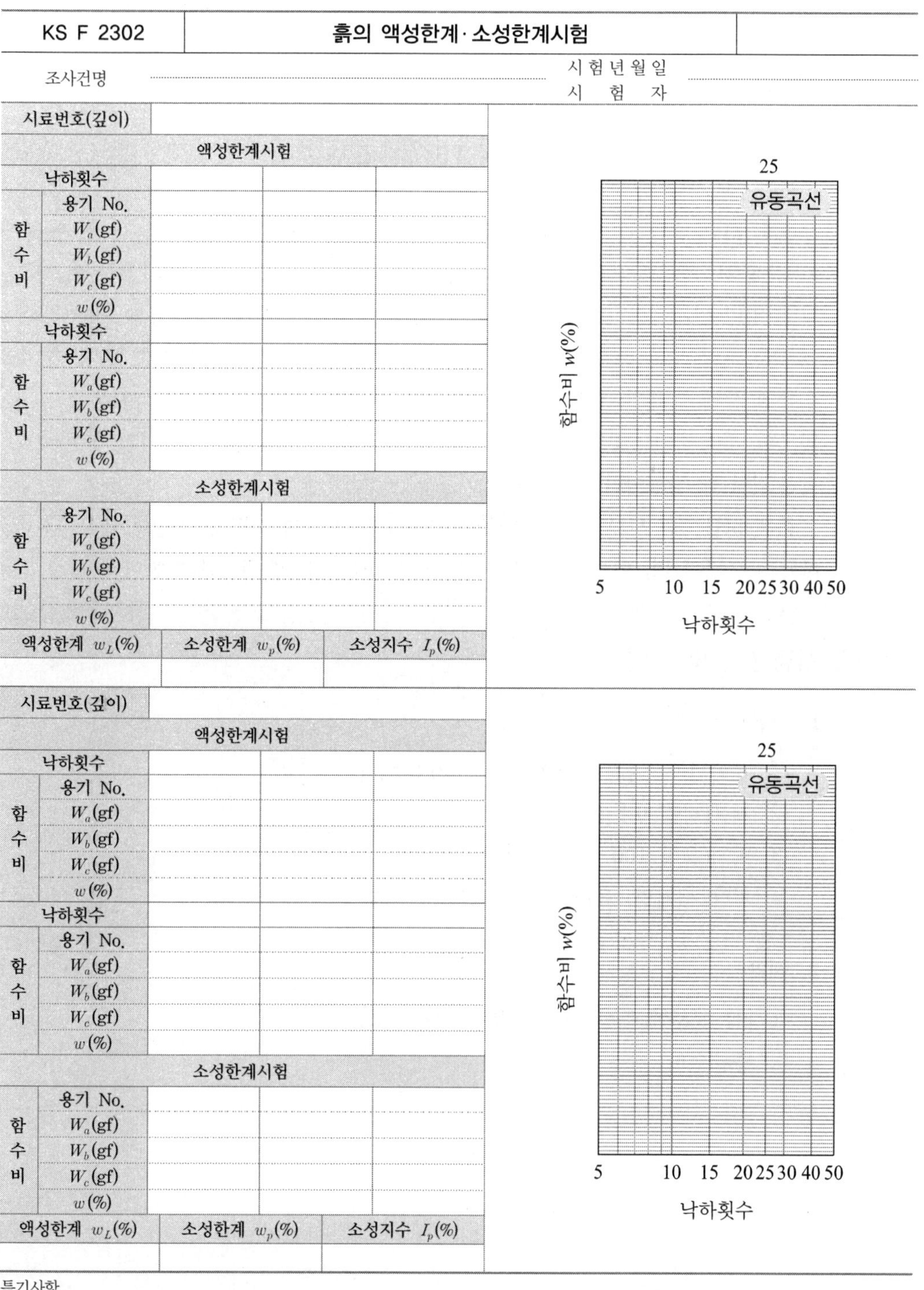

KS F 2302	흙의 액성한계·소성한계시험	

조사건명 .... 시험년월일 ....
시 험 자 ....

시료번호(깊이)				
액성한계시험				
낙하횟수				
함수비	용기 No.			
	W_a(gf)			
	W_b(gf)			
	W_c(gf)			
	w(%)			
낙하횟수				
함수비	용기 No.			
	W_a(gf)			
	W_b(gf)			
	W_c(gf)			
	w(%)			
소성한계시험				
함수비	용기 No.			
	W_a(gf)			
	W_b(gf)			
	W_c(gf)			
	w(%)			
액성한계 w_L(%)		소성한계 w_p(%)	소성지수 I_p(%)	

시료번호(깊이)				
액성한계시험				
낙하횟수				
함수비	용기 No.			
	W_a(gf)			
	W_b(gf)			
	W_c(gf)			
	w(%)			
낙하횟수				
함수비	용기 No.			
	W_a(gf)			
	W_b(gf)			
	W_c(gf)			
	w(%)			
소성한계시험				
함수비	용기 No.			
	W_a(gf)			
	W_b(gf)			
	W_c(gf)			
	w(%)			
액성한계 w_L(%)		소성한계 w_p(%)	소성지수 I_p(%)	

특기사항

A.1.4 흙의 pH시험

(1) 시험의 목적

이 시험방법은 KS F 2103에 규정되어 있다 pH값은 수용액의 산성 또는 알칼리성 정도를 판단하는데 사용되고 있다.

흙의 pH시험결과는 지반과 접촉하는 기초구조물의 내구성, 즉 콘크리트 열화 또는 강제 부식을 고려할 때에 적용되며, 사면 보호공의 식생에 있어서 식물의 생육이나 시비의 판정에도 활용된다. 또한, 연약지반 처리시 약액주입공법과 시멘트, 석회에 의한 안정처리 공법의 가능성 및 품질표시 등에 사용되는 경우도 있다. 흙 속의 수용액 중에 함유된 수소이온농도(mol/100 mℓ)를 표시하는 값으로 pH를 사용하고 있으며, 수용액의 pH값이 7인 경우를 중성, 7보다 큰 경우를 알칼리성, 또한 7보다 작은 경우를 산성이라고 일컫는다.

흙의 pH는 흙 시료에 일정 비율로 증류수를 가하여 현탁액을 만들고 유리전극식 pH계로 측정하며, 여기서 얻어진 현탁액의 pH를 그 흙의 pH라 한다.

(2) 시험용구 및 시약

1. 시험용구

① 유리전극식 pH계(최소 읽음값 0.1 이하)
② 저울(감량 0.1 gf 정도)
③ 비커(용량 100～500 mℓ)
④ 기타 세척병, 유리막대, 여과지, 온도계(최소 눈금 1℃)

2. 시약

① pH 표준액(중성 인산염 또는 프탈산염)
② 증류수

참 고

- pH란 수용액 중의 수소이온 H^+의 농도를 1,000 mℓ 중에 존재하는 수소이온의 mol 수(mol농도)$[H^+]$로 구하며 다음 식으로 주어진다.

$$pH = \log\frac{1}{[H^+]} = -\log[H^+]$$

- 순수한 물의 25℃, 1기압에서 수소이온농도는 $[H^+] \fallingdotseq 10^{-7}$ mol/1,000 mℓ이므로

$$pH = \log\frac{1}{[10^{-7}]} = -\log[10^{-7}] = 7$$

- 시료는 비닐 등에 넣어 보관하며 자연함수 상태로 보존하여 둔다.

(3) 시료의 준비

① 토질시험을 위한 교란시료의 조제방법에 따라 비건조법에 의하여 pH 측정용 시료를 준비한다.

② 준비된 시료의 함수비 w(%)를 미리 측정해 둔다.

함수비	용기 No.	150	132	178
	W_a(gf)	45.30	46.19	46.54
	W_b(gf)	30.65	30.73	31.25
	W_c(gf)	16.15	15.87	15.81
	w(%)	101	104	99.0
	평균치 w(%)	101		
특기사항				

③ ①에서 준비한 시료 가운데 입경 10 mm 이상의 흙입자를 제거한다.

④ 준비된 시료의 최대입경을 고려하여 표 A.1.7의 시료의 양을 1회분으로 하여 2회분의 시료를 준비한다.

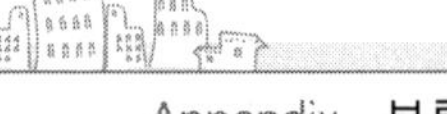

표 A.1.7 필요한 시료의 양과 비커의 용량 기준

시료의 입경(mm)	시료의 중량(gf)	비커용량(mℓ)
10 이하	150	500
5 이하	100	300
2 이하	30	100

⑤ 1회분의 습윤시료 중량 W(gf)를 측정한 후, 시료를 비커에 넣는다.

⑥ 비커에 넣은 시료 노건조중량의 2~3배의 증류수 V(mℓ)를 첨가한다.

⑦ 교반봉으로 시료를 섞어 현탁액 상태로 해둔다.

⑧ 현탁액의 상태로 30분 이상, 3시간 이내의 시간 동안 가만히 둔다. 이것이 실험에 사용할 시료액이 된다.

⑨ 현탁액의 온도(℃)를 측정한다.

⑩ 1회분의 시료에 대해서도 ⑤~⑨의 작업을 행하여 같은 형태로 준비한다.

시료번호(깊이)	1	
비커 No.	1 A	1 B
시료의 습윤중량 W(gf)	30.5	31.2
시료의 노건조중량 W_s(gf)	15.2	15.5
증류수양 V_m(mℓ)	30.0	30.0
시료의 노건조중량에 대한 물의 중량의 비 R_w	3.0	2.9
시료액의 온도(℃)	18	18

참 고

- 3배의 증류수를 첨가하여도 현탁액의 상태로 되지 않는 경우는 현탁액의 상태로 될 때까지 증류수를 첨가한다.

(4) 시험방법

1. pH계의 조정

① 세정된 비커에 증류수를 넣는다.

② pH계 전원을 켠 후, 전극을 ①의 증류수에 10분 이상 담가 둔다.

③ 별도로 비커를 2개 준비하여 1개의 비커에 인산염 표준액을, 나머지 비커에 프탈산염 표준액을 넣는다.

④ 전극은 세척병을 사용하여 증류수로 3회 이상 세정하고 여과지 등으로 물방울을 닦는다.

⑤ 비커에 넣어져 있는 pH 표준액의 온도(℃)를 각각 측정하고 이 온도에 대한 표준액의 pH값을 표 A.1.8에서 읽어서 취한다.

⑥ 인산염 표준액을 넣은 비커에 전극을 넣어 pH계 지시값이 ⑤에서 측정한 온도의 pH와 일치하도록 pH를 조정한다.

⑦ 전극을 ④에서 한 것처럼 세척한다.

⑧ 프탈산염 표준액을 전극에 넣는다. ⑥과 같은 방법으로 pH계의 지시값이 ⑤에서 구한 pH와 일치하게 pH를 조정한다.

⑨ 전극을 ④에서 하였던 것처럼 세척한다.

⑩ ⑥~⑧의 작업을 반복하여, pH계 지시값이 ⑤에서 구해진 pH의 ±0.1% 이내에서 일치되면 시료액의 pH를 측정한다.

표 A.1.8 온도별 표준액의 pH값

온도(℃)	수산염	프탈산염	인산염	붕산염	탄산염	수산화칼륨
0	1.67	4.01	6.98	9.46	10.32	13.43
5	1.67	4.01	6.95	9.39	10.25	13.21
10	1.67	4.00	6.92	9.33	10.18	13.00
25	1.67	4.00	6.90	9.27	10.12	12.81
20	1.68	4.00	6.88	9.22	10.07	12.63
25	4.01	4.01	6.86	9.18	10.02	12.45
30	4.01	4.01	6.85	9.14	9.97	12.30
35	4.02	4.02	6.84	9.10	9.93	12.14
40	4.03	4.03	6.84	9.07	-	11.99
50	4.06	4.06	6.83	9.01	-	11.70

2. pH 측정

① pH계 전극을 증류수로 세척하고 여과지 등으로 물방울을 닦는다.

② (3) 시료의 준비에서 준비한 2개 비커 내부의 시료액을 유리막대로 가볍게 섞는다.

③ 하나의 비커 내부시료액에 전극을 삽입하고 pH계 지시치가 안정되면 pH를

읽는다.

④ ①에서 한 것처럼 전극을 세척하고 나머지 하나의 시료액에 삽입하여 같은 방법으로 측정한다.

pH			
pH	측정치	6.6	6.6
	평균치	6.6	

참 고

- 표준액은 pH계로서 시험측정 전에 조정하여 사용하고 온도별 표준액의 pH값을 알아야 한다(표 A.1.8 참조). 표준액으로서 붕산염 표준액, 수산염 표준액, 탄산염 표준액 등도 사용할 수 있다.
- 1.④의 작업 시 장시간 사용하지 않은 유리전극을 사용할 때에는,
  a. 내부액이 남아 있을 때는 스포이드를 사용하여 내부액을 발취한다.
  b. 유리전극이 건조해 있을 때는 시험에 들어가기 전에 12시간 정도 증류수에 침수시켜 사용한다.
  c. a또는 b의 작업 후 스포이드를 사용하여 내부액을 넣고 전극을 증류수로 잘 씻고 여과지 등으로 닦아서 ③의 작업으로 들어간다.
- 측정은 실온에서, pH표준액과 시료액의 온도차가 나지 않도록 행해야 한다.

(5) 결과의 정리

① (3) 시료의 준비에서 측정되어진 함수비나 시료중량, 첨가한 증류수 양, 온도 등은 각각의 작업단계에서 기록하고 계산한다.

② 같은 시료의 2개 시료액에 대하여 각각 측정치를 얻고 그 평균치를 그 시료의 pH로 한다.

(6) 결과의 이용과 관련지식

1. pH에 의한 흙의 분류

흙은 극강산성에서 극강알칼리성의 각 단계로 표 A.1.9와 같다.

표 A.1.9 pH에 의한 흙의 분류

pH	정 도
5.0 미만	극강산성
5.0~5.5	강산성
5.5~6.0	약산성
6.0~7.0	미산성, 중성
7.0~8.0	중성, 약알칼리성
8.0~9.0	알칼리성
9.0~10.0	강알칼리성
10.0~11.0	극강알칼리성

2. 각종 흙의 pH 측정 예

대표적인 흙의 측정결과를 나타내면 표 A.1.10과 같다.

표 A.1.10 각종 흙의 pH 측정 예

시료토	pH	pH(KCl)
풍화토	5.6	4.6
이탄	5.5	4.9
온천지표토	4.2	-
시멘트처리토	10.4	-
물유리계 약액주입토	10.8	-
광재매립토	10.0	-
벤토나이트	9.7	-

3. 흙의 pH측정결과는 다음과 같은 경우에 이용된다.

① 지반에 기초를 만들 경우 콘크리트 열화나 강재부식 문제를 고려하는 경우에 필요하다. 예를 들면 콘크리트의 침식성 판정으로 표 A.1.11의 값이 활용된다.

표 A.1.11 콘크리트에 대한 침식성의 판정기준

약한 침식성	강한 침식성	매우 강한 침식성
6.5~5.5	5.5~4.5	4.5 이하

② 건설현장에서 나오는 폐수가 무해한 것인지 또는 환경에 대한 문제나 영향을 판정하는데 사용된다.
③ 연약지반이나 고유기질토 등의 안정처리공법, 슬러지, 오니, 산업폐기물 처리 등의 영향을 고려할 때 사용된다.
④ 도료피막의 파괴에 관한 검토에 활용된다.
⑤ 식물의 생육, 시비에 대한 검토에 활용된다.

참 고

- pH값은 소수점 이하 첫째자리까지 구하는 것이 좋다.
- 표 A.1.10의 pH(KCl)는 염화칼륨법으로 측정한 결과로서, 이 방법은 흙의 잠재적인 산성정도를 알아낼 수 있어 토양비료학 분야에 사용되어지고 있는 방법이다.
- 염화칼륨법은 실내공기에서 건조한 흙 10 gf에 염화칼륨 용액(1 ℓ의 증류수에 특급 염화칼륨 75 gf을 녹인 것) 25 mℓ를 첨가하고 교반봉으로 흙을 풀어서 시료액과 섞어서 이것을 측정한다.
- 염화칼륨법으로 얻어진 흙의 pH는 증류수 현탁액에 의한 값보다 일반적으로 낮게 나타난다.
- 해성점토로 된 홍적대지에 택지조성을 하는 경우 공기에 있는 유황성분이 산화해 강한 산성을 나타내는 경우가 있다. 이 경우 가스관이나 수도관 등의 매설강관이 부식하고 식생이 불가능하게 되므로 주의가 필요하다.
- 예를 들면 지반개량공법에 사용하는 고화재가 흙에 유해한지 여부를 판정하는데 사용된다.

(7) 데이터시트 기입 예

KS F 2103	흙의 pH시험	

조사건명 .... 시험년월일 ....

시 험 자

pH계의 종류	○○사 ○○형					
사용표준액	프탈산염	인산염	붕산염			
온도(℃)		18	18			
pH		4.00	6.89			

시료번호(깊이)	1		2	
비커 No.	1A	1B	2A	2B
시료의 습윤 중량 W(gf)	30.5	31.2	70.5	71.2
시료의 노건조 중량 W_s(gf)	15.2	15.5	9.4	9.5
증류수양 V_w(mℓ)	30.0	30.0	30.0	30.0
시료의 노건조 중량에 대한 물의 중량의 비 R_w	3.0	2.9	9.7	9.7
시료액의 온도(℃)	18	18	18	18
pH 측정치	6.6	6.6	6.5	6.5
pH 평균치	6.6		6.5	

함수비						
용기 No.	150	132	178	62	71	68
W_a(gf)	45.30	46.19	46.54	74.92	67.66	68.44
W_b(gf)	30.65	30.73	31.25	47.77	42.26	43.89
W_c(gf)	16.15	15.87	15.81	43.51	38.37	40.16
w(%)	101	104	99.0	637	653	658
평균치 w(%)	101			649		
특기사항						

시료번호(깊이)	3			
비커 No.	3A	3B		
시료의 습윤 중량 W(gf)	33.2	31.6		
시료의 노건조 중량 W_s(gf)	14.6	13.9		
증류수양 V_w(mℓ)	20.0	20.0		
시료의 노건조 중량에 대한 물의 중량의 비 R_w	2.6	2.7		
시료액의 온도(℃)	18	18		
pH 측정치	8.5	8.5		
pH 평균치	8.5			

함수비						
용기 No.	35	39	52			
W_a(gf)	93.6	101.3	95.4			
W_b(gf)	66.7	71.8	65.7			
W_c(gf)	45.2	48.6	42.8			
w(%)	125	127	130			
평균치 w(%)	127					

특기사항

$$W_s = \frac{W}{1 + w/100}$$

$$R_w = \frac{W - W_s + V_w \gamma_w}{W_s}$$

(8) 데이터 시트

KS F 2103	흙의 pH시험	

조사건명 ………………………… 시험년월일 …………………
시 험 자

pH계의 종류							
사용표준액		프탈산염	인산염	붕산염			
온도(℃)							
pH							
시료번호(깊이)							
비커 No.							
시료의 습윤 중량 W(gf)							
시료의 노건조 중량 W_s(gf)							
증류수양 V_w(mℓ)							
시료의 노건조 중량에 대한 물의 중량의 비 R_w							
시료액의 온도(℃)							
pH	측정치						
	평균치						
함수비	용기 No.						
	W_a(gf)						
	W_b(gf)						
	W_c(gf)						
	w(%)						
	평균치 w(%)						
특기사항							
시료번호(깊이)							
비커 No.							
시료의 습윤 중량 W(gf)							
시료의 노건조 중량 W_s(gf)							
증류수양 V_w(mℓ)							
시료의 노건조 중량에 대한 물의 중량의 비 R_w							
시료액의 온도(℃)							
pH	측정치						
	평균치						
함수비	용기 No.						
	W_a(gf)						
	W_b(gf)						
	W_c(gf)						
	w(%)						
	평균치 w(%)						

특기사항

$$W_s = \frac{W}{1 + w/100}$$

$$R_w = \frac{W - W_s + V_w \gamma_w}{W_s}$$

A.1.5 흙의 다짐시험

(1) 시험의 목적

이 시험은 KS F 2312에 규정되어 있다. 그림 A.1.7에는 흙의 함수비를 변화시키면서 일정한 다짐에너지를 가한 경우, 흙의 건조단위 체적중량과 함수비의 관계 예를 나타내었다. 이러한 곡선을 다짐곡선이라 하고, 다짐곡선의 최정점에 해당하는 건조단위 체적중량을 최대건조단위 중량 $\gamma_{d\max}$, 이때의 함수비를 최적함수비 w_{opt}라고 한다.

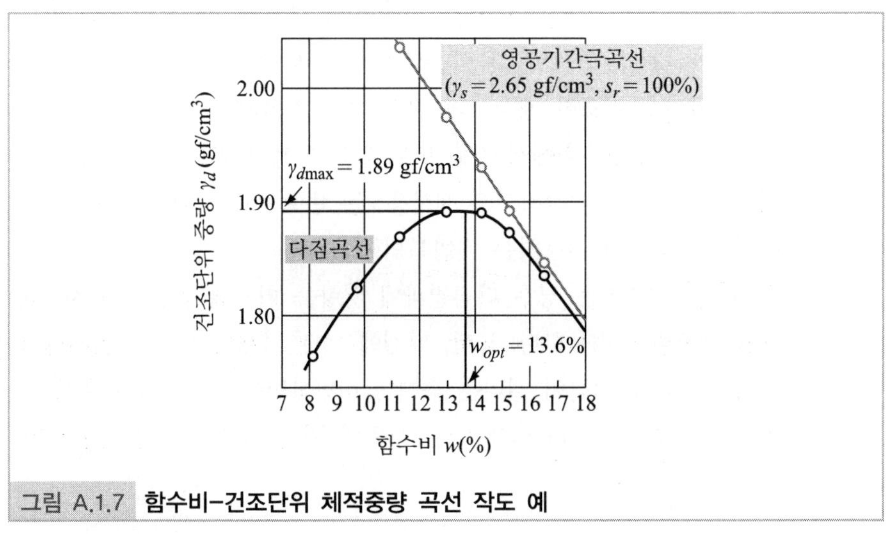

그림 A.1.7 **함수비-건조단위 체적중량 곡선 작도 예**

이 시험의 목적은 함수비를 변화시키면서 일정량의 다짐에너지를 흙에 가함으로써 흙의 건조단위 체적중량과 함수비 사이의 관계를 구하고, 흙의 최적함수비와 최대건조단위 중량을 구하는데 있다. 이 시험방법은 KS F 2312에 의해 표 A.1.12와 같은 5종으로 규정되어 있으며, 시험목적과 시료의 최대입경 등에 따라 시험의 종류를 선택하게 된다.

표 A.1.12 다짐시험방법

다짐방법	래머무게 (kgf)	몰드안지름 (cm)	다짐층수	1층당 다짐횟수	허용최대 입자지름 (mm)
A	2.5	10	3	25	19
B	2.5	15	3	55	37.5
C	4.5	10	5	25	19
D	4.5	15	5	55	19
E	4.5	15	3	92	37.5

다짐시험방법 중 A 및 B 다짐은 표준다짐, C, D 및 E 다짐은 수정다짐이라고 한다. 흙시료의 함수비를 조절하는 방법이나 다짐시 재사용여부에 따라 다짐시험은 건조법, 비건조법, 반복법 및 비반복법으로 분류할 수 있다.

즉, 다짐시 건조한 흙시료에 점차 물을 첨가하면서 필요한 함수비로 조절해가는 건조법과 자연함수비에서 건조 또는 물을 가해서 필요한 함수비로 조절하는 습윤법, 시료의 함수비를 변경하면서 재사용하는 반복법과 시험할 때마다 새로운 시료를 함수비를 달리해서 사용하는 비반복법이 있다.

시료를 건조하는 경우 다짐결과에 영향을 미치면 습윤법을 사용하며, 그 이외의 흙은 건조법을 적용한다. 또한, 다짐에 의해 파쇄되기 쉬운 흙이나 물을 가한 후에 물과 섞이는데 시간이 걸리는 흙에는 비반복법을, 그 이외의 흙에는 반복법을 적용한다. 시료준비와 사용법에 따른 시료의 최소 필요량은 표 A.1.13과 같다.

참 고

- 흙의 다짐이란 흙에 기계적인 에너지를 가하여 간극 중의 공기를 배출시키고, 단위 체적중량을 증가시키는 것을 의미한다.

표 A.1.13 시료의 최소 필요량

조합의 호칭명	시료준비, 사용방법	몰드지름 (cm)	허용최대 입자지름 (mm)	시료의 최소 필요량 (kgf)
a	건조법으로 반복법	10 15 15	19 19 37.5	5 8 15
b	건조법으로 비반복법	10 15	19 37.5	3 6
c	습윤법으로 비반복법	10 15	19 37.5	3 6

본 장에서는 A시험법 중 a방법(건조법, 반복법)에 대해 기술하였다.

(2) 시험용구

① 몰드(안지름 10 cm)
② 래머(2.5 kgf)
③ 체(19.1 mm 표준체)
④ 시료혼합 팬
⑤ 스트레이트엣지
⑥ 시료추출기
⑦ 여과기
⑧ 메스실린더
⑨ 분무기
⑩ 흙삽(작은 것)
⑪ 저울(용량 300 gf, 감도 0.01 gf, 용량 20 kgf, 감도 0.1 gf)
⑫ 함수비 측정용구(A.1.2 흙의 함수비시험 참조)

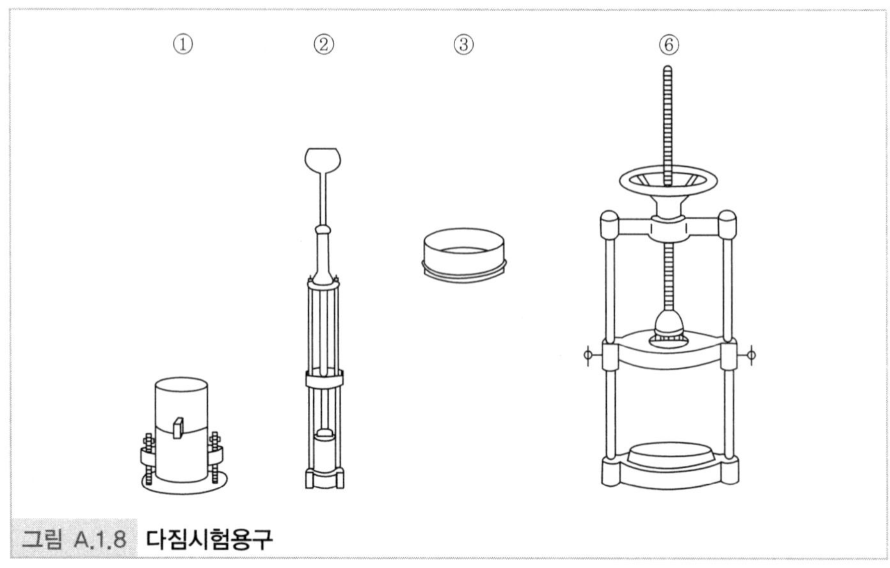

그림 A.1.8 **다짐시험용구**

(3) 시료의 준비

① 토질시험을 위한 교란시료의 조제방법에 따라 시료를 5 kgf 이상 준비한다.

② 시료의 함수비 w_0를 측정한다.

③ 흙입자의 비중 G_s를 측정한다(A.1.1 흙입자의 비중시험 참조).

④ 시료를 공기건조하여 19.1 mm 체를 통과한 시료를 준비한다.

⑤ 공기건조 후 시료의 함수비 w_1을 측정한다.

(4) 시험방법

① (몰드+저판)의 중량 W_1(gf)을 측정한다.

토질명칭	SM			
래머중량(kgf)	2.5	몰드	내경(cm)	10
낙하높이(cm)	30		높이(cm)	12.73
다짐횟수(회/층)	25		체적 V(cm^3)	1.000
다짐층수(층)	3		중량 W_1(gf)	3.821

② 몰드에 컬러를 부착한다.

③ 각 층의 두께가 균등하게 되도록 1층분의 시료를 몰드에 넣는다.

④ 중량 2.5 kgf의 래머로 25회를 몰드 안쪽을 돌면서 편평하게 다진다.

⑤ 각 층은 다짐 후 시료 표면이 몰드면에 직각이 되도록 하며, 각 층마다 밀착을 좋게 하기 위해서 다진 각 층의 윗면에 주걱 등으로 3~4회 가로세로 선을 긋는다.

⑥ 2층, 3층의 경우에도 상기 ③~⑤의 작업을 반복한다.

⑦ 3층 다짐이 완료된 후에는 시료 윗면은 몰드의 약간 위가 되고 몰드 상부 1 cm를 초과하지 않도록 주의한다.

⑧ 다짐이 완료된 후 컬러를 조심스럽게 떼어내고 몰드 상부의 흙을 스트레이트엣지로 깎아 평면으로 만든다. 입경이 큰 흙을 제거해서 생긴 구멍 등은 남은 입자의 흙으로 메운다.

⑨ 몰드 저판 주위에 묻어있는 흙을 완전히 제거한 후(몰드+저판+흙)의 중량 W_2 (gf)를 측정한다.

측정 No.	1	2	3	4
(시료+몰드) 중량 W_2(gf)	5,784	5,861	5,954	6,008
습윤단위 체적중량 γ_t(gf/cm^3)				
평균함수비 w(%)				
건조단위 체적중량 γ_d(gf/cm^3)				

⑩ 다짐이 완료된 시료를 시료추출기를 사용하여 꺼낸다.

⑪ 시료의 함수비를 측정한다.

함수비	용기 No.	10	18	21	6
	W_a(gf)	573.4	564.3	560.1	594.3
	W_b(gf)	562.8	550.8	543.2	568.1
	W_c(gf)	327.5	340.3	331.5	313.3
	w(%)	4.5	6.4	8.0	10.3
	용기 No.	22	31	19	25
	W_a(gf)	598.7	543.8	612.5	606.7
	W_b(gf)	586.9	530.8	592.4	582.5
	W_c(gf)	335.6	321.4	350.6	343.2
	w(%)	4.7	6.2	8.3	10.1

⑫ 시료를 다짐 전 상태로 잘게 부수어 적당량의 증류수를 넣고 잘 섞어 함수비가 균일하게 혼합한다.

⑬ 함수비가 증가한 시료를 대상으로 ②~⑫의 작업을 반복한다.

> **참 고**
>
> - 다짐 후의 각 층의 두께는 약 4.5 cm 정도 되게 한다.
> - 시료를 균등하게 다짐하기 위해서 래머의 낙하위치 순서를 시료의 중심부를 다짐한 다음 몰드 주변에 붙여돌면서 낙하하여 다지는 순서로 진행하는 것이 일반적이다.
> - ⑪의 함수비 측정용 시료는, 측정개소가 1개인 경우에는 공시체의 중심부에서, 2개인 경우에는 상부 및 하부에 채취한다.
> - ⑫에서 필요한 경우, 혼합 후 일정시간 방치하여 수분이 충분히 흙과 섞이도록 한다.
> - 6~8단계의 함수비로 소량 증가시켜가면서 다짐시험을 실시하며, 이전단계 함수비에서 보다(몰드+저판+흙)의 중량 W_2(gf)가 작아질 때까지 반복한다.

(5) 결과의 정리

① 데이터시트에 시험방법 등 필요사항을 기입한다.

② 습윤단위 체적중량과 건조단위 체적중량을 계산한다.

각 다짐시료의 습윤단위 체적중량과 건조단위 체적중량은 다음 식에 의해 구한다.

㈀ 다짐시료의 습윤상태 중량 W는,

$$W = W_2 - W_1 \tag{A.1.12}$$

여기서, W_1 : (몰드+저판)의 중량(gf) (⇦ (4)①)

W_2 : (시료+몰드+저판)의 중량(gf) (⇦ (4)⑨)

㈁ 다짐시료의 습윤단위 체적중량 γ_t는,

$$\gamma_t = \frac{W}{V} \ [\mathrm{gf/cm^3}] \tag{A.1.13}$$

여기서, V : 몰드의 용적(몰드 안지름이 10 cm인 경우, 1,000 $\mathrm{cm^3}$)

㈂ 평균함수비 w는 흙시료의 상부 및 하부 함수비의 평균치를 사용한다.

㈃ 다짐시료의 건조단위 체적중량 γ_d는,

$$\gamma_d = \frac{\gamma_t}{\left(1+\frac{w}{100}\right)} \text{ [gf/cm}^3\text{]} \qquad \text{(A.1.14)}$$

여기서, w : 다짐시료의 평균함수비(%) (⇦ (4)⑪)

측정 No.		1	2	3	4
(시료+몰드) 중량 W_2(gf)		5,784	5,861	5,954	6,008
습윤단위 체적중량 γ_t(gf/cm^3)		1.963	2.040	2.133	2.187
평균함수비 w(%)		4.6	6.3	8.2	10.2
건조단위 체적중량 γ_d(gf/cm^3)		1.877	1.919	1.971	1.985
함수비	용기 No.	10	18	21	6
	W_a(gf)	573.4	564.3	560.1	594.3
	W_b(gf)	562.8	550.8	543.2	568.1
	W_c(gf)	327.5	340.3	331.5	313.3
	w(%)	4.5	6.4	8.0	10.3
	용기 No.	22	31	19	25
	W_a(gf)	598.7	543.8	612.5	606.7
	W_b(gf)	586.9	530.8	592.4	582.5
	W_c(gf)	335.6	321.4	350.6	343.2
	w(%)	4.7	6.2	8.3	10.1

③ 다짐곡선 및 최적함수비, 최대건조단위 중량 결정

㈀ ②의 ㈂에서 구한 평균함수비 w 및 건조단위 체적중량 γ_d의 관계를, 가로축을 평균함수비 w로, 세로축을 건조단위 체적중량 γ_d로 하여 작도하면 다짐곡선이 작도된다(그림 A.1.7 참조).

㈁ 다짐곡선상에 영공기간극곡선을 작도한다. 영공기간극곡선은 다음 식에 의해 구한다.

$$\gamma_{dsat} = \frac{\gamma_w}{\frac{1}{G_s}+\frac{w}{100}} \text{ [gf/cm}^3\text{]} \qquad \text{(A.1.15)}$$

여기서, γ_{dsat} : 영공기간극상태에서의 건조단위 체적중량(gf/cm^3)

γ_w : 물의 단위 체적중량(gf/cm^3) (⇦ 1 gf/cm^{3}을 적용)

G_s : 흙입자의 비중(⇦ (3)③)

㈐ 최적함수비 w_{opt}와 최대건조단위 중량 $\gamma_{d\max}$의 결정다짐곡선상의 최정점에 해당하는 건조단위 체적중량이 최대건조단위 중량 $\gamma_{d\max}$이고, 이때의 함수비가 최적함수비 w_{opt}이다(그림 A.1.7 참조).

(6) 결과의 이용과 관련지식

1. 다짐곡선의 시공관리에의 적용

다짐시험 결과는 현장에서 성토나 노상 등 다짐상태를 관리하는 기준으로 이용된다.

① 다짐공사 시 흙의 다짐정도는 상대다짐도 D_c를 이용하여 판단한다.

$$D_c = \frac{\text{현장흙의 건조단위체적중량}}{\text{다짐시험 결과에 의한 최대건주단위중량}} \times 100(\%) \qquad \text{(A.1.16)}$$

일반적으로 고속도로 기층을 다짐하는 경우, 상대다짐도는 수정다짐의 95 이상 되어야 하고, 구조물기초설계기준(국해부)에 따르면 구조물의 설치가 필요 없는 곳의 정지작업 시에는 표준다짐의 90~92%, 중소규모의 댐 및 도로성토 시에는 표준다짐의 95~98%, 구조물 기초의 지지나 성토고가 높은 댐의 경우에는 수정다짐의 95~98%가 만족되어야 한다.

② 다짐시공 시의 함수비 관리는 다짐시험 시 얻어진 최적함수비 w_{opt}를 기준으로 하여 그 범위를 결정한다.

참 고

- 영공기간극곡선은 흙의 간극이 물로 가득 차 공기가 없는 상태를 가정한 경우로써, 흙의 건조단위 체적중량과 함수비의 관계를 표시하는 곡선상에 표시된다. 이론상 흙이 최대의 단위 체적중량을 나타내는 값이다.

2. 흙의 종류 및 다짐곡선

일반적으로 다짐에너지가 일정한 경우 흙의 종류에 따라 다짐곡선의 형태가 달라지게 된다. 그림 A.1.9에는 ①~⑤의 입경가적곡선을 갖는 흙의 다짐곡선이 나타나 있다.

그림을 살펴보면 다짐곡선의 일반적인 경향은

① 최적함수비가 작은 흙일수록 최대건조단위 중량이 크다.

② 입도가 좋은 사질토일수록 최대건조단위 중량이 크고 다짐곡선의 기울기가 급하다. 세립토일수록 최대건조단위 중량이 작고 다짐곡선의 형상이 완만하다.

③ 입도분포가 좋지 않은 모래의 경우에는 입도분포가 좋은 것에 비하여 최대건조단위 중량이 상대적으로 작고, 다짐곡선이 편평하고 최대치가 분명치 않다.

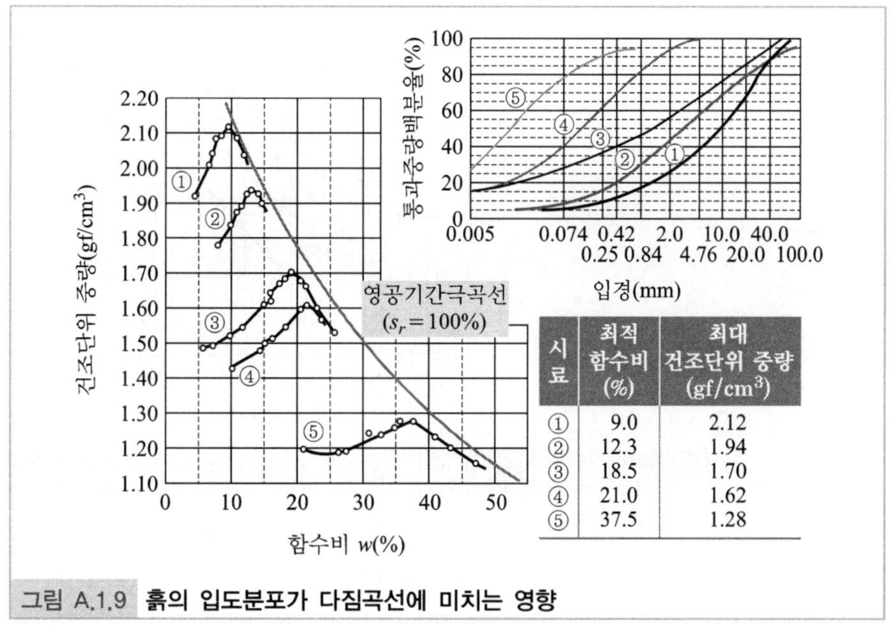

시료	최적 함수비 (%)	최대 건조단위 중량 (gf/cm³)
①	9.0	2.12
②	12.3	1.94
③	18.5	1.70
④	21.0	1.62
⑤	37.5	1.28

그림 A.1.9 **흙의 입도분포가 다짐곡선에 미치는 영향**

3. 다짐에너지와 따른 다짐곡선의 형상

동일한 흙시료의 경우에도 다짐에너지와 함수량에 따라 다짐한 후의 상태가 달라진다. 그림 A.1.10에는 각 층의 다짐횟수를 달리한 경우 동일한 흙에 대한 다짐곡선이 나타나 있다. 그림을 살펴보면, 다짐횟수가 증가하면 최대건조단위 중량은 증가하고 최적함수비는 감소하는 경향을 보이는 것을 알 수 있다.

참 고

- 다짐에너지

$$E_c = \frac{W_R \cdot H \cdot N_B \cdot N_L}{V} \quad [\text{cm} \cdot \text{kgf/cm}^3]$$

여기서, W_R : 래머의 중량(kgf)
H : 래머의 낙하고(cm)
N_B : 1층당 타격횟수
N_L : 층수
V : 몰드의 용적(cm^3)

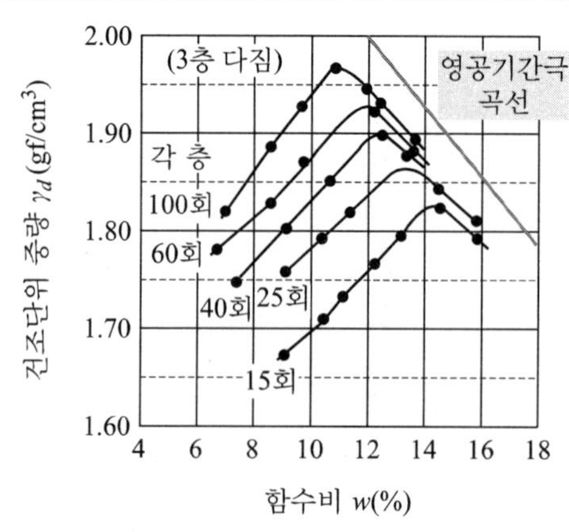

1층 다짐횟수	최적함수비 w_{opt}(%)	최대건조단위 중량 $\gamma_{d\max}$(gf/cm^3)
15	14.3	1.83
25	13.4	1.87
40	12.4	1.91
60	11.8	1.93
100	10.9	1.97

그림 A.1.10 다짐에너지가 다짐곡선에 미치는 영향

(7) 예제

도로시공을 위해 A방법으로 다짐시험을 실시하여 다음과 같은 결과를 얻었다.

함수비 (%)	습윤단위 체적중량 (tf/m³)	함수비 (%)	습윤단위 체적중량 (tf/m³)	함수비 (%)	습윤단위 체적중량 (tf/m³)
5.7	1.69	11.6	1.88	16.4	1.79
8.7	1.82	14.2	1.85	18.5	1.72

1. 다짐곡선을 그리시오.

2. 최적함수비(w_{opt})와 최대건조단위 중량($\gamma_{d\max}$)을 구하시오.

3. 이 흙으로 이루어진 현장에서 95% 이상의 다짐도로 다짐시공을 실시하려고 한다. 허용 함수비 범위를 정하시오.

풀이 1.

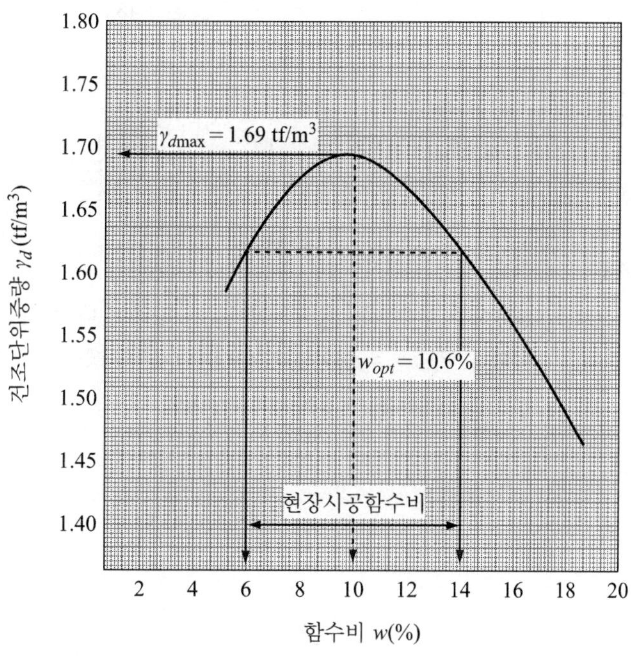

건조단위 체적중량(γ_d) 계산근거(식 (A.1.14) 참조)

w (%)	γ_t (tf/m³)	γ_d (tf/m³)	w (%)	γ_t (tf/m³)	γ_d (tf/m³)	w (%)	γ_t (tf/m³)	γ_d (tf/m³)
5.7	1.69	1.60	11.6	1.88	1.68	16.4	1.79	1.54
8.7	1.82	1.67	14.2	1.85	1.62	18.5	1.72	1.45

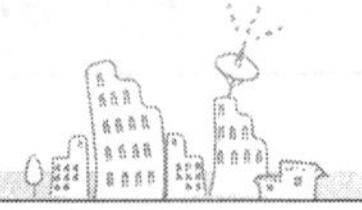

$$\gamma_{d1} = \frac{\gamma_t}{1+\frac{w}{100}} = \frac{1.69}{1+\frac{5.7}{100}} = 1.60\ \mathrm{tf/m^3}$$

$$\gamma_{d2} = \frac{\gamma_t}{1+\frac{w}{100}} = \frac{1.82}{1+\frac{8.7}{100}} = 1.67\ \mathrm{tf/m^3}$$

$$\gamma_{d3} = \frac{\gamma_t}{1+\frac{w}{100}} = \frac{1.88}{1+\frac{11.6}{100}} = 1.68\ \mathrm{tf/m^3}$$

$$\gamma_{d4} = \frac{\gamma_t}{1+\frac{w}{100}} = \frac{1.85}{1+\frac{14.2}{100}} = 1.62\ \mathrm{tf/m^3}$$

$$\gamma_{d5} = \frac{\gamma_t}{1+\frac{w}{100}} = \frac{1.79}{1+\frac{16.4}{100}} = 1.54\ \mathrm{tf/m^3}$$

$$\gamma_{d6} = \frac{\gamma_t}{1+\frac{w}{100}} = \frac{1.72}{1+\frac{18.5}{100}} = 1.45\ \mathrm{tf/m^3}$$

2. 다짐곡선을 작도하여 구하면
   - 최적함수비(w_{opt}) : 10.6%
   - 최대건조단위 중량($\gamma_{d\max}$) : 1.69 tf/m^3

3. 현장시공 함수비는 $\gamma_{d\max}$×0.95값을 구하여 다짐곡선에 교차하는 함수비가 이에 해당된다. 즉, $\gamma_d = 1.69 \times 0.95 = 1.61$ tf/m^{3}에 해당하는 현장시공 함수비의 범위는 다짐곡선으로부터 약 6.2~14.6%이다.

(8) 데이터시트 기입 예

KS F 2312	흙의 다짐시험	

조사건명 .... 시험년월일 ....

시료번호(깊이) No.1(3.0 m) 시 험 자

시험방법		A	토질명칭	SM		
시료의 준비방법		건조법 · 습윤법	래머중량(kgf)	2.5	몰드 내경(cm)	10
시료의 사용방법		반복법 · 비반복법	낙하높이(cm)	30	몰드 높이(cm)	12.73
함수비	시료분취 후 w_0(%)	6.3	다짐횟수(회/층)	25	몰드 체적 V(cm^3)	1,000
함수비	건조처리 후 w_1(%)	4.6	다짐층수(층)	3	몰드 중량 W_1(gf)	3,821

측정 No.		1	2	3	4
(시료+몰드) 중량 W_2(gf)		5,784	5,861	5,954	6,008
습윤단위 체적중량 γ_t(gf/cm^3)		1.963	2.040	2.133	2.187
평균 함수비 w(%)		4.6	6.3	8.2	10.2
건조단위 체적중량 γ_d(gf/cm^3)		1.877	1.919	1.971	1.985
함수비	용기 No.	10	18	21	6
	W_a(gf)	573.4	564.3	560.1	594.3
	W_b(gf)	562.8	550.8	543.2	568.1
	W_c(gf)	327.5	340.3	331.5	313.3
	w(%)	4.5	6.4	8.0	10.3
	용기 No.	22	31	19	25
	W_a(gf)	598.7	543.8	612.5	606.7
	W_b(gf)	586.9	530.8	592.4	582.5
	W_c(gf)	335.6	321.4	350.6	343.2
	w(%)	4.7	6.2	8.3	10.1
측정 No.		5	6	7	8
(시료+몰드) 중량 W_2(gf)		6,022	5,997	5,963	
습윤단위 체적중량 γ_t(gf/cm^3)		2.201	2.176	2.142	
평균 함수비 w(%)		12.2	13.8	15.1	
건조단위 체적중량 γ_d(gf/cm^3)		1.962	1.912	1.861	
함수비	용기 No.	14	38	28	
	W_a(gf)	570.3	578.0	582.1	
	W_b(gf)	545.5	547.6	549.6	
	W_c(gf)	345.6	328.7	336.1	
	w(%)	12.4	13.9	15.2	
	용기 No.	33	55	8	
	W_a(gf)	589.1	603.3	630.3	
	W_b(gf)	560.1	571.4	594.3	
	W_c(gf)	318.3	336.9	354.6	
	w(%)	12.0	13.6	15.0	

특기사항

$$\gamma_d = \frac{\gamma_t}{1 + w/100}$$

KS F 2312	흙의 다짐시험	

조사건명 .... 시험년월일 ....

시료번호(깊이) No.1(3.0 m) 시 험 자

시험방법		A	토질명칭	SM		
시료의 준비방법		건조법 · 습윤법	래머중량(kgf)	2.5	흙입자의 비중	2.75
시료의 사용방법		반복법 · 비반복법	낙하높이(cm)	30	시료조정 전의 최대입경(mm)	19
함수비	시료분취 후 w_0(%)	6.3	다짐횟수(회/층)	25	몰드 내경(cm)	10
	건조처리 후 w_1(%)	4.6	다짐층수(층)	3	몰드 높이(cm)	12.73

측정 No.	1	2	3	4	5	6	7	8
평균 함수비 w(%)	4.6	6.3	8.2	10.2	12.2	13.8	15.1	
건조단위 체적중량 γ_d(gf/cm^3)	1.877	1.919	1.971	1.985	1.962	1.912	1.861	

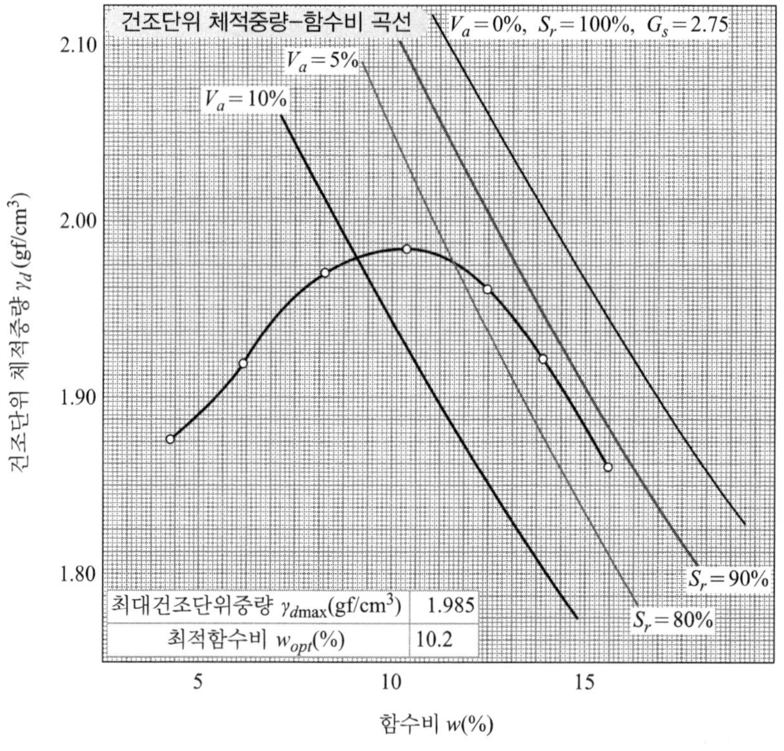

특기사항

$$\gamma_{dsat} = \frac{\gamma_w}{1/G_s + w/100}$$

(9) 데이터시트

KS F 2312	흙의 다짐시험	

조사건명 .... 시험년월일 ....

시료번호(깊이) 시 험 자

시험방법			토질명칭				
시료의 준비방법		건조법 · 습윤법	래머중량(kgf)		몰드	내경(cm)	
시료의 사용방법		반복법 · 비반복법	낙하높이(cm)			높이(cm)	
함수비	시료분취 후 w_0(%)		다짐횟수(회/층)			체적 V(cm^3)	
	건조처리 후 w_1(%)		다짐층수(층)			중량 W_1(gf)	

측정 No.		1	2	3	4
(시료+몰드) 중량 W_2(gf)					
습윤단위 체적중량 γ_t(gf/cm^3)					
평균 함수비 w(%)					
건조단위 체적중량 γ_d(gf/cm^3)					
함수비	용기 No.				
	W_a(gf)				
	W_b(gf)				
	W_c(gf)				
	w(%)				
	용기 No.				
	W_a(gf)				
	W_b(gf)				
	W_c(gf)				
	w(%)				
측정 No.		5	6	7	8
(시료+몰드) 중량 W_2(gf)					
습윤단위 체적중량 γ_t(gf/cm^3)					
평균 함수비 w(%)					
건조단위 체적중량 γ_d(gf/cm^3)					
함수비	용기 No.				
	W_a(gf)				
	W_b(gf)				
	W_c(gf)				
	w(%)				
	용기 No.				
	W_a(gf)				
	W_b(gf)				
	W_c(gf)				
	w(%)				

특기사항

$$\gamma_d = \frac{\gamma_t}{1 + w/100}$$

KS F 2312	흙의 다짐시험	

조사건명 .... 시험년월일 ....
시료번호(깊이) .... 시 험 자 ....

시험방법			토질명칭			
시료의 준비방법		건조법·습윤법	래머중량(kgf)		흙입자의 비중	
시료의 사용방법		반복법·비반복법	낙하높이(cm)		시료조정 전의 최대입경(mm)	
함수비	시료분취 후 w_0(%)		다짐횟수(회/층)		몰드 내경(cm)	
	건조처리 후 w_1(%)		다짐층수(층)		몰드 높이(cm)	

측정 No.	1	2	3	4	5	6	7	8
평균 함수비 w(%)								
건조단위 체적중량 γ_d(gf/cm^3)								

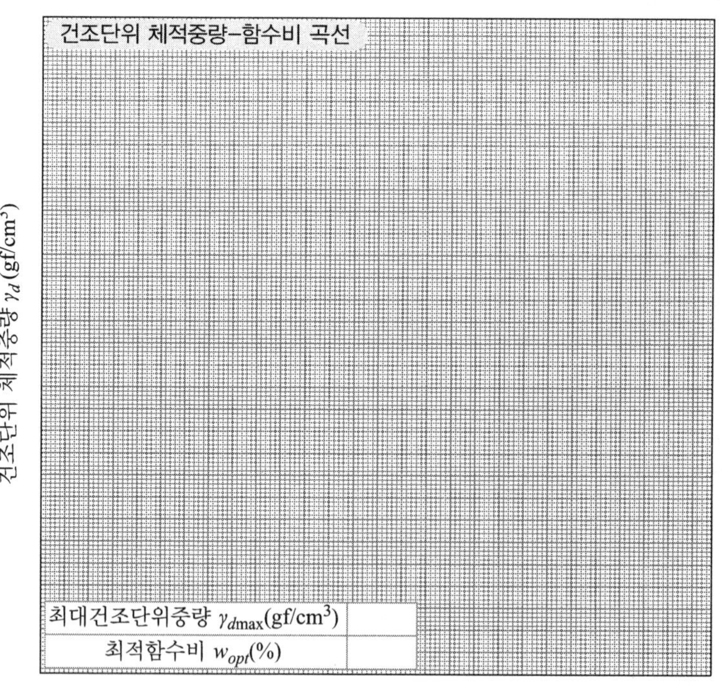

함수비 w(%)

특기사항

$$\gamma_{dsat} = \frac{\gamma_w}{1/G_s + w/100}$$

A.1.6 실내 CBR시험

(1) 시험의 목적

이 시험방법은 KS F 2320에 규정되어 있으며, 실내에서 흙의 CBR을 구하기 위한 목적으로 수행된다. CBR은 노상토나 노반재료의 강도를 나타내는 값으로서, 직경 5 cm의 관입봉을 규정속도(1 mm/min)로 공시체 표면에 관입하여 2.5 mm, 5.0 mm 관입량에 대한 시험하중강도의 표준하중강도에 대한 백분율로 표시된다. CBR시험에는 실내시험과 현장시험이 있고, 실내시험은 다짐시료를 대상으로 하는 경우와 불교란 상태의 시료를 대상으로 하는 경우 등으로 분류된다. 본장에서는 아스팔트 포장의 두께 결정에 이용되는 설계 CBR 및 노반재료의 재료규격에 적합 여부를 판정하기 위한 수정 CBR을 구하는 방법을 기술하였다.

표 A.1.14 표준하중강도 및 표준하중의 값

관입량(mm)	표준하중강도(kgf/cm^3)	표준하중(kgf)
2.5	70	1,370
5.0	105	2,030
7.5	134	2,630
10.0	162	3,180
12.5	183	3,600

(2) 시험용구

1. 다짐한 흙의 CBR 시험용구

① CBR 시험기(재하장치, 하중계, 관입봉 및 관입량 측정장치)

② 팽창량 측정장치(다이얼게이지 및 부착장치)

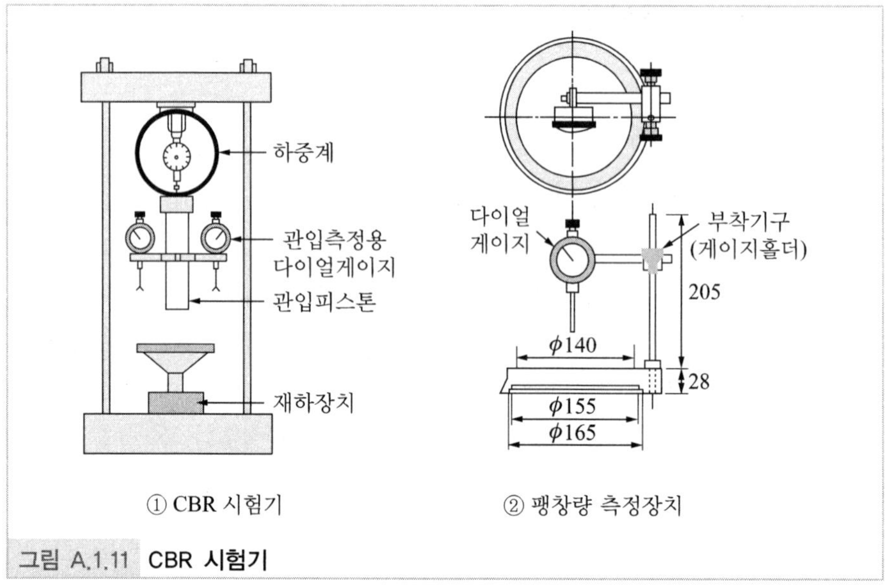

그림 A.1.11 CBR 시험기

참 고

- CBR은 California Bearing Ratio의 약자로서 미국의 캘리포니아 주에서 가요성 포장의 파괴상황을 조사하면서, 재로토의 지지력 특성을 간단히 비교하기 위한 값으로 제시되었다.
- 기준이 되는 표준하중강도는 쇄석을 다짐하여 직경 5 cm의 관입봉으로 관입할 때의 하중강도를 다수 구하여 이를 토대로 주어진 값이다(표 A.1.14 참조).
- CBR 시험기는 다음의 요건을 충족시켜야 한다.
  a. 하중값의 허용오차는 최대하중의 ±1% 이내이어야 한다.
  b. 관입속도는 1 mm/min가 되어야 한다.
  c. 관입량은 최소 1/100 mm에서 최대 20 mm까지 측정 가능하여야 한다.
  d. 관입봉은 직경 50±0.12 mm의 강제 원주형상이어야 한다.
  e. 하중장치는 최대 5,000 kgf 이상 재하가 가능해야 한다.
  f. 팽창량 측정장치는 공시체의 흡수팽창량을 최소 1/100 mm에서 최대 20 mm까지 측정 가능해야 한다.

2. 공시체 제작용구

① 직경 15 cm 몰드, 컬러 및 유공저판

② 스페이서 디스크(spacer disk)

③ 4.5 kgf 래머

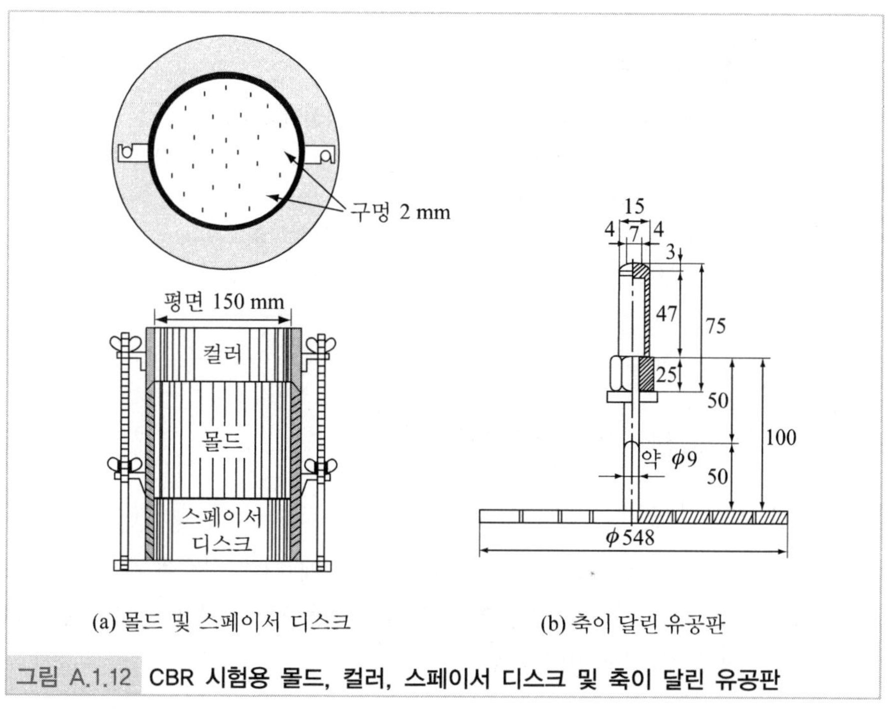

(a) 몰드 및 스페이서 디스크
(b) 축이 달린 유공판

그림 A.1.12 CBR 시험용 몰드, 컬러, 스페이서 디스크 및 축이 달린 유공판

3. 기타용구

① 축이 달린 유공판
② 하중판
③ 시료추출기(A.1.5 흙의 다짐시험 참조)
④ 시료 혼합용구 및 스트레이트엣지
⑤ 수조
⑥ 저울
⑦ 표준체(37.5 mm)
⑧ 스톱워치 또는 시계
⑨ 여과지
⑩ 함수비 측정용구(A.1.2 흙의 함수비시험)

참 고

- 유공저판의 유공은 직경이 2 mm 이하이어야 한다.
- 축이 달린 유공판은 직경 148±0.6 mm, 중량 5±0.04 kgf의 황동제로 하며, 유공직경은 2 mm 이하로 한다.
- 하중판은 중량 1.25±0.01 kgf로 4개 이상 필요하다.
- 저울은 용량 20 kgf, 감량 10 gf로 한다.

(3) 시료의 준비 및 공시체의 제작

1. 시료의 준비

토질시험을 위한 교란시료의 조제방법에 의해 시료를 준비한다. 시료의 양은 다짐시험용 시료 약 5조 이상, CBR시험용 3조 이상을 준비하며, 이러한 경우 최소 시료량은 40 kgf(8조×5 kgf)가 된다.

2. 공시체의 대립

① 다짐시험은 KS F 2312의 D방법(허용최대입경 19 mm인 경우) 또는 E방법(허용최대입경 37.5 m인 경우)으로 한다.

② 다짐시험에 의해 얻어진 최적함수비와의 차가 1% 이내가 되도록 물을 가하여 섞는다.

③ (몰드+저판)의 중량 W_1(gf)을 측정하고, 컬러와 유공저판을 결합한 몰드에 스페이서 디스크를 넣고 그 위에 여과지를 깐다.

④ 최적함수비와의 차가 1% 이내가 되도록 섞은 시료로 5층 55회, 25회 및 10회로 다진 공시체 3개를 제작한다.

⑤ 컬러를 분리하고 몰드 상부 여분의 흙을 스트레이트엣지로 주의하여 잘라낸다.

⑥ 몰드와 유공저판을 분리시킨다.

⑦ 습윤공시체+몰드+저판의 무게 W_2(gf)를 측정한다.

⑧ 여분의 흙을 이용하여 함수비를 측정한다.

공시체 No.		3-1	
함수비	용기 No.	17	21
	W_a(gf)	572.1	560.4
	W_b(gf)	543.1	530.4
	W_c(gf)	350.1	331.5
	w_1(%)	15.0	15.1
	평균치 w_1	15.1	
단위 중량	(시료+몰드) 중량 W_2(gf)	13,205	
	몰드중량 W_1(gf)	8,502	
	습윤단위 체적중량 γ_t(gf/cm^3)	2.129	
	건조단위 체적중량 γ_d(gf/cm^3)	1.850	

(4) 시험방법

1. 흡수팽창시험

① 여과지를 깐 유공저판에 55회, 25회 및 10회 다짐한 공시체를 조심하여 뒤집고 각각 재결합한다.

② 공시체 상면의 여과지 위에 축이 붙은 유공판을 놓고, 그 위에 5 kgf의 하중판을 얹는다.

③ 하중판을 얹은 시료를 물속에 담그고 몰드의 모서리에 팽창량 측정장치를 설치한다.

④ 다이얼게이지 최초의 읽음값을 기록하고 96시간 동안 1, 2, 4, 8, 24, 72 및 96시간 경과시 다이얼게이지 읽음을 가각 기록한다.

참 고

- 흙시료의 허용최대입경을 19 mm로 혹은 37.5 mm로 할 수 있다.
- 허용최대입경을 19 mm로 하는 경우, 표준체 19 mm에 남은 것은 제외하고, 대신에 이것과 같은 무게만큼 19 mm 체를 통과하고, 5 mm 체에 남은 입자를 넣는다.
- 시료의 사용방법은 건조법, 비건조법 어느 경우에도 비반복법으로 한다.
- 공시체의 제작조건을 다짐시험에 의하여 구할 필요가 없을 경우에는 이 조작을 하지 않고, CBR 시험용 공시체의 다짐부터 행하면 된다.
- 조립재를 제거하여 생긴 구멍은 세립재료로 메운다.

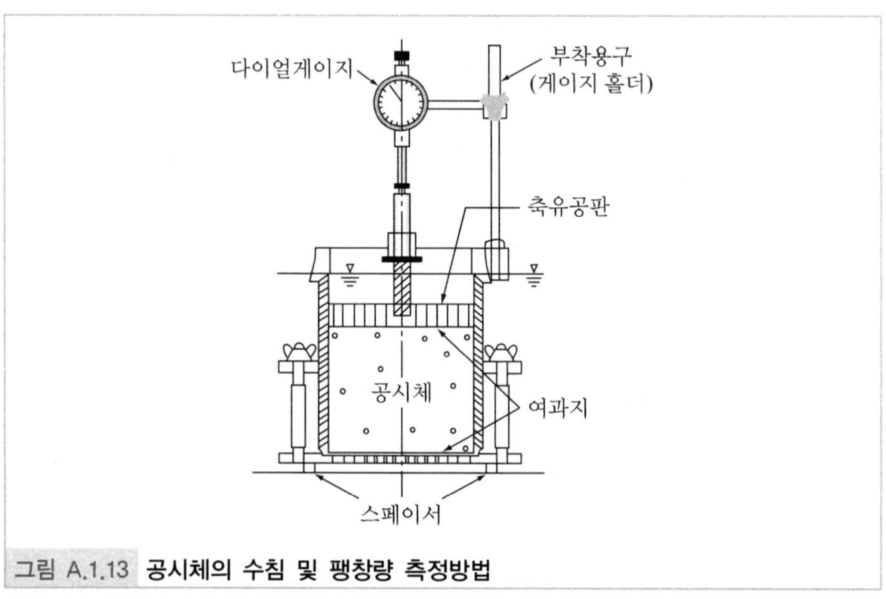

그림 A.1.13 공시체의 수침 및 팽창량 측정방법

공시체 No.			3-1		3-2		3-3	
	수침시간(h)	시각	변위계 읽음	팽창량 (mm)	변위계 읽음	팽창량 (mm)	변위계 읽음	팽창량 (mm)
흡수 팽창 시험	0	10/23 10:00	0		10		0	
	1	11:00	0		10		0	
	2	12:00	0		10		0	
	4	14:00	0		11		0	
	8	18:00	1		12		2	
	24	10/24 10:00	2		13		3	
	48	10/25 10:00	3		14		3	
	72	10/26 10:00	3		14		4	
	96	10/27 10:00	3		14		4	
	(시료+몰드) 중량 W_3(gf)		13,325		13,409		13,431	
	팽창비 γ_e(%)							
	습윤단위 체적중량 γ_t' (gf/cm^3)							
	건조단위 체적중량 γ_d' (gf/cm^3)							
	평균함수비 w' (%)							

⑤ 시료를 물에서 꺼낸 후 하중판을 얹은 채로 기울여 몰드 내에 고여 있는 물을 버리고 약 15분간 방치한다.

⑥ 컬러, 하중판 및 여과지를 제거하고 (공시체＋몰드＋저판)의 무게 W_3를 측정하고 다시 5 kgf의 하중판을 얹는다.

참 고

- 5 kgf 이외의 하중을 올리는 경우에는 그 내용을 기록용지에 기록한다. 예를 들면 포장층 등의 무게를 생각해서 하중을 올리는 경우에는 그 무게만큼의 하중(포장층 등의 실하중 ±2 kgf)을 더 올린다.
- 96시간 이전에 팽창이 멈추었다고 인정될 경우, 수침시간을 짧게 해도 시험결과에 영향이 없는 경우에는 수침시간을 짧게 해도 좋다.

2. 관입시험

① 관입봉을 정확히 공시체의 중앙에 놓고 관입봉과 공시체를 밀착시킨다.
② 재하장치의 검력계 읽음값을 기록하거나 또는 0에 맞춘다.
③ 관입량 측정용 다이얼게이지를 몰드의 모서리에 설치하고 0에 맞춘다.
④ 관입봉이 1 mm/min의 속도로 공시체에 관입되도록 하중을 가한다.
⑤ 관입량 0.5, 1.0, 1.5, 2.0, 2.5, 3.0, 4.0, 5.0, 7.5, 10.0 및 12.5 mm일 때의 각각에 대한 하중계의 읽음값을 기록한다.

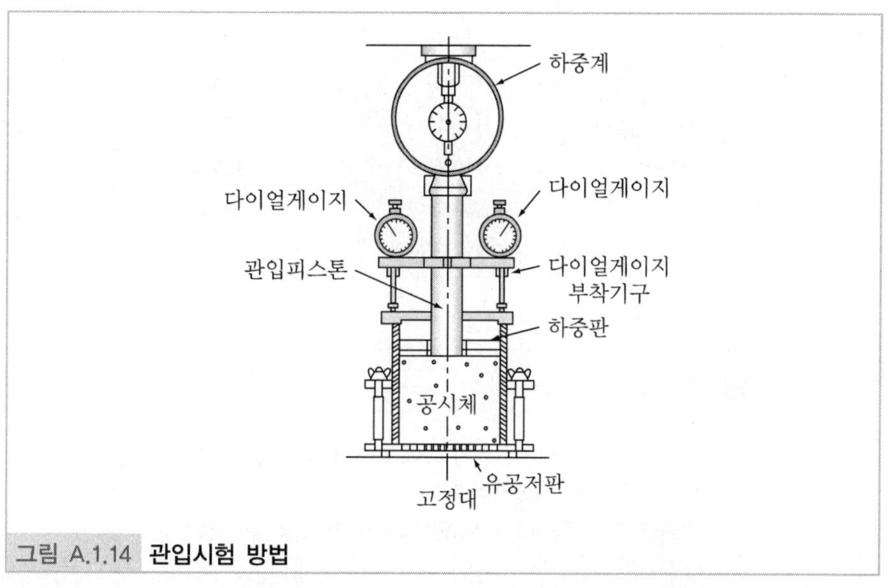

그림 A.1.14 **관입시험 방법**

⑥ 최종 관입량의 하중을 읽고 그 하중을 제거한 후 재하장치에서 공시체를 들어 낸다.

⑦ 시료추출기를 사용하여 공시체를 몰드로부터 꺼낸 다음 공시체의 표면에서 0.5～3.0 cm 깊이에서 시료를 50 gf 정도 채취한다.

⑧ 채취한 시료의 함수비를 측정한다.

공시체 No.				
관입량(mm)			하중강도, 하중	
읽음		평균	하중계 읽음	kgf/cm^2, kgf
1	2			
0	0		0	
0.5	0.46		1.4	
1.0	0.88		5.0	
1.5	1.30		11.0	
2.0	1.74		17.7	
2.5	2.22		24.2	
3.0	2.70		30.3	
4.0	3.68		41.2	
5.0	4.68		51.0	
7.5	7.22		69.7	
10.0	9.72		79.5	
12.5	12.22		86.2	

관입시험 후의 함수비	용기 No.	40	51
	W_a(gf)	595.3	629.5
	W_b(gf)	554.8	588.5
	W_c(gf)	329.6	355.3
	w_2(%)	18.0	17.6
	평균치 w_2(%)	17.8	

참 고

- 관입량이 12.5 mm가 되기 전에 하중계의 읽음이 최댓값에 이를 때는 그 때의 하중강도와 관입량을 기록하여 둔다.
- 관입량 10.0 및 12.5 mm일 때 하중계의 읽음은 생략해도 좋다.

(5) 결과의 정리

1. 공시체의 습윤단위 체적중량 및 건조단위 체적중량

① 흡수팽창시험 전 공시체의 습윤단위 체적중량 γ_t(gf/cm^3) 및 건조단위 체적중량 γ_d(gf/cm^3)를 다음 식에 의해 계산한다.

$$\gamma_t = \frac{W_2 - W_1}{V} \tag{A.1.17}$$

$$\gamma_d = \frac{\gamma_t}{1 + w_1/100} \tag{A.1.18}$$

여기서, W_1 : (몰드+저판)의 중량(gf) (⇦ (3)2.③)

W_2 : 공시체, 몰드 및 저판의 중량(gf) (⇦ (3)2.⑦)

V : 몰드의 용적(cm^3)

w_1 : 공시체의 함수비(%) (⇦ (3)2.⑧)

단위 중량	(시료+몰드) 중량 W_2(gf)	13,205
	몰드 중량 W_1(gf)	8,502
	습윤단위 체적중량 γ_1(gf/cm^3)	
	건조단위 체적중량 γ_d(gf/cm^3)	

② 공시체의 팽창비 γ_e(%)를 다음 식에 의해 계산한다.

$$\gamma_e = \frac{\text{공시체의 팽창량(mm)}}{\text{공시체의 최초높이(125 mm)}} \times 100 \tag{A.1.19}$$

또한, 흡수팽창시험 후의 건조단위 체적중량 γ_d'(gf/cm^3)와 평균함수비 w'(%)를 다음 식에 의해 구한다.

$$\gamma_d' = \frac{\gamma_d}{1 + (\gamma_e/100)} \tag{A.1.20}$$

$$w' = \left(\frac{\gamma_t'}{\gamma_d'} - 1\right) \times 100 \qquad \text{(A.1.21)}$$

$$\gamma_t' = \frac{W_3 - W_1}{V(1 + \gamma_e/100)} \qquad \text{(A.1.22)}$$

여기서, γ_d : 공시체의 최초 건조단위 체적중량(gf/cm^3)

γ_t' : 흡수팽창시험 후의 습윤단위 체적중량(gf/cm^3)

W_3 : 흡수팽창시험 후의 공시체, 몰드 및 저판의 중량(gf)

(⇦ (4)1.⑥)

공시체 No.	3-1	3-2	3-3
(시료+몰드) 중량 W_3(gf)	13,325	13,409	13,431
팽창비 γ_e(%)	0.024	0.032	0.032
습윤단위 체적중량 γ_t'(gf/cm^3)	2.182	2.180	2.181
건조단위 체적중량 γ_d'(gf/cm^3)	1.850	1.843	1.850
평균함수비 w'(%)	17.9	18.3	17.9

2. 하중강도-관입량 곡선의 작성

(4)2.의 관입시험에서 읽은 하중(kgf) 및 관입봉의 단면적으로부터 하중강도(kgf/cm^2)를 계산하여, 세로축을 하중강도, 가로축을 관입량(mm)으로 하여 하중강도-관입량 곡선을 작도한다.

하중강도-관입량 곡선의 초기부분에 그림 A.1.15의 곡선 ②와 같은 형상의 곡선부가 생기는 경우에는 변곡점 이하의 직선부분을 연장하여 가로축에 교점을 관입량의 수정원점으로 한다. 이 경우는 공시체의 평탄성이 유지되지 않아 관입봉과의 밀착이 되지 않는 등의 원인으로 생각할 수 있다.

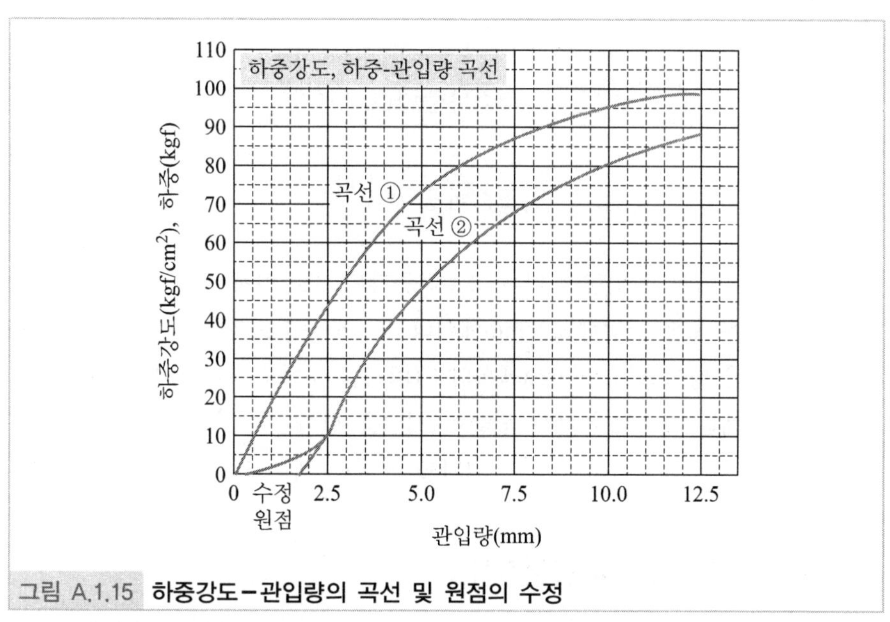

그림 A.1.15 **하중강도－관입량의 곡선 및 원점의 수정**

공시체 No.			3-1	
관입량(mm)			하중강도, 하중	
읽음		평균	하중계 읽음	kgf/cm^2, kgf
1	2			
0	0	0	0	0
0.5	0.46	0.48	1.4	1.6
1.0	0.88	0.94	5.0	5.6
1.5	1.30	1.40	11.0	12.3
2.0	1.74	1.87	17.7	19.8
2.5	2.22	2.36	24.2	27.0
3.0	2.70	2.85	30.3	33.8
4.0	3.68	3.84	41.2	46.0
5.0	4.68	4.84	51.0	56.9
7.5	7.22	7.36	69.7	77.8
10.0	9.72	9.86	79.5	88.7
12.5	12.22	12.36	86.2	96.2

3. CBR의 계산

관입량 2.5 mm 및 5.0 mm에 해당하는 하중강도(kgf/cm^2)를 하중강도－관입량 곡선상에서 구하여 다음 식으로 CBR (%)을 계산한다.

$$\text{CBR}(\%) = \frac{\text{하중강도}}{\text{표준하중강도}} \times 100$$
$$= \frac{\text{하중}}{\text{표준하중}} \times 100 \quad \text{(A.1.23)}$$

이때, 관입량에 따른 표준하중강도, 표준하중은 표 A.1.14 값을 사용하며 CBR은 보통 관입량 2.5 mm에서의 표준하중강도(70 kgf/cm^2)를 이용하여 구한다. 같은 방법으로 5.0 mm에서의 CBR값을 구하고, 그 값이 2.5 mm의 것보다 큰 경우에는 공시체를 새로 만들어 시험을 한다.

그러나 다시 똑같은 결과를 얻었을 때는 5.0 mm일 때의 CBR값을 사용한다.

(6) 결과의 이용 및 관련지식

1. 설계 CBR

아스팔트 포장의 두께와 구성을 결정할 경우에 사용하는 노상토의 CBR을 설계 CBR이라 하고 설계 CBR을 결정하기 위한 공시체의 제작조건을 국해부 도로포장설계·시공지침에는 최대입경 37.5 mm의 시료를 최적함수비에서 직경 15 cm 몰드, 4.5 kgf 래머로 5층 55회 다져 4일 수침 후의 CBR로 규정하고 있다.

이렇게 해서 설계 CBR이 구해지면 그림 A.1.16의 CBR 설계곡선에서 포장합계 두께를 구할 수 있다.

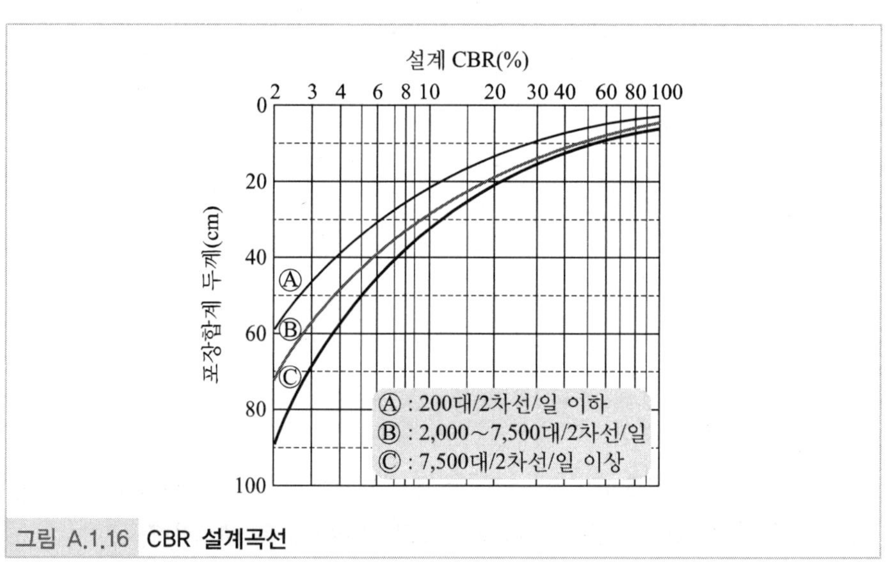

그림 A.1.16 CBR 설계곡선

① 노상이 깊이방향으로 토질이 다른 층을 이루고 있는 경우의 설계 CBR은 노상면에서 1 m 사이의 평균 CBR을 구하여 그 지점의 CBR로 한다.

$$\mathrm{CBR}_m = \left(\frac{h_1 \mathrm{CBR}_1^{\frac{1}{3}} + h_2 \mathrm{CBR}_2^{\frac{1}{3}} + \cdots + h_n \mathrm{CBR}_n^{\frac{1}{3}}}{100} \right)^3 \quad \text{(A.1.24)}$$

여기서, CBR_m : 그 지점의 CBR(%)

CBR_1, CBR_2, ⋯, CBR_n : 각각 제1층, 제2층, ⋯, 제n층 흙의 CBR(%)

h_1, h_2, ⋯, h_n : 각각 제1층, 제2층, ⋯, 제n층 흙의 두께(cm)

$h_1 + h_2 + \cdots + h_n = 100$ cm

② 노상이 동일구간에서 수평방향으로 다른 토질로 이루어진 경우, 설계 CBR 구간 내의 각 지점 CBR 중 현저히 다른 값은 제외하고 다음 식으로 설계 CBR을 결정한다.

$$\text{설계 CBR(\%)} = \text{각 지점 CBR의 평균} - \left(\frac{\text{CBR 최대값} - \text{CBR 최소값}}{d_2} \right) \quad \text{(A.1.25)}$$

여기서, d_2 : 표 A.1.15의 계수

표 A.1.15 설계 CBR 계산용 계수

계수 n	2	3	4	5	6	7	8	9	10 이상
계수 d_2	1.41	1.91	2.24	2.48	2.67	2.83	2.96	3.08	3.18

2. 수정 CBR

현장에서 기대할 수 있는 노반재료의 강도를 나타내는 CBR을 수정 CBR이라 하며, 5층 55회 다짐으로 구한 최대건조단위 중량과 소요의 다짐도를 곱한 건조단위 중량에 대응하는 4일 수침 후 CBR값이다. 최적함수비로 5층 10회, 25회, 55

회로 다진 공시체 3개를 제작하여 이들의 건조단위 중량과 4일 수침 후 CBR을 측정하여 그림 A.1.17 방법과 같이 구한다.

각 시방서 재료규격(기층, 보조기층, 노상토 등)에서 CBR 기준은 이 방법으로 구한 수정 CBR이다.

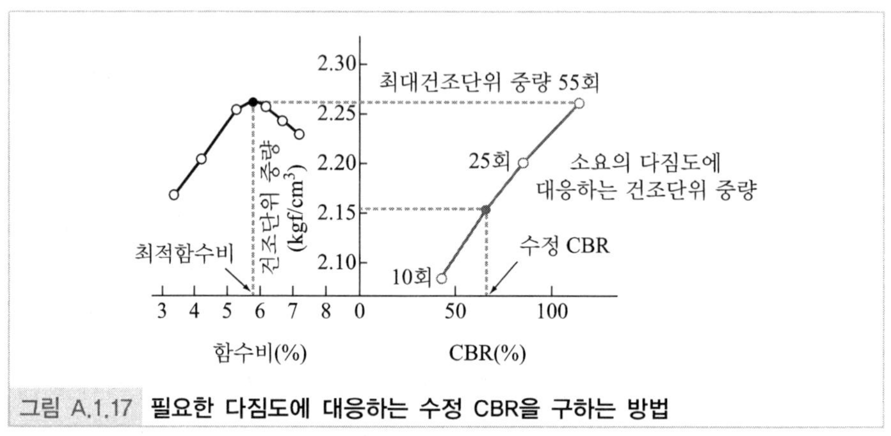

그림 A.1.17 필요한 다짐도에 대응하는 수정 CBR을 구하는 방법

표 A.1.16에는 수정 CBR값을 구하는 몇 가지 규격을 나타내었다.

표 A.1.16 수정 CBR 결정법

규격번호	최적함수비결정	CBR 공시체 다짐	시 료
KS F 2320	5층 55회	55, 25, 10회	19 mm 이하로 치환
JIS A 1210	3층 92회	92, 42, 17회	38 mm 통과분
일본도로협회	3층 92회	92, 42, 17회	40 mm 통과분
AASHTO T193	3층 56회	65, 30, 10회	19 mm 이하로 치환

국내 도로공사 표준시방서 등에 제시된 노체, 노상 및 뒷채움재 CBR 기준은 표 A.1.17과 같다.

표 A.1.17 성토재료 선정과 관련된 CBR 기준

	노 체	노 상		뒷채움재	
		하부노상	상부노상	하부 뒷채움재	상부 뒷채움재
CBR(%) 기준	2.5 이상	5 이상	10 이상	5 이상	10 이상

(7) 예제

1. 사질토의 CBR 시험을 실시한 결과 관입량과 하중강도의 관계가 다음 표와 같다. 이 흙의 관입량 2.5 mm와 5.0 mm가 될 때 CBR값을 구하시오.

관입량(mm)	하중강도(kgf/cm²)
0.5	0.5
1.0	1.2
1.5	2.5
2.0	4.0
2.5	5.4
3.0	7.0
4.0	9.9
5.0	12.1
7.5	15.6
10.0	17.7
12.5	18.8

풀이 주어진 시험결과를 이용, 관입량-하중강도 곡선을 그린다. 초기곡선이 위로 올라가 있기 때문에 수정원점을 구한다. 수정원점으로 관입량 2.5 mm(7.7 kgf)와 5.0 mm(13.3 kgf)에 있어서 관입강도를 읽어 구한다.

$$\mathrm{CBR}_{2.5} = \frac{\text{시험하중강도}}{\text{표준하중강도}} \times 100\% = \frac{7.7}{70} \times 100\% = 11.0\% \text{ (식 (A.1.23) 참조)}$$

$$\mathrm{CBR}_{5.0} = \frac{\text{시험하중강도}}{\text{표준하중강도}} \times 100\% = \frac{13.3}{105} \times 100\% = 12.7\%$$

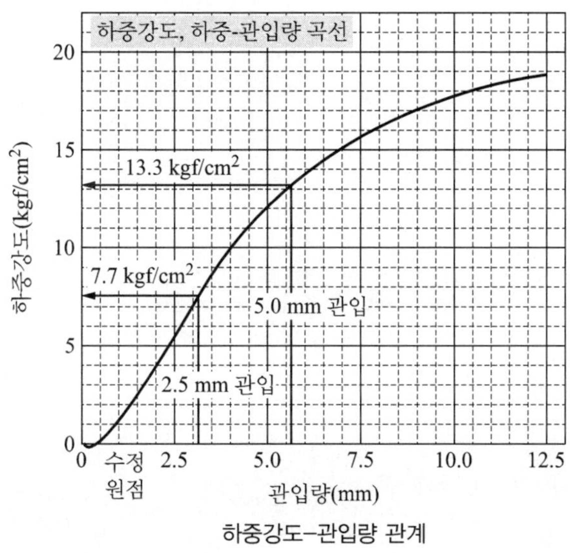

하중강도-관입량 관계

※ 본 시험은 $\mathrm{CBR}_{2.5}$보다 $\mathrm{CBR}_{5.0}$이 더 크게 나왔으므로 다시 시험하고, 계속 결과가 나온다면 $\mathrm{CBR}_{5.0}$ =12.5%가 CBR 값이 된다.

2. 토층의 깊이가 100 cm인 노상이 있다. 이 층이 다음과 같이 각각 다른 4층의 흙으로 구성되어 있다고 할 때 이층의 평균 CBR값을 구하시오.

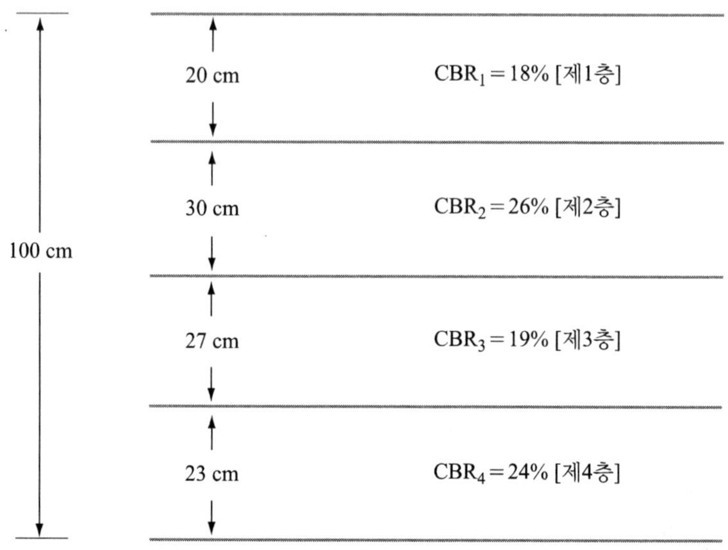

풀이 $CBR_m = \left(\dfrac{h_1 CBR_1^{\frac{1}{3}} + h_2 CBR_2^{\frac{1}{3}} + \cdots + h_n CBR_n^{\frac{1}{3}}}{100} \right)^3$ (식 (A.1.24) 참조)

$$= \left(\frac{20 \times 18^{\frac{1}{3}} + 30 \times 26^{\frac{1}{3}} + 27 \times 19^{\frac{1}{3}} + 23 \times 24^{\frac{1}{3}}}{100} \right)^3$$

$$= 21.88\%$$

(8) 데이터시트 기입 예

KS F 2320	흙의 CBR시험(초기상태, 흡수팽창시험)	

조사건명 .... 시험년월일 ....

시료번호(깊이) No.1(5.0 m) 시 험 자

시험방법		다짐시료·불교란시료	래머중량(kgf)		4.5	토질명칭	SM
다짐시험방법		D	낙하높이(cm)		45	자연함수비 w_n(%)	15.2
시료준비	준비방법	비건조법·공기건조법	다짐횟수(회/층)		55	최적함수비 w_{opt}(%)	13.4
	공기건조 전 함수비(%)		다짐층수(층)		5	최대건조단위중량 $\gamma_{d\max}$(gf/cm³)	1.865
	시료조정 후 함수비 w_0(%)	15.1	몰드	내경(cm)	15.0	하중판 중량(kgf)	5.0
				높이(cm)	12.5	몰드 체적 V(cm³)	2,209

공시체 No.		3-1		3-2		3-3	
함수비	용기 No.	17	21	9	36	11	44
	W_a(gf)	572.1	560.4	630.6	609.1	584.2	607.3
	W_b(gf)	543.1	530.4	590.7	570.5	553.2	569.8
	W_c(gf)	350.1	331.5	328.3	319.7	345.4	321.3
	w_1(%)	15.0	15.1	15.2	15.4	14.9	15.1
	평균치 w_1(%)	15.1		15.3		15.0	
단위중량	(시료+몰드) 중량 W_2(gf)	13,205		13,288		13,315	
	몰드 중량 W_1(gf)	8,502		8,592		8,612	
	습윤단위 체적중량 γ_t(gf/cm³)	2.129		2.126		2.129	
	건조단위 체적중량 γ_d(gf/cm³)	1.850		1.844		1.851	

	수침시간(h)	시각	변위계 읽음	팽창량(mm)	변위계 읽음	팽창량(mm)	변위계 읽음	팽창량(mm)
흡수팽창시험	0	10/23 10:00	0	0	10	0	0	0
	1	11:00	0	0	10	0	0	0
	2	12:00	0	0	10	0	0	0
	4	14:00	0	0	11	0.01	0	0
	8	18:00	1	0.01	12	0.02	2	0.02
	24	10/24 10:00	2	0.02	13	0.03	3	0.03
	48	10/25 10:00	3	0.03	14	0.04	3	0.03
	72	10/26 10:00	3	0.03	14	0.04	4	0.04
	96	10/27 10:00	3	0.03	14	0.04	4	0.04
	(시료+몰드) 중량 W_3(gf)		13,325		13,409		13,431	
	팽창비 γ_e(%)		0.024		0.032		0.032	
	습윤단위 체적중량 γ_t'(gf/cm³)		2.182		2.180		2.181	
	건조단위 체적중량 γ_d'(gf/cm³)		1.850		1.843		1.850	
	평균 함수비 w'(%)		17.9		18.3		17.9	

특기사항

$$\gamma_e = \frac{\text{공시체의 팽창량(mm)}}{\text{공시체의 최초높이(125 mm)}} \times 100(\%)$$

$$\gamma_t' = \frac{W_3 - W_1}{V(1+\gamma_e/100)} \qquad \gamma_d' = \frac{\gamma_d}{1+\gamma_e/100} \qquad w' = \left(\frac{\gamma_t'}{\gamma_d'} - 1\right) \times 100$$

KS F 2320	흙의 CBR시험(관입시험)	

조사건명 .... 시험년월일 ....

시료번호(깊이) No.1(5.0 m) 시 험 자

시험조건	수침·비수침	관입속도(mm/min)	1	하중판 중량(kgf)	5.0
양생조건	일공기중	하중계 No.	1,905	교정계수 $\text{kgf/cm}^2/\frac{1}{100}$ mm	1.116
	일수침	용량(kgf)	3,000	$\text{kgf}/\frac{1}{100}$ mm	

공시체 No.			3-1		공시체 No.			3-2		공시체 No.			3-3	
관입량(mm)			하중강도·하중		관입량(mm)			하중강도·하중		관입량(mm)			하중강도·하중	
읽음 1	읽음 2	평균	하중계 읽음	kgf/cm^2 kgf	읽음 1	읽음 2	평균	하중계 읽음	kgf/cm^2 kgf	읽음 1	읽음 2	평균	하중계 읽음	kgf/cm^2 kgf
0	0	0	0	0	0	0	0	0	0	0	0	0	0	0
0.5	0.46	0.48	1.4	1.6	0.5	0.46	0.48	1.4	1.6	0.5	0.48	0.49	1.4	1.6
1.0	0.88	0.94	5.0	5.6	1.0	0.90	0.95	4.9	5.5	1.0	0.96	0.98	3.7	4.1
1.5	1.30	1.40	11.0	12.3	1.5	1.42	1.46	8.2	9.2	1.5	1.44	1.47	6.7	7.5
2.0	1.74	1.87	17.7	19.8	2.0	1.94	1.97	13.0	14.5	2.0	1.92	1.96	10.2	11.4
2.5	2.22	2.36	24.2	27.0	2.5	2.46	2.48	18.7	20.9	2.5	2.44	2.47	14.2	15.8
3.0	2.70	2.85	30.3	33.8	3.0	2.96	2.98	25.3	28.2	3.0	2.92	2.96	18.9	21.1
4.0	3.68	3.84	41.2	46.0	4.0	3.96	3.98	37.7	42.1	4.0	3.92	3.96	28.9	32.3
5.0	4.68	4.84	51.0	56.9	5.0	4.98	4.99	48.8	54.5	5.0	4.92	4.96	39.0	43.5
7.5	7.22	7.36	69.7	77.8	7.5	7.50	7.50	71.1	79.3	7.5	7.44	7.47	62.6	69.9
10.0	9.72	9.86	79.5	88.7	10.0	10.04	10.02	82.9	92.5	10.0	9.96	9.98	78.7	87.8
12.5	12.22	12.36	86.2	96.2	12.5	12.56	12.53	87.9	98.1	12.5	12.48	12.49	88.0	98.2

관입시험 후의 함수비				관입시험 후의 함수비				관입시험 후의 함수비		
용기 No.	40	51		용기 No.	16	20		용기 No.	5	49
W_a(gf)	595.3	629.5		W_a(gf)	565.9	583.0		W_a(gf)	578.7	588.1
W_b(gf)	554.8	588.5		W_b(gf)	530.8	547.1		W_b(gf)	540.4	551.5
W_c(gf)	329.6	355.3		W_c(gf)	333.7	348.8		W_c(gf)	318.8	344.6
w_2(%)	18.0	17.6		w_2(%)	17.8	18.1		w_2(%)	17.3	17.7
평균치 w_2(%)	17.8			평균치 w_2(%)	18.0			평균치 w_2(%)	17.5	

특기사항

KS F 2320	흙의 CBR시험(실내시험)	

조사건명 .... 시험년월일 ....

시료번호(깊이) No.1(5.0 m) 시 험 자

시험방법	다짐시료 · 불교란시료	래머중량(kgf)	4.5	토질명칭	SM
다짐방법		낙하높이(cm)	45	공기건조 전 함수비(%)	
시료의 준비방법	비건조법 · 공기건조법	다짐횟수(회/층)	55	자연함수비 w_n(%)	15.2
시험조건	수침 · 비수침	다짐층수(층)	5	최적함수비 w_{opt}(%)	13.4
양생조건	일공기중	몰드 내경(cm)	15.0	최대건조단위중량 γ_{dmax}(gf/cm³)	1.865
	일수침	몰드 높이(cm)	12.5		

공시체 No.			3-1	3-2	3-3
흡수팽창시험	전	함수비 w_1(%)	15.1	15.3	15.0
		건조단위 체적중량 γ_d (gf/cm³)	1.850	1.844	1.851
	후	팽창비 γ_e(%)	0.024	0.032	0.032
		평균 함수비 w'(%)	17.9	18.3	17.9
		건조단위 체적중량 γ_d' (gf/cm³)	1.850	1.843	1.850
관입시험	시험 후의 함수비 w_2(%)		17.8	18.0	17.5
	관입량 2.5 mm에 대한 CBR(%)		54.3	50.7	40.0
	관입량 5.0 mm에 대한 CBR(%)		61.4	62.9	53.3
	CBR(%)		61.4	62.9	53.3

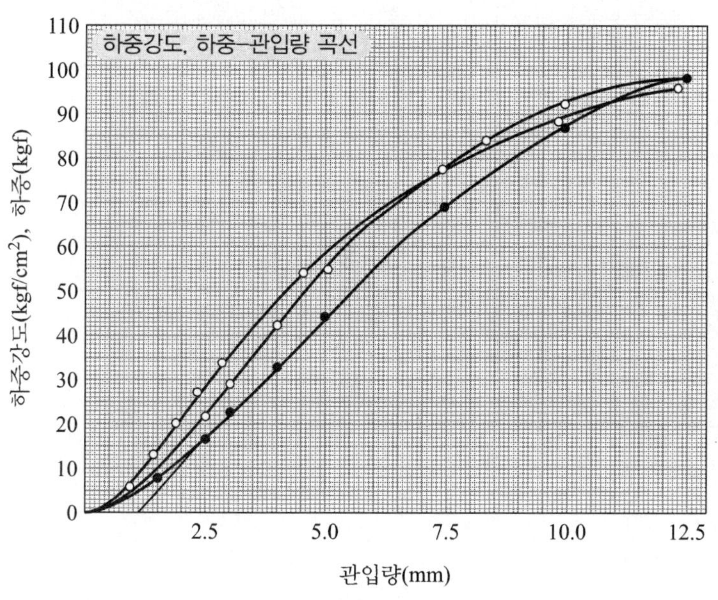

평균 CBR(%)
59.2

특기사항

관입량(mm)		2.5	5.0
하중강도 하중	공시체 No.	38.0	64.5
	공시체 No.	35.5	66.0
	공시체 No.	28.0	56.0
표준하중강도 kgf/cm²		70	105
표준하중 kgf		1,370	2,030

KS F 2320	흙의 CBR시험(수정 CBR)	

조사건명 　　　　　　　　　　　　　　　　시험년월일
시료번호(깊이) No.1(5.0 m) 　　　　　　　시 험 자

공시체 No.	1			2			3		
다짐횟수(회/층)	10		(5층)	25		(5층)	55		(5층)
건조단위 체적중량 γ_d(gf/cm^3)	1.677	1.672	1.670	1.776	1.761	1.772	1.850	1.844	1.851
평균치 γ_d(gf/cm^3)	1.670			1.770			1.848		
관입량 2.5 mm에 대한 CBR(%)	14.3	15.0	14.1	32.9	30.7	31.3	54.3	50.7	40.0
평균치(%)	14.5			31.6			48.3		
관입량 5.0 mm에 대한 CBR(%)	13.2	13.5	12.7	37.5	33.2	34.4	61.4	62.9	53.3
평균치(%)	13.1			35.0			59.2		

래머중량(kgf)	4.5	최대건조단위중량 $\gamma_{d\max}$(gf/cm^3)	1.865	다짐도(%)	90	95
		최적함수비 w_{opt}(%)	13.4	수정 CBR(%)	16	35

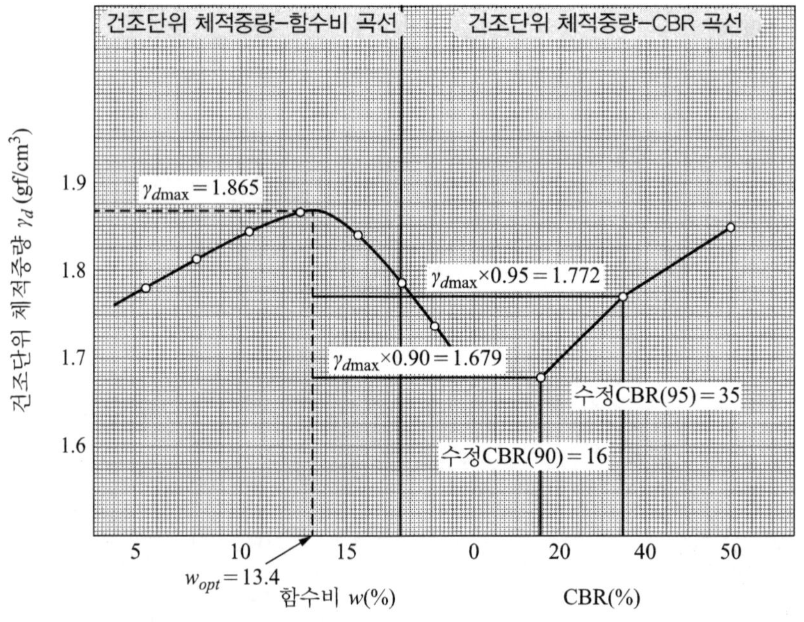

특기사항

(9) 데이터시트

KS F 2320	흙의 CBR시험(초기상태, 흡수팽창시험)	

조사건명 ……………… 시험년월일 ………………
시료번호(깊이) 시 험 자

시험방법		다짐시료·불교란시료	래머중량(kgf)			토질명칭	
다짐시험방법			낙하높이(cm)			자연함수비 w_n(%)	
시료준비	준비방법	비건조법·공기건조법	다짐횟수(회/층)			최적함수비 w_{opt}(%)	
	공기건조 전 함수비(%)		다짐층수(층)			최대건조단위중량 $\gamma_{d\max}$(gf/cm^3)	
	시료조정 후 함수비 w_0(%)		몰드	내경(cm)		하중판 중량(kgf)	
				높이(cm)		몰드 체적 V(cm^3)	

공시체 No.							
함수비	용기 No.						
	W_a(gf)						
	W_b(gf)						
	W_c(gf)						
	w_1(%)						
	평균치 w_1(%)						
단위중량	(시료+몰드) 중량 W_2(gf)						
	몰드 중량 W_1(gf)						
	습윤단위 체적중량 γ_t(gf/cm^3)						
	건조단위 체적중량 γ_d(gf/cm^3)						

	수침시간(h)	시각	변위계 읽음	팽창량(mm)	변위계 읽음	팽창량(mm)	변위계 읽음	팽창량(mm)
흡수팽창시험	0							
	1							
	2							
	4							
	8							
	24							
	48							
	72							
	96							
	(시료+몰드) 중량 W_3(gf)							
	팽창비 γ_e(%)							
	습윤단위 체적중량 γ_t'(gf/cm^3)							
	건조단위 체적중량 γ_d'(gf/cm^3)							
	평균 함수비 w'(%)							

특기사항

$$\gamma_e = \frac{\text{공시체의 팽창량(mm)}}{\text{공시체의 최초높이(125 mm)}} \times 100(\%)$$

$$\gamma_t' = \frac{W_3 - W_1}{V(1+\gamma_e/100)} \qquad \gamma_d' = \frac{\gamma_d}{1+\gamma_e/100} \qquad w' = \left(\frac{\gamma_t'}{\gamma_d'} - 1\right) \times 100$$

KS F 2320	흙의 CBR시험(관입시험)	

조사건명 　　　　　　　　　　　　　　시험년월일
시료번호(깊이) 　　　　　　　　　　　시　험　자

시험조건	수침·비수침	관입속도(mm/min)		하중판 중량(kgf)	
양생조건	일공기중	하중계 No.		교정계수 kgf/cm²/$\frac{1}{100}$ mm	
	일수침	용량(kgf)		kgf/$\frac{1}{100}$ mm	

공시체 No.					공시체 No.					공시체 No.				
관입량(mm)			하중강도·하중		관입량(mm)			하중강도·하중		관입량(mm)			하중강도·하중	
읽음		평균	하중계 읽음	kgf/cm² kgf	읽음		평균	하중계 읽음	kgf/cm² kgf	읽음		평균	하중계 읽음	kgf/cm² kgf
1	2				1	2				1	2			
0					0					0				
0.5					0.5					0.5				
1.0					1.0					1.0				
1.5					1.5					1.5				
2.0					2.0					2.0				
2.5					2.5					2.5				
3.0					3.0					3.0				
4.0					4.0					4.0				
5.0					5.0					5.0				
7.5					7.5					7.5				
10.0					10.0					10.0				
12.5					12.5					12.5				

관입시험 후의 함수비				관입시험 후의 함수비				관입시험 후의 함수비			
	용기 No.				용기 No.				용기 No.		
	W_a(gf)				W_a(gf)				W_a(gf)		
	W_b(gf)				W_b(gf)				W_b(gf)		
	W_c(gf)				W_c(gf)				W_c(gf)		
	w_2(%)				w_2(%)				w_2(%)		
	평균치 w_2(%)				평균치 w_2(%)				평균치 w_2(%)		

특기사항

KS F 2320	흙의 CBR시험(실내시험)	

조사건명 .... 시험년월일 ....

시료번호(깊이) .... 시 험 자 ....

시험방법	다짐시료·불교란시료	래머중량(kgf)		토질명칭	
다짐방법		낙하높이(cm)		공기건조 전 함수비(%)	
시료의 준비방법	비건조법·공기건조법	다짐횟수(회/층)		자연함수비 w_n(%)	
시험조건	수침·비수침	다짐층수(층)		최적함수비 w_{opt}(%)	
양생조건	일공기중	몰드 내경(cm)		최대건조단위중량 $\gamma_{d\max}$(gf/cm^3)	
	일수침	몰드 높이(cm)			

공시체 No.					
흡수팽창시험	전	함수비 w_1(%)			
		건조단위 체적중량 γ_d (gf/cm^3)			
	후	팽창비 γ_e(%)			
		평균 함수비 w'(%)			
		건조단위 체적중량 γ_d' (gf/cm^3)			
관입시험	시험 후의 함수비 w_2(%)				
	관입량 2.5 mm에 대한 CBR(%)				
	관입량 5.0 mm에 대한 CBR(%)				
	CBR(%)				

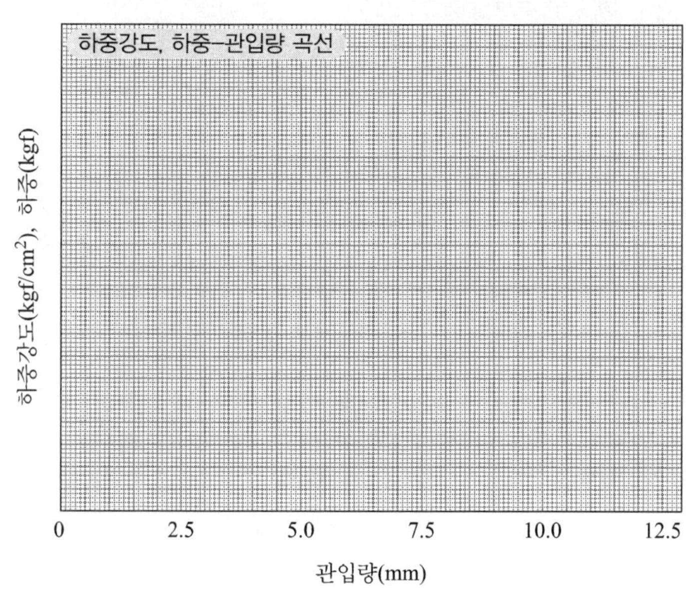

평균 CBR(%)

특기사항

관입량(mm)		2.5	5.0
하중강도 / 하중	공시체 No.		
	공시체 No.		
	공시체 No.		
표준하중강도 kgf/cm^2		70	105
표준하중 kgf		1,370	2,030

KS F 2320	흙의 CBR시험(수정 CBR)	

조사건명 .... 시험년월일 ....
시료번호(깊이) 시 험 자

공시체 No.									
다짐횟수(회/층)			(층)			(층)			(층)
건조단위 체적중량 γ_d(gf/cm^3)									
평균치 γ_d(gf/cm^3)									
관입량 2.5 mm에 대한 CBR(%)									
평균치(%)									
관입량 5.0 mm에 대한 CBR(%)									
평균치(%)									

래머중량(kgf)		최대건조단위중량 $\gamma_{d\max}$(gf/cm^3)		다짐도(%)		
		최적함수비 w_{opt}(%)		수정 CBR(%)		

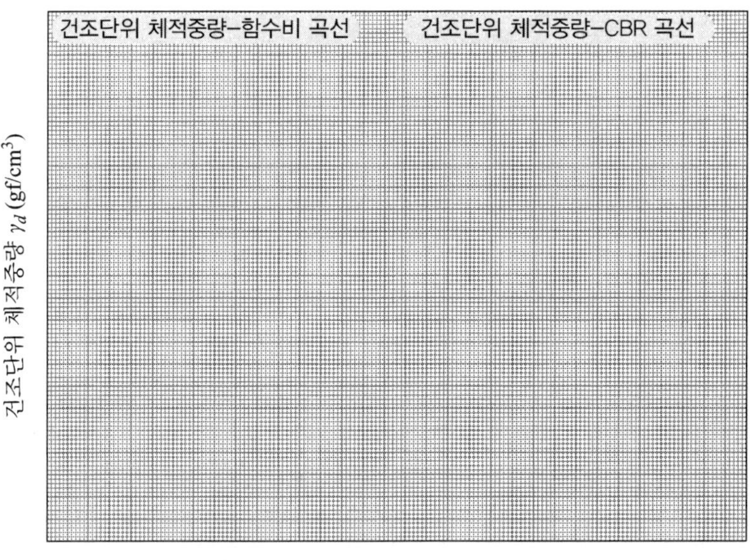

함수비 w(%) CBR(%)

특기사항

A.2 SI 단위 및 단위의 환산

A.2.1 SI 단위계(International System of Units)의 정의

단위의 국제적 통일을 위하여 국제도량형 기구에 의해 작성되고, 국제표준화기구(ISO)에 의해 채택되어 국제적으로 널리 통용되고 있는 국제단위이다.

A.2.2 SI 기본단위

길이, 질량 및 시간의 기본단위는 다음과 같다.

길이 : m(meter)
질량 : kg(kilogram)
시간 : sec(second)

in(inch), ft(foot) 및 lb(pound)를 SI 기본단위로 환산하면 다음과 같다.

1 in = 25.40 mm, 1 mm = 0.03927 in
1 ft = 0.3048 m, 1 m = 3.2808 ft
1 lb = 0.4536 kg, 1 kg = 2.2046 lb

A.2.3 힘의 단위

힘의 단위 기호는 N(Newton)으로 표시하고, 1 N의 힘을 다음과 같이 정의하고 있다.

1 N = 질량 1 kg의 물체에 작용하여 1 m/s^2의 가속도를 내게 하는 힘
$= (1\ \text{kg}) \times (1\ \text{m/s}^2)$
$= 1\ \text{kg} \cdot \text{m/s}^2$

(1) 1 kgf의 힘을 N으로 나타내면

1 kgf = 질량 1 kg의 물체에 작용하여 중력가속도(9.8 m/s^2)를 내게 하는 힘
= (1 kg) × (9.8 m/s^2) = 9.8 N

$$\therefore\ 1\text{ N} = \frac{1}{9.8}\text{ kgf} = 0.102\text{ kgf}$$

(2) 1 lbf의 힘을 N으로 나타내면

1 lbf = 질량 1 lb에 작용하여 중력가속도(32.2 ft/s^2)를 내게 하는 힘
= (1 lb) × (32.2 ft/s^2) = 32.2 lb · ft/s^2

$$= 32.2 \times \frac{0.4536\text{ kg} \times 0.3048\text{ m}}{\text{s}^2}$$

= 4.45 kg · m/s^2 = 4.45 N

$$\therefore\ 1\text{ N} = \frac{1}{4.45}\text{ lbf} = 0.2247\text{ lbf}$$

A.2.4 질량과 힘의 개념

① 중량, 하중 등이 질량의 개념에 해당될 때는, 그 물리량의 단위는 질량의 단위(kg)를 사용한다. 예를 들어, 사람의 몸무게(체중)나 물건의 무게 등은 kg으로 나타내야 하며, 콘크리트의 단위 중량(단위 무게)은 kg/m^3로 나타낸다. SI 단위계에서는 단위 무게를 밀도(density)라 하여 단위 기호로 kg/m^3를 주고 있으며, 설계기준에서도 그렇게 나타내고 있다.

② 중량, 하중 등이 힘의 개념에 해당될 때는 그 물리량의 단위는 N으로 한다. 예를 들어 보에 작용하는 등분포하중은 N/m로 나타낸다.

표 A.2.1 각 단위계별 단위 대조표

단위계 \ 양	길 이	질 량	시 간	힘	응력
SI계	m	kg	s	N	N/m^2 또는 Pa
CGS계	cm	g	s	dyn	dyn/cm^2
MKs계	m	kg	s	kgf	kgf/m^2
ft-lb계	ft	lb	s	lb	psi(lb/in^2)

주1) SI 단위계에서는 응력의 단위 N/m^{2}를 Pa(Pascal)로 나타내기도 한다. 즉, 1 N/m^2 = 1 Pa. 일반적으로 MPa(Mega Pascal, N/mm^2)가 사용되고 있다(표 A.2.5 참조).

주2) 종래 CGS 단위라 일컬으면서, 힘의 단위로 kgf를, 응력의 단위로 kgf/m^{2}를 사용해 왔다.

주3) ft-lb 단위계(US customary unit)에서는 힘의 단위로 lb(pound)가 그대로 사용되고 있고, 응력의 단위도 lb/cm^2(psi)가 사용되고 있다.

표 A.2.2 SI 접두어

단위에 곱하는 배수	접두어의 명칭	기 호	단위에 곱하는 배수	접두어의 명칭	기 호
10^{12}	테라(tera)	T	10^{-1}	데시(deci)	d
10^{9}	기가(giga)	G	10^{-2}	센티(centi)	c
10^{6}	메가(mega)	M	10^{-3}	밀리(mili)	m
10^{3}	킬로(kilo)	k	10^{-6}	마이크로(micro)	μ
10^{2}	헥토(hecto)	h	10^{-9}	나노(nano)	n
10	데카(deca)	da	10^{-12}	피코(pico)	p

표 A.2.3 힘의 단위

N	dyn	kgf	lb
1	1×10^{5}	1.01972×10^{-1}	2.2481×10^{-1}
1×10^{-5}	1	1.01972×10^{-6}	2.2481×10^{-6}
9.80665	9.80665×10^{5}	1	2.20462
4.44822	4.44822×10^{5}	4.5359×10^{-1}	1

표 A.2.4 모멘트의 단위

N·m	kgf·m	ft·lb
1	0.10197	0.73756
9.80665	1	7.23305
1.35581	0.13825	1

표 A.2.5 응력의 단위

kPa	MPa(N/mm²)	kgf/mm²	kgf/cm²	psi(lb/in²)
1	1×10^{-3}	1.01972×10^{-4}	1.01972×10^{-2}	1.4504×10^{-1}
1×10^{3}	1	1.01972×10^{-1}	1.01972×10	1.4504×10^{2}
9.80665×10^{3}	9.80665	1	1×10^{2}	1.4223×10^{3}
9.80665×10	9.80665×10^{-2}	1×10^{-2}	1	1.4223×10
6.89476	6.89476×10^{-3}	7.031×10^{-4}	7.031×10^{-2}	1

표 A.2.6 응력 환산표(1)

kgf/cm²	psi	MPa	kgf/cm²	psi	MPa
1	14.2	0.098	210	2,987	20.6
4	56.9	0.39	240	3,414	23.5
12	170.7	1.18	280	3,982	27.5
16	227.6	1.57	350	4,978	34.3
60	853.4	5.58	500	7,112	49.0
70	995.6	6.86	1,400	19,912	137
80	113.8	7.85	3,000	42,600	294
90	1,280	8.83	3,500	49,700	343
100	2,560	17.65	4,000	56,800	392

표 A.2.7 응력 환산표(2)

psi	MPa	kgf/cm²	psi	MPa	kgf/cm²
1	0.007	0.07	4,000	27.6	281
60	0.41	4.22	5,000	34.5	352
150	1.03	10.5	20,000	137.9	1,406
200	1.38	14.1	30,000	206.8	2,109
500	3.45	35.2	33,000	227.6	2,320
2,500	17.2	176	40,000	275.8	2,812
3,000	20.7	211	60,000	413.7	4,219
3,500	24.1	246			

표 A.2.8 응력 환산표(3)

MPa	kgf/cm²	psi	MPa	kgf/cm²	psi
1	10.2	145	23	234.5	3,336
3	30.6	435	28	285.5	4,061
7	71.4	1,015	35	357	5,076
9	91.8	1,305	137	1,397	19,870
18	183.5	2,611	235	2,396	34,084
21	214.1	3,046	412	4,201	59,756

표 A.2.9 콘크리트의 설계기준강도 f_{ck}의 제곱근의 환산표(1)

psi	kgf/cm^2	MPa	psi	kgf/cm^2	MPa
$\sqrt{f_{ck}}$	$0.265\sqrt{f_{ck}}$	$0.083\sqrt{f_{ck}}$	$3.5\sqrt{f_{ck}}$	$0.928\sqrt{f_{ck}}$	$0.291\sqrt{f_{ck}}$
$0.5\sqrt{f_{ck}}$	$0.133\sqrt{f_{ck}}$	$0.042\sqrt{f_{ck}}$	$4.0\sqrt{f_{ck}}$	$1.06\sqrt{f_{ck}}$	$0.332\sqrt{f_{ck}}$
$0.6\sqrt{f_{ck}}$	$0.159\sqrt{f_{ck}}$	$0.050\sqrt{f_{ck}}$	$5.0\sqrt{f_{ck}}$	$1.325\sqrt{f_{ck}}$	$0.415\sqrt{f_{ck}}$
$1.7\sqrt{f_{ck}}$	$0.451\sqrt{f_{ck}}$	$0.141\sqrt{f_{ck}}$	$6.0\sqrt{f_{ck}}$	$1.59\sqrt{f_{ck}}$	$0.498\sqrt{f_{ck}}$
$1.9\sqrt{f_{ck}}$	$0.504\sqrt{f_{ck}}$	$0.158\sqrt{f_{ck}}$	$7.5\sqrt{f_{ck}}$	$1.99\sqrt{f_{ck}}$	$0.623\sqrt{f_{ck}}$
$2.0\sqrt{f_{ck}}$	$0.53\sqrt{f_{ck}}$	$0.166\sqrt{f_{ck}}$	$8.0\sqrt{f_{ck}}$	$2.12\sqrt{f_{ck}}$	$0.664\sqrt{f_{ck}}$
$3.0\sqrt{f_{ck}}$	$0.795\sqrt{f_{ck}}$	$0.249\sqrt{f_{ck}}$	$12.0\sqrt{f_{ck}}$	$3.18\sqrt{f_{ck}}$	$0.996\sqrt{f_{ck}}$

표 A.2.10 콘크리트의 설계기준강도 f_{ck}의 제곱근의 환산표(2)

kgf/cm^2	MPa	psi	kgf/cm^2	MPa	psi
$\sqrt{f_{ck}}$	$0.313\sqrt{f_{ck}}$	$3.771\sqrt{f_{ck}}$	$1.06\sqrt{f_{ck}}$	$0.332\sqrt{f_{ck}}$	$3.997\sqrt{f_{ck}}$
$0.16\sqrt{f_{ck}}$	$0.050\sqrt{f_{ck}}$	$0.603\sqrt{f_{ck}}$	$1.33\sqrt{f_{ck}}$	$0.416\sqrt{f_{ck}}$	$5.015\sqrt{f_{ck}}$
$0.25\sqrt{f_{ck}}$	$0.078\sqrt{f_{ck}}$	$0.943\sqrt{f_{ck}}$	$1.59\sqrt{f_{ck}}$	$0.498\sqrt{f_{ck}}$	$5.996\sqrt{f_{ck}}$
$0.45\sqrt{f_{ck}}$	$0.141\sqrt{f_{ck}}$	$1.697\sqrt{f_{ck}}$	$1.60\sqrt{f_{ck}}$	$0.501\sqrt{f_{ck}}$	$6.034\sqrt{f_{ck}}$
$0.50\sqrt{f_{ck}}$	$0.157\sqrt{f_{ck}}$	$1.886\sqrt{f_{ck}}$	$2.0\sqrt{f_{ck}}$	$0.626\sqrt{f_{ck}}$	$7.542\sqrt{f_{ck}}$
$0.53\sqrt{f_{ck}}$	$0.166\sqrt{f_{ck}}$	$1.999\sqrt{f_{ck}}$	$2.12\sqrt{f_{ck}}$	$0.664\sqrt{f_{ck}}$	$7.994\sqrt{f_{ck}}$
$0.80\sqrt{f_{ck}}$	$0.250\sqrt{f_{ck}}$	$3.017\sqrt{f_{ck}}$	$3.20\sqrt{f_{ck}}$	$1.002\sqrt{f_{ck}}$	$12.067\sqrt{f_{ck}}$
$0.93\sqrt{f_{ck}}$	$0.291\sqrt{f_{ck}}$	$3.507\sqrt{f_{ck}}$			

표 A.2.11 콘크리트의 설계기준강도 f_{ck}의 제곱근의 환산표(3)

MPa	kgf/cm^2	psi	MPa	kgf/cm^2	psi
$\sqrt{f_{ck}}$	$3.193\sqrt{f_{ck}}$	$12.043\sqrt{f_{ck}}$	$0.29\sqrt{f_{ck}}$	$0.926\sqrt{f_{ck}}$	$3.492\sqrt{f_{ck}}$
$0.05\sqrt{f_{ck}}$	$0.160\sqrt{f_{ck}}$	$0.602\sqrt{f_{ck}}$	$0.32\sqrt{f_{ck}}$	$1.022\sqrt{f_{ck}}$	$3.854\sqrt{f_{ck}}$
$0.08\sqrt{f_{ck}}$	$0.255\sqrt{f_{ck}}$	$0.963\sqrt{f_{ck}}$	$(1/3)\sqrt{f_{ck}}$	$1.064\sqrt{f_{ck}}$	$4.014\sqrt{f_{ck}}$
$0.14\sqrt{f_{ck}}$	$0.447\sqrt{f_{ck}}$	$1.686\sqrt{f_{ck}}$	$0.42\sqrt{f_{ck}}$	$1.341\sqrt{f_{ck}}$	$5.058\sqrt{f_{ck}}$
$0.16\sqrt{f_{ck}}$	$0.511\sqrt{f_{ck}}$	$1.927\sqrt{f_{ck}}$	$0.50\sqrt{f_{ck}}$	$1.597\sqrt{f_{ck}}$	$6.022\sqrt{f_{ck}}$
$(1/6)\sqrt{f_{ck}}$	$0.532\sqrt{f_{ck}}$	$2.007\sqrt{f_{ck}}$	$0.63\sqrt{f_{ck}}$	$2.012\sqrt{f_{ck}}$	$7.587\sqrt{f_{ck}}$
$0.25\sqrt{f_{ck}}$	$0.798\sqrt{f_{ck}}$	$3.010\sqrt{f_{ck}}$	$(2/3)\sqrt{f_{ck}}$	$2.129\sqrt{f_{ck}}$	$8.029\sqrt{f_{ck}}$

찾아보기

저자 : **전용배**

- 현직 : 대원대학교 철도건설(공학)과 교수
- 학력 : 중앙대학교 일반대학원 공과대학 토목공학과, 공학박사(건설시공학)
- 경력 : 중앙대학교 기술과학연구소 건설환경공학연구부 선임연구원
  대원과학대학 토목과 전임초빙교수
  한라대학교 건축·토목공학부 토목공학과 전임강사
  한중대학교 공과대학 공학부 토목환경공학 교수
  (사) 대한토목학회 정회원, (사) 한국건설관리학회 정회원
  (사) 한국산학기술학회 정회원, 태백시 도시계획위원 및 설계자문위원

저서

- 최신 토목설계 및 물량산출(공저, 성안당)
- 토목 CAD-visualLISP(공저, 성안당)
- 실내토질시험의 기초(공저, 성안당)
- 공사관리의 지식(역, 동화기술)
- 건설기계화 시공(공저, 성안당)
- 건설재료 및 시험(저, 신광문화사)
- 건설의 LCA(역, 씨·아이·알)
- 엑셀로 배우는 토질역학(역, 씨·아이·알)
- 엑셀로 배우는 수리학(역, 씨·아이·알)
- 엑셀로 쉽게 배우는 수학(역, 씨·아이·알)
- 건설재료 및 실내시험법 기초(저, 동화기술)

KCS-2022 건설재료학 정가 25,000원

발 행 2023년 9월 10일 초판 1쇄
저 자 전용배
발행인 정우용
발행처 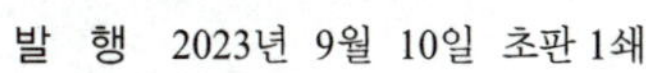
경기도 파주시 광인사길 201(문발동, 파주출판도시)
Tel (031)955-4211~6 donghwapub@nate.com
Fax (031)955-4217 www.donghwapub.co.kr
(등록) 1977년 12월 19일/9-16호

ISBN 978-89-425-9553-2